完全掌握 PowerPoint 2013 应用手册

张鹏飞　欧 云　等编著

机械工业出版社
China Machine Press

图书在版编目（CIP）数据

完全掌握PowerPoint 2013应用手册 / 张鹏飞等编著. —北京：机械工业出版社，2015.1

ISBN 978-7-111-48682-4

Ⅰ. ①完… Ⅱ. ①张… Ⅲ. ①图形软件－技术手册 Ⅳ. ①TP391.41-62

中国版本图书馆CIP数据核字（2014）第277853号

本书以PowerPoint 2013为写作版本，共分为13章，从零开始对软件进行了系统的讲解，结构安排合理，语言通俗易懂，步骤讲解细致。本书主要内容包括从零开始认识PowerPoint、在幻灯片中使用文本、表格与图表的应用、在幻灯片中使用图形对象、在幻灯片中添加多媒体、动画设计与交互功能、制作母版与版式、幻灯片的放映与打包、如何设计出优秀的PPT等，并通过大量的实战案例进行融会贯通。

本书针对零基础的PPT爱好者编写，可以作为各类院校相关课程的教材，同时对广大有一定基础想提升能力的读者也是一本非常难得的学习手册。

完全掌握PowerPoint 2013应用手册

出版发行：机械工业出版社（北京市西城区百万庄大街22号　邮政编码：100037）
责任编辑：夏非彼　迟振春
印　　刷：中国电影出版社印刷厂　　　版　　次：2015年2月第1版第1次印刷
开　　本：188mm×260mm　1/16　　　印　　张：19.5
书　　号：ISBN 978-7-111-48682-4　　　定　　价：69.00元（附光盘）
　　　　　ISBN 978-7-89405-623-8（光盘）

凡购本书，如有缺页、倒页、脱页，由本社发行部调换
客服热线：（010）68995261　88361066　　投稿热线：（010）82728184　88379604
购书热线：（010）68326294　88379649　68995259　　读者信箱：hzjg@hzbook.com

前　言

PowerPoint是知名的办公软件Microsoft Office中重要的一员，主要用于演示文稿的制作，被广泛应用于企业形象宣传、产品推广、个性展示、员工培训、教育教学等众多领域，是办公人员不可或缺的一个应用软件，有着十分广泛的用户群体。为了能让广大办公人员更加系统地掌握并利用好该软件，我们精心策划、编写了本书。

本书以PowerPoint 2013为写作版本，该版本是目前PowerPoint的最新版本，有着强大的文字处理功能、图形图像编辑功能、图表设计以及动画设计等功能，是目前最优秀的PPT设计软件。

全书共分为13章，从零开始对软件进行了系统的讲解，结构安排合理，语言通俗易懂，步骤讲解细致。主要章节分布如下：

第1章 从零开始认识PPT，主要讲解了PowerPoint的应用领域、工作界面、演示文稿的基本操作、幻灯片的基本操作等内容，并通过一个简单的实例介绍了PPT文稿的制作过程。

第2章 在幻灯片中使用文本，主要讲解了文本的输入与编辑、段落的设置、项目符号与编号的使用等内容。

第3章 表格与图表的应用，主要讲述了表格与图表的应用方法与技巧，并通过3个实例讲解了另类图表的制作与美化方法，让读者可以进一步领略图表的魅力。

第4章 在幻灯片中使用图形对象，主要介绍了图像、文本框、图形、SmartArt图形的使用等内容。

第5章 在幻灯片中添加多媒体，主要讲解了如何在幻灯片中添加视频、声音、动画等多媒体文件，并对这些文件进行相应的编辑加工，让PPT有声有色。

第6章 让你的PPT动起来，主要介绍了动画设计与交互功能，如动画的添加、链接的插入、切换方式的设置、动作的设置等内容。

第7章 制作母版与版式，主要讲解了母版的创建与应用。

第8章 幻灯片放映与打包发布，主要介绍了幻灯片的放映与发布的操作方法。

第9章 如何设计出优秀的PPT，从色彩、布局、构图、版式设计、关键页面的设计等方面进行了细致的分析与讲解。

第10~13章 通过了4类实例对PPT制作的各项技术进行了综合练习，可以让读者从思维上进一步得到拓展与提升，完全掌握PPT设计精髓！

本书针对零基础的PPT爱好者进行编写，对有一定操作基础的人员同样是一本不可多得的进阶手册。如果您没有什么基础，建议逐个章节进行学习，如果您已经有了一定的操作基础，那么本书中的各类技巧、设计理念同样会给您带来意外的惊喜。

本书主要由张鹏飞、欧云编写，同时薛峰、薛侠、黄艳、孔美云、蒋燕燕、胡文华、王辉、张丽、伏银恋、贺金玲、马陈、陈丽丽、陈梅梅、吴雪莉、孙蕊等也参与了本书的编写工作。在此特别感谢仝德志老师的无私奉献以及卞诚君老师对本书的指导与帮助。

我们在本书编写的过程中力求完美，做到精益求精，但仍难免有考虑不周甚至疏漏之处，如果您在阅读过程中发现书中存在任何问题，欢迎随时发邮件（booksaga@126.com）与我们联系，我们将在今后的修订中加以修改。

编者

2014.12

目 录

BUY
NOW

第1章 从零开始认识PPT
——与PowerPoint 2013的第一次亲密接触

演示文稿，顾名思义，即用于演示的稿件，而PowerPoint 2013为制作演示文稿提供了完整的解决方案。利用PowerPoint 2013，我们可以快速地制作出精美的演示文稿，进而达到更好的演示效果。在本章中，读者可以与PowerPoint 2013进行第一次亲密接触，初步入门PowerPoint 2013，掌握PowerPoint 2013的基本操作。

通过本章的学习，您将掌握以下内容：

- 认识PPT
- PPT设计的相关知识
- PPT的工作界面
- 演示文稿的基本操作
- 幻灯片的基本操作

1.1 认识PPT

PPT，全称为Microsoft Office PowerPoint，是微软公司设计的演示文稿软件。顾名思义，PowerPoint就是使观点（Point）更有说服力（Power）的意思，它应用在许多领域，已经成为现代办公中不可或缺的软件。

1.1.1 PPT的应用领域

提到PPT的应用领域，不得不说一下PPT的由来。PPT是由传统的幻灯片发展而来，传统的幻灯片是通过在投影仪上放置一张一张的投影卡片，然后投影到墙上或屏幕上来实现的。后来随着科技的发展，PPT应运而生，它代替早期原始的逐张卡片进行投影，它的制作更加简单方便，投影效果更佳，为我们在做会议、演讲、教学等方面带来了极大的方便，所以常常只要一进行这方面的工作我们就会用到PowerPoint这个软件。

❶ 会议

无论是内部会议，还是产品的发布会，都少不了PPT的身影。在会议中，PPT可以起到提纲挈领的作用，会议主持人可以通过PPT掌握会议的议程，听众可以通过PPT更好地领会会议主持人的意思，可以说，PPT搭建起了会议主持人与听众之间的桥梁。

❷ 演讲

无论是自我介绍演讲，还是成果展示研究，一份精美的PPT都可以使得演讲效果锦上添花。演讲者可以在PPT中使用图片、音频、视频等多媒体，引领听众的思维，让听众彻底沉浸在演讲者的演讲之中。

❸ 教学

教学，是PPT应用非常广泛的领域。一份精美的教学型PPT对于学生更好地掌握课堂知识、提高上课效率非常有效。同时，可以在PPT中插入动画等，使得枯燥的理论知识更加生动形象，有利于学生的接受。

❹ 其他

PPT是演示的利器，同时活用PPT，它也可以成为优秀的平面设计工具。相比于Photoshop等专业平面设计软件，PPT操作简便，方便入门。只需在PPT中设计好页面，然后导出为图片格式即可。因此，无论是海报设计还是网页设计，PPT都可以胜任。

1.1.2 PPT的作用

PPT，演示文稿的制作软件，其核心作用是提供一种视觉沟通手段以增强演示效果，具体分解开来，可以归纳为对于演示者以及受众两方面的作用。

❶ 演示者方面

一份好的PPT可以突出重点，理顺思路，增强与受众的互动，提高沟通效率。比如在工作汇报中，通过在PPT中使用条理化的语句、图片、表格等，可以更加生动形象地将工作汇报出来。

同时，PPT还可以起到提示的作用，给汇报者提供清晰的思路。同样，在产品介绍、竞聘、演讲、授课等过程中，PPT可以对演示者提供帮助，增强演示效果。

❷ 受众方面

受众可以通过PPT更加轻松地领会演示者想要表达的意思，紧跟演示者的思路。比如在课堂教学过程中，学生可以在教师讲解的同时观看PPT，从而可以紧跟教师的授课思路，当遇到知识理解模糊的地方，可以观看PPT上的内容，自己搞清楚；同时，一些晦涩难懂的理论知识，通过PPT动画等，学生可以轻松地接受，这样也使得课堂教学更加有趣，学生学习积极性更高。

1.2 什么样的PPT才叫精彩

相信每位读者朋友都希望把自己的PPT做的更加出彩，能够让受众一眼看上去就能投出羡慕的目光，那么，什么样的PPT才能称得上是精彩的呢？好的PPT应该具备什么样的标准呢，下面我们来做简要介绍。

1.2.1 好的PPT应具备的标准

❶ 简约

回归PPT的本质，PPT即为幻灯片，原始的幻灯片是人手工一张一张地放映到投影仪中，原始的幻灯片尺寸和5寸照片差不多大小，因此也无法放下太多内容。现如今，扁平化的设计热度越来越高，它其实就是一种简约的设计，通过简约的设计减少认知障碍的产生，使得信息传达效果最强。不少人在刚接触设计PPT的时候，都要将想表达的话语，一字不差地放在PPT的页面中，使得页面拥挤不堪，反而削弱了信息传达的效果。相反，比如苹果发布会上所播放的PPT，通过简单的图片配给简单的文字，却达到了非常理想的信息传达效果。请读者切记，PPT是拿来讲的，一些文字讲出来即可，不用放置于PPT的页面中。

❷ 设计风格一致

一份演示文稿由多张幻灯片组成，一份好的PPT应该使这些幻灯片的设计风格保持一致。设计风格一致的幻灯片，视觉效果才会更加精美，受众观看起来也会感觉更加连续，思路也不易被打断。

❸ 合适的动画效果

PPT中的动画效果需要仔细斟酌，千万不可为了动画而使用动画。PPT中的动画效果需要为传递的内容服务，合理的动画效果可以为PPT添彩。

❹ 制作快捷

在日常学习工作中，PPT常常是在某一项工作完成之后向他人展示用的，因此留给PPT制作的时间并不是十分充裕，所以PPT制作需要方便快捷。

小知识 扁平化设计

扁平化完全属于二次元，这个概念最核心的地方就是放弃一切装饰效果，诸如阴影，透视，纹理，渐变等等能做出3D效果的元素一概不用。所有的元素边界都干净利落，没有任何羽化，渐变，或者阴影。尤其是在手机上，更少的按钮和选项使得界面干净整齐，使用起来格外简洁。可以更加简单直接地将信息和事物的工作方式展示出来，减少认知障碍的产生。

1.2.2 精美PPT赏析

一份精美的PPT给人的感觉就是一件艺术品，下面带领读者来赏析三份精美的PPT，领悟其中的精妙之处。

❶ 商务模板

本套商务模板以深蓝色为主色调，给人以科技、专业、清爽的感觉，整体设计风格严谨大方。演示文稿通过多种图表的使用，将数据进行可视化处理，使受众很容易领会演示文稿所要表达的意思。本演示文稿如图1-1所示。

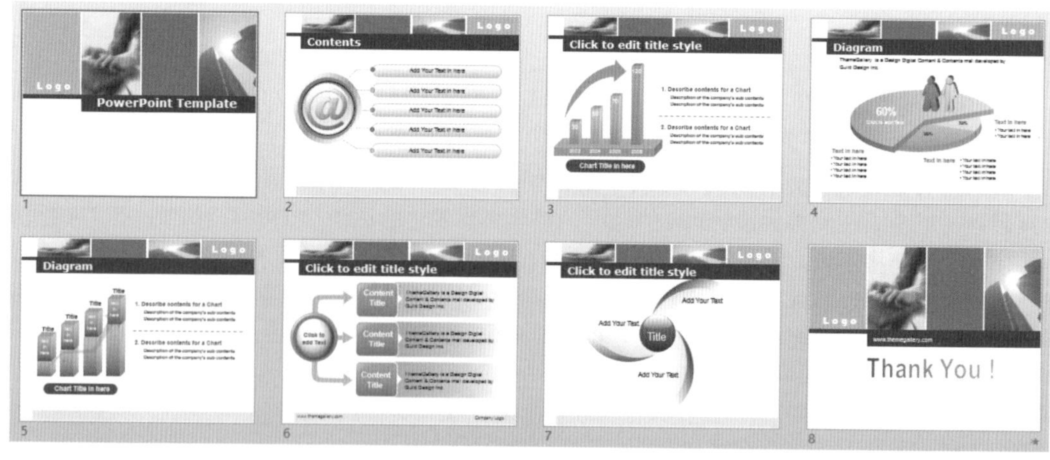

图1-1 商务模板

❷ 项目答辩

此项目答辩演示文稿以浅蓝色为主色调，配以黄色点缀，给人以科技、轻松、专业的感觉，整体设计风格简洁美观。演示文稿首页设计精美，能够很好地引人入胜，带领观众进入项目答辩过程中，内容页图文并茂，排版考究，可以使受众很容易领会演示文稿所要表达的意思。本演示文稿如图1-2所示。

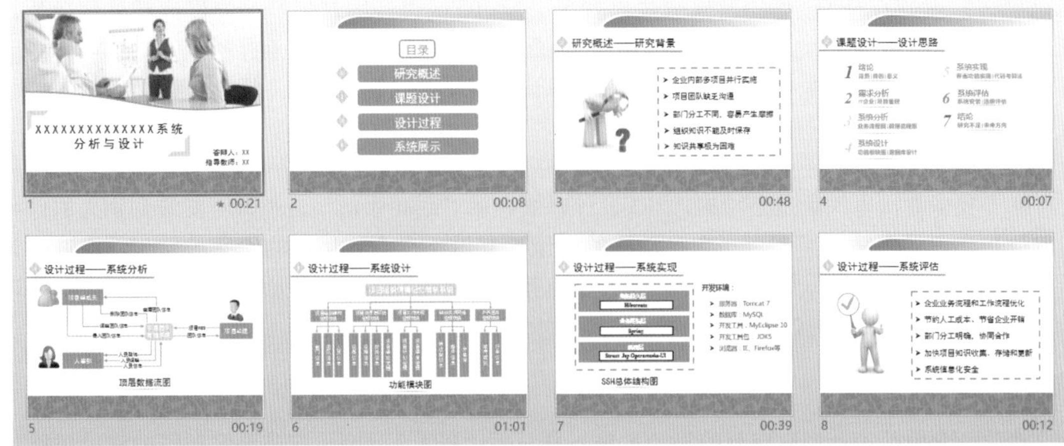

图1-2 项目答辩演示文稿

③ 知识介绍

此知识介绍演示文稿以蓝色、绿色、橘色为主色调，给人以活泼、有趣、清爽的感觉，整体设计风格活泼清爽。演示文稿中插入大量的图片、图表，可以使受众非常轻松地接收到演示文稿所要传递的信息。本演示文稿如图1-3所示。

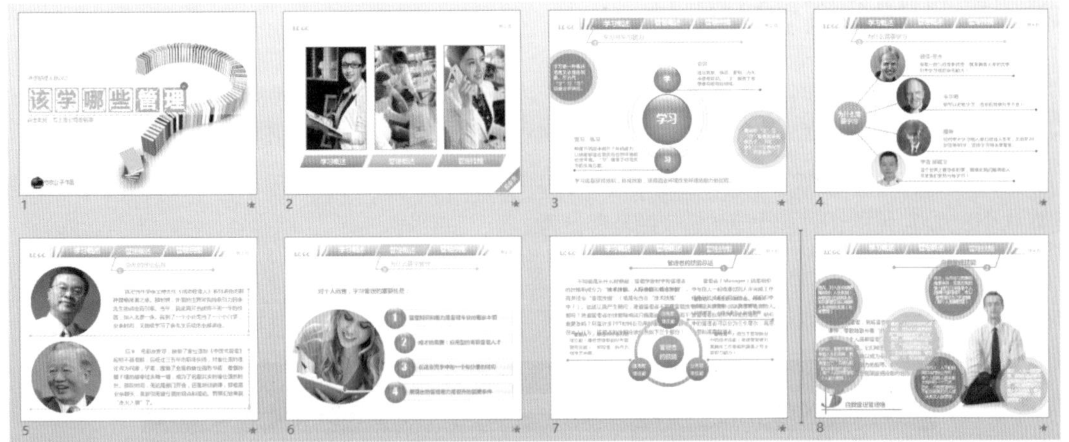

图1-3 知识介绍演示文稿

1.3 怎样成为一名合格的设计师

① 多看

在成为一名合格的PPT设计师的道路上，多看是必不可少的。一般来说，一个成熟的PPT设计师，都会有浏览国内国外优秀设计网站的习惯，看得多了，视野也就广了，审美也就提高了，那么，在进行PPT创作的时候想法也就多了。PPT的设计同其他产品的设计都是相通的，包括网页的设计、海报的设计，甚至是家具的设计、服装的设计。在平时的学习工作中，多留心、多看，汲取设计中的优点，对于提高PPT设计水平十分有利。

❷ 多练

除了要多看，多练也是必须的。PPT设计师最忌讳“眼高手低”，千万不要看到别人的作品时能够挑出许多毛病，可是到了自己动手的时候，却做不出十分优秀的作品。因此，在成长为PPT设计师的道路上需要多练。唯有多练，才能够熟能生巧，才可以使心中的想法变成一种设计习惯，从而在PPT设计的过程中不经意之间流露出来。

❸ 形成自己的风格

就像每个服装设计师有自己的设计风格一样，每个PPT设计师也应该找到自己的设计风格。在大量的“看”和“练”之后，逐步找到自己喜欢的并且适合自己的设计风格，并将这种风格发扬出去，并在合适的地方实现创新，这样才能够逐步成长为一名成熟的PPT设计师。

1.4 推荐几个优秀的素材网站

1.4.1 图片素材

图片素材网站数量繁多，质量也良莠不齐，读者需要找到适合自己的图片素材网站，这里推荐几个比较实用的图片素材网站，供读者参考。

（1）全景网（http://www.quanjing.com/）是作者经常使用的图片素材网站，网站图片资源丰富，注册为会员后可以提供免费小样下载，使用十分方便，如图1-4所示。

图1-4 全景网

（2）昵图网（http://www.nipic.com/）是一个图片分享交流平台，其中收藏了大量各行各业的图片，资源十分丰富，如图1-5所示。

图1-5 昵图网

（3）华盖创意（http://www.gettyimages.cn/）为客户提供海量创意类图片，影视素材及音乐素材，注册为会员后可下载无水印图片，如图1-6所示。

图1-6 华盖创意

1.4.2 图标网站 

在PPT中合理地使用图标能够使PPT更加生动有趣，这里推荐几个比较实用的图标网站，供读者参考。

（1）easyicon（http://www.easyicon.net/）是作者经常使用的图标网站，其中有大量精美的图标，用户通过关键词可以搜索出相关的图标，使用非常方便，如图1-7所示。

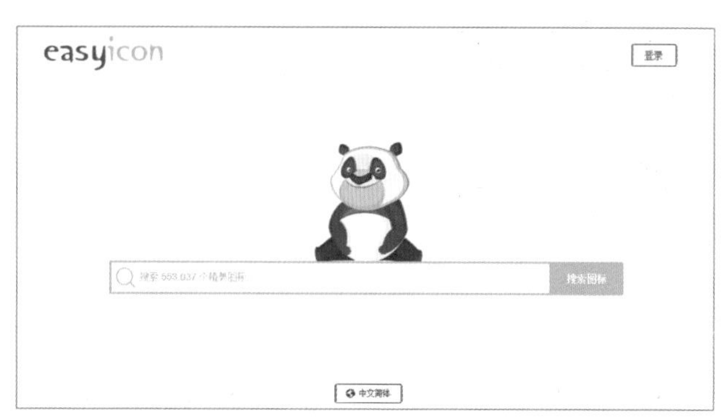

图1-7 easyicon网站

（2）freepik（http://www.freepik.com/）中不仅有许多精美的图标，有许多精美的矢量图，而且大部分可以免费下载，是一个非常好的网站，如图1-8所示。

图1-8 freepik网站

1.4.3 其他网站

除了上述网站，还有许多值得推荐的网站，如锐普PPT论坛和500px网站：

（1）锐普PPT论坛（http://www.rapidbbs.cn/）是作者认为国内最好的PPT论坛。其中不仅有大量PPT素材，而且有众多PPT案例，读者可以自行下载学习，如图1-9所示。

（2）500px（http://500px.com/）是一个专业摄影师图片社区，网站中有大量精彩的照片，部分照片需要收费，用户可以根据实际需要购买下载，如图1-10所示。

图1-9 锐普PPT论坛

图1-10 500px网站

1.5 快速熟悉PowerPoint 2013工作界面

PowerPoint 2013继承了PowerPoint 2007之后的扁平化的工作页面，并在上一版本的基础上进行了优化，使得功能分区更加明晰，操作更加简便。下面对PowerPoint 2013的工作界面进行详细介绍。

PowerPoint 2013的工作界面由"文件"菜单项、"快速访问"工具栏、标题栏、功能选项卡和功能区、状态栏和视图栏、"大纲/幻灯片"窗口、"帮助"按钮、"幻灯片编辑"窗口等组成，具体如图1-11所示。

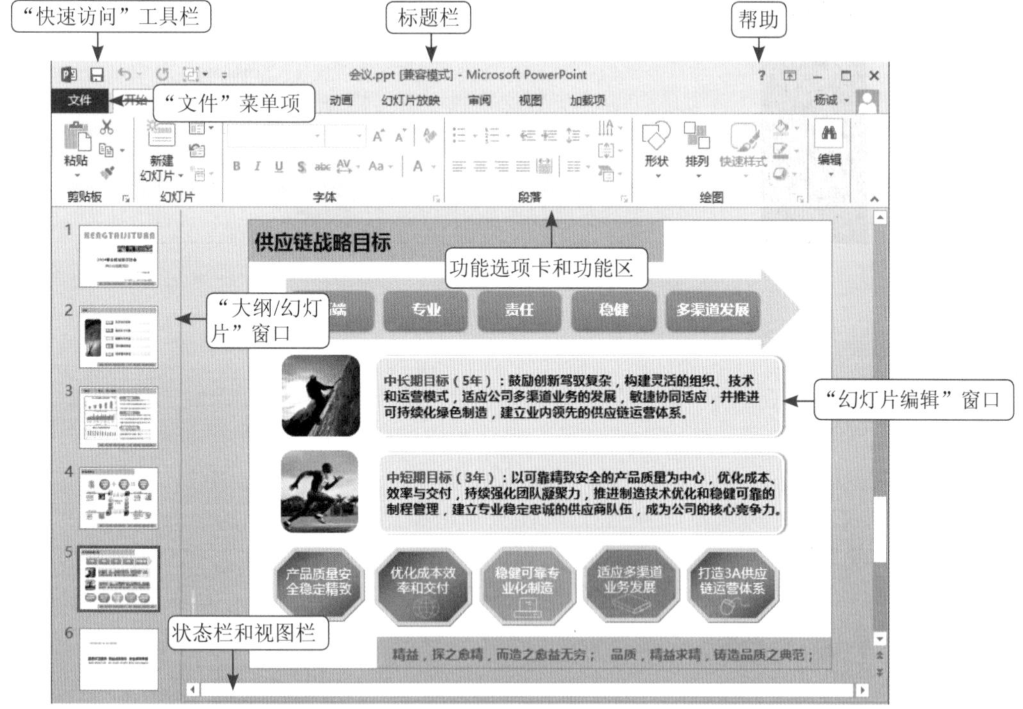

图1-11 工作界面

❶ "文件"菜单项

"文件"菜单项位于工作界面的左上角，单击"文件"可以出现"文件"窗口，如图1-12所示，主要包括"信息"、新建、打开、保存、另存为、打印、共享、导出、关闭、账户、选项等，选择所需要的命令即可进行相应的操作。其中，需要特别说明的是，单击"选项"命令，可以弹出"PowerPoint选项"对话框，从而对PowerPoint 2013进行高级设置。

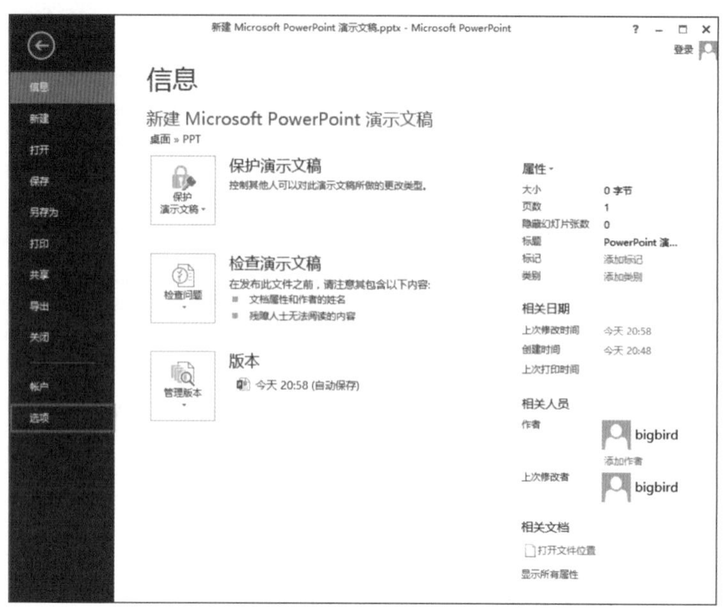

图1-12 “文件”窗口

❷ “快速访问”工具栏

“快速访问”工具栏位于“文件”菜单项的右侧，这里集中了最常用的工具按钮，如“保存”按钮、“撤销”按钮和“恢复”按钮等，如图1-13所示，用户单击“快速访问”工作区的按钮，即可快速实现相应的功能。此外，用户可以单击“快速访问”工具栏右侧的下拉按钮，便可在弹出的“自定义快速访问工具栏”下拉菜单中将用户觉得常用的命令添加到“快速访问”工具栏，方便用户操作，如图1-14所示。除此之外，用户可以单击自定义快速访问工具栏中的“其他命令”与“在功能区下方显示”分别设置快速访问工具栏中的其他命令以及调整“快速访问”工具栏中的位置。

图1-13 “快速访问”工具栏

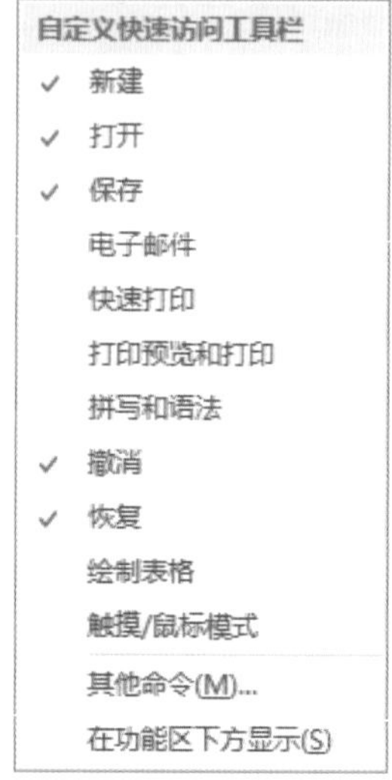

图1-14 自定义快速访问工具栏

③ 标题栏

标题栏位于工作界面的顶部中央，主要用来显示正在使用的文档名称，程序名称及窗口控制按钮等，在如图1-15所示的标题栏中，“新建Microsoft PowerPoint演示文稿”即为正在使用的文档名称，Microsoft PowerPoint即为正在使用的程序名称。位于标题栏右侧的窗口控制按钮包括“功能区显示选项”按钮、“最小化”按钮、“最大化”或“向下还原”按钮以及“关闭”按钮。

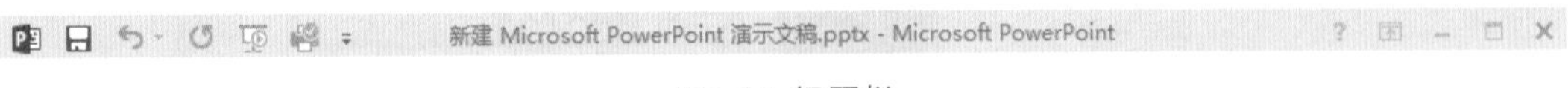

图1-15 标题栏

④ 选项卡和功能区

自PowerPoint 2007之后，传统的菜单栏被功能选项卡所取代。单击功能选项卡中相应的功能，即可打开相应的功能区。功能区由工具组组成，用来存放常用的命令按钮或列表框等，如图1-16所示。

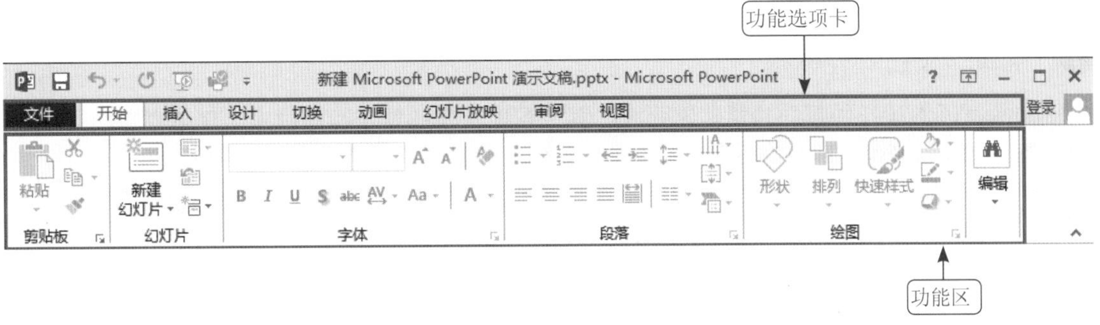

图1-16 功能选项卡和功能区

⑤ 状态栏和视图栏

状态栏和视图栏位于窗口的最下方，如图1-17所示。状态栏用于显示当前文档页、总页数、字数和输入状态等。视图栏包括视图按钮组（包括普通视图、幻灯片浏览视图和阅读视图）、调节页面显示比例的控制杆，此外备注显示按钮和批注按钮也位于视图栏。

图1-17 状态栏和视图栏

⑥ “大纲/幻灯片”窗口

“大纲/幻灯片”窗口位于工作界面的左侧，用于显示当前演示文稿的幻灯片数量以及当前位置，如图1-18所示。从“大纲/幻灯片”窗口中，可以看出当前演示文稿一共有6张幻灯片，此时正位于第2张幻灯片处。

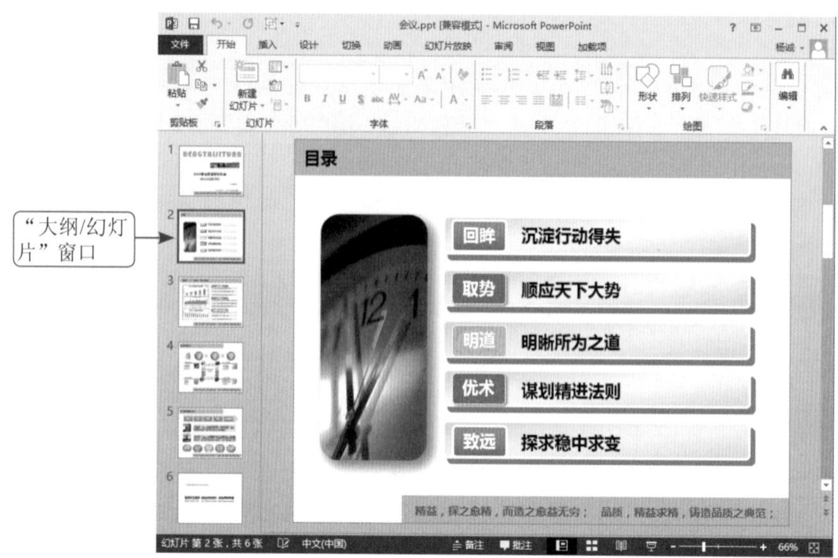

图1-18 “大纲/幻灯片”窗口

⑦ “帮助”按钮

PowerPoint 2013的帮助功能非常强大，其“帮助”按钮位于标题栏中，单击“帮助”按钮即可弹出“PowerPoint 帮助”界面，从中可以找到所需要的帮助信息，如图1-19所示。

⑧ “幻灯片编辑”窗口

“幻灯片编辑”窗口位于工作界面的中间，用于显示和编辑当前的幻灯片，如图1-20所示。

图1-19 “PowerPoint 帮助”界面

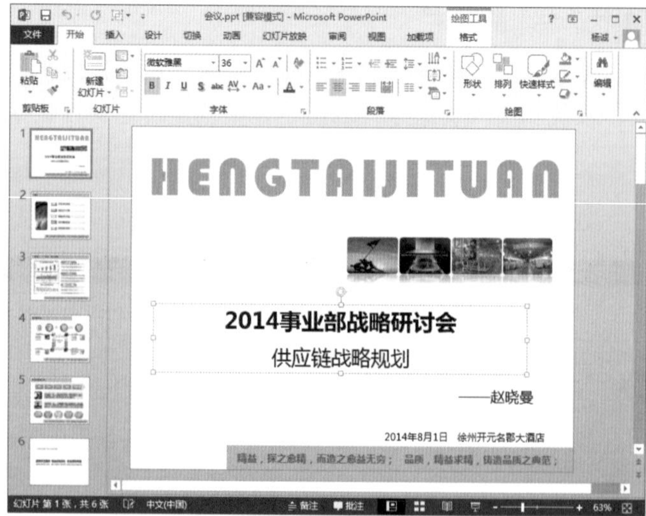

图1-20 “幻灯片编辑”窗口

1.6 了解PowerPoint视图方式

在PowerPoint 2013中提供了4种主要的视图方式来显示演示文稿的内容，使演示文稿易于浏览、便于编辑。这4种视图方式主要包括普通视图、备注页视图、幻灯片浏览视图和幻灯片放映视图。下面将对这4种视图方式进行一一介绍。

1.6.1 普通视图

普通视图是PowerPoint默认的编辑视图，用户可以在普通视图模式完成大多数的录入和编辑工作，也可以设置段落和字符的格式等，常常被用来撰写或设计演示文稿。

先单击“视图”选项卡，然后单击“演示文稿视图”组中的“普通”按钮，即可查看演示文稿的普通视图，如图1-21所示。

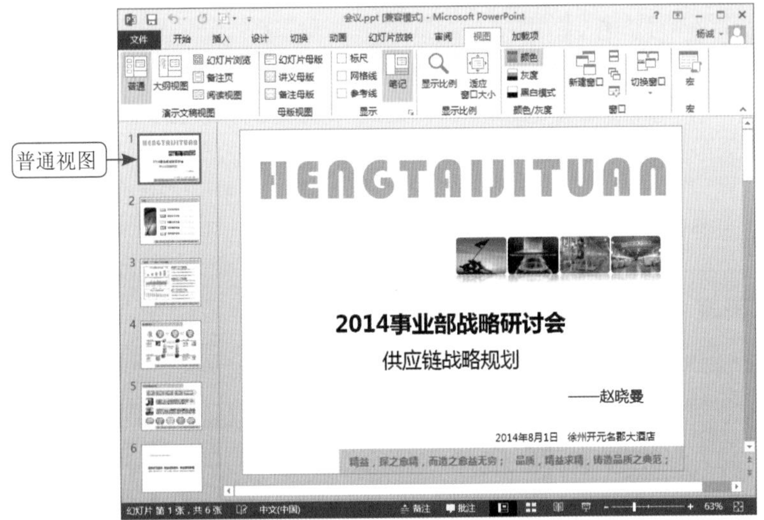

图1-21 普通视图

1.6.2 备注页视图

“备注”窗格位于“幻灯片”的窗格下，单击状态栏下方的“备注”按钮可以显示备注的内容，如图1-22所示，在这里可以对当前幻灯片进行信息的备注。以后在演示文稿的过程中可以为用户提供参考。

查看方式可以先单击“视图”选项卡，然后单击“演示文稿视图”组中的“备注页”按钮，即可查看演示文稿的备注信息，如图1-23所示。

图1-22 “备注”窗格

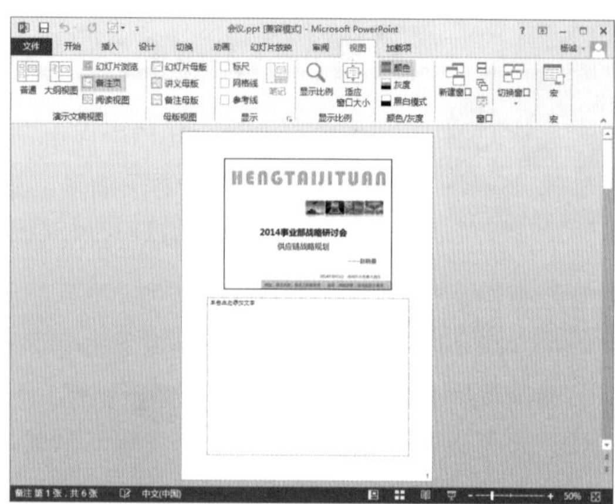

图1-23 备注页视图

1.6.3 幻灯片浏览视图

幻灯片浏览视图可以查看缩略图形式的幻灯片，通过浏览视图，用户可以清晰地对演示文稿的顺序进行排列和组织，也可以在准备打印演示文稿时通过浏览视图进行查看。

具体查看方式可以先单击“视图”选项卡，然后单击“演示文稿视图”组中的“幻灯片浏览”按钮，即可查看演示文稿的浏览视图，如图1-24所示。

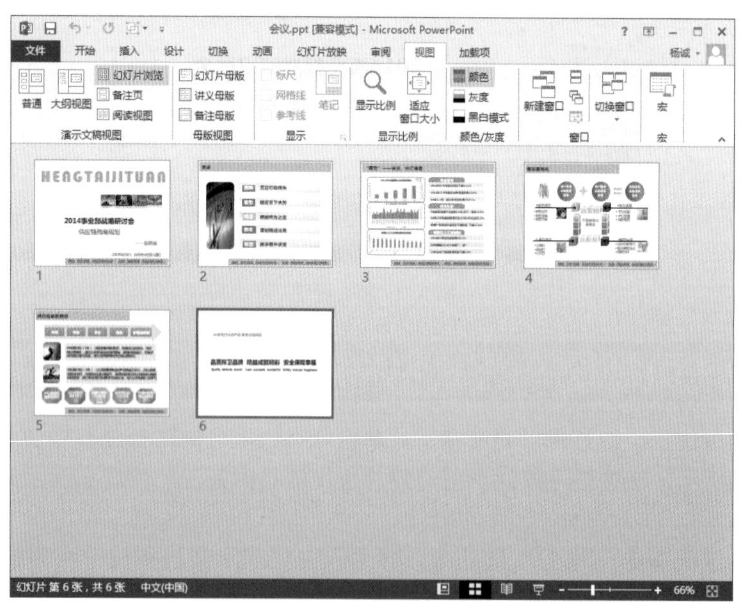

图1-24 幻灯片浏览视图

1.6.4 幻灯片放映视图

幻灯片放映视图可以用来放映演示文稿。幻灯片放映视图会占据整个计算机的屏幕，这与受众观看演示文稿时在大屏幕上显示的演示文稿完全一样。放映过程中直接单击该幻灯片，即可跳转至下一张幻灯片；若放映视图过程中需要退出该视图模式，按“Esc”即可完成。

具体查看方式可以先单击“视图”选项卡，然后单击“演示文稿视图”组中的“阅读视图”按钮，即可查看演示文稿的幻灯片放映视图，如图1-25所示。

图1-25 幻灯片放映效果

1.7 演示文稿的基本操作

1.7.1 新建演示文稿

在制作一个新的演示文稿之前，用户首先需要新建一个演示文稿，操作方式主要包括以下几种：

❶ 启动软件后新建演示文稿

01 从“开始”菜单启动或者直接双击桌面上的PowerPoint 2013快捷方式图标，即可启动PowerPoint 2013软件，显示如图1-26所示。PowerPoint 2013启动后，界面左侧为最近使用的文档，右侧为可以选择新建演示文稿的模板或主题。

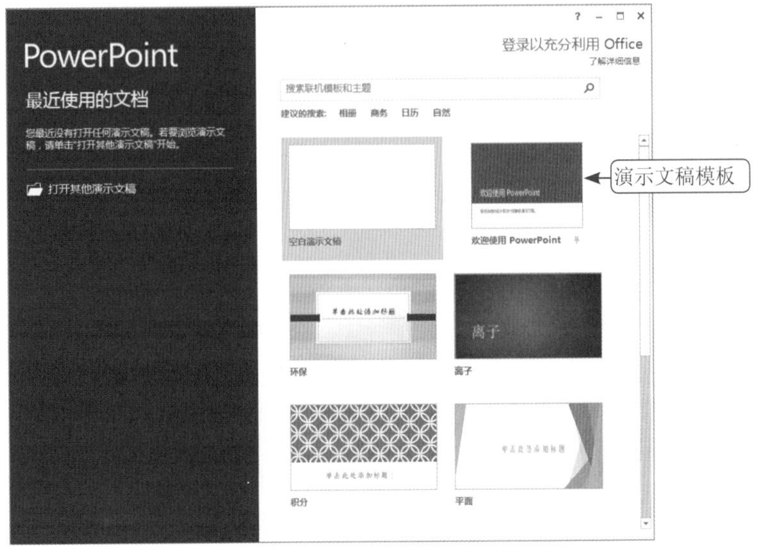

图1-26 PowerPoint 2013启动后界面

02 用户可以在右侧选择系统默认提供的新建演示文稿的模板或主题，也可以搜索联机模板和主题，在搜索框输入内容，然后单击搜索框右侧的搜索图标即可联机搜索，如图1-27所示，但是此操作的前提是保证电脑处于联网的状态。此外，如果新建的演示文稿没有模板，可以新建空白演示文稿，单击“空白演示文稿”，即可完成如图1-28所示的空白演示文稿的新建。空演示文稿的默认文件名为：演示文稿1、演示文稿2，以此类推，扩展名为.pptx。

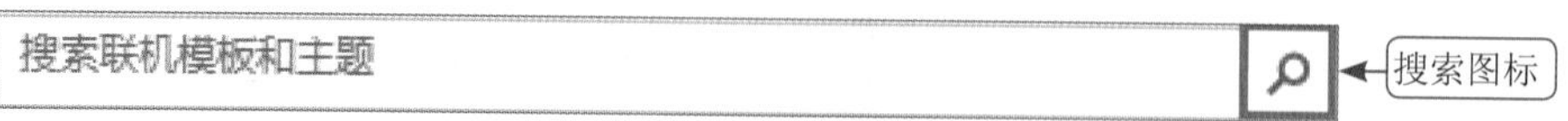

图1-27 联机搜索模板和主题

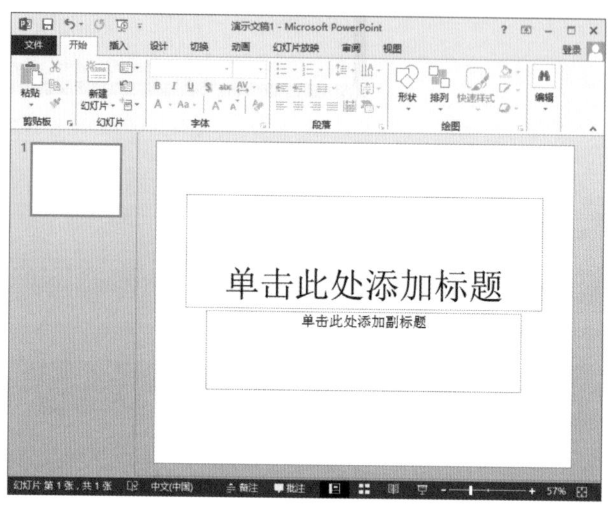

图1-28 新建空白演示文稿

❷ 使用鼠标右键新建幻灯片

在电脑桌面空白位置右击，单击“新建”，如图1-29所示，在弹出的快捷菜单中找到“Microsoft PowerPoint 演示文稿”，如图1-30所示，单击此选项，即可在桌面上新建一个空白演示文稿，其文件名为：新建 Microsoft PowerPoint 演示文稿.pptx，用户可以直接修改演示文稿的文件名。

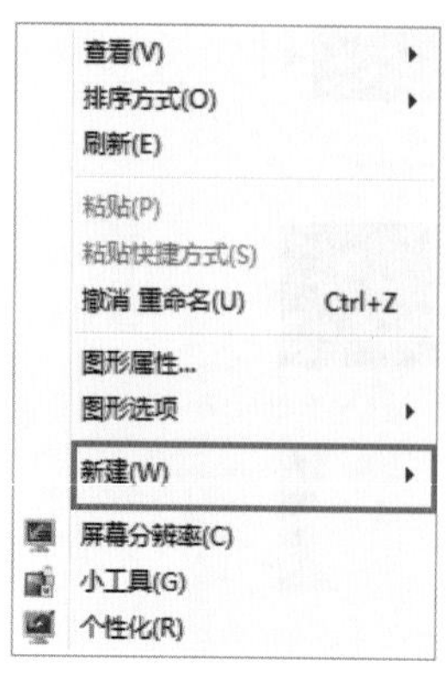

图1-29 单击“新建”

图1-30 选择演示文稿

小技巧

新建演示文稿的时候还可以通过快捷键“Ctrl+N”进行操作，在启动PowerPoint 2013软件之后，单击“Ctrl+N”即可新建一个演示文稿。

1.7.2 打开演示文稿

用户可以通过以下两种操作方式打开已有的演示文稿：

❶ 直接打开

用户可以在电脑中找到演示文稿存储的位置，鼠标左键双击该演示文稿或者右击，然后选择打开，即可打开该演示文稿。

❷ 启动软件后打开

先启动PowerPoint 2013软件，在界面左侧找到“打开其他演示文稿”，单击此选项，即出现了如图1-31所示的界面，通过系统提供的最近使用的演示文稿、OneDrive、计算机等方式找到演示文稿文件所在的存储位置，如图1-32所示，单击文件即可完成演示文稿的打开。若最近打开过此演示文稿，也可在界面左侧 “最近打开的演示文稿”下面找到该演示文稿，单击即可打开。

图1-31 打开其他演示文稿

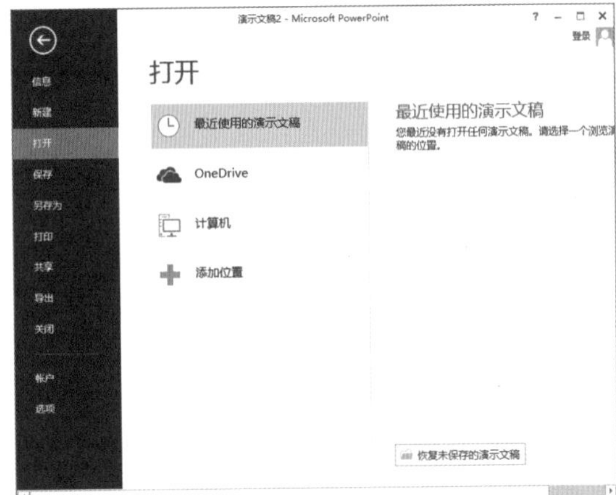

图1-32 打开方式

1.7.3 保存演示文稿

保存演示文稿时主要通过以下操作方式进行：单击“文件”，在下拉菜单中找到“保存”或“另存为”命令，单击该选项，系统将出现如图1-33所示的“另存为”界面，双击“计算机”，选择文件保存的位置，同时输入文件名以及选择文件保存类型后单击“保存”按钮，如图1-34所示。

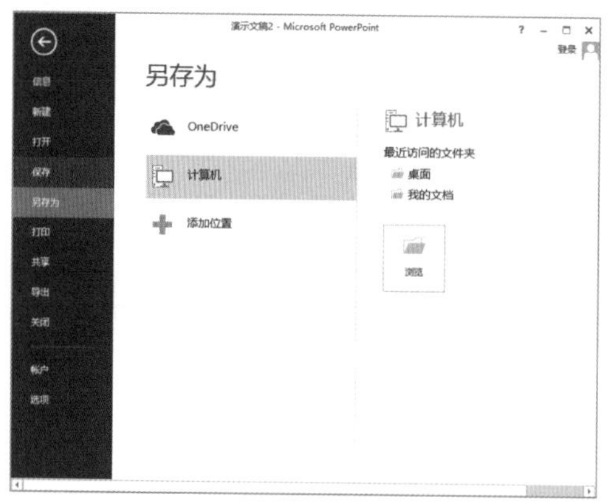

图1-33 “另存为”选项

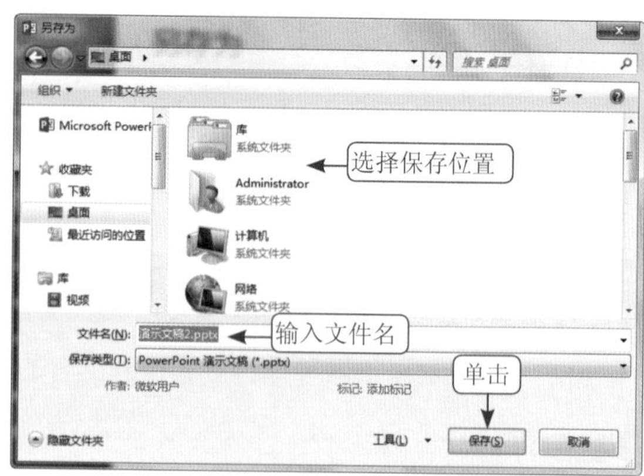

图1-34 保存演示文稿

小技巧

保存演示文稿的时候还可以通过快捷键“Ctrl+S”进行操作，或者在演示文稿的左上角找到图标，单击后根据以上操作介绍完成演示文稿的保存。用户在进行幻灯片编辑的过程中应该养成及时保存的好习惯，这样可以防止由于其他原因导致电脑出现问题，从而浪费了保存之前的大量工作量。同时也可以在PowerPoint选项中设置自动保存的间隔时间，让PowerPoint 2013自动为您保存。

1.7.4 关闭演示文稿

关闭演示文稿时主要通过以下操作方式进行：单击“文件”，在下拉菜单中找到“关闭”命令，单击该选项；或者单击演示文稿右上角的 × 按钮进行关闭，即可完成演示文稿关闭，如图1-35所示。如果在关闭演示文稿之前对演示文稿做了修改，但是没有保存，单击“关闭”命令之后，系统会提示是否保存，将出现如图1-36所示的提示，单击“保存”或“不保存”之后完成演示文稿的关闭。

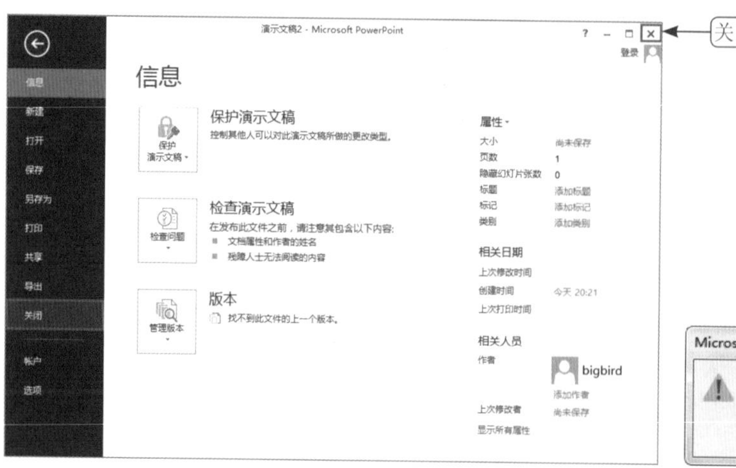

图1-35 关闭幻灯片

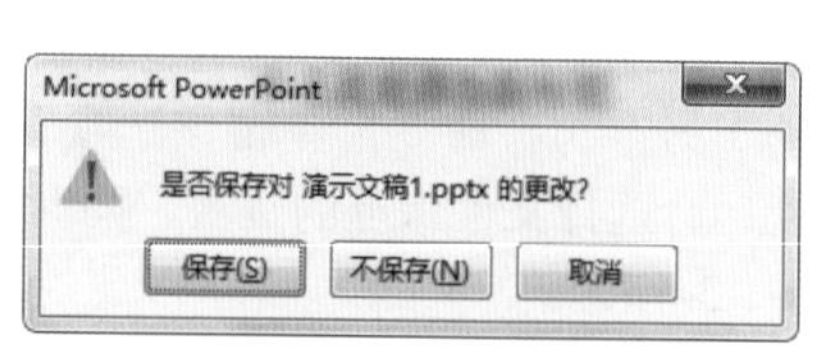

图1-36 提示信息

1.8 幻灯片基本操作

一个演示文稿通常是由多张幻灯片构成，在熟悉了演示文稿的基本操作之后，接下来需要对演示文稿中的幻灯片进行操作，下面将对新建幻灯片、编辑幻灯片、放映幻灯片以及删除幻灯片的基本操作进行介绍。

1.8.1 新建幻灯片

在创建好的演示文稿中，默认的只有一张幻灯片，用户可以根据需要新建多张幻灯片。常用的新建幻灯片方法包括以下几种，下面进行一一介绍。

① 通过功能区的“开始”选项卡新建幻灯片

启动PowerPoint 2013软件，打开创建好的演示文稿，单击“开始”选项卡，在“幻灯片”组中单击“新建幻灯片”按钮，如图1-37所示，选择需要新建幻灯片的种类，如图1-38所示，即可直接新建一个新的幻灯片。

图1-37 “新建幻灯片”按钮

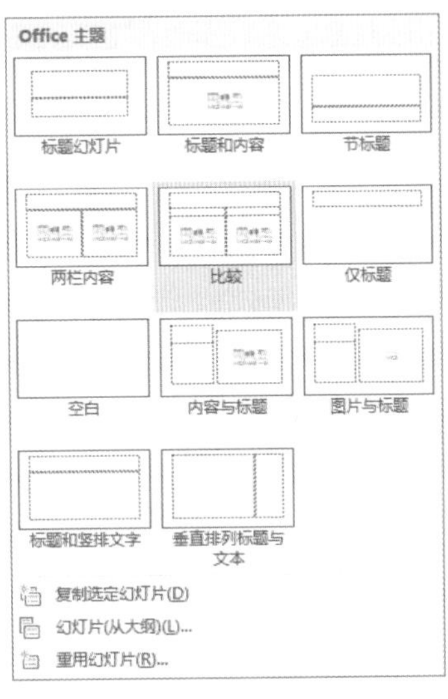

图1-38 选择新建幻灯片的种类

② 使用鼠标右键新建幻灯片

在“幻灯片/大纲”窗格的缩略图上或空白位置右击，在弹出的快捷菜单中选中“新建幻灯片”选项，如图1-39所示，系统即可自动创建一个新的幻灯片。

图1-39 新建幻灯片

小技巧

新建幻灯片的时候，还可以使用“Ctrl+M”组合快捷键快速创建新的幻灯片。

1.8.2 编辑幻灯片

幻灯片创建之后，用户可以对幻灯片进行布局编辑，主要通过以下两种操作方式进行：

❶ 通过"开始"选项卡编辑幻灯片

单击"开始"选项卡，在"幻灯片"中单击"版式"按钮，如图1-40所示，从弹出的下拉菜单中可以选择幻灯片的版式，即可为幻灯片进行布局，如图1-41所示。

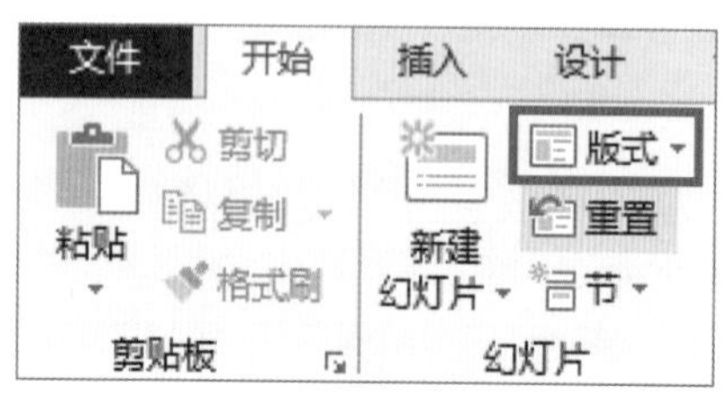

图1-40 单击"版式"按钮

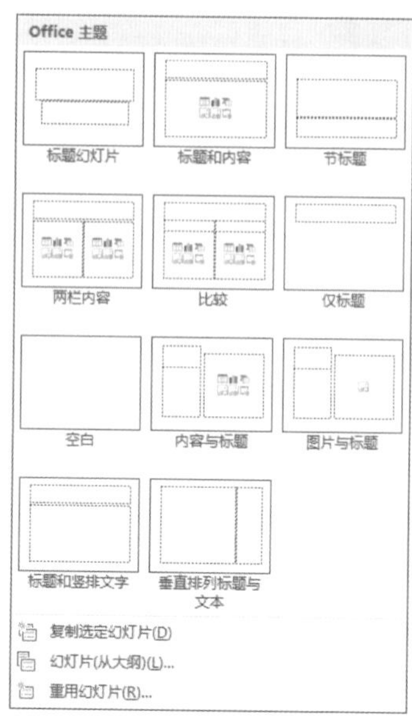

图1-41 选择幻灯片版式

❷ 使用鼠标右键编辑幻灯片

在"幻灯片/大纲"窗格的缩略图上右击，在弹出的快捷菜单中选择"版式"选项，如图1-42所示，然后选择要应用的新的幻灯片版式，如图1-43所示。

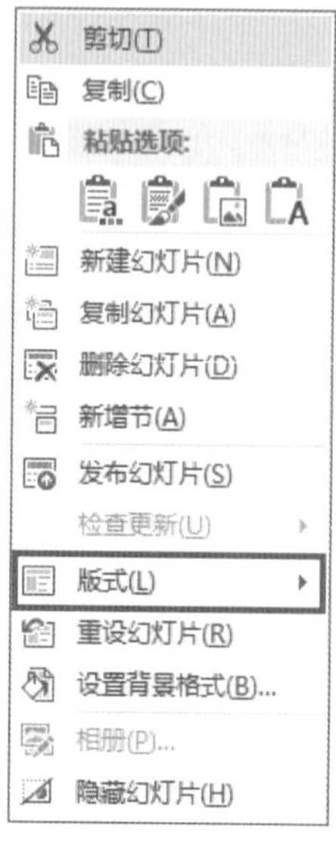

图1-42 选择"版式"选项

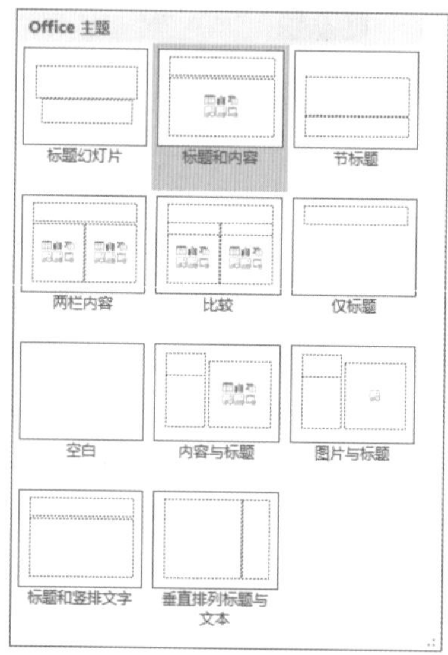

图1-43 选择幻灯片版式

1.8.3 放映幻灯片

幻灯片制作好之后，便可以对演示文稿进行放映了，PowerPoint 2013放映幻灯片的具体操作如下：单击“幻灯片放映”选项卡，在“开始放映幻灯片”组中选择放映幻灯片的方式，主要包括“从头开始”和“从当前幻灯片开始”按钮，根据需要选择这两种方式进行幻灯片的放映，如图1-44所示。

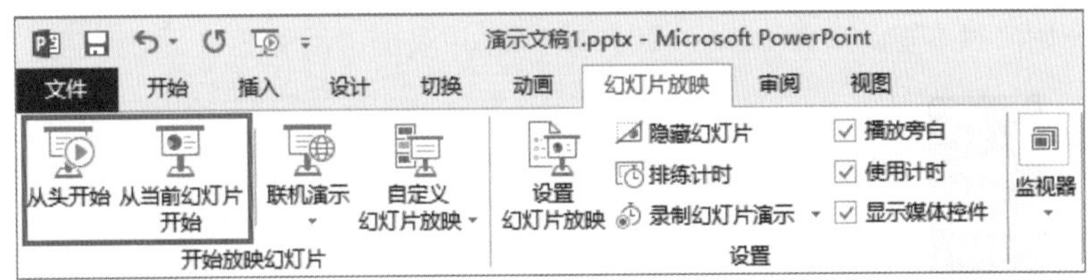

图1-44 放映幻灯片

小技巧

幻灯片放映时还可以使用“F5”快捷键进行幻灯片的“从头开始”放映；也可以使用“Shift+F5”快捷键进行幻灯片的“从当前幻灯片开始”放映。此外，幻灯片放映方式还包括通过单击演示文稿右下角的 图标进行放映，放映方式为“从当前幻灯片开始”。

1.8.4 删除幻灯片

创建幻灯片之后，若发现不需要那么多的幻灯片，此时可以删除多余的幻灯片。具体操作步骤如下：在“幻灯片/大纲”窗格中，选中需要删除的幻灯片的缩略图，然后右击，在弹出的快捷菜单中选择“删除幻灯片”选项，如图1-45所示。此时该张幻灯片将被删除，并从“幻灯片/大纲”窗格的缩略图中消失。

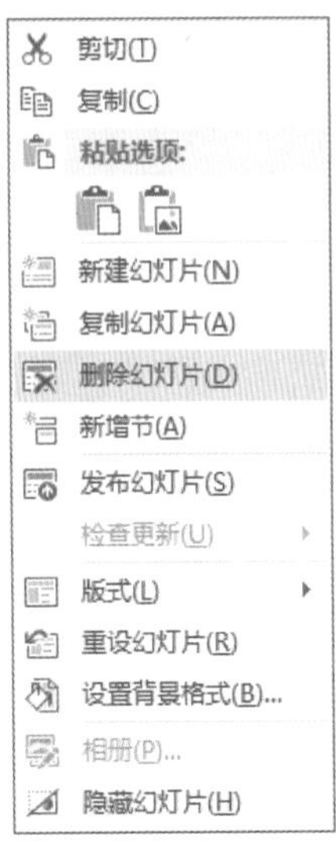

图1-45 删除幻灯片

1.9 实例：制作一个简单的PPT文稿

本章带领读者与PowerPoint 2013进行了一次亲密接触，介绍了PowerPoint 2013的基础操作，通过本章的学习，用户完全可以自己制作出一份简单的PPT文稿。下面结合本章讲述的知识点来制作一个简单的PPT文稿，以进一步巩固所学知识。

01 从“开始”菜单启动PowerPoint 2013软件，并双击“回顾”主题，如图1-46所示。

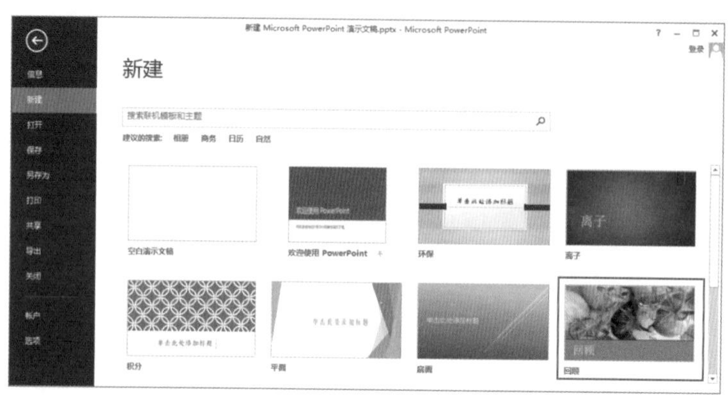

图1-46 应用“回顾”主题

02 分别在第一张幻灯片的主标题和副标题位置输入“PowerPoint使用指南”和“手把手教您成为POWERPOINT高手”文字，设置标题文字字体为微软雅黑，字号为80，副标题为宋体24号，如图1-47所示。

图1-47 输入文字

03 在“插入”选项卡中的“插图”组中单击“形状”按钮，如图1-48所示。在弹出的下拉菜单中单击“笑脸”形状，鼠标变成了十字型，拖动即可画出“笑脸”形状，注意按住键盘上的“Shift”键可以画出正圆的笑脸，如图1-49所示。

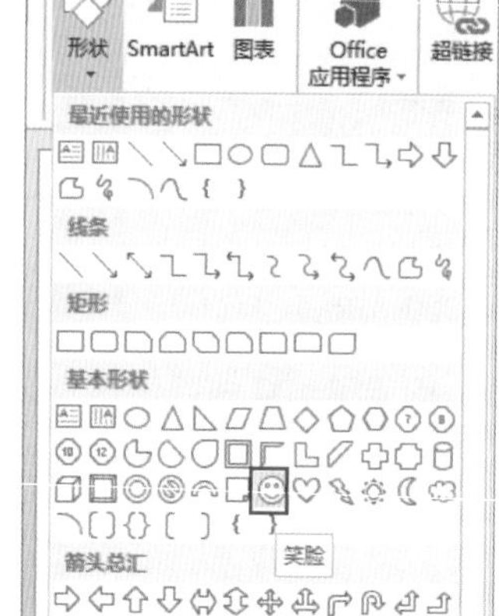

图1-48 插入形状

图1-49 插入后的效果

04 在“开始”选项卡中的“幻灯片”组中单击“新建幻灯片”按钮，在弹出的下拉菜单中选择两栏内容的版式，插入第二张幻灯片，如图1-50所示。

图1-50 插入第二章幻灯片

05 在文本框中输入文字，并根据需要设置相应的字体，如图1-51所示。

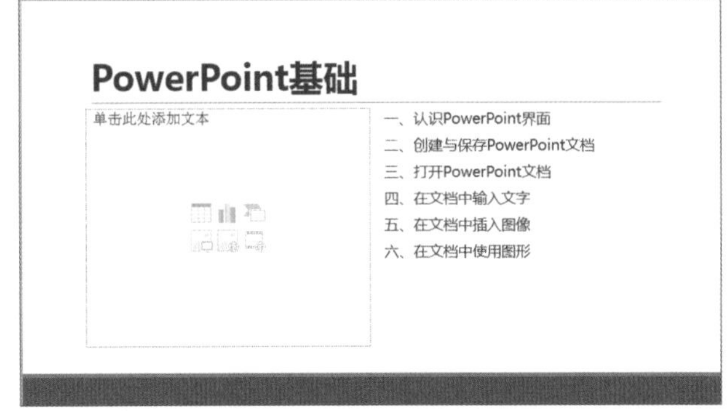

图1-51 插入文本并修改字体

06 单击左侧的“联机图片”按钮，在弹出的对话中搜索关键字“powerpoint”，然后在搜索结果中选择要插入的图片，单击“插入”按钮插入到第2张幻灯片中，如图1-52所示，结果如图1-53所示。

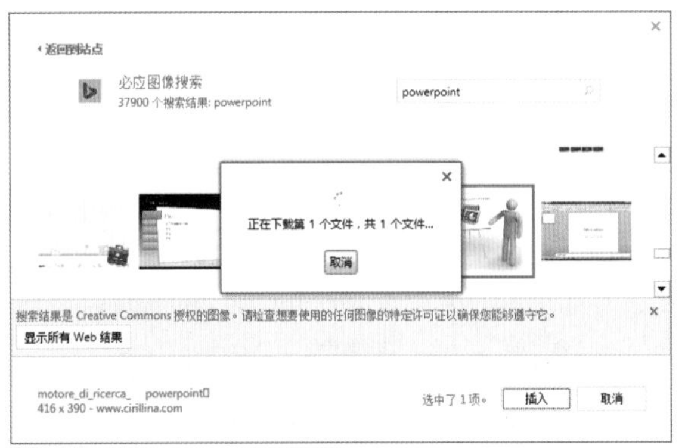

图1-52 插入联机图片

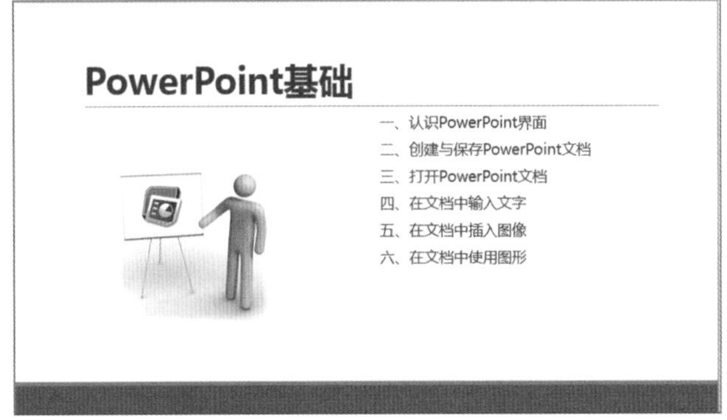

图1-53 第二张幻灯片结果

第2章 在幻灯片中使用文本

——全面掌握幻灯片中的文本使用方法

文本是幻灯片中不可或缺的组成元素，合理高效地使用文本可以使幻灯片的排版更加美观，增强幻灯片的感染力，从而给幻灯片的观众留下更加深刻的印象。在PowerPoint 2013中，可以通过多种方式为幻灯片插入文本，并且可以对文本进行多方位的格式设置。本章我们就来详细介绍PowerPoint 2013中如何高效便捷地使用文本。

通过本章的学习，您将掌握以下内容：

- 文本的输入方法
- 文本的格式设置
- 文本的编辑
- 项目符号与编号的使用

2.1 输入多种文本

输入文本有多种方法，可以在占位符中输入文本、使用文本框添加文本以及导入外部文本，下面我们就来学习这些输入文本方法。

2.1.1 在占位符中输入文本

① 认识占位符

占位符，一种带有虚线边缘的框，绝大部分幻灯片版式中都有这种框。在这些框内可以放置标题及正文，或者是图表、表格和图片等对象。通俗地说，占位符就是用来先占住版面的一个固定位置，供用户向其中添加内容的。如图2-1所示即为两种常用的占位符。

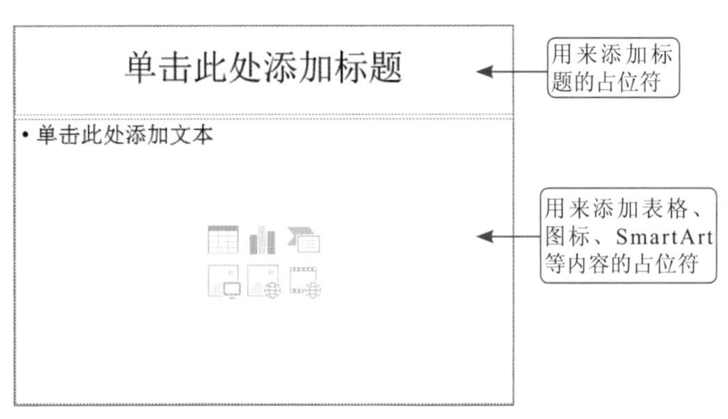

图2-1 占位符的概念

② 在占位符中输入文本

在PowerPoint 2013演示文稿中输入文本非常简单，直接单击“单击此处添加文本”之类的提示语，就可以进入文本输入模式，直接输入文本即可。下面介绍在占位符中输入文本的具体操作方法。

01 启动PowerPoint 2013，在左侧大纲区选择准备输入文本的幻灯片缩略图。

02 单击准备输入文本的占位符，此时光标变为输入模式，并在占位符中闪烁，用户输入文本即可，如图2-2所示。

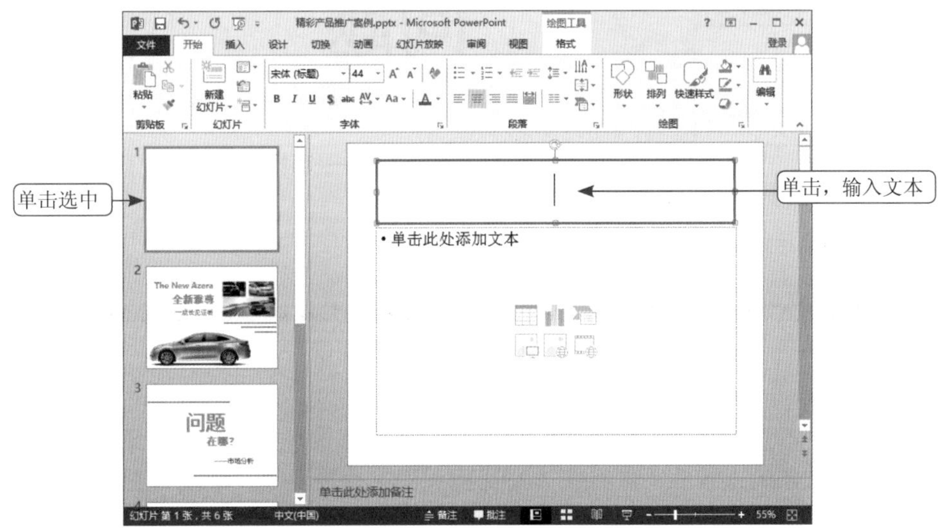

图2-2 占位符中输入

小知识　如何插入占位符

读者可能会产生这样的疑问，既然占位符使用这么方便，那么该如何插入占位符呢？其实，占位符不能在普通模式下插入，只能在母版模式下插入，进入母版视图，选择插入占位符，具体操作请读者参照本书母版章节。

2.1.2 使用文本框添加文本

① 认识文本框

在制作演示文稿的过程中，用户可能需要将文本放置到幻灯片页面的特定位置上，此时就可以通过插入文本框的方式实现这一排版要求。文本框，顾名思义，就是存放文本的容器，它可以方便地改变大小和位置，相对于占位符来说，文本框使用更加灵活，因此也广泛受到了PPT制作者的钟爱。

② 使用文本框添加文本

使用文本框添加文本非常简单，下面介绍使用文本框添加文本的具体操作方法。

01 启动PowerPoint 2013，依次单击“插入”选项卡→“文本框”模块，选择“横排文本框”或者“垂直文本框”，如图2-3所示。

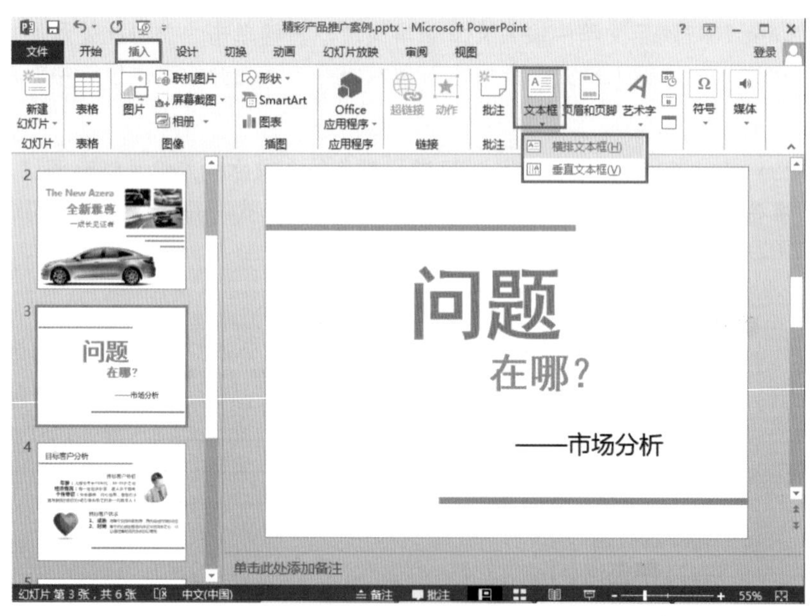

图2-3　添加文本框之前的幻灯片

02 在需要插入文本的地方，按住鼠标左键，拖动绘制大小合适的文本框，此时用户便可以在固定宽度的文本框中输入内容了，如图2-4所示。另外也可在幻灯片需要插入文本的位置直接单击，进入文本输入模式，此时文本框宽度不固定，需要用户利用键盘上的回车键自行换行。

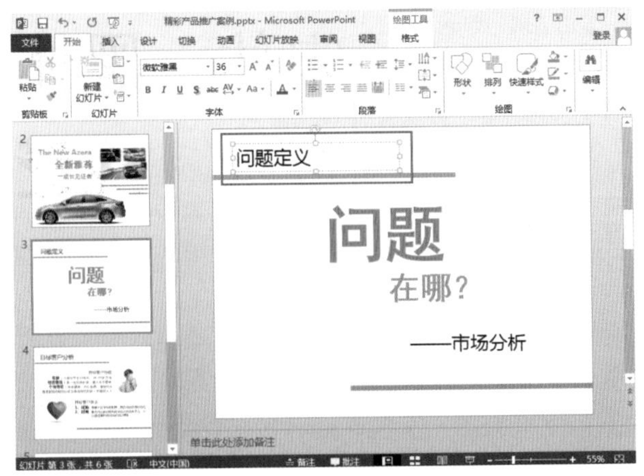

图2-4 利用文本框插入文本之后的幻灯片

2.1.3 导入外部文本

在制作演示文稿的过程中，常常会遇到要将Word中的文字导入到PPT的情况，因此掌握如何有效地导入外部文本十分重要，下面介绍导入的具体方法和注意事项。

01 在Word中，选中需要导入的文本，并复制到剪切板。

02 在幻灯片需要导入文本的地方，右击，根据粘贴要求选择相应的粘贴选项，此时PPT自动为所导入的文字添加一个文本框，这样Word中的文本便导入到PPT中了。同样的方法，也可以将文字导入到已有的占位符或者文本框中。如图2-5所示（这4种粘贴选项分别为：①套用目标幻灯片主题；②保留源格式；③仅保留文字内容；④粘贴为图片）。

图2-5 粘贴选项

小技巧

导入外部文本可以用到的快捷键依次为复制（Ctrl+C）、剪切（Ctrl+X）、粘贴（Ctrl+V）、选择性粘贴（Ctrl+Alt+V）。

2.2 设置文本格式

在演示文稿的设计过程中，文本常常不宜过多，且是突出演示主题的关键要素，因而在“寸字寸金”的幻灯片中，文本格式就显得尤为重要，字符的格式包括字体、字号、颜色、效果、字间距等内容，下面我们就来学习这些字符格式的设置方法。

2.2.1 设置文本字体格式 

① 设置字体

所谓字体，指的是文字的风格样式。在演示文稿的设计过程中，一种合适的字体常常能起到画龙点睛的效果，因此选用合适的字体十分重要。不同字体所体现出来的风格特点各有不同，下面简单列举了几款常用字体的特点，如图2-6所示：

宋体　黑体　楷体
仿宋　综艺　隶书

图2-6 常用的字体样式

- 宋体：客观、雅致、大气、通用。西方拼音文字的印刷体都沿用了中文宋体的韵味，并公认为是国际化字体。这种最普通、最平淡的字体其实是最美、最永恒的字体。
- 黑体：厚重、抢眼。多用于标题制作，有强调的效果。
- 楷体：清秀、平和，带书卷味。它是近、现代印刷品中追求书卷味的产物，多用于启蒙教材。在专业书籍中多用于主观文字当中。
- 仿宋：权威、古板。是早期中文打字机的专用字体，由于那种打字机多用于国家机关，因此仿宋体至今仍是红头文件的专用字体。印刷品中使用仿宋体给人某种权威的感觉，一般用于观点提示性阐述。
- 综艺：艺术、专业、现代感。一种设计味较浓的字体，可表现一种艺术的时尚，但如果滥用则有矫揉造作之嫌。
- 隶书：在书法作品中，隶书含中有露、刚柔并济，是很雅的一种，表现力十分丰富，但是不适合大篇幅使用。

下面介绍字体设置的具体操作方法，如图2-7所示：

01 用鼠标选中PPT中要更改字体的文本。

02 选中文本后，PPT会自动在选中文字附近弹出快速设置文本格式的浮动工具栏（如未弹出或者弹出后消失，可以右击使浮动工具栏再次弹出），此时单击字体下拉列表框右侧的小三角，便可以进行字体选择。或者在“开始”选项卡中的“字体”组中进行设置，方法与浮动工具栏设置方法相同。

图2-7 字体设置方法

根据笔者制作演示文稿的经验，推荐使用“微软雅黑”、“黑体”等无衬线字体，而要减少使用“宋体”等有衬线字体。字体的选配既要符合演示文稿的内容、感情，也要符合演示文稿播放的场合，还需要读者在日后的练习中慢慢体会。

小技巧

推荐几个找字体的网站：（1）找字网（http://www.zhaozi.cn/）；（2）方正字库；（3）书法字典（http://www.shufazidian.com/）；（4）求字网（http://www.qiuziti.com/）。

有衬线字体和无衬线字体：有衬线字体在字的笔画开始、结束的地方有额外的装饰，而且笔画的粗细会有所不同。相反的，无衬线字体就没有这些额外的装饰，而且笔画的粗细差不多。在传统的正文印刷中，普遍认为衬线体能带来更佳的可读性（相比无衬线体），尤其是在大段落的文章中，衬线增加了阅读时对字母的视觉参照。而无衬线体往往被用在标题、较短的文字段落或者一些通俗读物中。相比严肃正经的衬线体，无衬线体给人一种休闲轻松的感觉。

② 设置字号

在PowerPoint 2013中，字号用阿拉伯数字来表示大小，数字越大字越大，这些数字的单位为“磅”。

下面介绍字号设置的具体操作方法，如图2-8所示：

01 用鼠标选中PPT中要更改字体的文本。

02 选中文本后，PPT会自动在选中文字附近弹出快速设置文本格式的浮动工具栏（如未弹出或者弹出后消失，可以右击使浮动工具栏再次弹出），此时单击字号下拉列表框右侧的小三角，便可以进行字号选择。或者在“开始”选项卡中的“字体”组进行设置，方法如浮动工具栏设置方法。

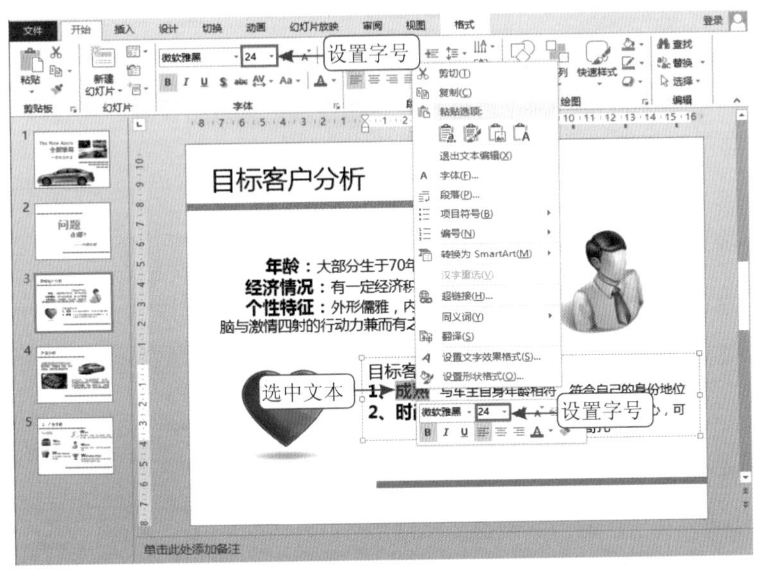

图2-8 字号设置方法

小知识　磅的概念

磅，即pt，是英文point的缩写，中文译成磅。它的来源是过去印刷工人为决定字体的大小，就用自己脚（feet）的多少分之一来量。美国为此还有多种不同的pt的大小，到1886年才统一下来，即1磅为1/72in，等于0.3527mm。

在“开始”菜单的“字体”组中，通过A A 这两个按钮可以逐渐增大或者减小字号，其快捷键是“Ctrl+>”和“Ctrl+<”，另外，快捷键“Ctrl+[”和“Ctrl+]”，也可以让字体慢慢变大和缩小。

③ 设置其他字体格式

不论是上述提到的字体字号的设置，还是其他字体格式的设置操作起来都非常简单。用户可以在“开始”选项卡中的“字体”选项组中进行设置，如图2-9所示。或者在选择文本后出现的浮动工具栏中进行设置，如图2-10所示。

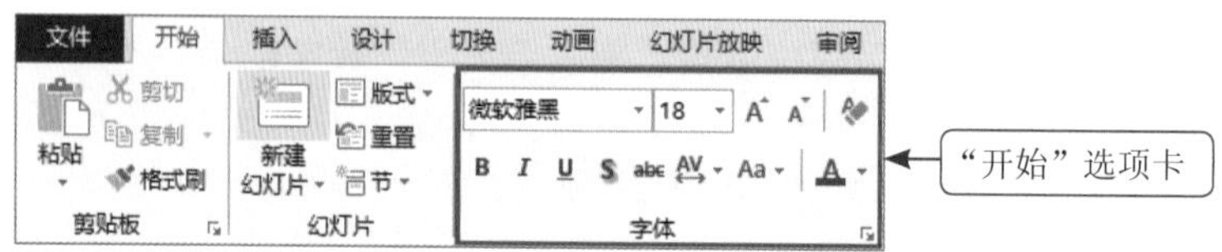

图2-9 通过“开始”选项卡进行设置

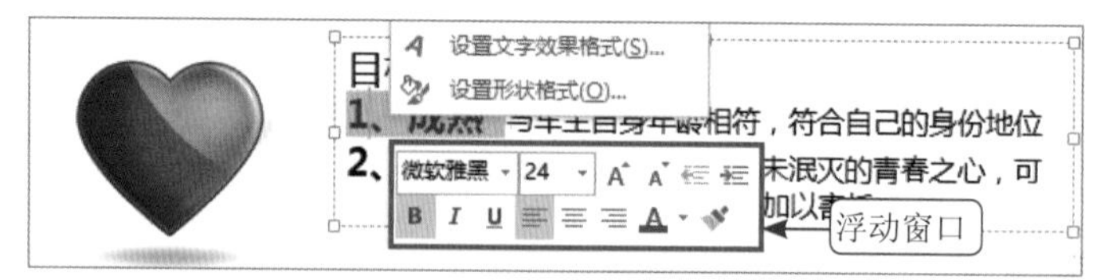

图2-10 通过浮动工具栏进行设置

如果想要进行更多的设置，则可以打开“字体”对话框进行设置。通过以下任何一种方式都可以打开“字体”对话框。

- 单击“字体”右下方的展开按钮；
- 通过鼠标右键选择“字体”命令；

“字体”选项卡和“字符间距”选项卡分别如图2-11和图2-12所示。

图2-11 “字体”对话框的“字体”选项卡

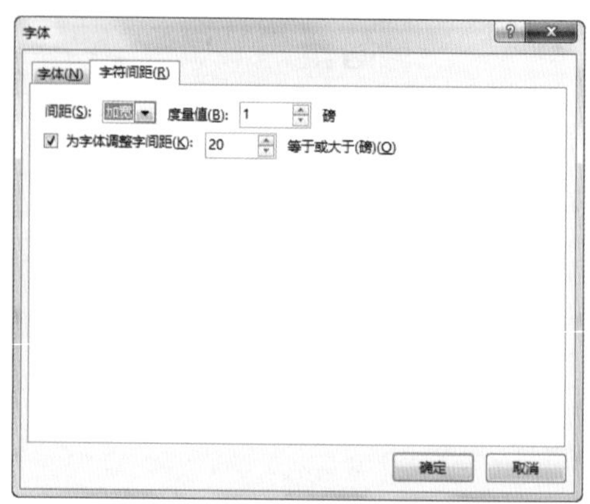

图2-12 “字体”对话框的“字符间距”选项卡

从图中可以看到，“字体”对话框分“字体”和“字符间距”两个选项。在“字体”选项卡中可以设置“中文字体”、“西文字体”、“字体样式”、“大小”、“字体颜色”、“下划线线型”、“上标”、“下标”等效果。在“字符间距”选项卡中可以设置“间距”等。

2.2.2 设置文本效果格式

文本字体格式只能满足用户对文本格式的基本设置需求，用户如果想做出效果更加炫丽的文本格式，就需要进行文本效果格式的设置，下面我们就来学习这些文本效果格式的设置方法。

PowerPoint 2013为我们提供了20款精美的艺术字样式预设，选中需要设置文本效果的文本，单击“格式”选项卡，在“艺术字样式”组选择相应的艺术字样式预设（如图2-13所示），就可以方便快捷地为所选文字设置精美的艺术字样式。

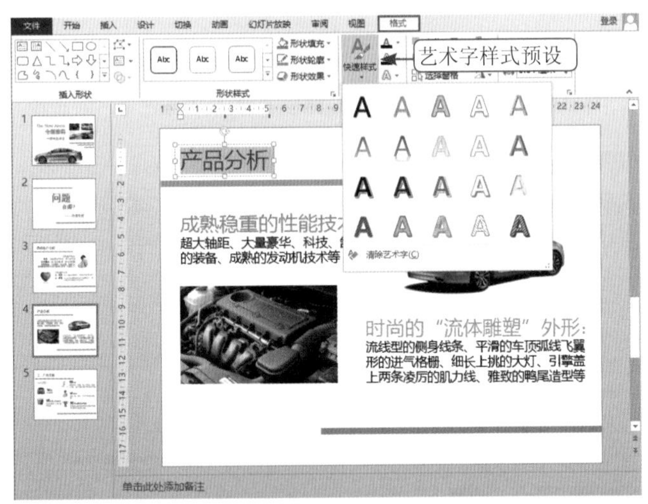

图2-13 设置艺术字样式方法

如果PowerPoint 2013提供的20款原装艺术字样式预设不能满足用户需求，用户还可以根据自己的需求个性化定制艺术字样式。单击“艺术字样式”组中的“文本填充”、“文本轮廓”以及“文本效果”可以分别对样式效果进行设置。此外用户还可以单击“艺术字样式”右下方的展开按钮，对艺术字样式进行更加细致的设置，如图2-14所示。

图2-14 设置艺术字样式

小知识 拾色器的概念

拾色器，顾名思义，即拾取颜色的工具，这是PowerPoint 2013中新增加的工具，相信熟悉其他平面设计软件的朋友一定对它不会陌生。拾色器可以很方便地拾取PPT页面中已有的颜色，从而更加方便地保证了页面中对象颜色的统一。在上述艺术字样式的设置中，就有拾色器，感兴趣的朋友可以体验一下。

2.3 编辑文本

2.3.1 复制与移动文本

在对文本进行编辑时，我们首先需要选取文本，然后才能对其进行操作。复制文本和移动文本存在着一定的差别，复制后粘贴文本会保存复制前的文本内容，而移动文本则不会保留剪切前的文本内容。

❶ 复制文本

下面介绍复制文本的具体操作方法，如图2-15、图2-16所示。

01 用鼠标选中PPT中的文本。

02 右击选择“复制”或者直接按“Ctrl+C”，此时选中文本被复制到剪切板中。

03 在需要放置文本的位置右击，根据需要选择粘贴类型进行粘贴，或者直接按“Ctrl+V”，此时上一步所选择的文本则被复制到当前位置。

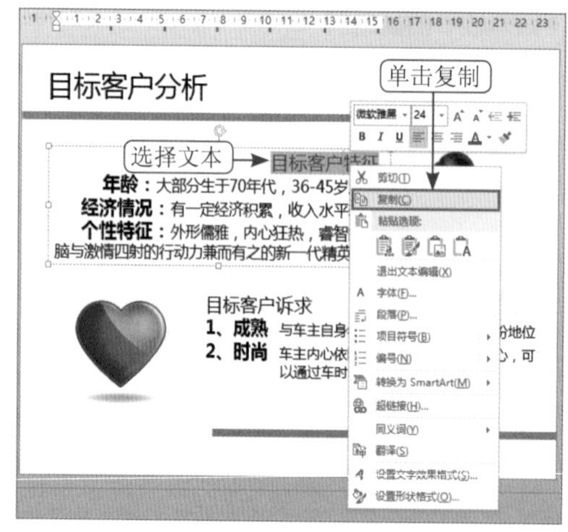

图2-15 复制文本

图2-16 粘贴文本

❷ 移动文本

移动文本和复制文本的操作十分相似，下面介绍移动文本的具体操作方法，如图2-17、图2-18所示。

01 用鼠标选中PPT中的文本。

02 右击选择“剪切”或者直接按“Ctrl+X”，此时选中文本被剪切到剪切板中，同时被选中文本消失。

03 在需要放置文本的位置右击，根据需要选择粘贴类型进行粘贴，或者直接按

“Ctrl+V”，此时上一步所选择的文本则被移动到当前位置。

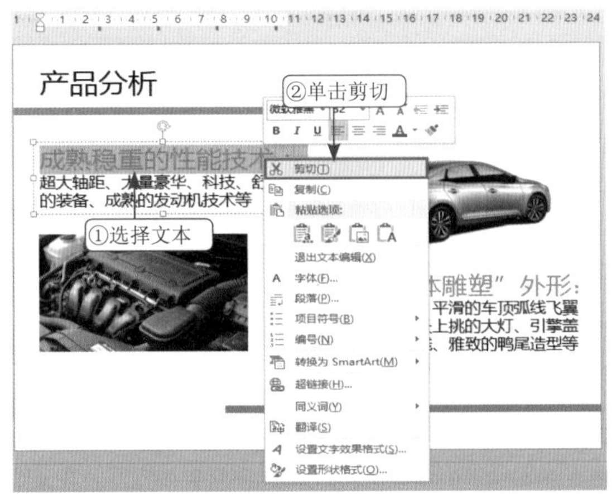

图2-17 剪切文本

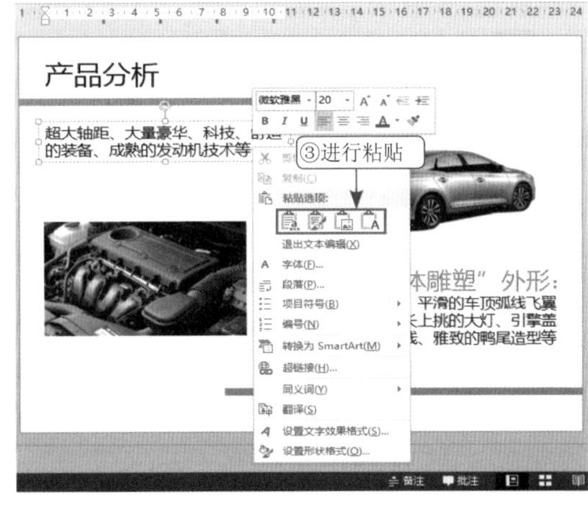

图2-18 粘贴文本

小技巧 快速复制移动文本

这里介绍一种非常便捷的复制移动文本方式，首先选中需要复制或者移动的文本，然后将选中文本拖到需要放置的地方，即可完成文本的移动。当拖动选中文本的同时，按住键盘上的“Ctrl”键，将文本拖到需要放置的地方，即可完成文本的复制。

2.3.2 查找与替换文本

当用户在对文字较多的演示文稿进行编辑时，找到文本中的某些文本可能非常麻烦。此时，利用PPT的“查找与替换文本”功能，便可以轻松地找到并且替换所有搜索的文本。

❶ 查找文本

下面介绍查找文本的具体操作方法。

01 用鼠标单击“开始”选项卡下面的“编辑”组内的“查找”按钮，如图2-19所示，或者按快捷键“Ctrl+F”。

02 弹出“查找”对话框后，即可输入需要查找的文本，然后单击“查找下一个”进行查找，如图2-20所示。

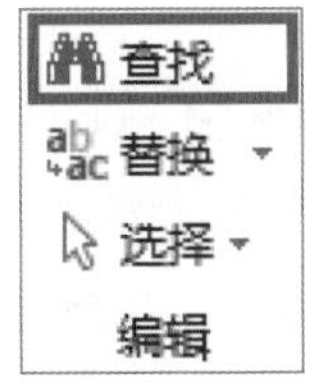

图2-19 单击“查找”按钮

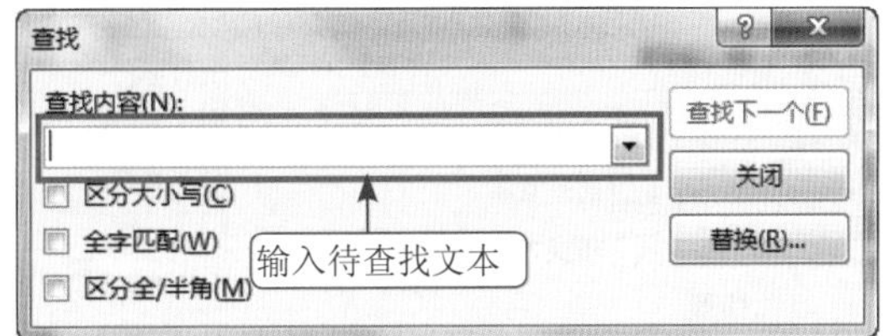

图2-20 输入查找文本

❷ 替换文本

替换文本与查找文本的操作十分相似，下面介绍替换文本的具体操作方法：

01 用鼠标单击“开始”选项卡下面的“编辑”组内的“替换”按钮，如图2-21所示，或者按快捷键“Ctrl+H”。

02 弹出“替换”对话框后，即可输入需要替换的文本和替换后的文本，然后单击“全部替换”即可将文件中待替换文本全部替换为替换后文本，或者依次单击“查找下一个”与“替换”按钮对待替换文本逐个替换，如图2-22所示。

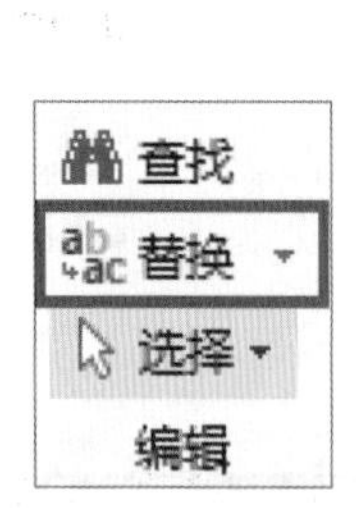

图2-21 单击“替换”按钮

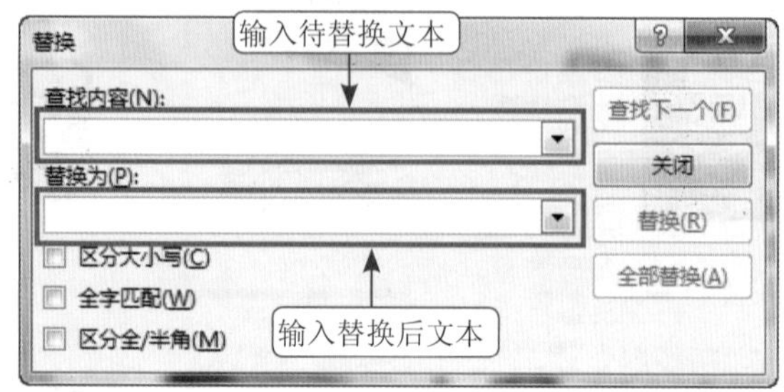

图2-22 输入文本

2.4 设置文本段落格式

2.4.1 设置对齐方式

段落对齐方式包括左对齐、右对齐、居中对齐、两端对齐和分散对齐等，下面为读者一一介绍。

鼠标选中某一需要更改的段落，选择“开始”选项卡中的“段落”组中的段落对齐按钮即可更改段落的对齐方式，如图2-23所示。也可以单击“段落”右下角的小三角，在弹出的“段落”对话框中对段落的对齐方式进行设置，如图2-24所示。

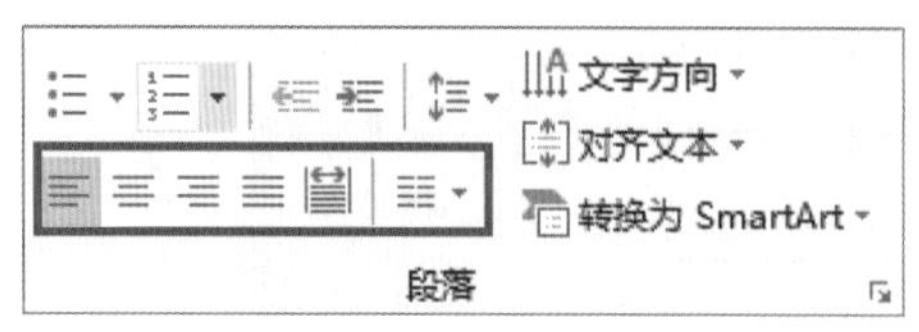

图2-23 设置对齐方式

图2-24 选择对齐方式

其中：

- 左对齐：是指文本的左边缘与左页边距对齐。

- 居中：是指文本相对于页面以居中的方式排列。
- 右对齐：是指文本的右边缘与右页边距对齐。
- 两端对齐：是指文本的左右两端的边缘分别与左页边距和右页边距对齐。
- 分散对齐：是指文本左右两端的边缘分别与左页边距和右页边距对齐，如果段落最后的文本不满一行，将自动拉开字符间距，以使该行文本均匀分布。

2.4.2 设置缩进方式

段落缩进指的是段落中的文本相对于页面边界的位置。段落缩进的方式包括左缩进、右缩进、悬挂缩进和首行缩进等。下面为读者一一进行介绍。

在PPT中，通过水平标尺的缩进滑块可以进行缩进设置。首先单击“视图”选项，找到“标尺”，将其前面的勾选框选中即可看到水平标尺和垂直标尺。这里主要通过水平标尺进行操作。如图2-25和图2-26所示。找到标尺上的滑块，由倒立三角形、正立三角形和矩形构成。按住鼠标左键分别进行拖动即可完成相应的缩进。

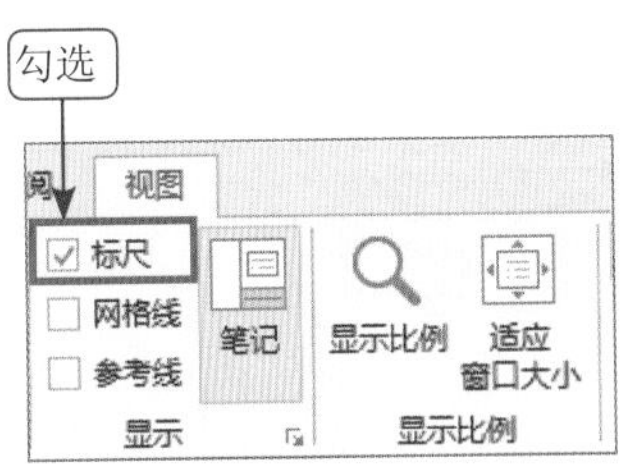

图2-25 选择“标尺”

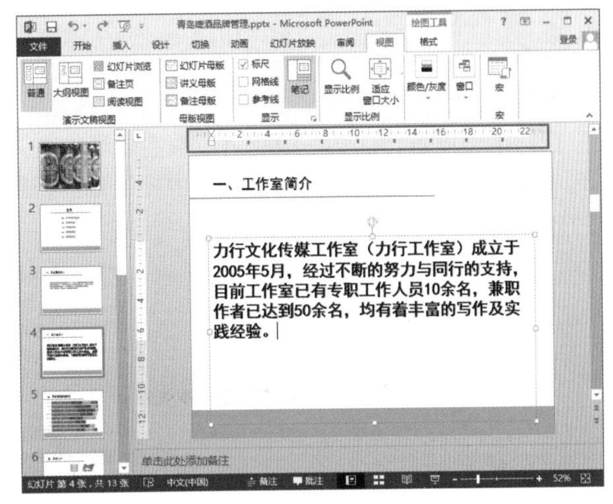

图2-26 设置缩进

下面对缩进方式进行具体介绍。

- 悬挂缩进：是指段落首行的左边界不变，其余各行向右缩进一段距离，其形状为正立三角形。
- 首行缩进：只是段落首行向左或向右缩进一段距离，其余各行保持不变，其形状为倒三角形。
- 左缩进：将段落整体向右进行缩进，其形状为矩形。
- 右缩进：将段落整体向左进行缩进，在水平标尺的右侧，形状为正立三角形。

注意

使用标尺上的滑块进行悬挂缩进时，需要在已设置首行缩进的基础上进行，否则将可能达不到理想的结果。

另外，还可以在“段落”对话框中的“缩进”区对首行缩进和悬挂缩进进行设置。鼠标选中某一需要更改的段落，单击“开始”选项卡中“段落”右下角的小三角，在弹出的“段落”对话框中找到“缩进”区，对段落的缩进方式进行设置，如图2-27和图2-28所示。

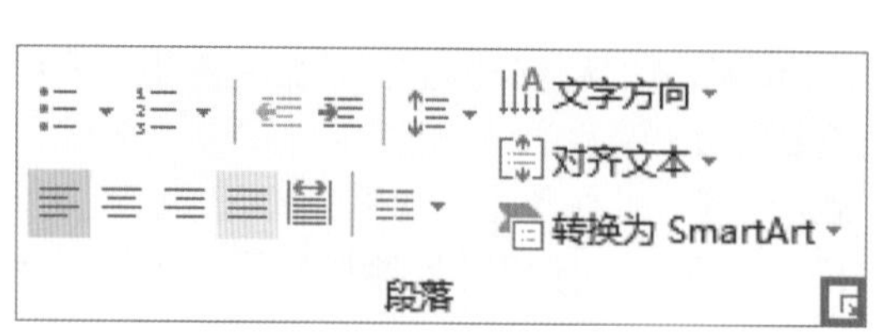

图2-27 设置缩进

图2-28 设置缩进量

2.4.3 设置行距和间距

段落的行距和间距包括段前距、段后距和行距。可以通过单击“段落”组中的“行与段落间距”按钮进行设置，如图2-29所示。数字代表的是几倍的行距，如2.0即为2倍行距。设置的时候先选中段落文本，然后单击该按钮选中要设置的行距数字即可。

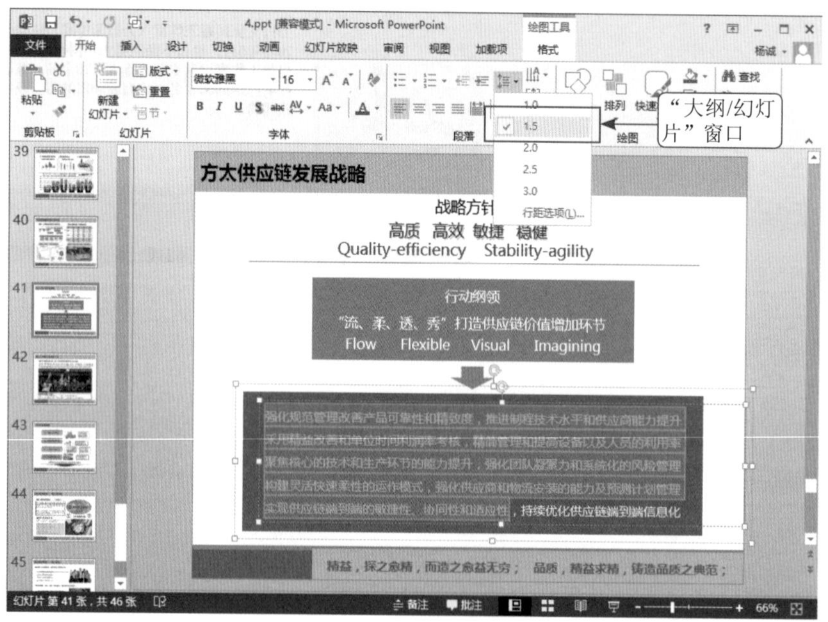

图2-29 设置行距

如果要进行更加详细的设置，可以单击“行距选项”或者直接单击“开始”选项卡中“段落”右下角的小三角，在弹出的“段落”对话框中设置段落的行距和间距，如图2-30所示。

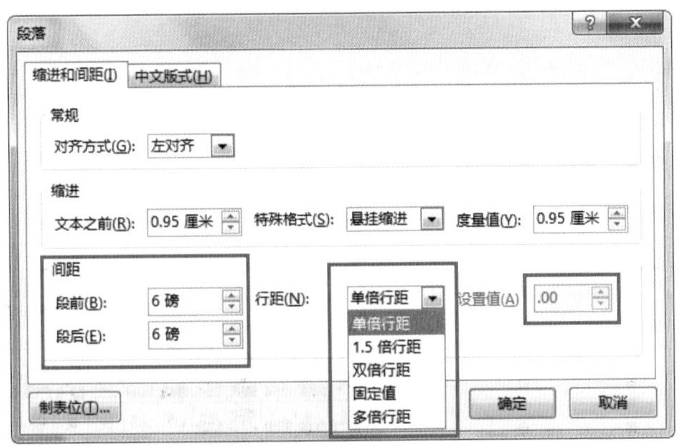

图2-30 设置行距、间距

在对话框的“间距”区，有“段前”和“段后”两个选项，可以通过上下按钮调整数值，也可以直接输入数值进行设置，以定义段前和段后的距离；如果需要设置行与行之间的距离，在“行距”选项中选中需要设置的行距，也可以在后面的设置值微调框中输入精确的数据来更改行距。

2.5 使用项目符号和编号

在PPT中，为了使文本具有清晰的层次结构，常常会大量使用项目符号和编号。本节就来探讨项目符号和编号的一些基本和特殊的用法。

2.5.1 使用项目符号

❶ 添加普通符号

下面我们举例说明普通符号的添加方法。

01 打开文件，选中要添加普通符号的段落，如图2-31所示。

02 在“段落”选项组中，单击“项目符号”按钮 旁边的下拉箭头，可以看到一些简单的项目符号，如图2-32所示。如果想使用其中的一个，可以直接选中符号即可。

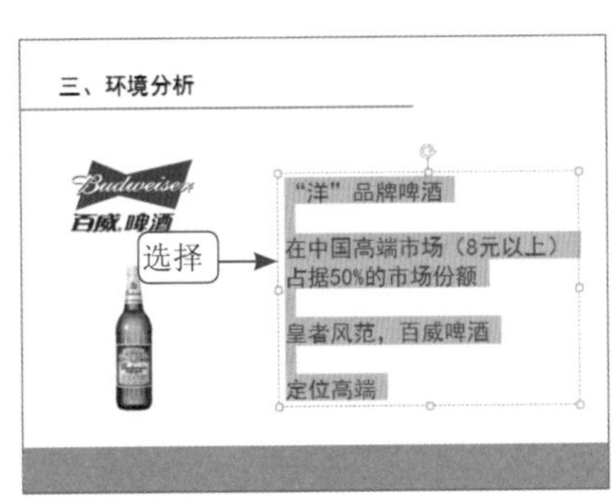

图2-31 选择要定义的内容

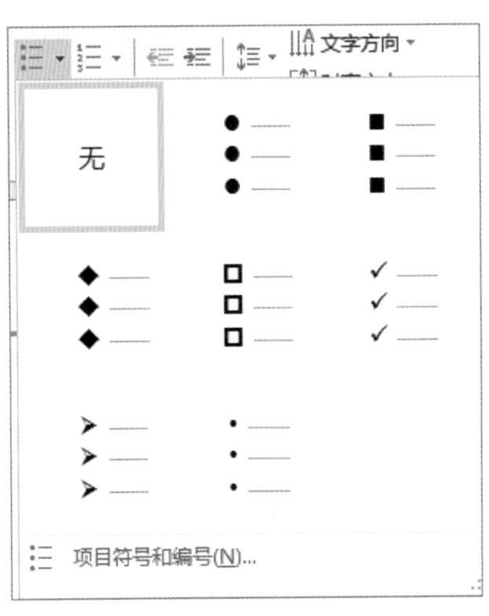

图2-32 单击“项目符号”

03 如果要选择更多的项目符号，可以在“格式”菜单中单击“项目符号和编号”选项，打开“项目符号和编号”对话框，如图2-33所示。打开“项目符号”选项卡，然后单击“自定义”按钮，可以看到里面提供了很多的符号，如图2-34所示。通过不同的“字体”选项来改变符号，然后选中一个符号，单击“确定”按钮。

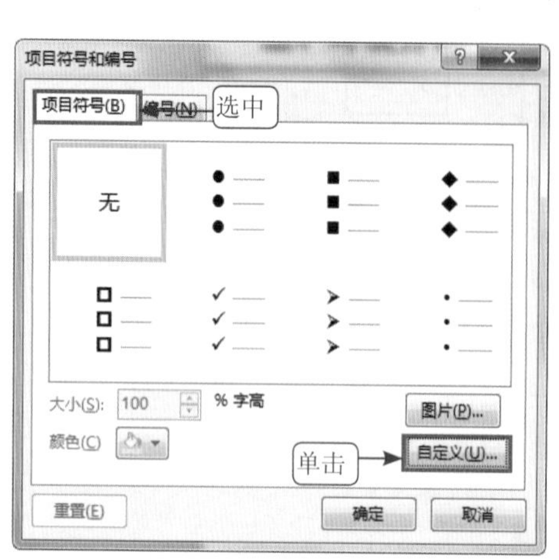

图2-33 “项目符号和编号”对话框

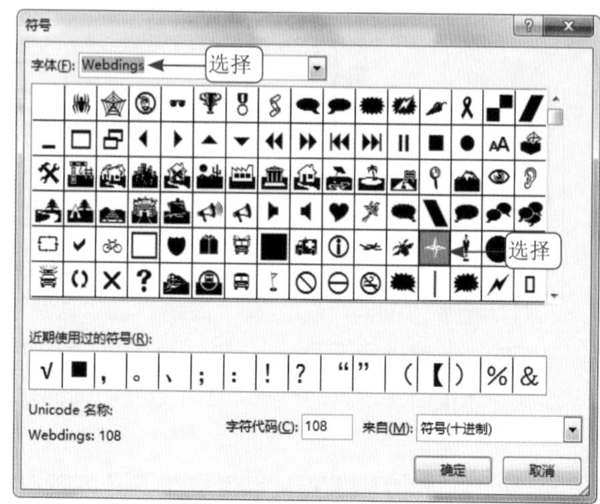

图2-34 “符号”对话框

04 返回到“项目符号和编号”对话框中，再次单击“确定”按钮，可以看到新定义的项目符号效果，如图2-35所示。

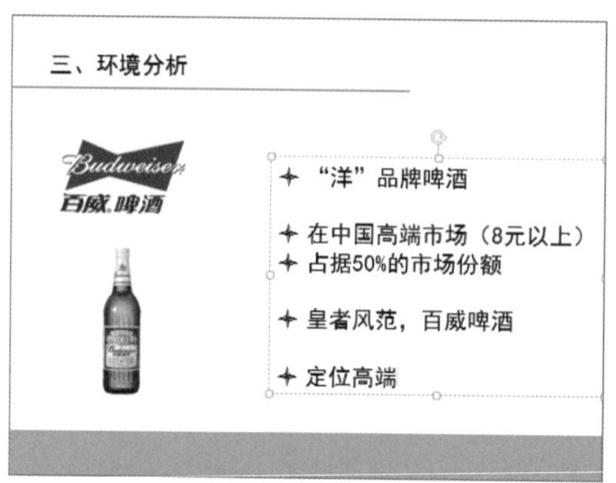

图2-35 完成项目符号的添加

❷ 添加图片符号

在PPT中也可以使用漂亮的图片来作为项目符号。接下来我们还是以上述内容为例来讲解，方法如下。

01 选中需要定义的段落，按照上述添加普通项目符号的方法打开“项目符号和编号”对话框，选择“项目符号”选项卡，单击“图片”按钮，如图2-36所示。打开如图2-37所示的“插入图片”向导界面，从图中可以看出，我们既可以选择本地计算机的图片，也可以在电脑联网的情况下通过互联网搜索图片，比如，我们在第二项的文本框中输入“花”后按回车键，就可以搜索到与花相关的图片。

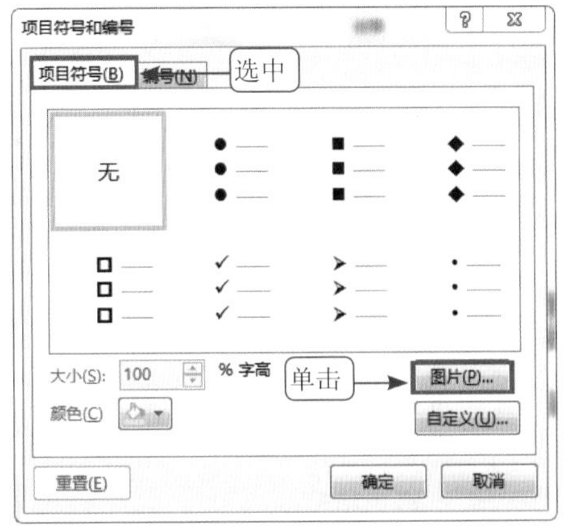

图2-36 “项目符号和编号”对话框

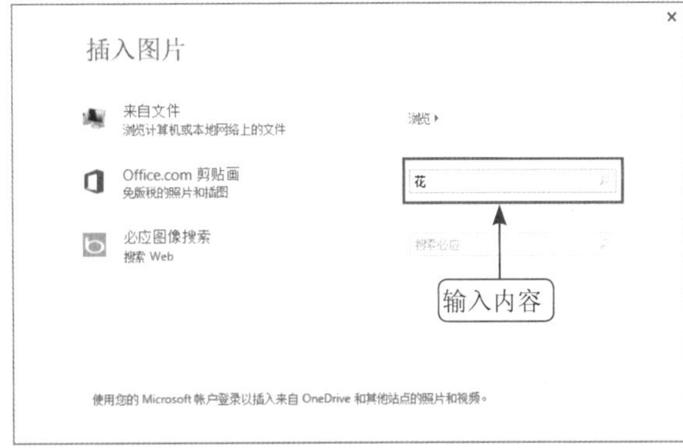

图2-37 “插入图片”向导

02 选中需要作为项目符号插入的图片，单击“插入”按钮，如图2-38所示。

03 插入图片成功后可以看到插入后的效果，如图2-39所示。

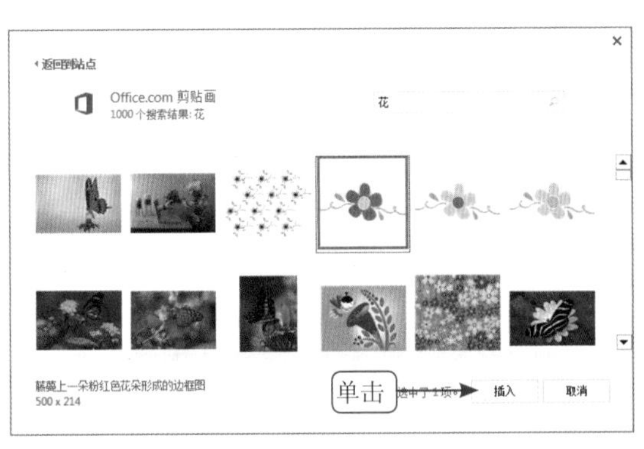

图2-38 选择图片并插入

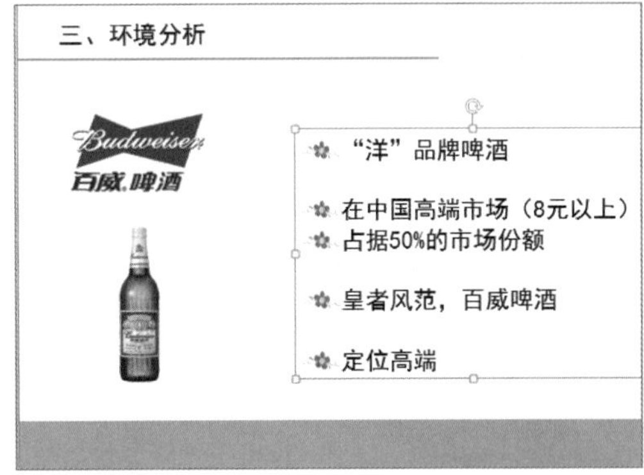

图2-39 完成后的效果

小技巧

项目符号设置时还可以根据自己喜好将项目符号设置为不同颜色，同样是在“项目符号和编号”对话框中操作，单击左下角的“图片”按钮进行选择。

③ 取消项目符号

取消项目符号在PPT中的操作也十分简单，选中已经设置了项目符号的段落，再次单击“项目符号”按钮旁边的下拉箭头，选择“无”即可。

2.5.2 使用编号

① 添加编号

编号是一组有序的序号，与添加项目符号的方法类似。选中需要定义的段落，然后单击“段落”组的“项目编号”按钮旁边的下拉箭头，就可以看到很多的项目编号库，直接进行选择即可，如图2-40和图2-41所示。

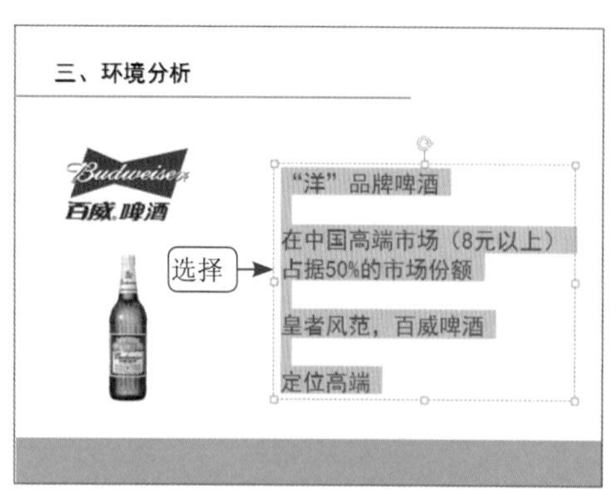

图2-40 定义段落内容

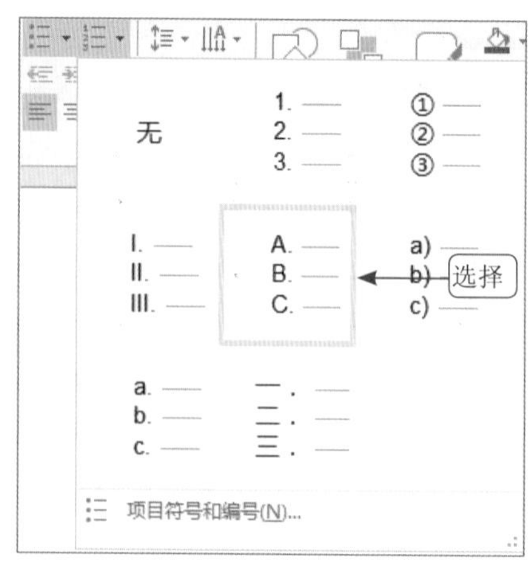

图2-41 选择项目编号

插入项目编号成功后的效果如图2-42所示。

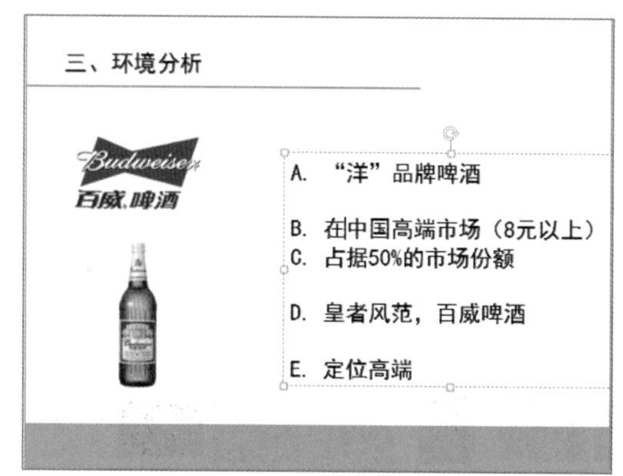

图2-42 添加编号后的效果

❷ 设置编号起始值

在PPT中还可以为编号设定不同的起始值。下面将对起始编号的设置进行介绍。

选中需要定义的段落，然后单击"段落"组的"项目编号"按钮旁边的下拉箭头，如图2-41所示，选择"项目符号和编号"，默认打开"编号"选项卡，选中一个项目编号类型，然后通过"起始编号"的上下按钮调整不同的编号起始值，如图2-43和图2-44所示。

图2-43 定义段落内容

图2-44 选择项目编号

不同起始编号的效果如图2-45和图2-46所示。

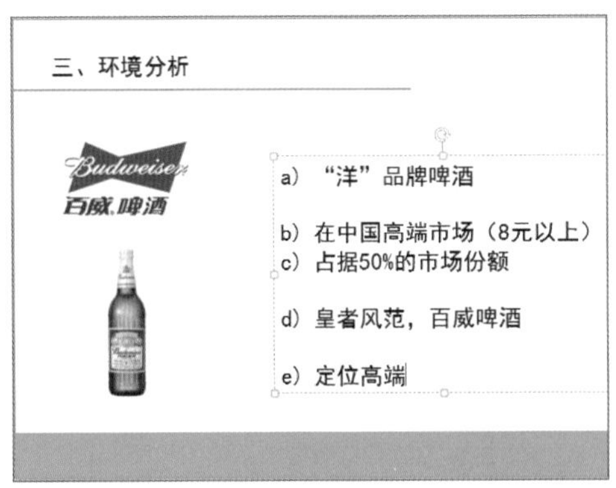

图2-45 起始编号为"a)"的效果

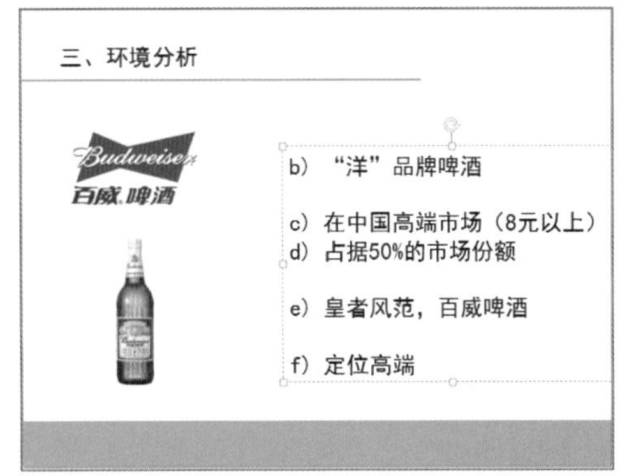

图2-46 起始编号为"b)"的效果

2.6 实例：制作诗词学习课件

本章详细介绍了幻灯片中文本使用的基础操作，通过本章的学习，用户就可以在演示文稿中编辑出丰富多彩的文本内容。下面结合本章讲述的知识点来制作一个简单的课件，以进一步巩固所学知识。

01 打开PowerPoint 2013，在菜单右侧选择一个模板，这里选择了"丝状"主题的一个模板。单击模板，即创建了一个演示文稿。如图2-47和图2-48所示。

图2-47 幻灯片主题

图2-48 丝状主题

02 分别在占位符中输入标题：诗词学习，副标题：唐宋诗词。分别将标题的字体格式设置为：微软雅黑，大小为60；副标题的字体为宋体，大小为32，并将文本框拖至合适美观的位置，如图2-49所示。

03 单击"开始"菜单下面的"新建幻灯片"选项，插入几张幻灯片，如图2-50所示。

图2-49 输入文字

图2-50 插入幻灯片

04 在第2张PPT幻灯片中输入“水调歌头”，字体为微软雅黑，大小为36，如图2-51所示。同时打开光盘中的素材文件/第2章的文本文档“水调歌头.txt”，复制文本至第2张幻灯片的文本框内，设置字体为宋体，大小为20，如图2-52所示。

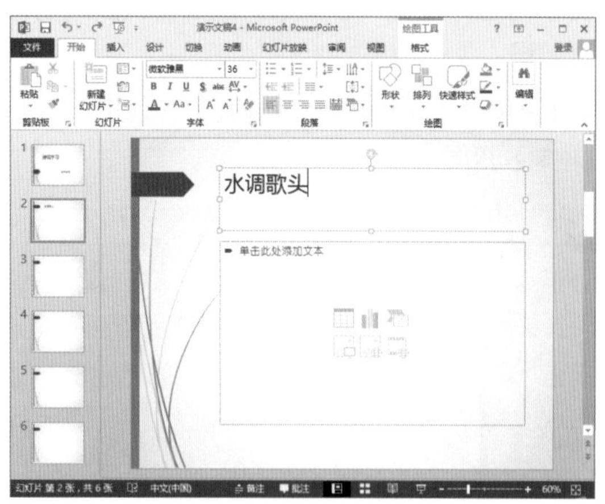

图2-51 输入文字

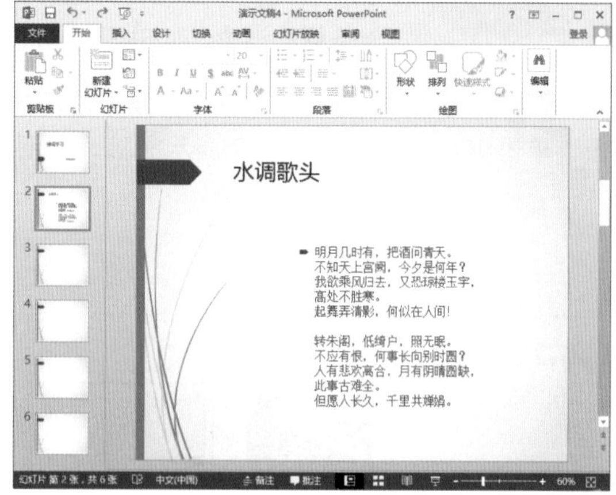

图2-52 粘贴文本

05 选中第2张幻灯片，选择“插入”菜单，单击“文本框”，插入一个新的横排文本框，如图2-53所示，在文本框中输入文本内容“作者：苏轼”，字体选用隶书，大小为20，如图2-54所示。

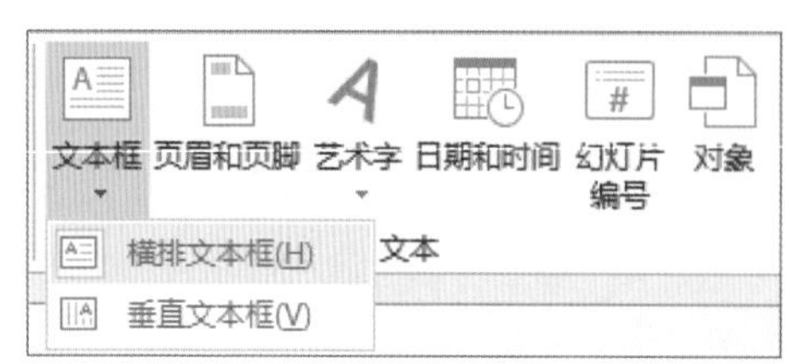

图2-53 插入文本框

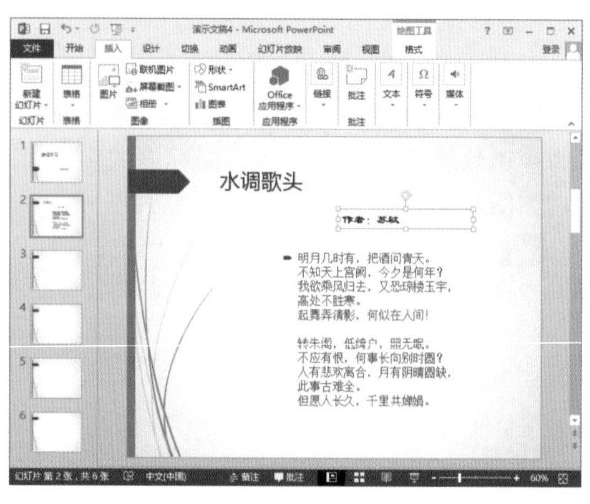

图2-54 输入文字

06 选中第3张幻灯片，选择“插入”菜单，单击“艺术字”，选择一个样式，如图2-55所示，在文本框中输入“作品赏析”，字体选择为“幼圆”，大小为40。并将该文本框拖至合适的位置，如图2-56所示。

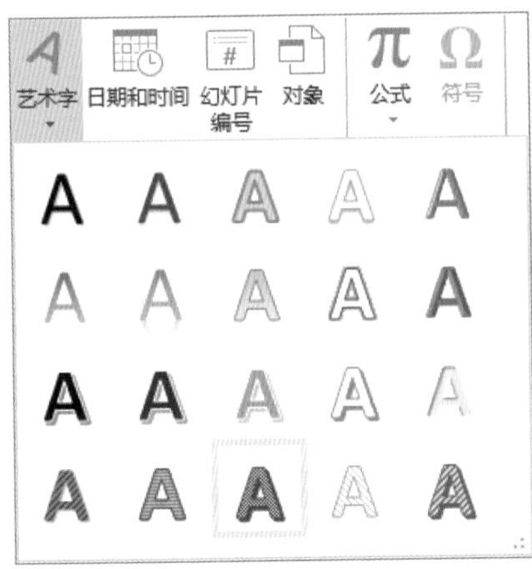

图2-55 插入艺术字

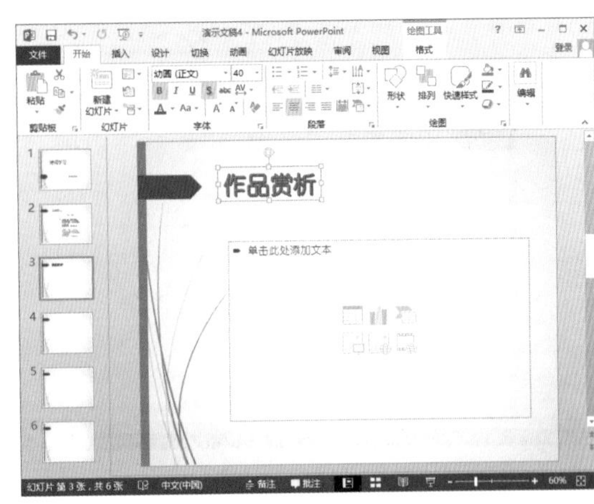

图2-56 输入文字

07 打开光盘中的素材文件/第2章的文本文档“注释.txt”，复制文本至第3张幻灯片的文本框内，设置字体为宋体，大小为18，如图2-57所示。

08 选中文本内容，选择“开始”菜单，单击“段落”选项组的“项目符号”，选择如图2-58所示的项目符号。

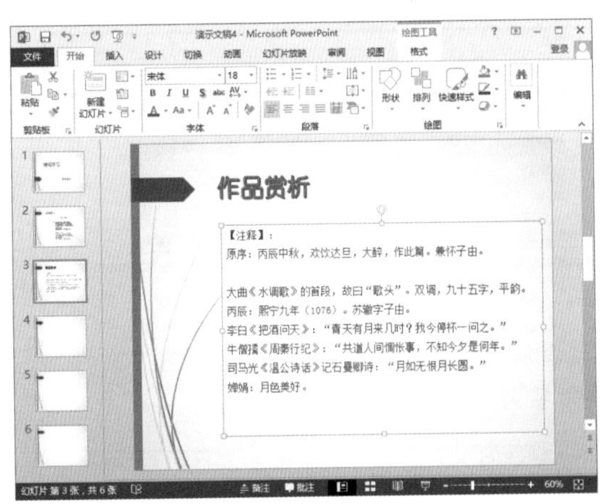

图2-57 插入文本

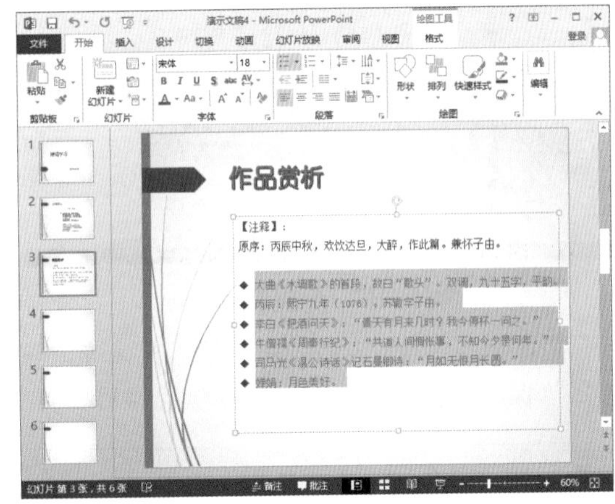

图2-58 添加项目编号

09 复制第3张幻灯片中添加的艺术字“作品赏析”至第4张幻灯片中，并修改内容为“内容赏析”，打开光盘中的素材文件/第2章的文本文档“内容赏析.txt”，复制文本至第4张幻灯片的文本框内，默认字体为宋体，大小为20，如图2-59所示。

10 选中文本，选择“开始”菜单，单击“段落”组中的“行和段落间距”，选择行间距为1.5，完成的效果如图2-60所示。

11 复制第4张幻灯片中的艺术字“内容赏析”至第5张幻灯片中，打开光盘中的素材文件/第2章的文本文档“内容赏析.txt”中的其他内容，将其复制至第5张幻灯片的文本框中，默认字体为宋体，大小为20，如图2-61所示。

12 选中文本第一段，选择“开始”菜单，打开“段落”右下角的小三角，在“缩进”

区选择格式为“首行缩进”，度量值选择为“2厘米”，如图2-62所示。同理，对文本第2段也进行同样格式的设置，并选中所有文本，设置行距为1.5倍。设置完成后效果如图2-63所示。

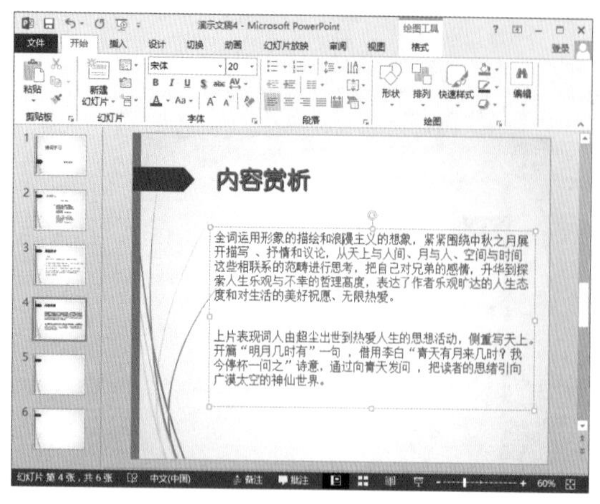

图2-59 插入文本

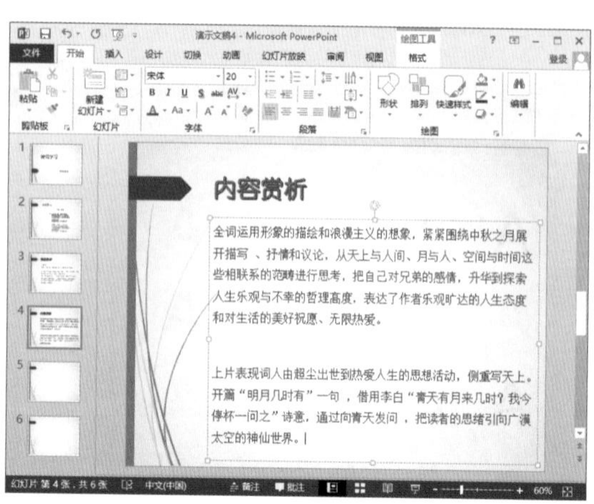

图2-60 设置行距

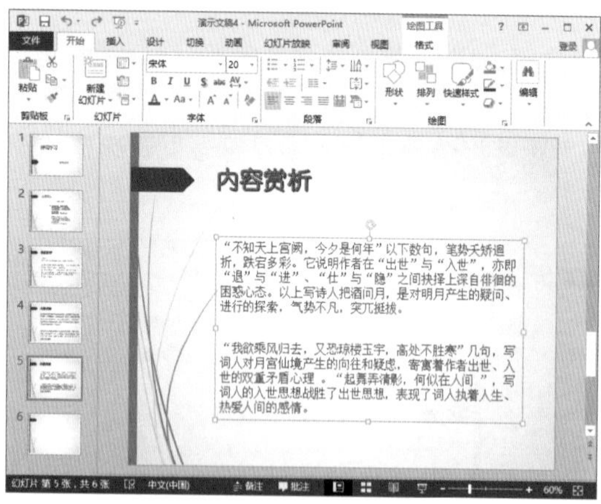

图2-61 复制文本

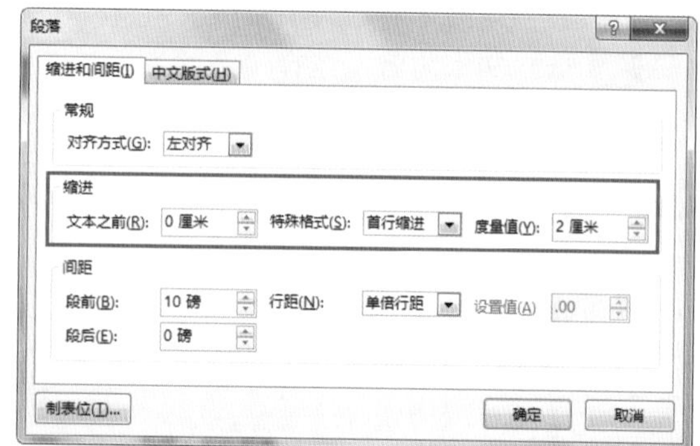

图2-62 设置缩进

13 最后在第6张幻灯片中插入艺术字“谢谢观看”，如图2-64所示。最后单击“文件”，选择“保存”按钮，选择合适的保存位置，将文件命名为“唐诗宋词.pptx”。

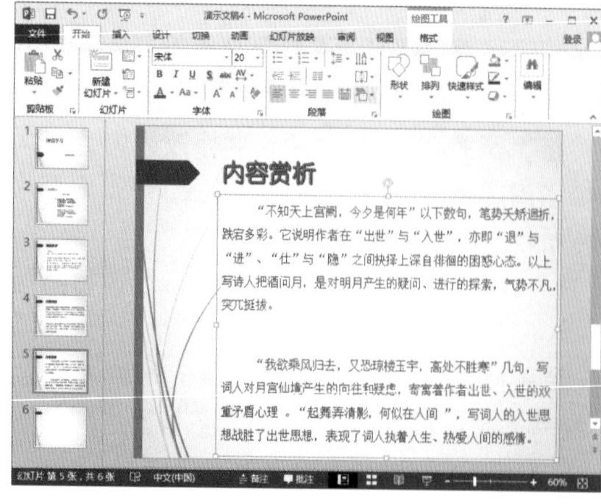

图2-63 设置后的效果

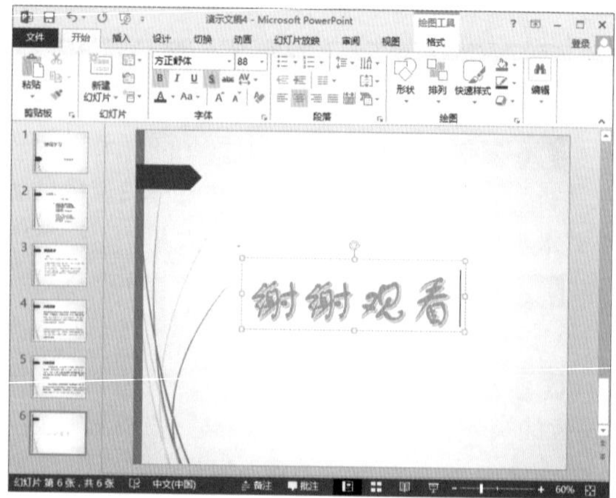

图2-64 插入艺术字

2.7 提高办公效率的诀窍

文本作为幻灯片中最基本的元素，在PPT制作中非常重要。根据笔者制作幻灯片的经验来看，有以下诀窍与读者交流。

① 文本的替换技巧

01 在文本替换过程中，有时需要替换的内容不明确，这时可以使用“?”代替不确定的某一个字符，可以使用“*”代替不确定的几个字符，下面举例说明。

比如用户需要替换三个字符：“X学生”替换为“小学生”，其中X可以代表任何单个字符，例如大学生、中学生、小学生等。那么用户就可以在“替换”对话框中输入“?学生”进行替换，然后单击“全部替换”按钮，如图2-65所示。

再比如，用户需要替换三个字符：“X学生”替换为“小学生”，其中X可以代表任何单个或多个字符，例如成熟的大学生、刻苦的中学生、可爱的小学生等。那么用户就可以在“替换”对话框中输入“*学生”进行替换，然后单击“全部替换”按钮，如图2-66所示。

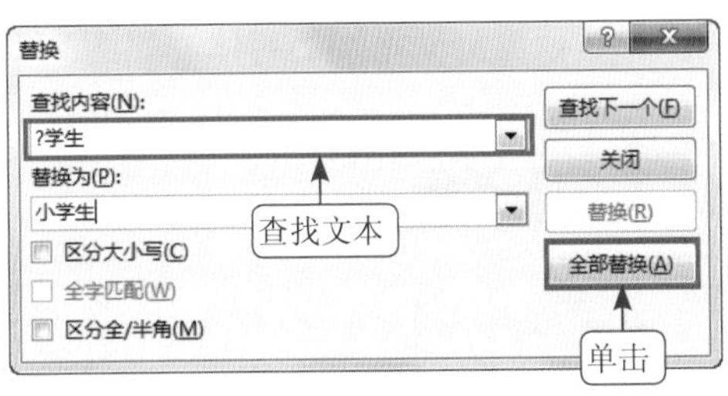

图2-65 单个字符

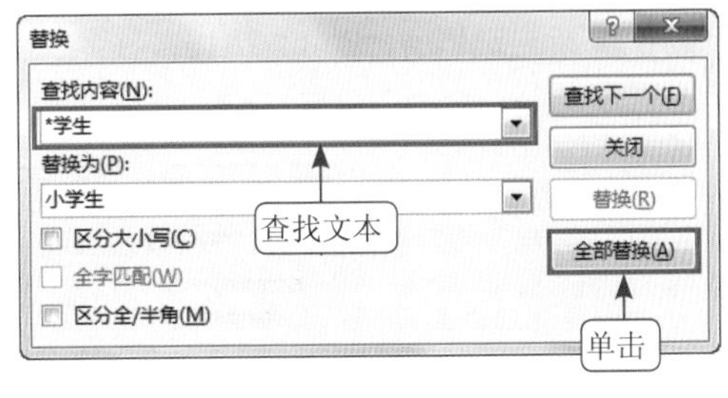

图2-66 多个字符

02 使用区分大小写替换英文。

若用户在对文本进行替换时需要严格区分大小写，此时只需勾选替换对话框中的“区分大小写”选项即可实现，如图2-67所示。此时文档中的“apple”、“aPPle”、“appLE”等与搜索文本大小写不符的文本不能被搜索到。

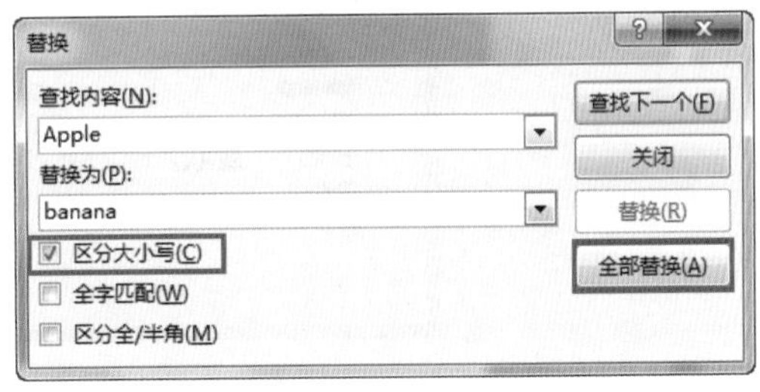

图2-67 区分大小写替换

② 字体的下载与安装

用户可以使用个性化的字体，使演示文稿更加美观，下面介绍使用字体的诀窍。

01 打开字体下载网站，在第2.2.1节的小技巧中已经介绍过，这里选择找字网（http://www.zhaozi.cn/），如图2-68所示。

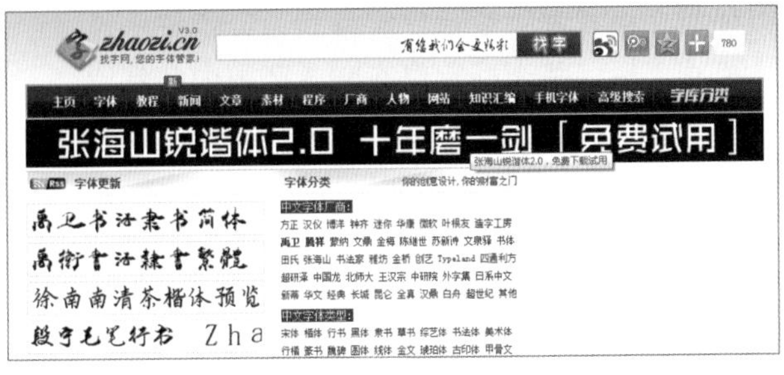

图2-68 找字网

02 用户选择需要的字体，进行下载，这里下载“张海山锐谐体”，下载后将字体文件复制到C:\Windows\Fonts，如图2-69所示。

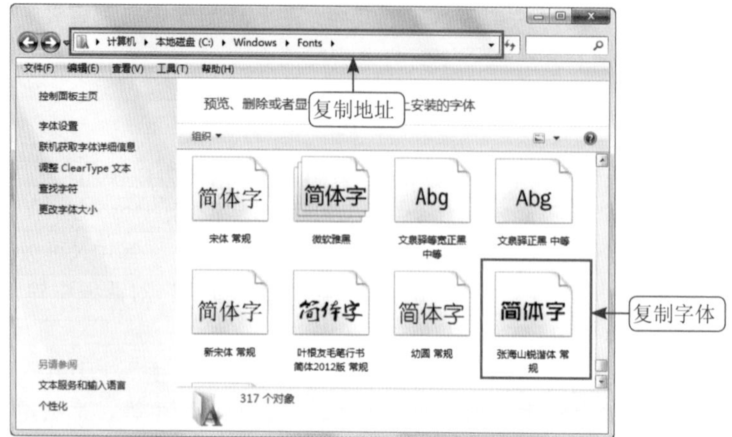

图2-69 复制到字体文件夹

03 重新启动PowerPoint 2013，在字体设置选项中便可以看到新增加的字体，如图2-70所示。

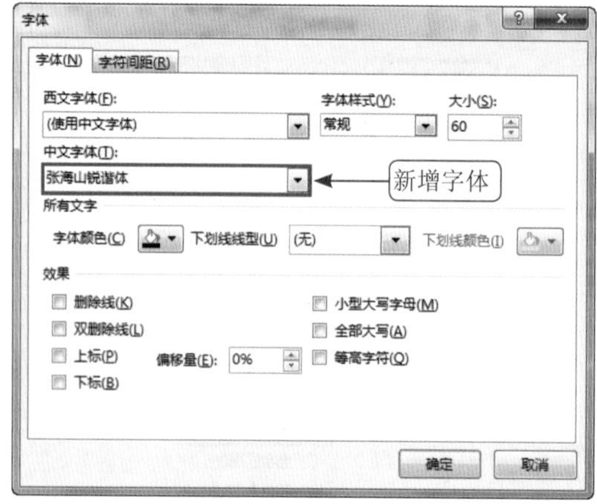

图2-70 新增字体

❸ 格式的快速复制

当有若干位置都需要使用相同的格式时，则可以使用“格式刷”快速复制格式，设置好一段文本格式之后，将光标定位在文本范围内，然后双击“格式刷”，如图2-71所示，再用鼠标依次在要定义格式的文本中拖动即可。

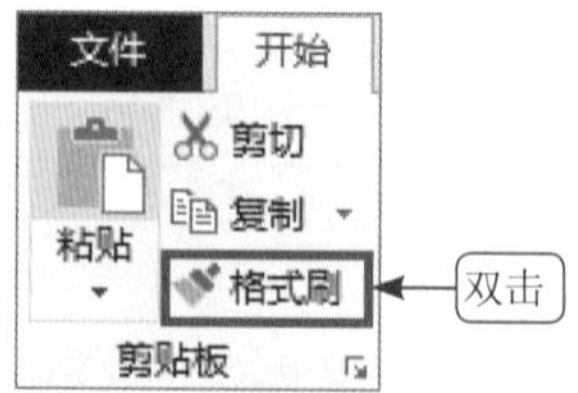

图2-71 重复使用格式刷

第3章 表格与图表的应用

表格是幻灯片中十分重要的辅助元素，通过表格的使用可以更能直观地显示数据，合理地设计表格样式可以使幻灯片更加美观。在PowerPoint 2013中，可以通过多种方式为幻灯片插入表格，并且可以对表格进行多方位的样式和效果设置。另外，图表的类型也多种多样，例如折线图、柱状图等，不同样式的设置可以增强幻灯片的感染力。本章我们就来详细介绍PowerPoint 2013中如何高效便捷地使用表格与图表。

通过本章的学习，您将掌握以下内容：

- 在幻灯片中插入表格
- 多方位设置表格效果
- 多角度设置表格样式
- 插入并设置图表

3.1 创建表格

在幻灯片中可以很简单地插入表格，同时可以根据不同的需要对表格的大小、单元格等进行设置，下面我们就来对幻灯片中表格的创建进行详细的介绍。

3.1.1 在幻灯片内插入表格

在PowerPoint 2013中，表格是用来表现数据的常用方式之一，使用表格可以让数据展示的更为直观，且比文字更具说服力，下面介绍在幻灯片内插入表格的具体操作方法。

01 启动PowerPoint 2013，选中要插入表格的幻灯片，单击幻灯片中的正文，如图3-1所示。

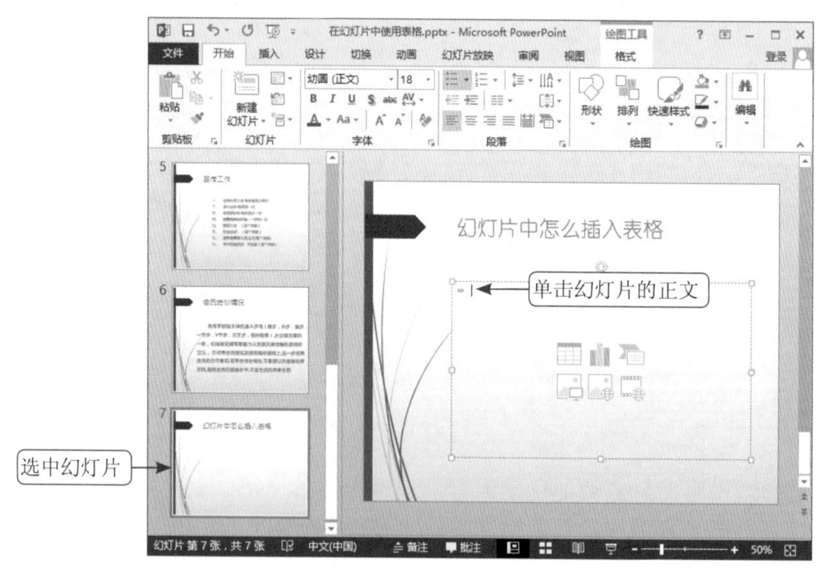

图3-1 插入表格的幻灯片

02 单击“菜单栏”的“插入”选项卡，选择“表格”，如图3-2所示。

03 单击“表格”之后，就打开了插入表格的列表对话框，如图3-3所示，在这里有4种插入表格的方法，下面进行一一介绍。

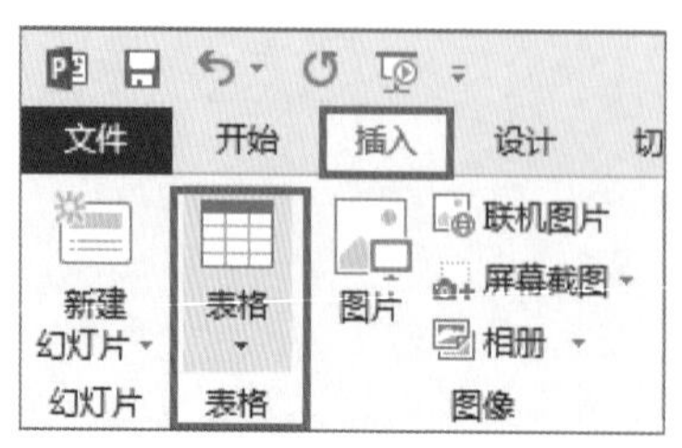

图3-2 插入“表格”选项卡

图3-3 “插入表格”选项

- 拖动选择预定义的行列。在“插入表格”选项卡中，用鼠标拖动，拖动过去的表格就会变成橘黄色，根据需求拖动相应行和列的表格，如图3-4所示。之后单击鼠标，即可在幻灯片中插入了预定义行和列的表格，如图3-5所示。

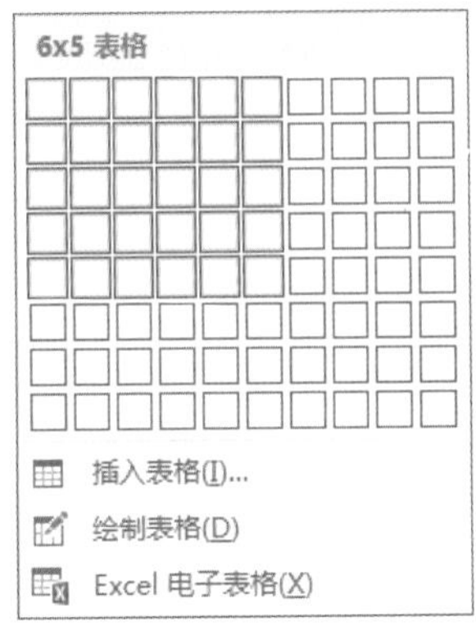

图3-4 拖动选择预定义的行列

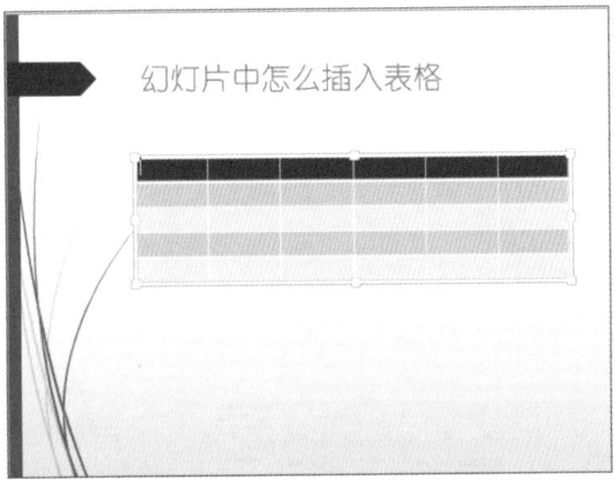

图3-5 插入表格后的幻灯片

- 在“插入表格”选项中，选择“插入表格”，输入相应的行数和列数，即可插入表格，如图3-6所示；“插入表格”的方法还可以通过单击幻灯片文本框中的“表格”占位符来实现，单击之后同样输入表格的行和列即插入成功，如图3-7所示。插入表格成功之后显示如图3-5所示。

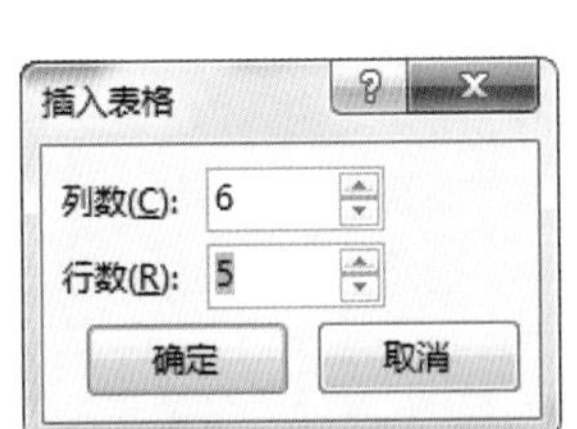

图3-6 输入表格行和列

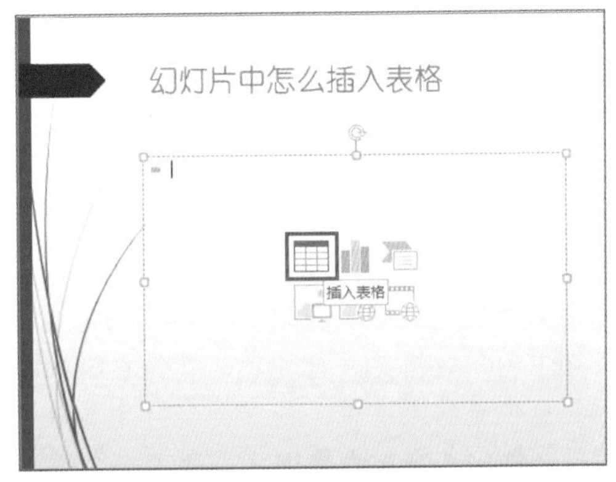

图3-7 幻灯片文本框“表格”占位符

- 绘制表格。因为绘制表格不能在幻灯片的文本中绘制，所以先将幻灯片中正文文本框删除，如图3-8所示，删除成功之后幻灯片如图3-9所示。然后在“插入表格”选项中，选择“绘制表格”，此时鼠标变成了画笔样式，在幻灯片拖动鼠标，即可拖动出如图3-10所示的方框。绘制出第一个方框之后，在“菜单栏”多出了一个“设计”的菜单栏，单击“绘制表格”，方法同绘制第一个方框相同，可以绘制出一个表格的线条或方框，如图3-11所示。

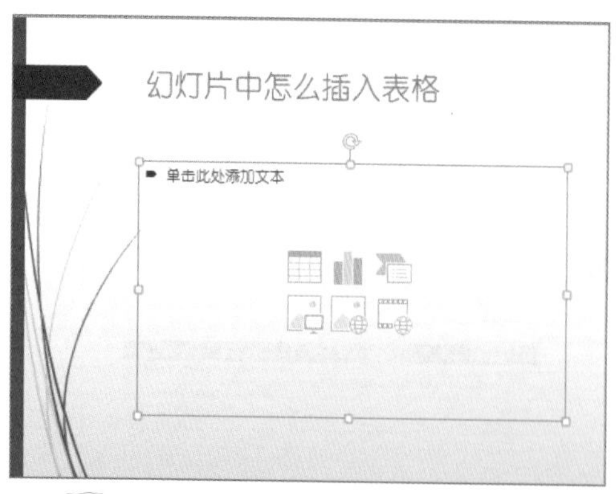

图3-8 选中幻灯片正文文本框

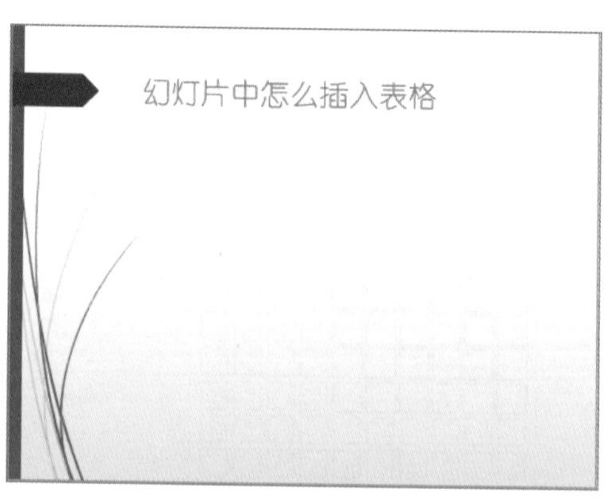

图3-9 删除正文文本框后的幻灯片

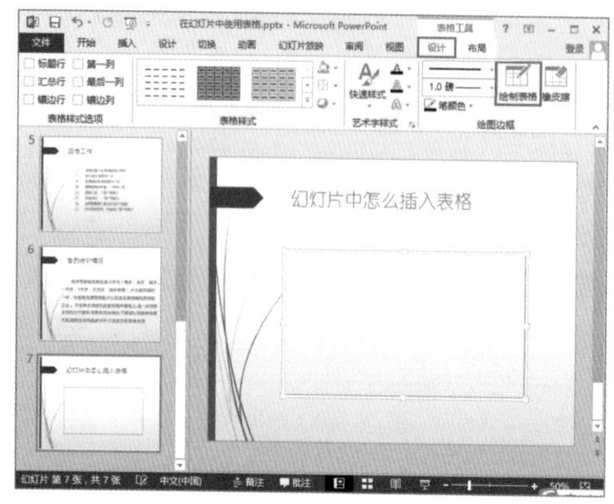

图3-10 绘制第一个方框

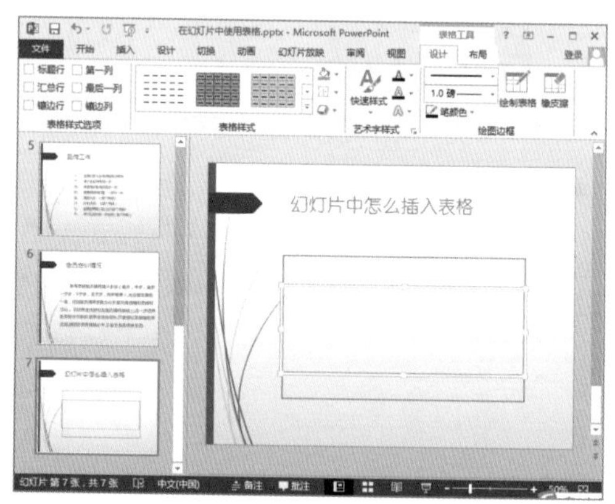

图3-11 绘制表格线条或方框

- 绘制Excel电子表格。在“插入表格”选项中，选择“Excel电子表格”，此时当前幻灯片中会插入一个Excel工作表，并且功能区变成了Excel 2013的界面。拖动表格边框，将其移动到所需的位置，拖动边框四周的黑色句柄调整其大小，如图3-12所示。然后即可在表格中输入数据并进行处理，就像在Excel中进行操作一样。表格编辑完成后单击表格外的任意位置结束编辑，此时幻灯片中插入了一个Excel电子表格，如图3-13所示。要重新编辑表格，只需在表格上双击即可。

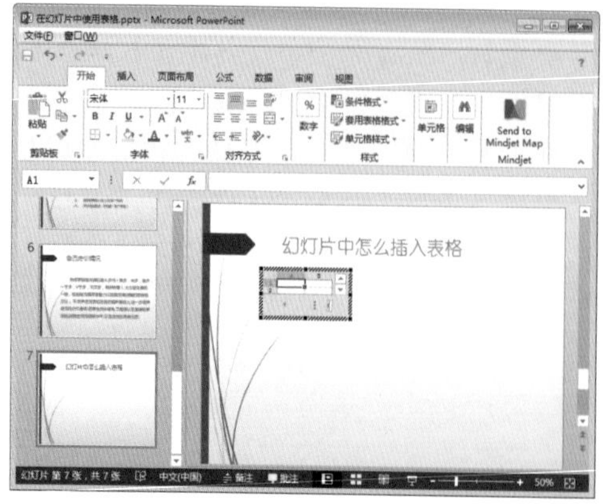

图3-12 插入Excel电子表格

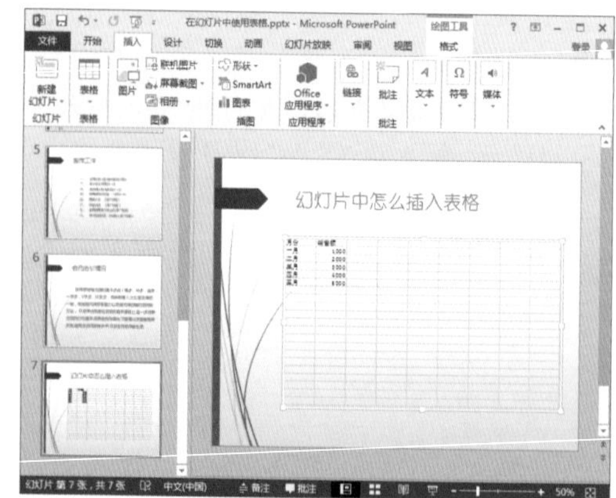

图3-13 插入Excel电子表格之后

3.1.2 导入外部表格

在PowerPoint 2013演示文稿中，可以在不打开Excel文档的情况下，直接从PowerPoint当中选定目标文档进行导入，方便读者演示。下面进行详细的步骤介绍。

01 启动PowerPoint 2013，在“菜单栏”依次单击“插入”选项卡，选择“对象”，如图3-14所示，单击之后即打开“插入对象”的对话框，如图3-15所示。

图3-14 单击插入对象

02 在打开的“插入对象”对话框中，选择“由文件创建”单选按钮，然后单击“浏览”按钮，找到需要导入的本地Excel文档文件，最后单击“确定”按钮即完成了表格的嵌入，如图3-16所示。

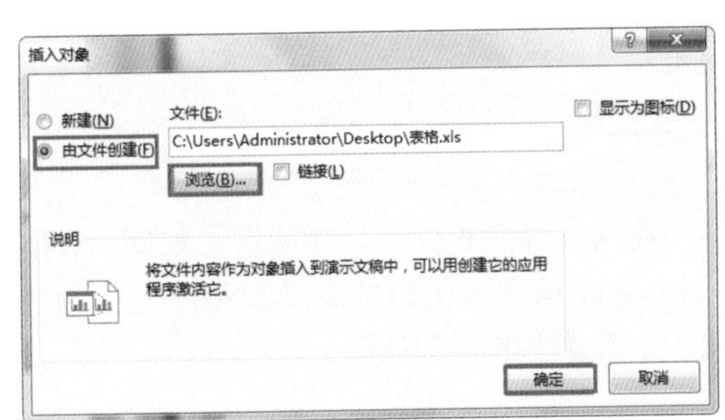

图3-15 “插入对象”对话框

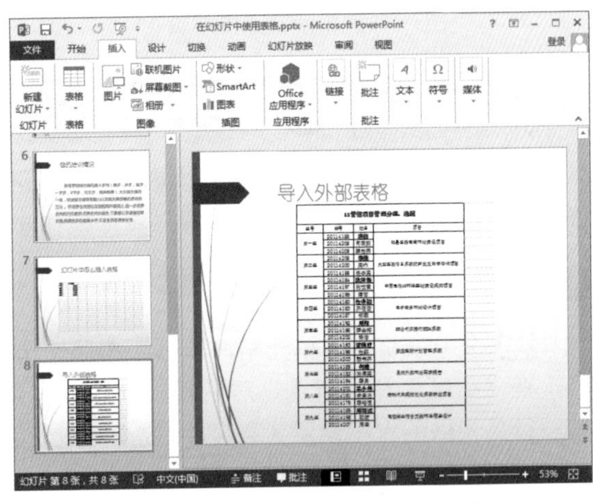

图3-16 完成表格嵌入之后的幻灯片

小技巧

导入外部表格可以将表格内容直接显示在幻灯片中，也可以以超链接的方式导入表格。具体操作步骤简单介绍如下：在如图3-15所示的“插入对象”对话框中，同步骤2的操作将本地Excel文件插入之后，勾选右上角的“显示为图标”，然后单击“确定”按钮完成设置。此时，幻灯片上将出现图标形式的链接，读者可以在演示时，单击此图标而超链接至表格。

3.1.3 选择表格元素

以上介绍了在幻灯片中创建表格的几种方式，插入成功后，读者可以根据个人的需要选中表格元素并进行相应的编辑。下面进行详细介绍。

01 读者单击表格然后拖动鼠标即可选中表格元素，可以对表格中的任何元素直接进行编辑，如图3-17所示。

02 读者如果是通过“插入Excel电子表格”或“导入外部表格”的方式插入表格，则可以双击表格，此时，在演示文稿中会弹出Excel编辑的界面，用户可以选中元素然后进行编辑，如图3-18所示。

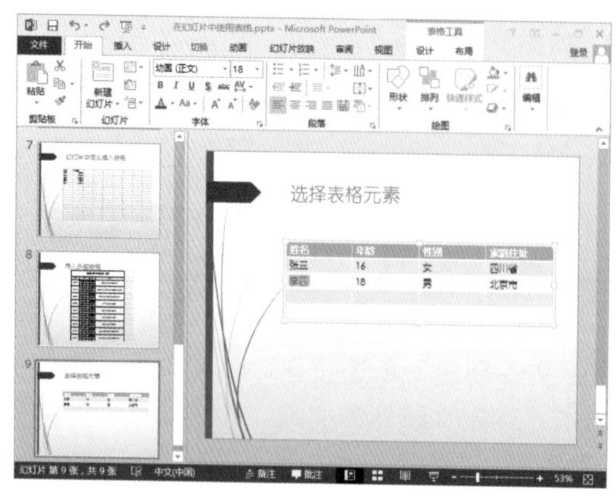

图3-17 选中元素直接编辑

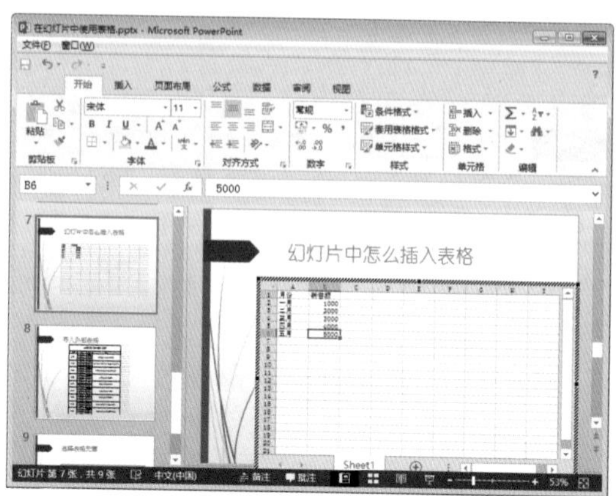

图3-18 双击表格后选中元素编辑

3.1.4 设置表格大小

在幻灯片中创建表格之后，读者可以根据不同的需求改变其大小，读者可以通过调整单元格的大小或直接调整表格进行设置，具体操作步骤如下。

❶ 调整单元格大小

01 选中表格中的单元格，单击“布局”选项卡，找到“单元格大小”功能区，如图3-19所示，在“高度”和“宽度”对话框中输入数字可以手工更改指定单元格的高度和宽度。例如将第一行单元格的大小设置为高度为2厘米，宽度为5厘米，效果如图3-20所示。

图3-19 打开“单元格大小”

图3-20 手工更改指定单元格大小

02 输入单元格高度和宽度之后，还可以单击“单元格大小”功能区的“分布行”和“分布列”按钮快速平均分布指定行或列的高度或宽度。例如，在图3-20中，单击“分布行”按钮 分布行，此时，每行的高度都变成了1.36cm，设置后的效果如图3-21所示。

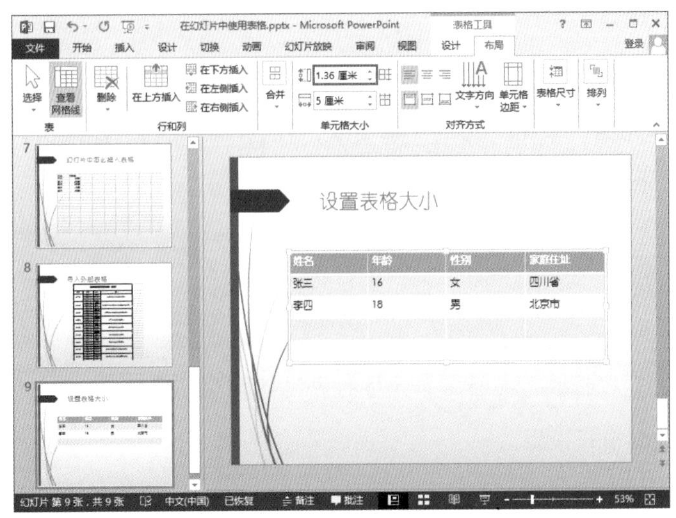

图3-21 单击“分布行”按钮后的效果

❷ 通过鼠标直接调整表格大小

01 选中需要调整大小的表格，这时表格四周会出现文本框样式的边框，如图3-22所示。

02 将鼠标移动到边框上有正方形小点的位置，当鼠标变成两个箭头的样式时，按住鼠标左键不松并拖动至理想大小即可，如图3-23所示。

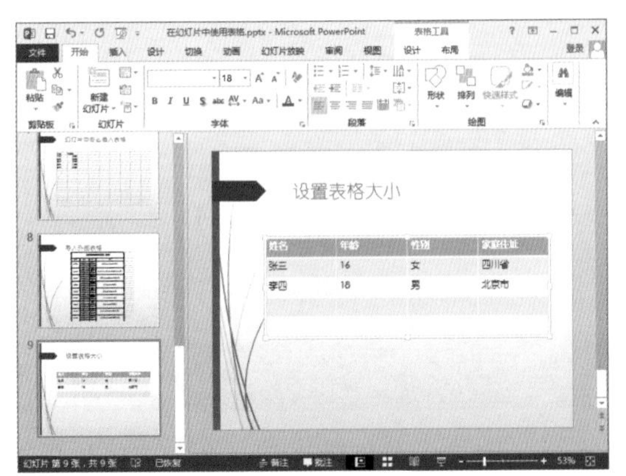

图3-22 选中表格出现白色边框

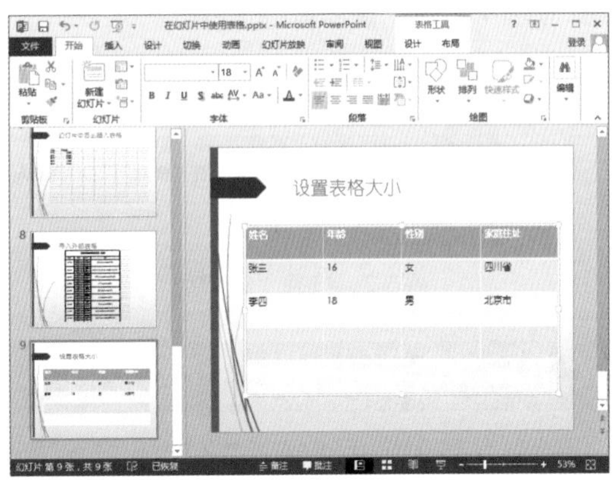

图3-23 按住鼠标左键拖动表格

小技巧

读者调整表格中单元格的大小时还可以通过如下操作，将鼠标放至单元格旁边，当鼠标变成“÷”状态的时候即可拖动鼠标调整单元格的大小。

3.1.5 插入与删除行和列

读者可以根据需要对已经创建的表格进行行和列的基本操作，主要包括插入与删除行和列，下面进行详细介绍。

❶ 插入行和列

选中表格中的单元格，单击“布局”选项卡，找到“行和列”功能区，如图3-24所示，读者根据需要选择不同的功能按钮实现对表格的基本操作。

其中：

- “在上方插入”按钮表示在指定单元格的上方将插入一行；
- “在下方插入”按钮表示在指定单元格的下方将插入一行；
- “在左侧插入”按钮表示在指定单元格的左侧将插入一列；
- “在右侧插入”按钮表示在指定单元格的右侧将插入一列；

读者可以根据需要自行设置。

❷ 删除行和列

读者打开如图3-24所示的界面，然后单击“删除”按钮，即出现如图3-25所示的选项界面，其中：

- “删除列”选项表示删除指定单元格所在的一列；
- “删除行”选项表示删除指定单元格所在的一行；
- “删除表格”选项表示删除指定单元格所在的整个表格；

读者可以根据需要自行选择。

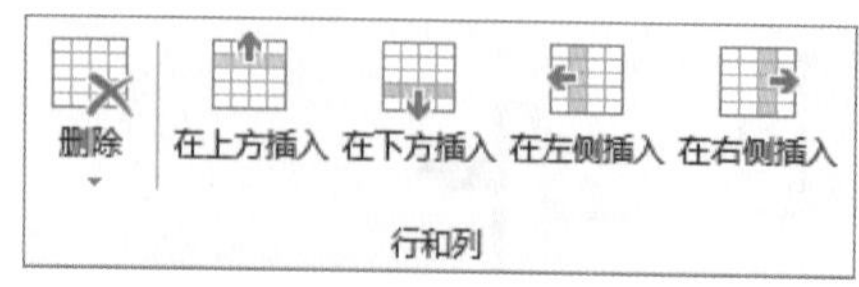

图3-24 打开“行和列”选项卡

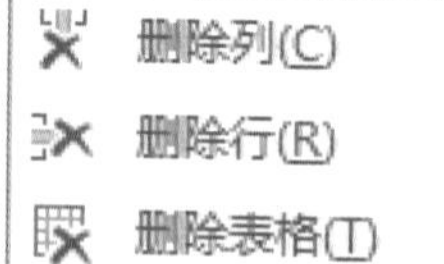

图3-25 “删除”选项

3.1.6 合并与拆分单元格

读者在插入表格之后，不仅可以设置单元格大小，还可以对单元格进行合并与拆分的操作，下面进行详细介绍。

❶ 拆分单元格

01 选中表格中的某一个单元格，单击“布局”选项卡，找到“合并”选项卡，如图3-26所示，此时“合并单元格”按钮显示为灰色，不能操作；“拆分单元格”按钮为黑色，可以单击操作。

02 单击“拆分单元格”按钮，弹出如图3-27所示的对话框，可以在“列数”和“行数”文本框中输入数字进行单元格的拆分操作。例如将选定单元格拆分为2列和1行的效果如图3-28所示。

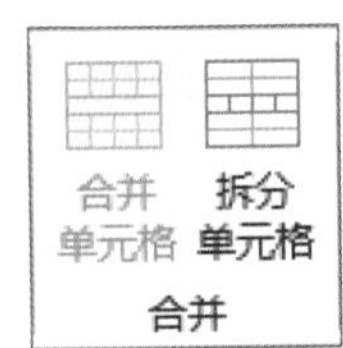

图3-26 打开“合并”选项卡

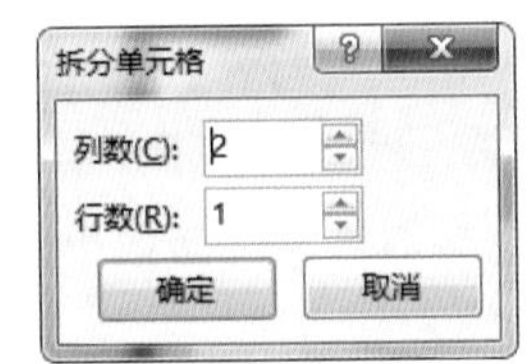

图3-27 “拆分单元格”对话框

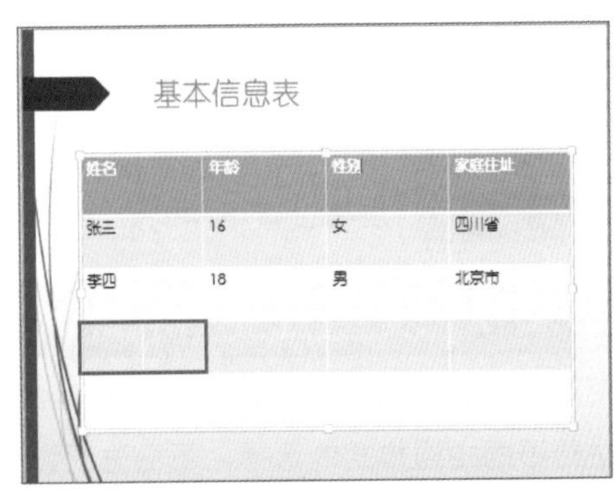

图3-28 拆分单元格后的效果

② 合并单元格

01 拖动鼠标选中表格中的两个或两个以上的单元格，单击“布局”选项卡中的“合并”选项，此时“合并单元格”按钮显示为黑色，可以单击操作，如图3-29所示。

02 单击“合并单元格”按钮，即可看到选定的多个单元格已经合并为一个单元格，如图3-30所示。

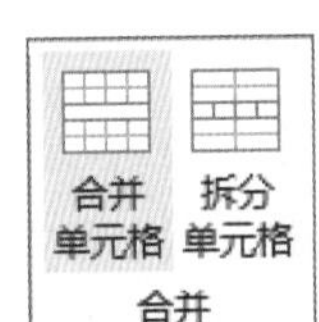

图3-29 打开“合并”功能区

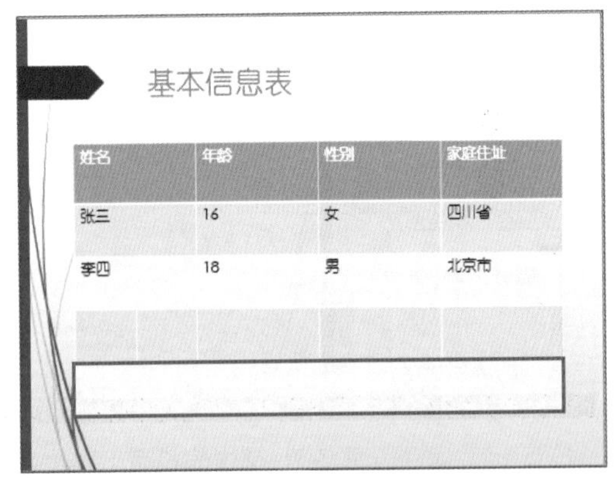

图3-30 合并单元格后的效果

小技巧

在合并与拆分单元格的操作中，读者还可以通过较为便捷的方式操作，具体操作步骤如下：选中表格中的单元格，然后右击，在弹出的菜单选项中，单击“拆分单元格”或“合并单元格”命令。

3.2 设置表格效果

我们已经掌握了在幻灯片中创建表格，接下来将详细介绍如何对已经插入的表格设置不同的效果，使其在幻灯片中展示不同的特点。

3.2.1 设置主题样式

在幻灯片中插入表格之后，为了更好地与幻灯片母版效果匹配，读者可以根据需要对表格进行不同主题样式的选择，下面进行详细介绍。

01 单击选中幻灯片中的表格，可以看到表格四周出现的白色外框，此时在菜单栏会自动增加“表格工具”选项，其下包括“设计”和“布局”两个功能选项，如图3-31所示。

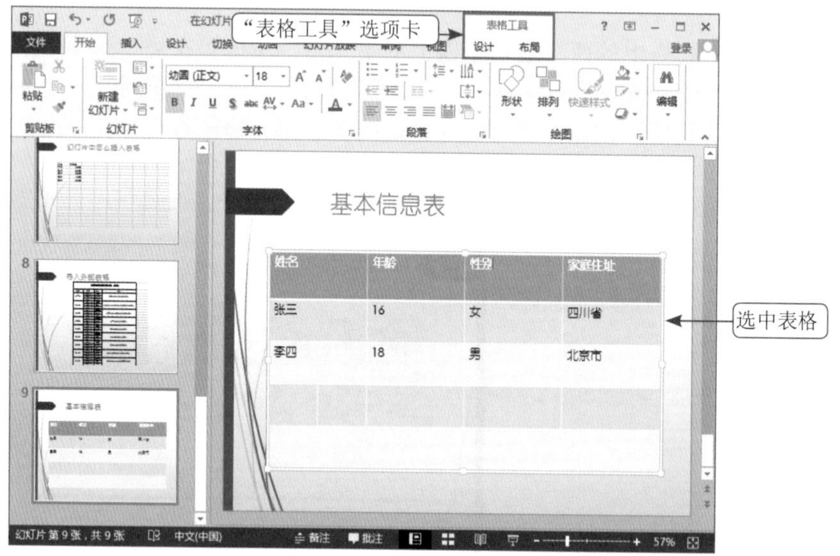

图3-31 单击表格后出现“表格工具”选项

02 单击“设计”选项卡，找到“表格样式”功能选项卡，如图3-32所示。然后单击功能选项卡中的“其他”按钮，在弹出的下拉列表中选择需要设置的表格样式效果，选择完成后选定的表格会自动预览此主题样式效果，如图3-33所示。

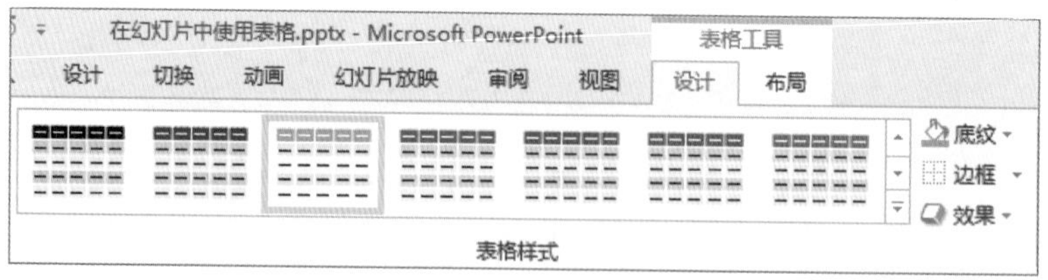

图3-32 打开“表格样式”功能选项卡

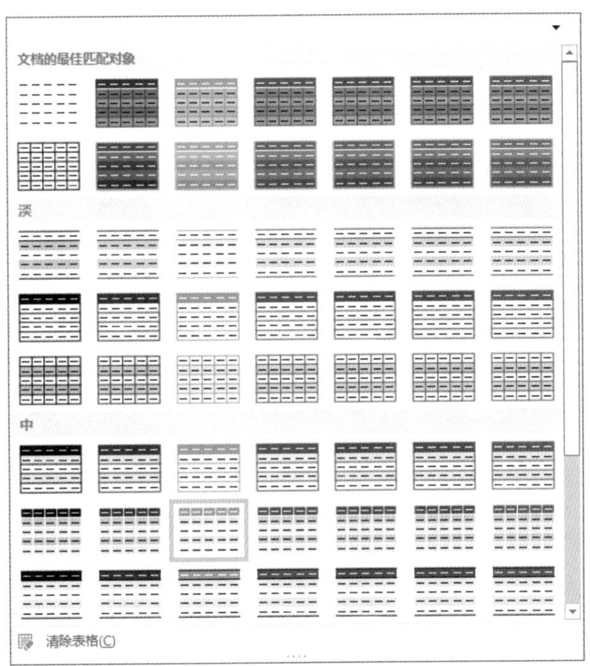

图3-33 选择表格主题样式效果

3.2.2 设置表格底纹 

如果表格的主题样式还是不能达到读者希望的效果，读者可以对幻灯片中的表格底纹进行设置。操作有点类似于表格主题样式的设置过程，下面进行详细介绍。

01 单击选中表格，在自动增加的“表格工具”选项中，单击“设计”选项卡，在“表格样式”功能选项卡中找到“底纹”按钮，如图3-34所示。

02 单击“底纹”按钮，出现如图3-35所示的底纹设置界面，读者选择需要设置的底纹效果，选择完成后选定的表格会自动预览此底纹效果。

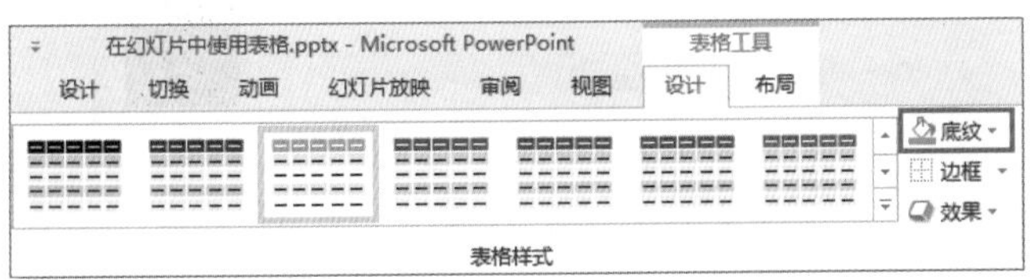

图3-34 找到“表格样式”中的“底纹”按钮

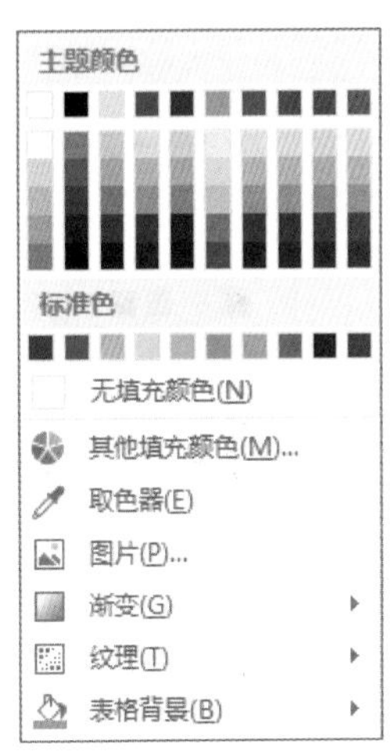

图3-35 选择表格底纹样式效果

注意

在选中表格的时候，若是直接单击表格，很有可能只是选中了表格中的某一个单元格，所以单击底纹设置时只会改变选定单元格的底纹颜色；要想对整个表格的底纹颜色进行更改，则需要在单击表格之后，继续移动鼠标至边框处，当鼠标变成后，单击鼠标即可选中整个表格，然后进行整个表格的设置。

3.2.3 设置表格边框颜色

表格可以具有多种类型的边框效果，同时也可以对表格边框的颜色进行多种设置。下面进行详细介绍。

01 单击选中表格中的一个单元格或选中整个表格，具体操作方法见上节最后的“注意”，单击“表格工具”中的“设计”选项卡，找到“绘图边框”功能选项卡，如图3-36所示。

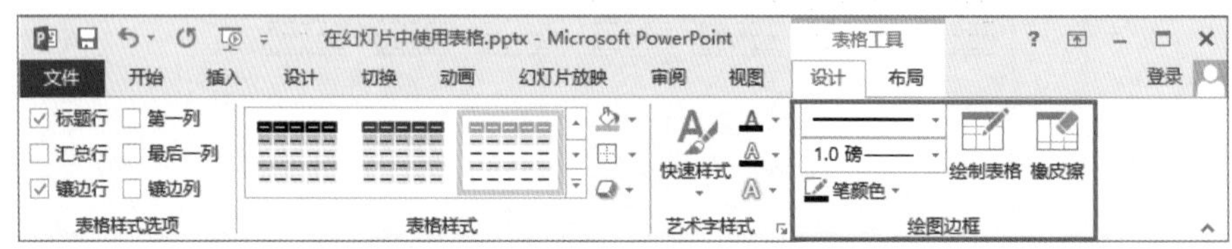

图3-36 选择“绘图边框”功能选项卡

02 单击“绘图边框”功能选项卡中的“笔颜色”，默认为黑色，读者可以根据需要在弹出的取色板中选择合适的颜色，如图3-37所示。如果查看更多的颜色，还可以在弹出来的取色板中单击“其他边框颜色”，此时弹出如图3-38所示的“颜色”对话框，读者根据对话框的选项自行设置不同的边框颜色。

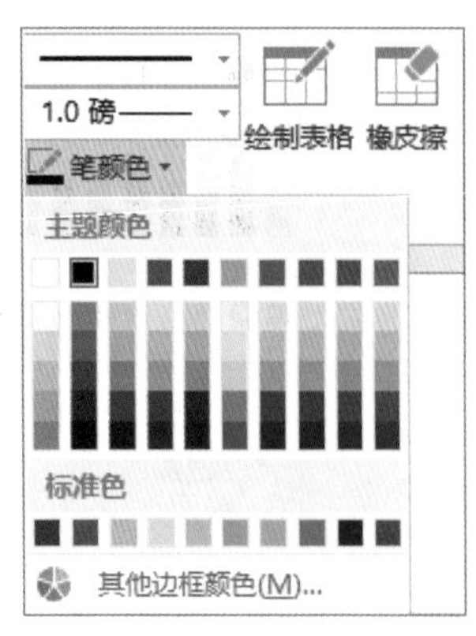

图3-37 单击选择“笔颜色”按钮

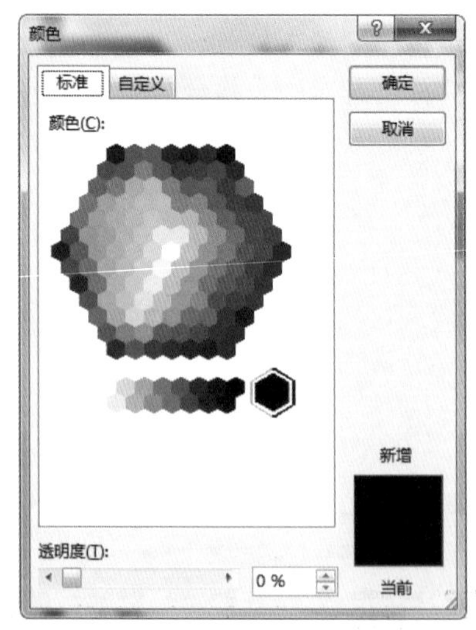

图3-38 设置其他边框颜色的“颜色”对话框

03 设置好“笔颜色”之后，在刚才打开的“设计”选项卡下找到“表格样式”功能选项卡，单击“边框”按钮，如图3-39所示。此时，弹出了许多不同样式的边框效果，如图3-40所示，读者自行选择不同效果的边框，选择之后在指定的单元格或表格所处的边框将应用刚才选中的颜色。

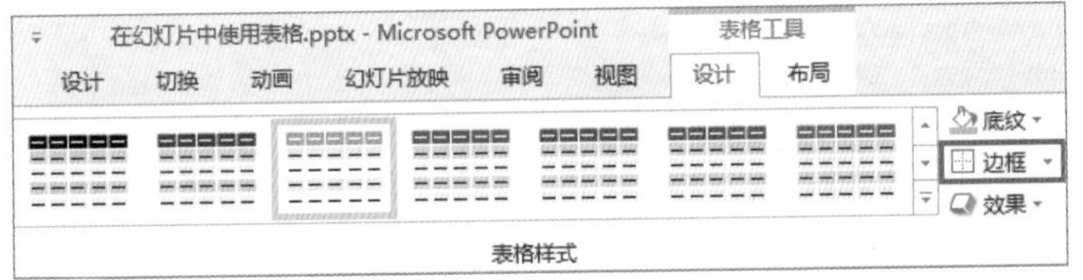

图3-39 选择表格样式中的“边框”按钮

图3-40 选择边框样式效果

3.2.4 设置表格宽度和线型

在对表格效果设置时，还包括可以设置表格的宽度和线型，现在进行详细介绍。

01 跟设置表格边框颜色的操作方法类似，首先单击“表格工具”中的“设计”选项卡，找到“绘图边框”功能选项卡的线型和宽度设置对话框，如图3-41所示。

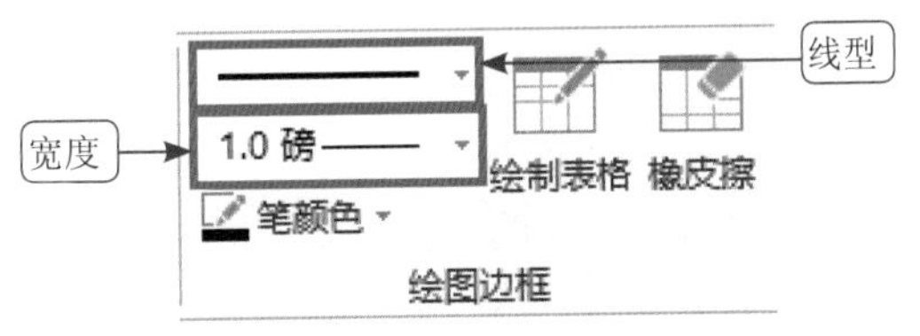

图3-41 打开“绘图边框”选项卡

02 单击“线型”设置对话框右侧的小三角，弹出不同类型的线型，如图3-42所示，读者自行根据需要进行选择设置。

03 单击“宽度”设置对话框右侧的小三角，弹出不同类型的宽度设置值，如图3-43所示，读者自行根据需要进行选择设置。

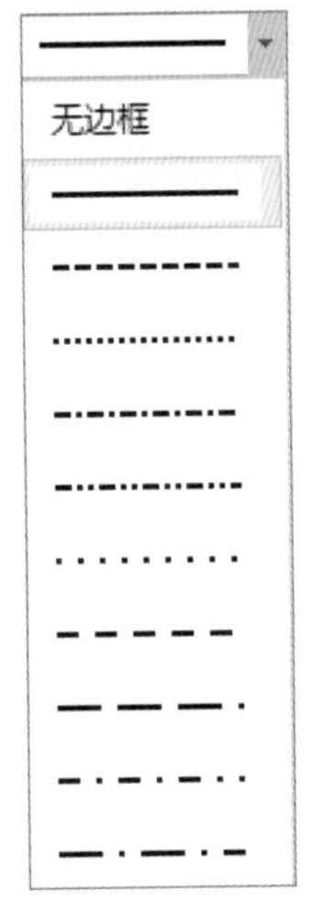

图3-42 “线型”设置参考

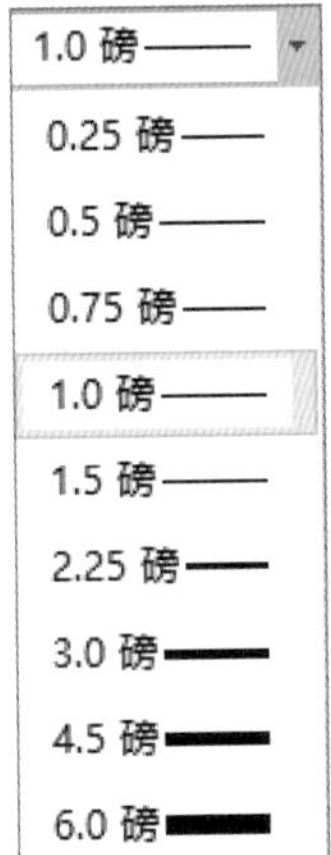

图3-43 “宽度”设置参考

3.2.5 设置文本对齐方式

应用表格最重要的作用是使表格内容能够更直观、简明和整齐，所以接下来将详细介绍如何设置表格中文本的对齐方式。

01 选中表格中需要设置文本的单元格或选中整个表格，单击“表格工具”中的“布局”选项卡，找到“对齐方式”功能选项卡，如图3-44所示。

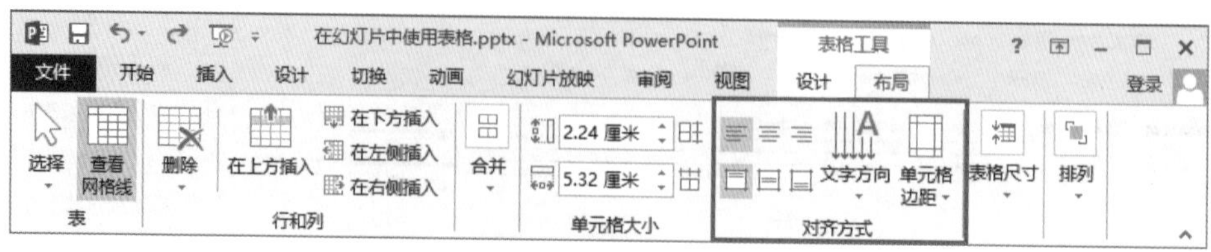

图3-44 选择“对齐方式”功能选项卡

02 根据需要可以设置文本的对齐方式、文字方向以及单元格边距，下面对每项进行详细介绍。

- 对齐方式
  - 左对齐“”：将选中的文本靠左边对齐
  - 居中“”：将选中的文本靠中间对齐
  - 右对齐“”：将选中的文本靠右边对齐
  - 顶端对齐“”：将选中的文本沿着单元格的顶端对齐
  - 垂直居中“”：将选中的文本垂直居中对齐
  - 底端对齐“”：将选中的文本沿着单元格的底端对齐
- 文字方向：单击“文字方向”按钮，弹出选项框，读者根据需要自行选择不同的文字方向进行设置，如图3-45所示。
- 单元格边距：单击“单元格边距”按钮，弹出选项框，读者根据需要自行选择不同的单元格边距进行设置，如图3-46所示。同时，也可以单击刚才弹出的选项框中的“自定义边距”，将弹出“单元格文本布局”对话框，如图3-47所示。这里有更多的选项，读者根据需要自行选择并查看不同的效果。

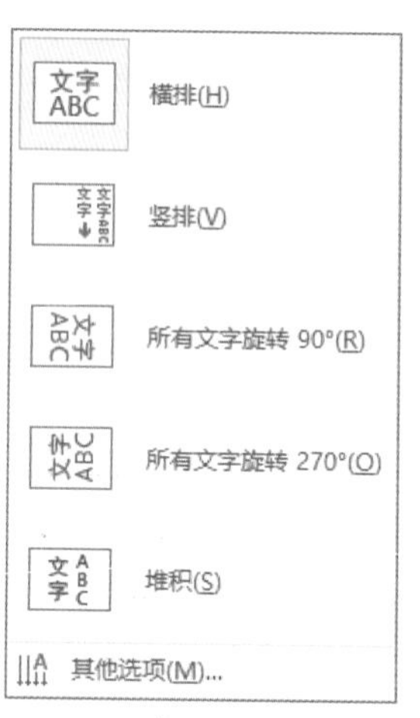

图3-45 “文字方向”设置参考

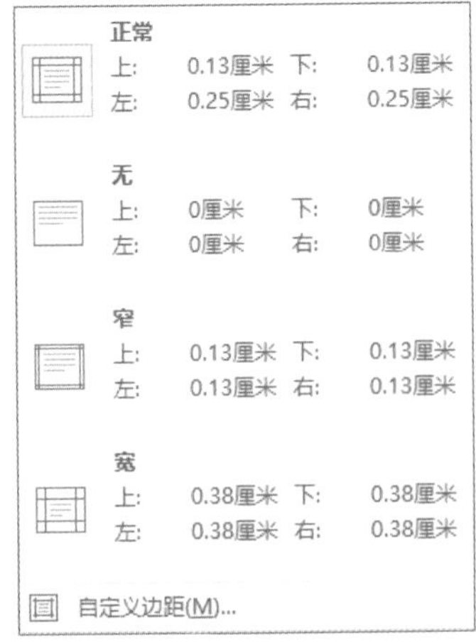

图3-46 “单元格边距”设置参考

图3-47 “单元格文本布局”对话框

3.3 设置表格样式

3.3.1 设置表格样式应用位置

在PowerPoint 2013中，除了对幻灯片中的表格进行效果设置，还可以通过设置表格样式选项进一步控制表格的样式。接下来将介绍如何在幻灯片中设置表格样式的应用位置。

01 单击选中表格，然后单击“表格工具”中的“设计”选项卡，找到“表格样式选项”功能选项卡，如图3-48所示。

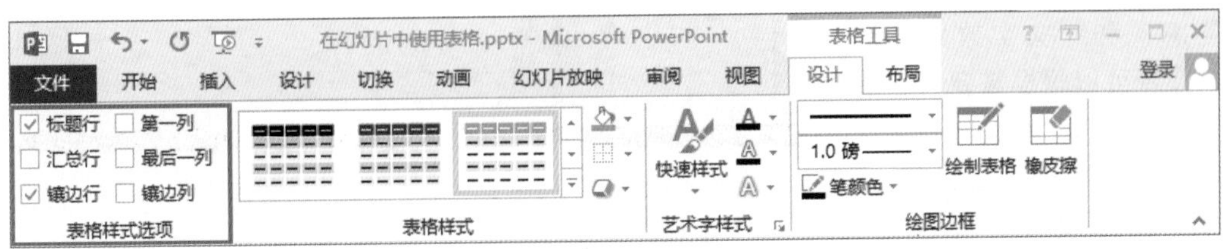

图3-48 选择“表格样式选项”功能选项卡

02 单击勾选该功能选项卡上的任何一项或几项，读者可以根据需要自行设置查看样式设置的效果。例如：在如图3-49所示的幻灯片中，将选中表格的样式选项设置中只勾选“标题行”，设置好的效果如图3-50所示。

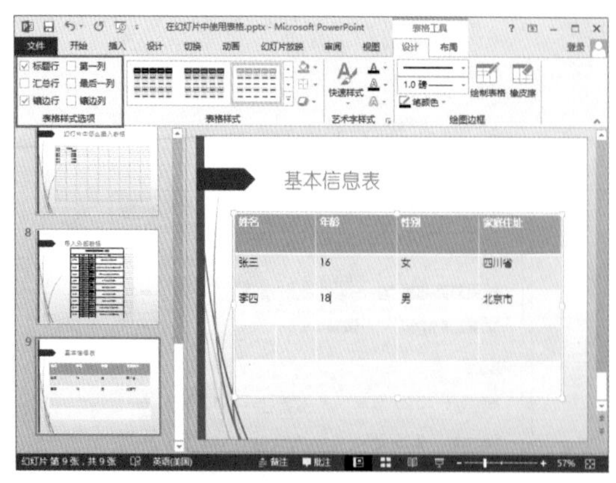

图3-49 默认表格样式选项的效果

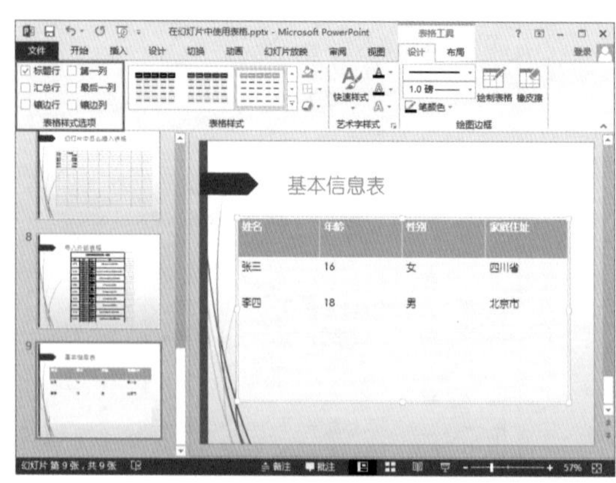

图3-50 设置表格样式选项之后的效果

3.3.2 设置表格文本样式

在3.2.5中已经介绍了表格中文本的对齐方式设置，接下来将进一步对表格中文本的样式设置进行详细介绍。

01 单击选中表格中的文本，例如：选中表格中的第二行文本，然后单击"表格工具"中的"设计"选项卡，找到"艺术字样式"功能选项卡，如图3-51所示。

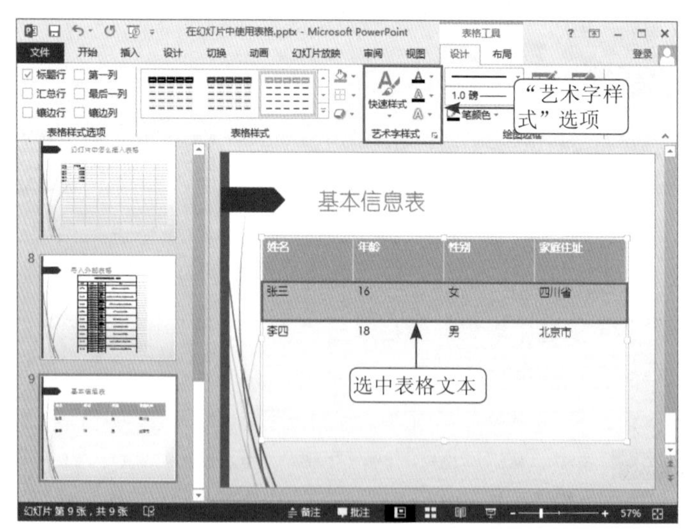

图3-51 选中"艺术字样式"功能选项卡

02 在"艺术字样式"功能选项卡中默认提供了4种不同的样式选项，分别是"快速样式"、"文本填充"、"文本轮廓"和"文字效果"选项，读者可以根据需要自行选择不同的艺术字样式。为了让读者更好地理解，这里对这4种选项进行简单的操作介绍。

- 快速样式：该选项可以在预定义的样式中为表格文本设置不同的艺术风格，具体操作步骤为单击"艺术字样式"功能选项卡中的"快速样式"按钮，即可弹出如图3-52所示的设置选项界面，读者通过单击样

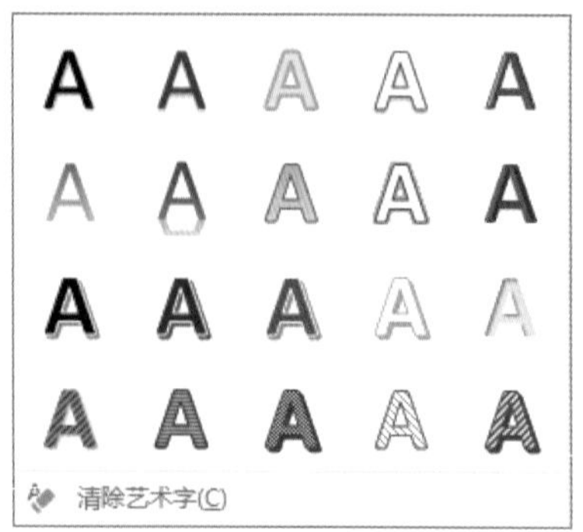

图3-52 "快速样式"选项界面

式进行效果预览。

- 文本填充：该选项可以通过设置“纯色”、“渐变”、“图片”或“纹理”样式来对文本进行填充，具体操作步骤为单击“艺术字样式”功能选项卡中的“文本填充”A按钮右边的小三角，即可弹出如图3-53所示的“文本填充”选项界面，读者根据需要选择不同的效果。

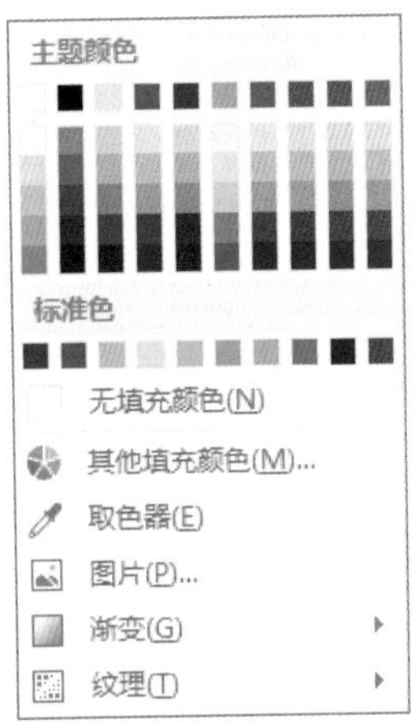

图3-53 “文本填充”选项界面

- 文本轮廓：该选项可以通过设置“颜色”、“宽度”或“线条”样式来定义文本轮廓，具体操作步骤为单击“艺术字样式”功能选项卡中的“文本轮廓”A按钮右边的小三角，即可弹出如图3-54所示的文本轮廓效果选项界面，读者根据需要选择不同的效果。

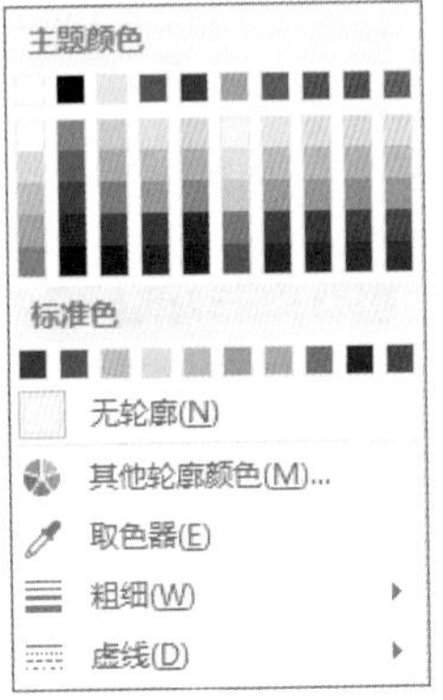

图3-54 “文本轮廓”选项界面

- 文字效果：该选项可以通过设置“阴影”、“发光”或“映像”等效果来为文字添加视觉效果，具体操作步骤为单击“艺术字样式”功能选项卡中的“文字效果”A按钮右边的小三角，即可弹出如图3-55所示的文字效果选项界面，读者根据需要选择不同的效果。

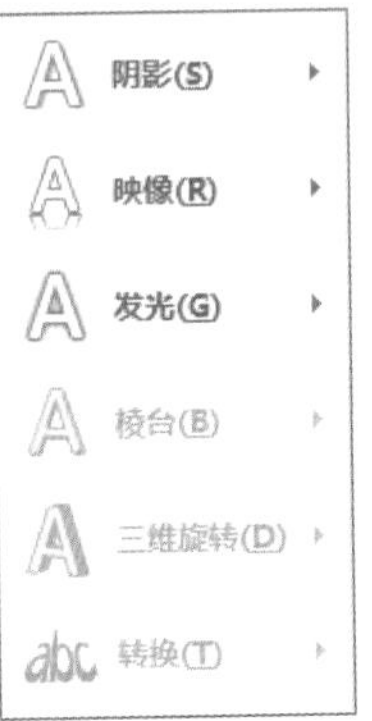

图3-55 “文字效果”选项界面

03 还可以单击“艺术字样式”旁边的小箭头，弹出如图3-56所示的设置界面，单击“文本选项”标签，读者可以在该标签页面下对文本样式进行更多的设置。

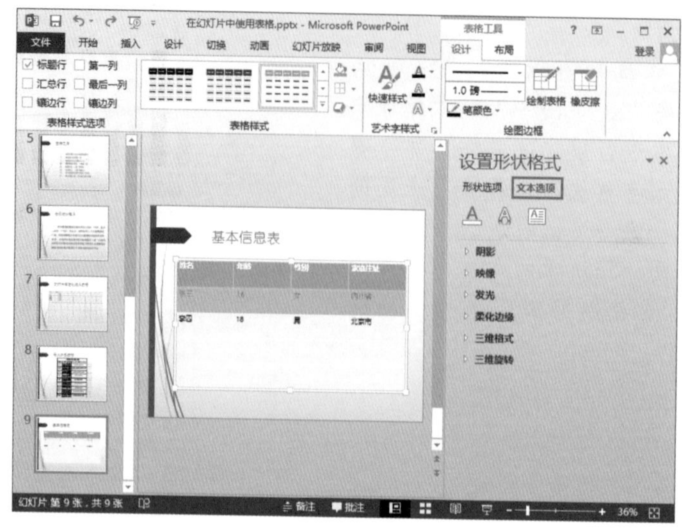

图3-56 “设置形状格式”文本选项

3.4 创建图表并编辑

3.4.1 了解图表

图表是数据更直观和形象的表现形式，通过图表可以让观众更容易理解文字数据表达的含义，同时也可以使幻灯片的显示效果更加清晰。

在PowerPoint 2013中，可以插入多种数据图表和图形，包括：柱形图、折线图、饼图、条形图、面积图、XY（散点图）、股价图、曲面图、雷达图以及组合图。读者从“插入图表”对话框中可以了解图表的分类情况，如图3-57所示。

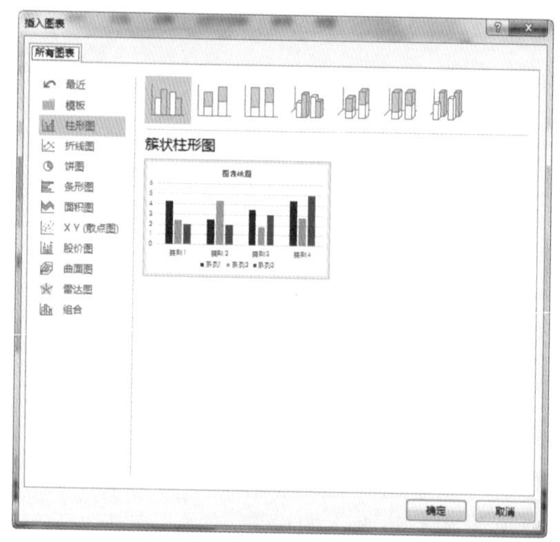

图3-57 “插入图表”对话框

3.4.2 创建图表

上节已介绍在演示文稿中可以选择多种类型的图表，接下来将具体介绍创建图表的基本步骤。

01 启动PowerPoint 2013，选中要插入图表的幻灯片，选中“单击此处添加文本”文本占位符，如图3-58所示，然后将其删除，删除后的效果如图3-59所示。

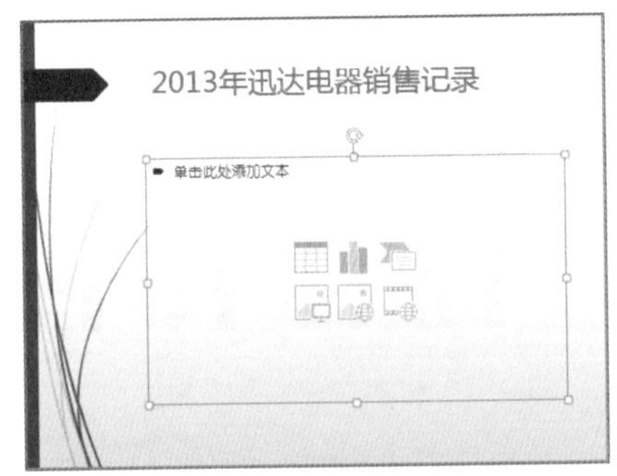

图3-58 选中文本占位符

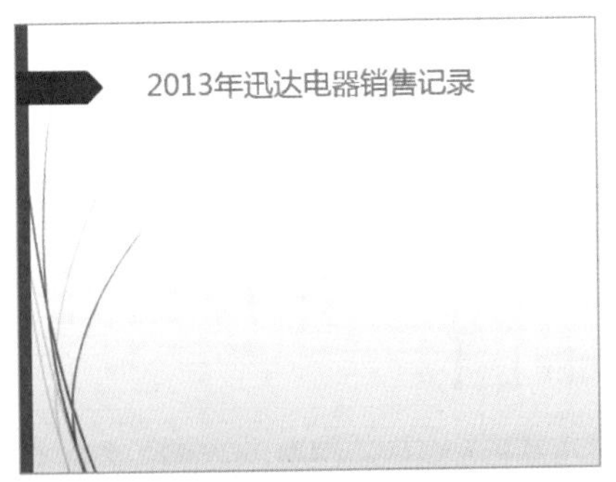

图3-59 删除文本占位符后的效果

02 单击“插入”选项卡“插图”组中的找到“图表”按钮，如图3-60所示。在弹出的“插入图表”对话框中选择合适的图表形状，例如：选择“柱形图”中的“簇状柱形图”，然后单击“确定”按钮，如图3-61所示。

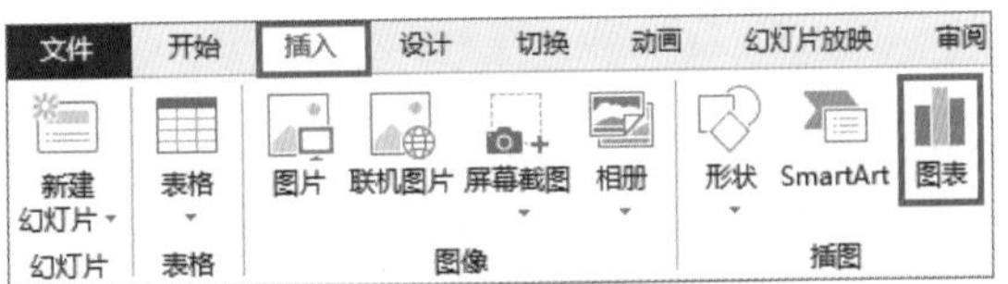

图3-60 单击“图表”按钮

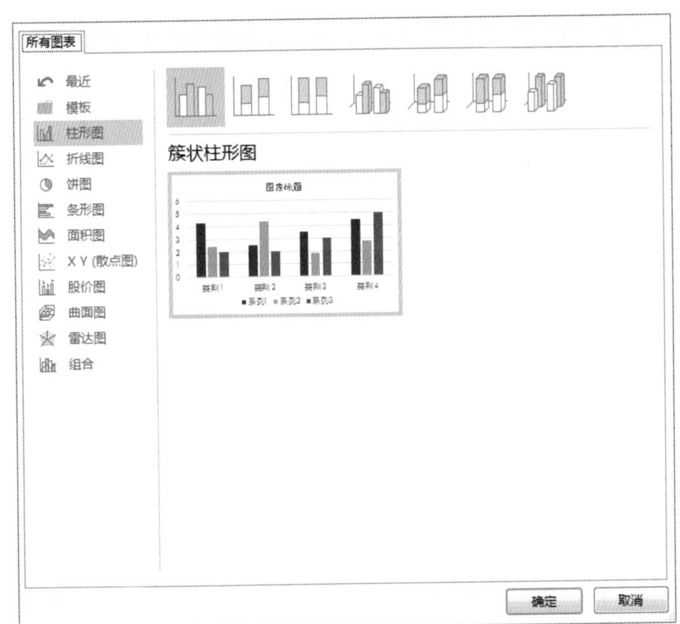

图3-61 选择“簇状柱形图”图表

03 单击“确定”按钮之后弹出“Microsoft PowerPoint中的图表”窗口，如图3-62所示，在该窗口中更改数据，更改完成后关闭Excel窗口。更改好的效果如图3-63所示。

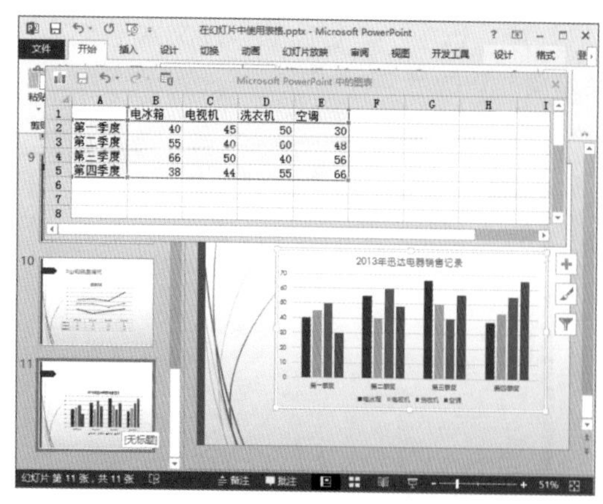

图3-62 Microsoft PowerPoint中的图表

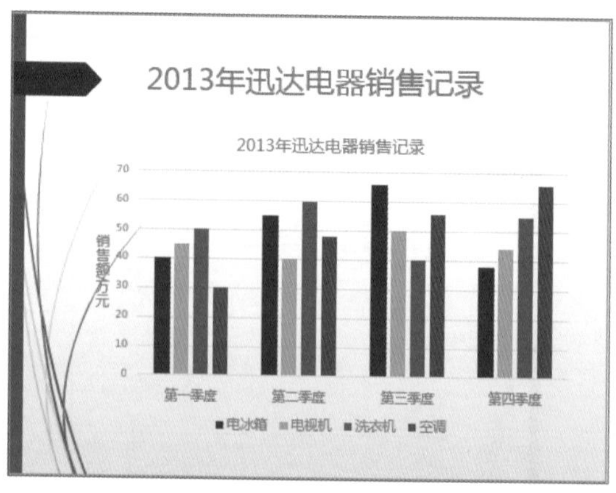

图3-63 插入“簇状柱形图”后的效果

小技巧

在创建图表的时候还可以采用较为便捷的方式，类似于表格的创建过程。即在新建的幻灯片中单击“单击此处添加文本”文本框中的“图表”占位符，然后按照上面步骤的介绍完成创建。

3.4.3 更改图表类型

如果对幻灯片中插入的图表类型不满意，还可以更改图表类型，接下来将详细介绍在幻灯片中应当如何更改图表类型的操作。

01 选中幻灯片中的图表，找到菜单栏上出现的“图表工具”，单击“设计”选项卡下的“类型”组中的“更改图表类型”按钮，如图3-64所示。同时也可以选中图表之后，右击，在弹出的快捷菜单中选择“更改图表类型”选项，如图3-65所示。

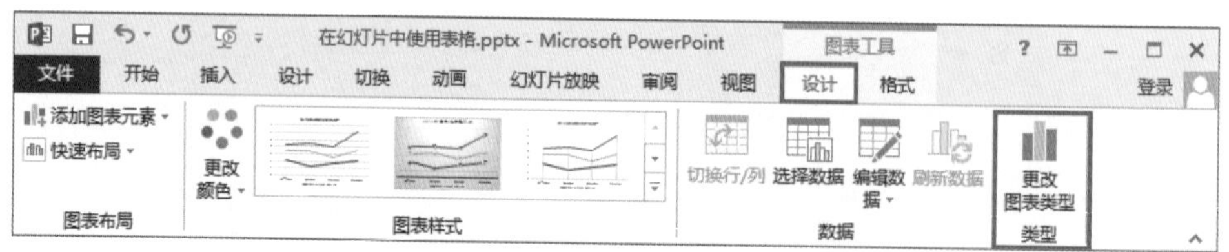

图3-64 打开“更改图表类型”选项

02 在弹出的如图3-66所示的“更改图表类型”对话框中选择一种图表类型，具体创建方式与3.4.2节一样，读者参考上节进行操作，最后单击“确定”按钮完成更改。例如：将图表类型更改为“条形图”中的“簇状条形图”，更改后的效果如图3-67所示。

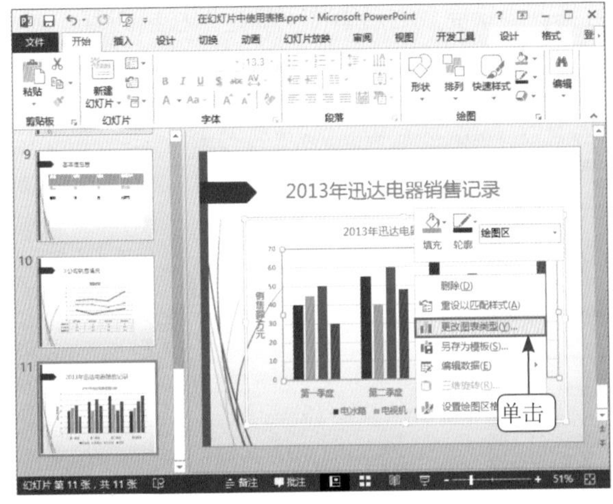
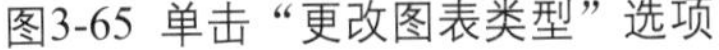

图3-65 单击“更改图表类型”选项

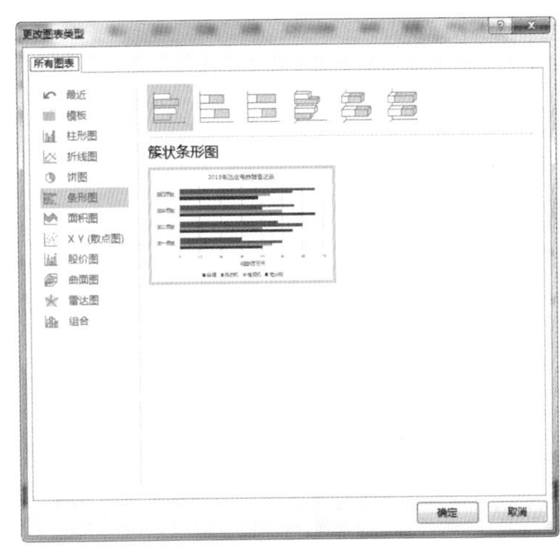

图3-66 “更改图表类型”对话框

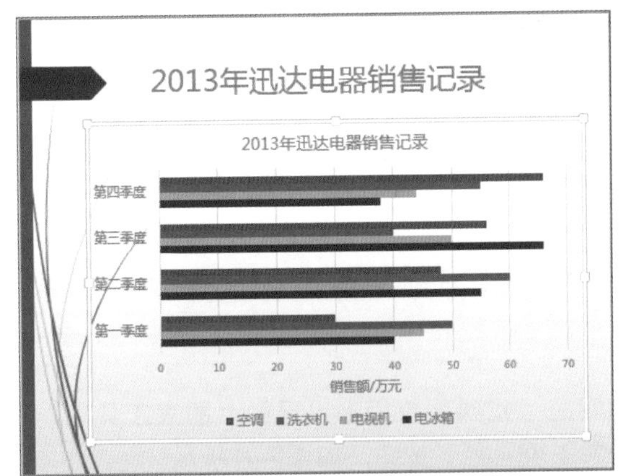

图3-67 设置“簇状条形图”图表后的效果

3.4.4 编辑图表源数据

上节中在创建图表或更改图表类型的过程中，会弹出一个“Microsoft PowerPoint中的图表”窗口，在该窗口可以更改数据完成图表的制作。同时创建图表之后，也可以对图表的源数据进一步进行编辑，下面进行详细步骤的介绍。

01 选中幻灯片中的图表，找到菜单栏上出现的“图表工具”，单击“设计”选项卡下的“数据”组中的“编辑数据”按钮，如图3-68所示。同时也可以选中图表之后，右击，在弹出的快捷菜单中选择“编辑数据”选项，如图3-69所示。

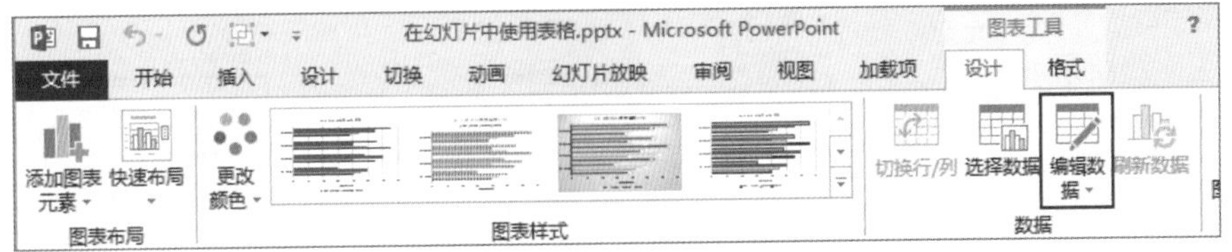

图3-68 打开“编辑数据”选项

02 单击“编辑数据”之后会弹出“编辑数据”和“在Excel 2013中编辑数据”两个选项，

如图3-70所示，读者可以单击这两个选项编辑数据。编辑完成之后单击“确定”按钮即可。

图3-69 选择“编辑数据”选项

图3-70 编辑数据选项

3.4.5 设置图表布局

在幻灯片中创建图表之后还可以对图表布局进行设置，下面将对设置图表布局中的“添加图表元素”和“快速布局”操作进行详细介绍。

❶ 添加图表元素

01 选中幻灯片中的图表，找到菜单栏上出现的“图表工具”，单击“设计”选项卡下的“图表布局”组中的“添加图表元素”按钮，如图3-71所示。

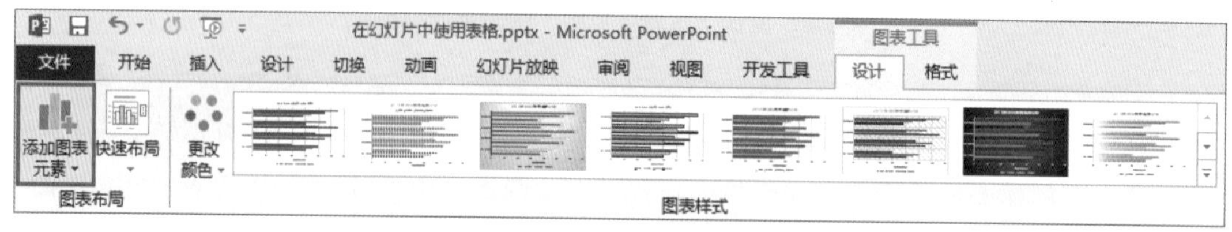

图3-71 选择“添加图表元素”选项

02 单击之后弹出如图3-72所示的图表元素布局选项，读者可以根据需要自行选择不同的图表元素进行设置，例如：单击图3-67中的图表，然后单击布局选项中的“数据标签”中的“上方”，设置之后的效果如图3-73所示。

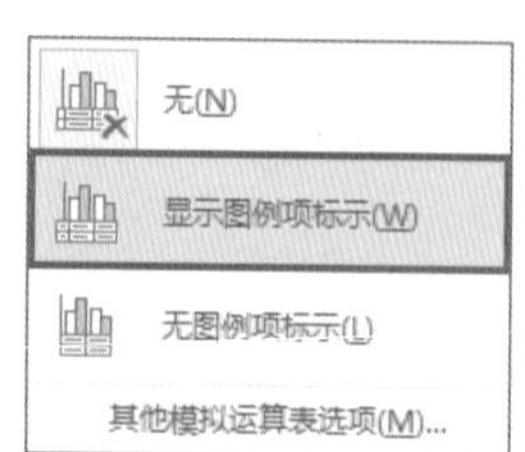

图3-72 图表元素布局选项

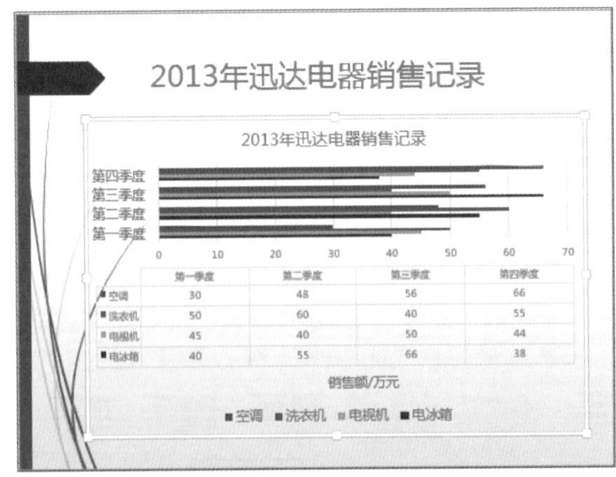

图3-73 设置图表布局之后的效果

小技巧

在设置图表布局的时候还可以采用较为便捷的方式，即：单击幻灯片中的图表，在选中图表的右侧会自动添加一个+图形的标志，单击该按钮即弹出图表元素布局的基本选项，读者可以通过这种方式对图表元素的布局进行编辑。

❷ 快速布局

01 选中幻灯片中的图表，找到菜单栏上出现的“图表工具”，单击“设计”选项卡下的“图表布局”组中的“快速布局”按钮，如图3-74所示。

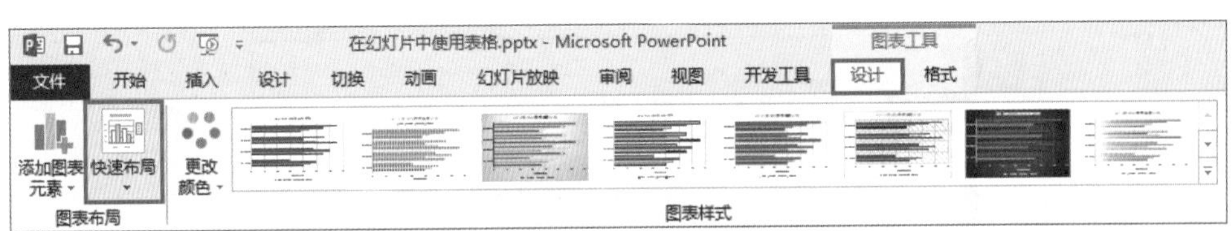

图3-74 选择“快速布局”按钮

02 在弹出的如图3-75所示的快速布局选项中，读者根据需要自行选择合适的图表布局进行设置，例如：还是选中图3-67中的图表，然后单击“快速布局”选项中的“布局7”，设置之后的效果如图3-76所示。

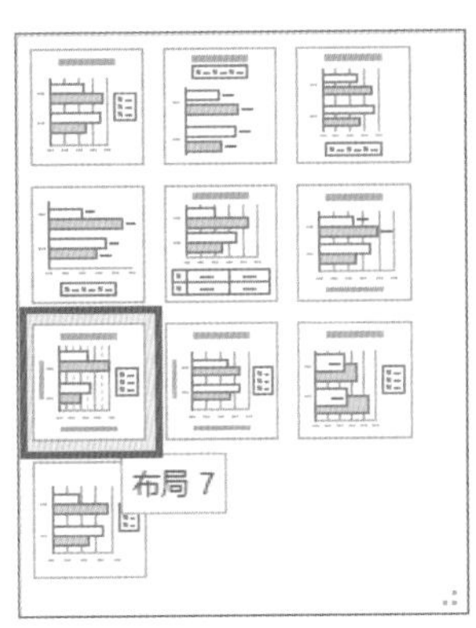

图3-75 快速布局选项

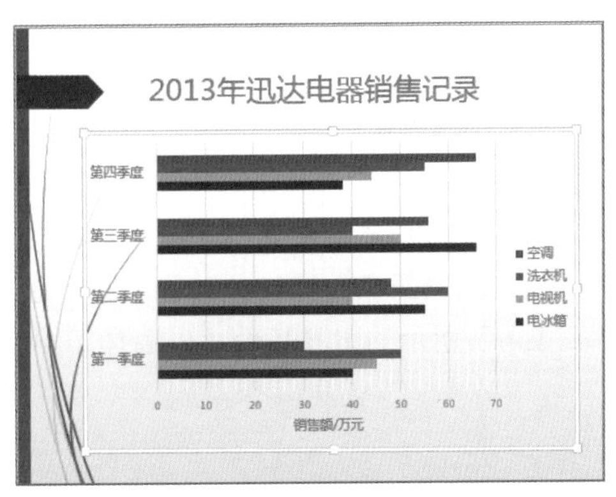

图3-76 设置图表布局之后的效果

3.4.6 设置图表样式

与表格类似，在幻灯片中为图表提供了很多样式，读者可以根据需要进行图表样式的设置，下面将详细介绍在图表中如何设置图表样式。

01 选中幻灯片中的图表，找到菜单栏上出现的“图表工具”，单击“设计”选项卡下的“图表样式”功能选项卡，如图3-77所示。

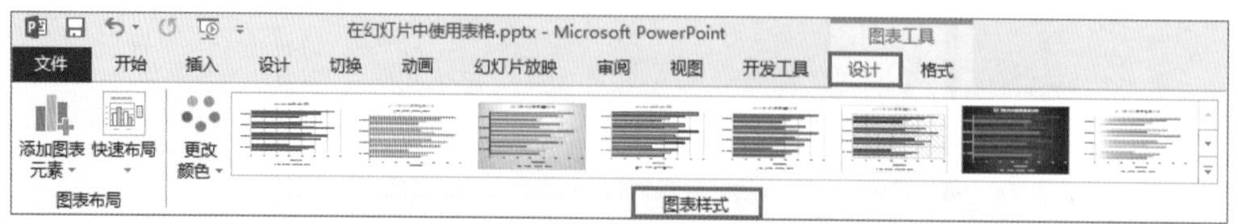

图3-77 选择“图表样式”功能选项卡

02 该功能选项卡提供了图表样式的预览设置，单击图表样式功能选项卡中的“其他”按钮，在图表样式选项中选择合适的图表样式。例如单击选中如图3-78所示的图表样式，设置之后的图表效果如图3-79所示。

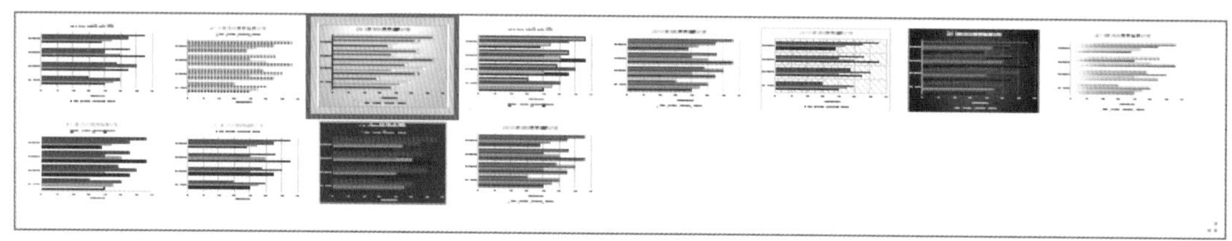

图3-78 图表样式选项

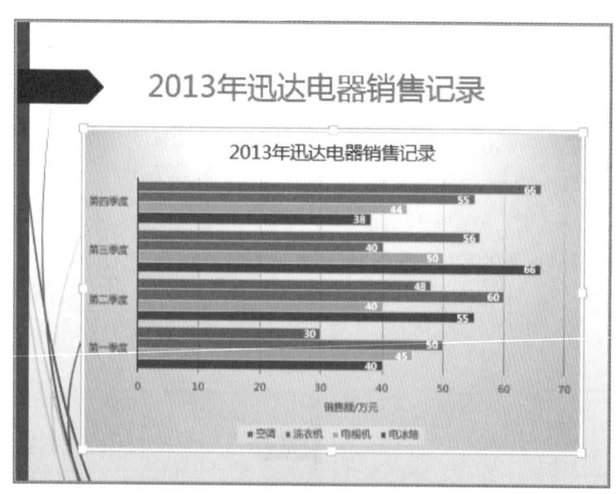

图3-79 设置图表样式之后的效果

03 选择合适的图表样式之后，还可以更改图表样式中线条的颜色，单击“图表样式”功能选项卡中的“更改颜色”按钮，如图3-80所示，在弹出的颜色选项中选择合适的颜色进行设置，例如在图3-79所示的图表基础上，选择如图3-81所示的颜色选项，设置后的效果如图3-82所示。

图3-80 选择“更改颜色”按钮

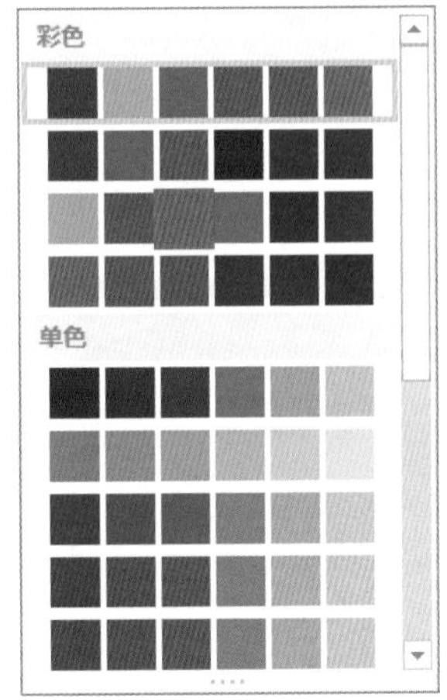

图3-81 更改颜色选项

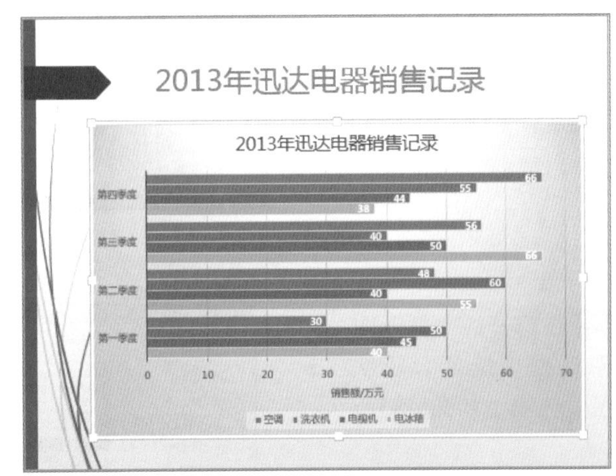

图3-82 更改颜色之后的效果

小技巧

在设置图表样式的时候还可以采用较为便捷的方式，即：单击幻灯片中的图表，在选中图表的右侧会自动添加一个图形的标志，单击该按钮即弹出图表样式和样式颜色的选项，读者可以通过这种方式对图表样式进行编辑。

3.5 实例1：制作另类柱形图

本章介绍了在幻灯片中图表使用的基础操作，包括创建图表的方法和图表效果设置的方法，下面结合本章讲述的知识点来制作一个如图3-83所示的柱形图，从而巩固所学知识。

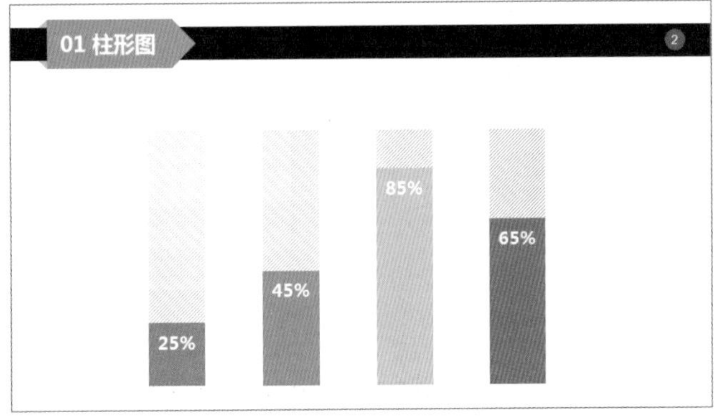

图3-83 柱形图最终效果

01 打开光盘中的素材文件：第3章/图表制作.pptx，新建一张幻灯片，在“插入”选项卡中，单击“图表”按钮，如图3-84所示。

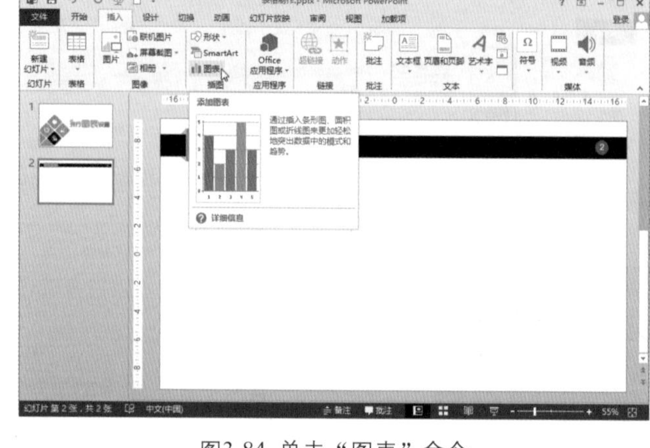

图3-84 单击“图表”命令

02 在打开的“插入图表”对话框中选择“簇状柱形图”选项，如图3-85所示。

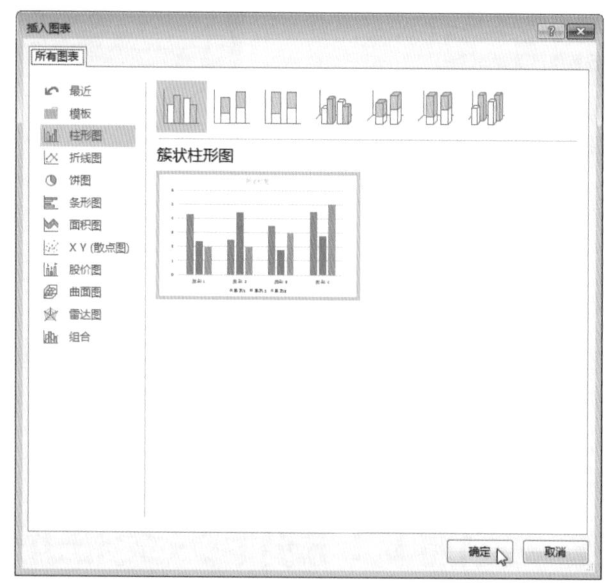

图3-85 选择“簇状柱形图”图标

03 单击“确定”按钮，在打开的Excel工作表中输入创建柱形图所需要的数据，具体参数如图3-86所示。

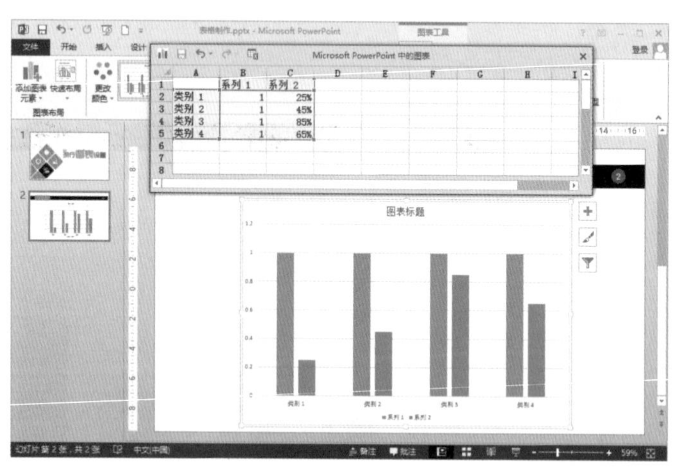

图3-86 输入数据参数

04 单击工作表右上方的“×”按钮关闭工作表，激活图表，通过单击右上方的“+”按钮，取消所有复选项的勾选，如图3-87所示。

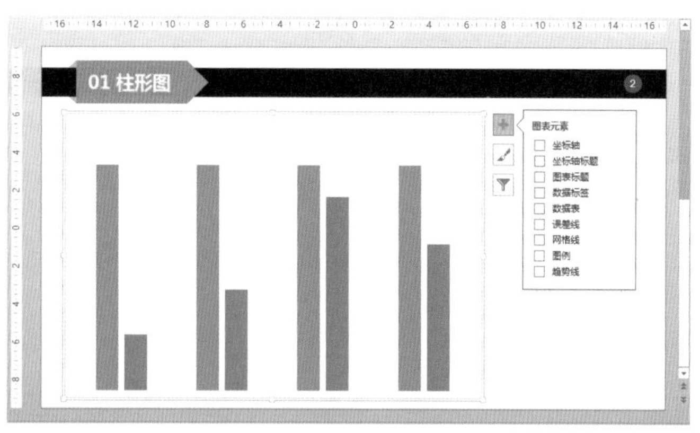

图3-87 删除图表元素

05 双击数据系列，打开“设置数据系列格式”任务窗格，切换到“系列选项”子选项卡，将“系列重叠”和“分类间距”的参数均修改为“100%”，如图3-88所示。

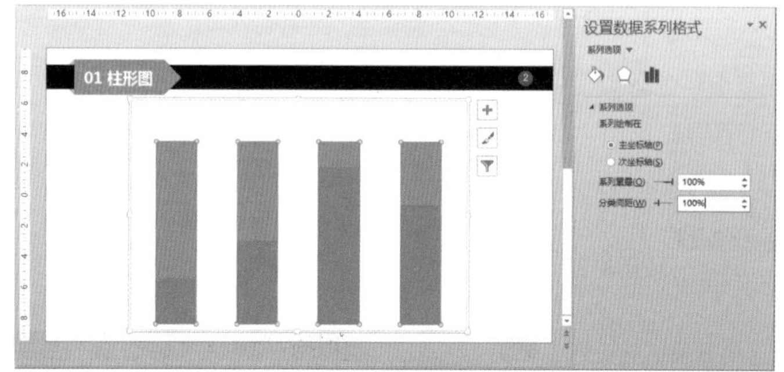

图3-88 设置参数

06 单击橘色数据系列，通过“+”图标中的选项，显示该系列的数据标签，并设置“数据标签内”显示，如图3-89所示。

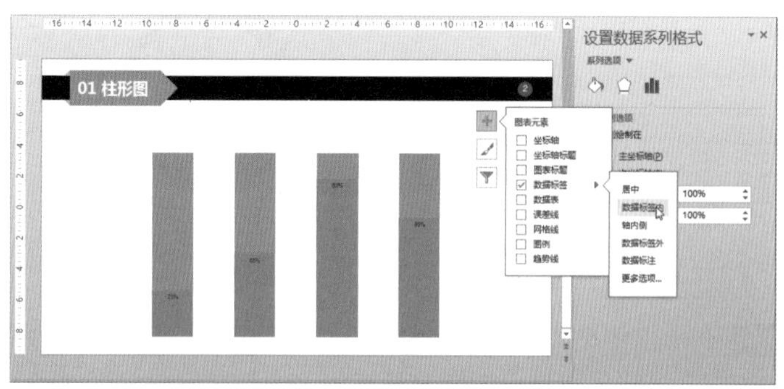

图3-89 添加“数据标签”

07 设置数据标签的文本格式为白色、32磅，然后单击蓝色数据系列，在右侧的“设置数据系列格式”任务窗格中，设置“浅色上对角线”图案填充，前景色为“灰色”，“无线条”效果，如图3-90所示。

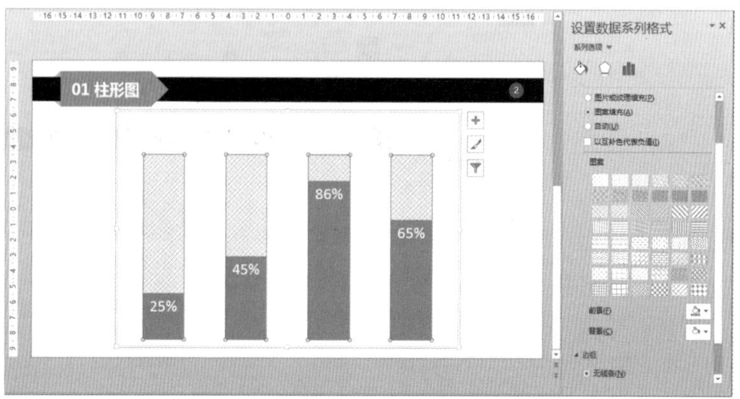

图3-90 设置数据系列填充图案

08 逐个选择橘色数据系列，通过“设置数据系列格式”窗格修改其填充颜色，效果如图3-91所示。

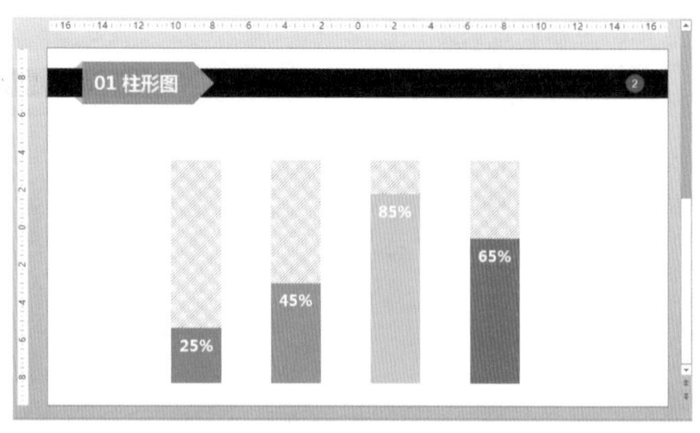

图3-91 设置数据系列填充色彩

3.6 实例2：别致的环形图

下面将会根据所学的图表知识，创建一个环形图，效果如图3-92所示。想要实现这种效果吗？其实步骤也很简单，是用几个图形和图表进行组合而成的。接下来介绍具体的制作方法。

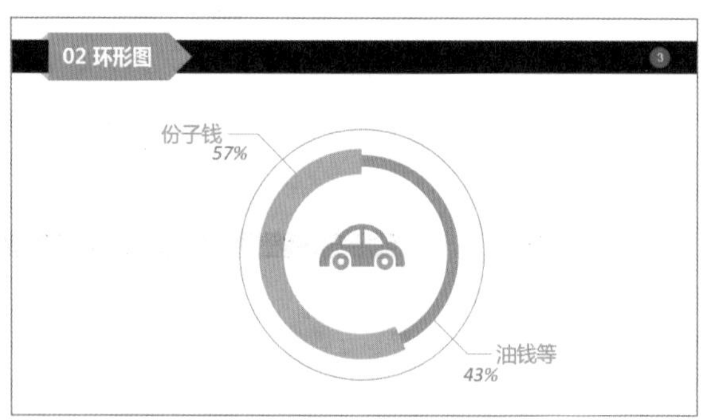

图3-92 环形图最终效果

01 在上例中的幻灯片中，新建一张幻灯片，通过“形状”功能在页面中间插入一个尺寸为12cm×12cm的正圆形，如图3-93所示。

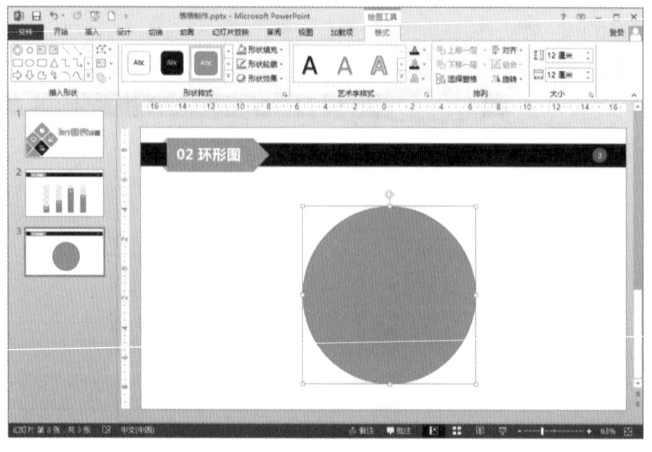

图3-93 插入一个正圆形

02 通过右键快捷菜单中的“设置形状格式”选项，打开“设置形状格式”任务窗格，设置“无填充”、“灰色实线边框”效果，如图3-94所示。

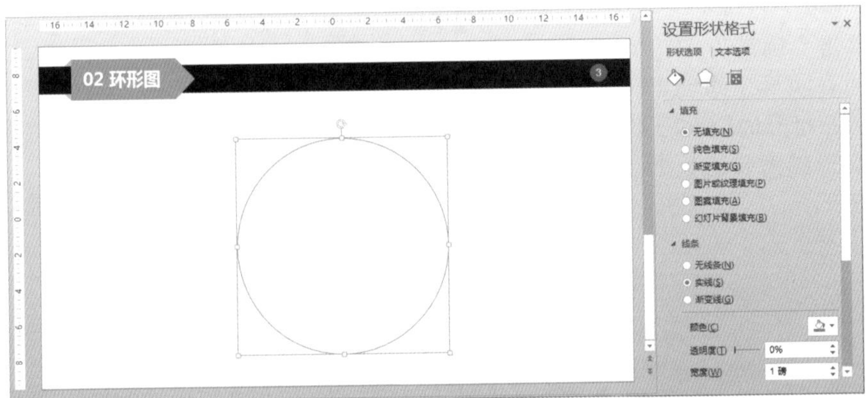

图3-94 设置圆形的格式

03 通过形状功能在圆形中插入一个同心的圆环，并设置尺寸为9.5cm×9.5cm，如图3-95所示。

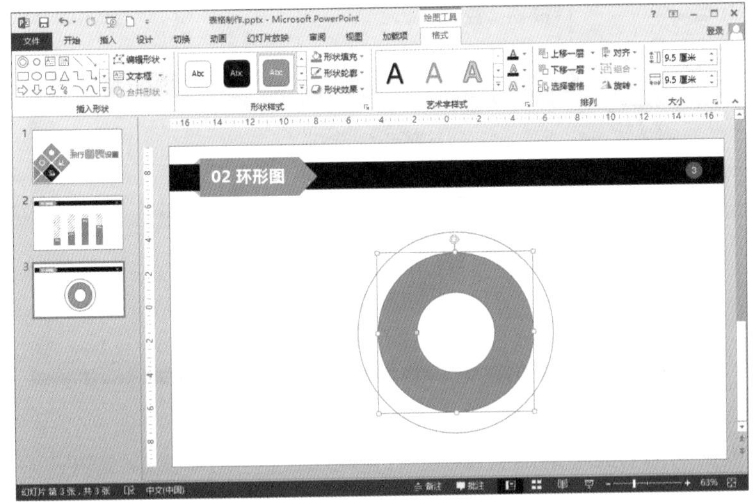

图3-95 插入一个圆环

04 通过鼠标左键拖动环形的内侧控制点，适当调整环形的宽度，如图3-96所示。

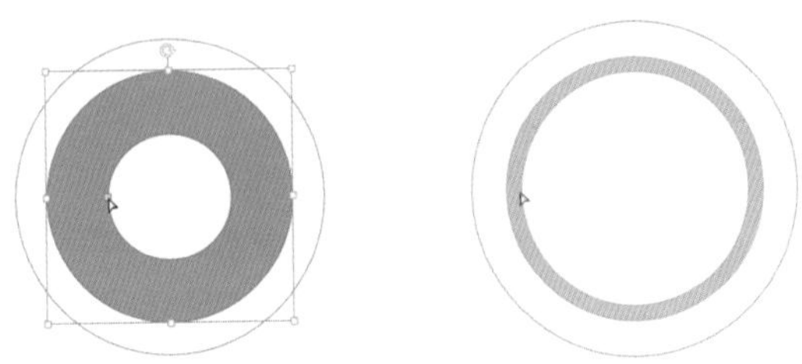

图3-96 调整环形宽度

05 通过插入图表功能，打开“插入”对话框，并选择“圆环图”选项，如图3-97所示。

06 单击“确定”按钮关闭对话框，即可在页面中间创建一张默认环形图，在打开的Excel工作表中输入创建环形图需要的数据参数，如图3-98所示。

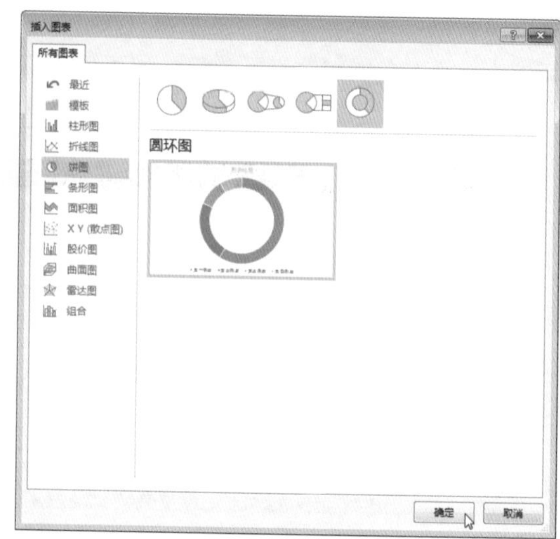

图3-97 插入饼图

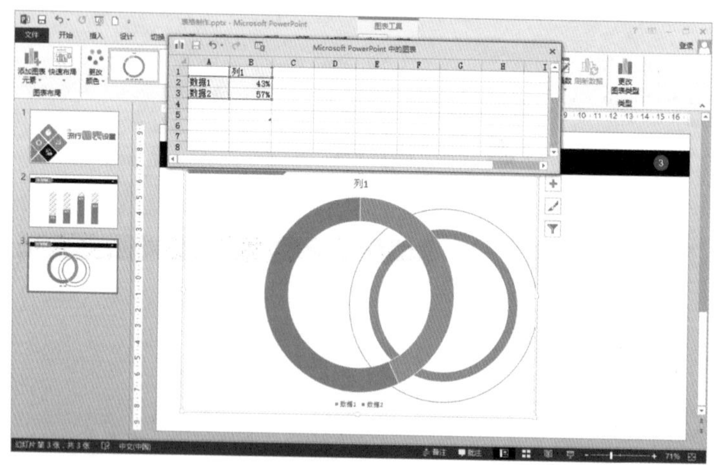

图3-98 添加环形图的数据参数

07 删除图表中不需要显示的图表元素，并调整图表的大小以及摆放位置。如图3-99所示。

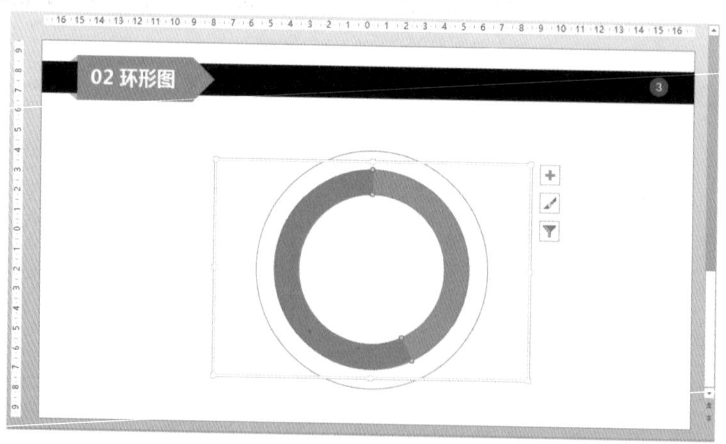

图3-99 设置环形图的大小及位置

08 双击圆环数据系列，打开“设置数据点格式”任务窗格，切换到“系列选项”子选项卡中，设置“圆环图内径大小”为“76%”，效果如图3-100所示。

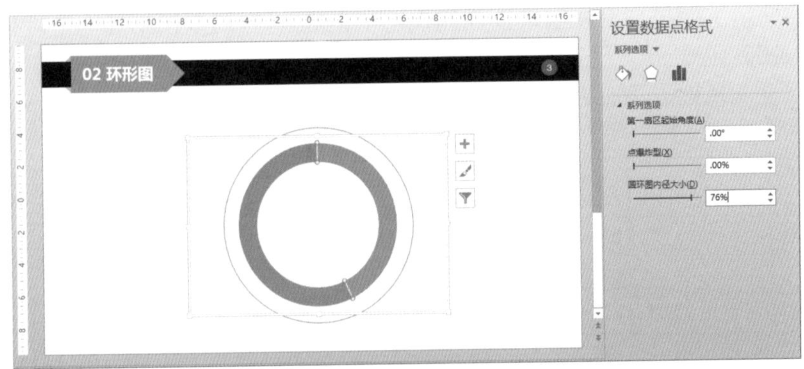

图3-100 设置圆环内径大小

09 双击蓝色数据系列，设置“无填充”、“无线条”效果，如图3-101所示。然后使用同样的方法设置橘色数据系列为“橙色填充”、“无线条”效果。

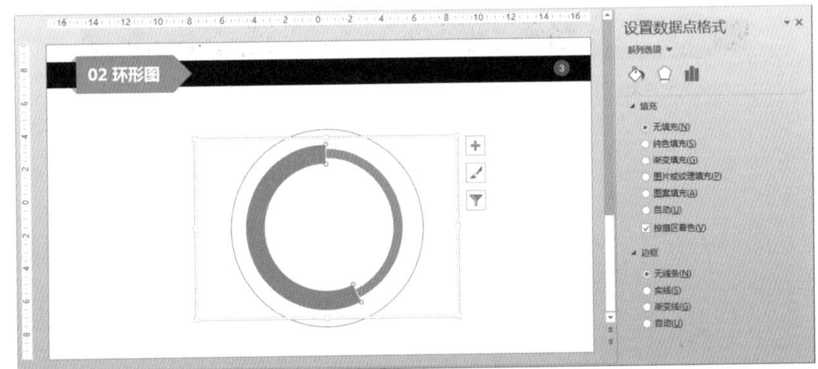

图3-101 设置蓝色数据系列透明效果

10 最后为图表添加一些辅助图案以及线条和文本，效果如图3-102所示。

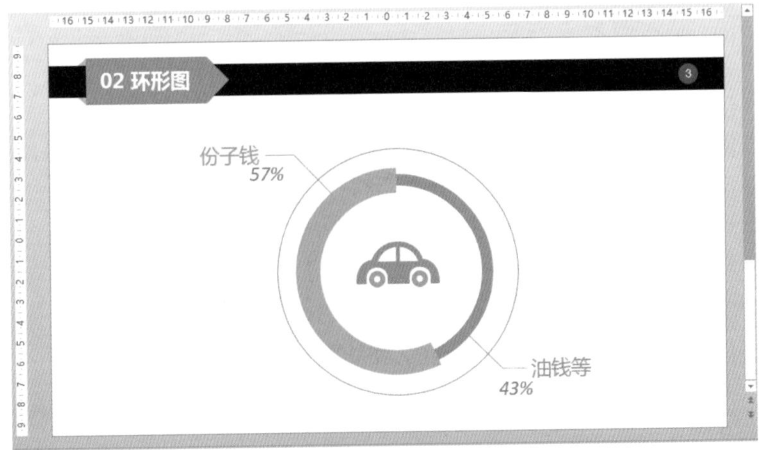

图3-102 添加图片及文本

3.7 实例3：不一样的堆积图

下面将根据所学的图表知识，根据表3-1中的数据创建一个堆积图，效果如图3-103所示。通过下面步骤的介绍您将学会类似的堆积图表的制作，甚至可以在此基础上添加更多的创意。

表3-1 产品统计分析

月份	产品一	产品二	总计
一月	63	57	120
二月	68	45	113
三月	85	56	141
四月	60	75	135
五月	58	63	121
六月	87	69	156
七月	98	82	180

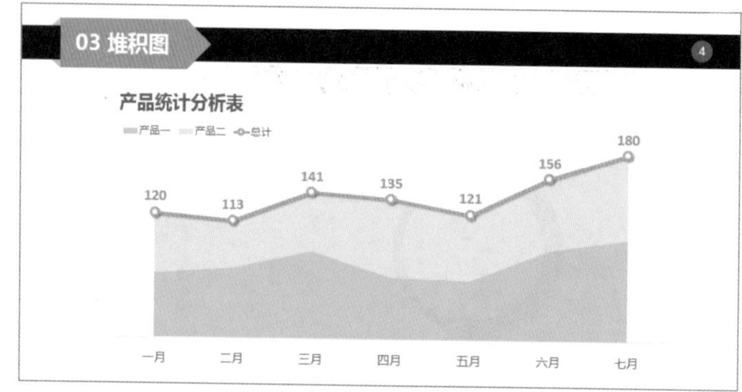

图3-103 堆积图最终效果

01 在幻灯片中新建一张幻灯片，并通过“插入”选项卡中的“图表”命令，打开“插入图表”对话框。

02 单击“组合”选项卡，选择“自定义组合”图标。在“为您的数据系列选择图表类型和轴”区域中，设置“系列1”和“系列2”的图表类型为“堆积面积图”，设置“系列3”的图表类型为“带数据标记的折线图”，如图3-104所示。

03 单击“确定”按钮关闭对话框，即可插入一张自定义组合图表，在打开的Excel工作表中设置需要创建的数据参数，如图3-105所示。

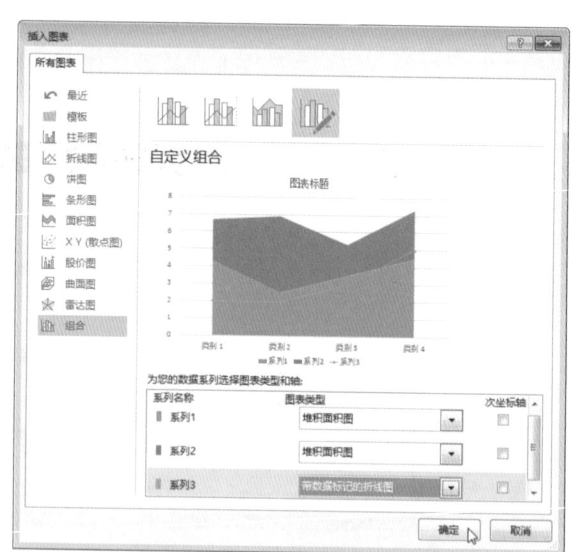

图3-104 “插入图表”对话框

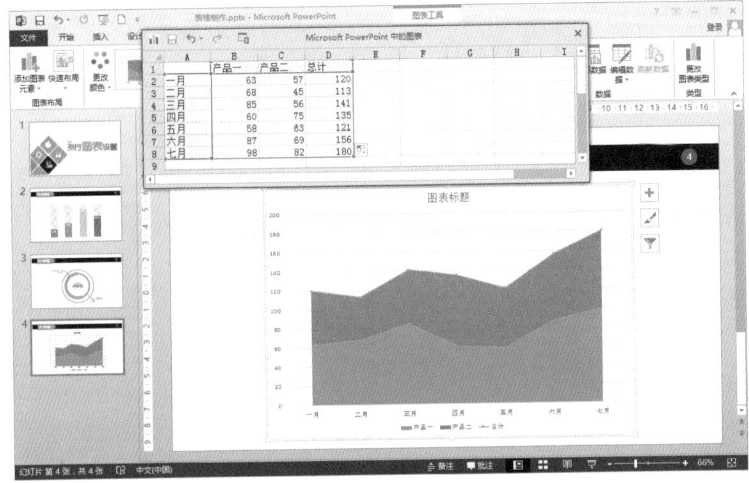

图3-105 添加创建堆积图的数据参数

04 添加图表标题，并设置图表中文本的格式。删除图表网格线以及纵坐标轴，适当调整图表标题和图例的位置，效果如图3-106所示。

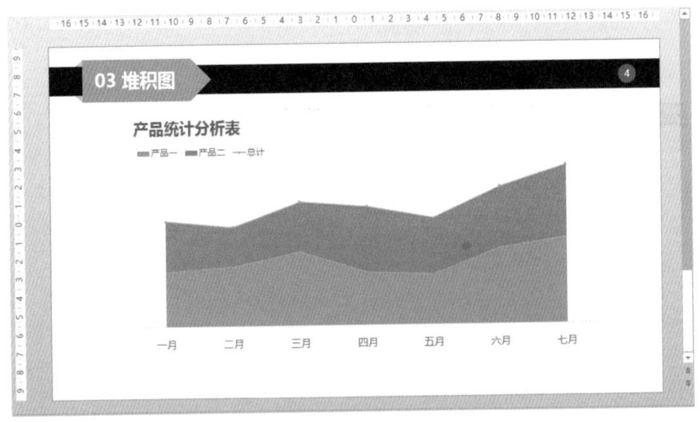

图3-106 设置文本格式及位置

05 选中总计数据系列，单击“+”图标，勾选“数据标签”，并设置在“上方”显示，如图3-107所示。

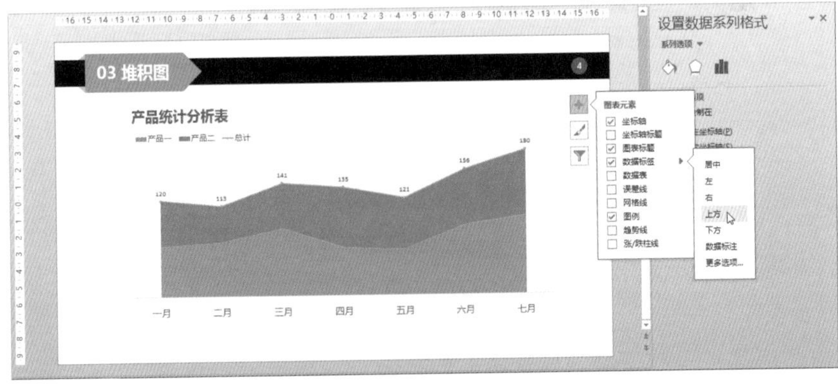

图3-107 添加数据标签

06 通过右侧的任务窗格设置总计数据系列的“数据标记选项”为内置的“圆形”，然后设置“白色”填充，“3磅橙色”边框效果，如图3-108所示。

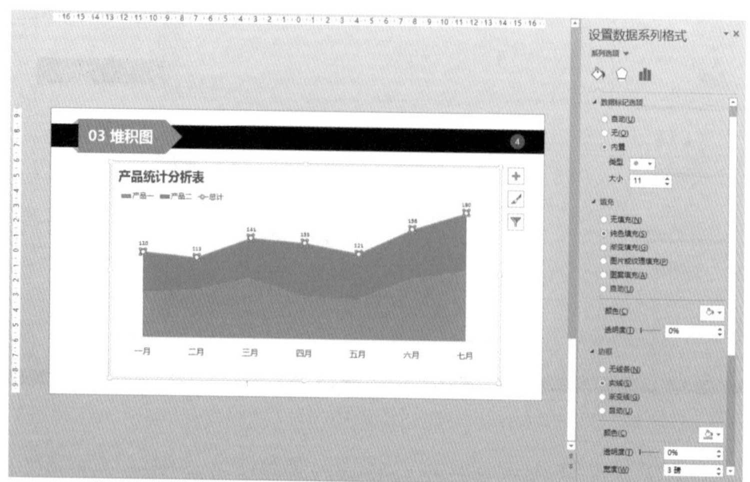

图3-108 设置折线标记格式

07 通过同样的方法设置数据线条的格式，“3磅橙色”线条，如图3-109所示。

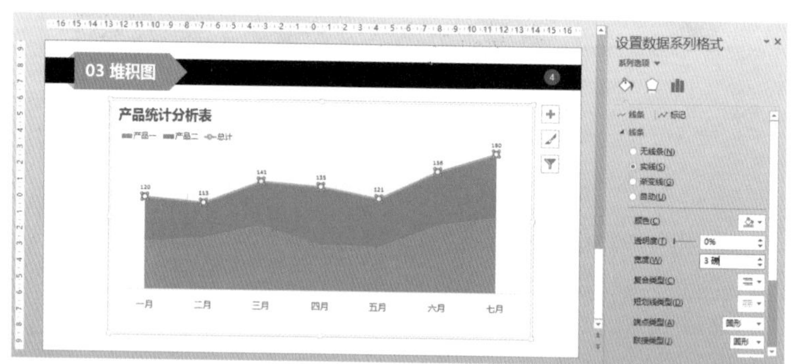

图3-109 设置折线线条格式

08 切换到“效果”子选项卡，设置“右下斜偏移”阴影效果，如图3-110所示。

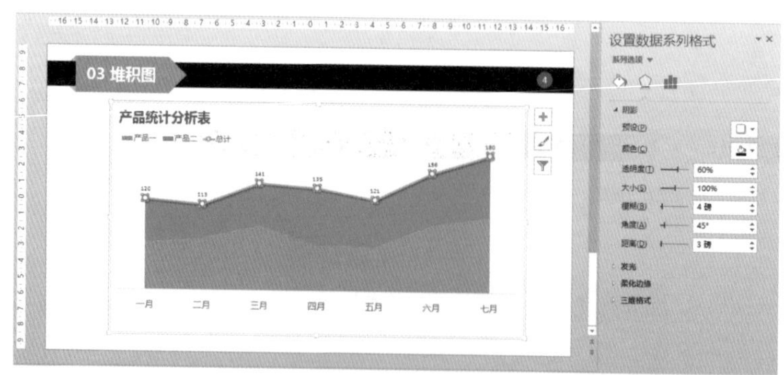

图3-110 设置折线数据系列阴影格式

09 单击“产品一”数据系列设置填充颜色为“淡绿色”，设置“产品二”数据系列为“绿色”，效果如图3-111所示。

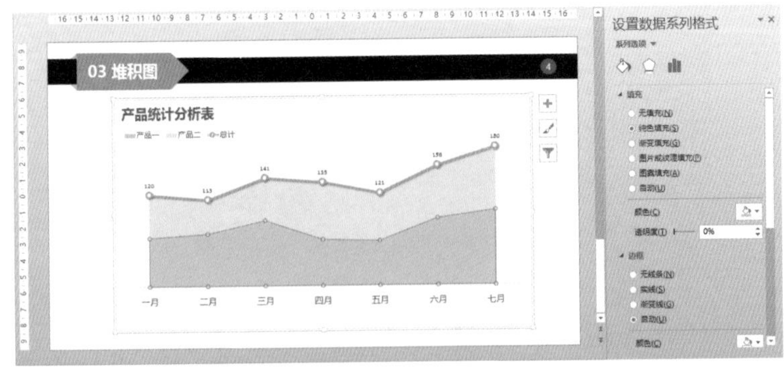

图3-111 设置数据系列填充颜色

10 选择数据标签设置文本颜色为“绿色”，大小为“20磅”，并“加粗”显示，即可完成堆积图表的制作，效果如图3-112所示。

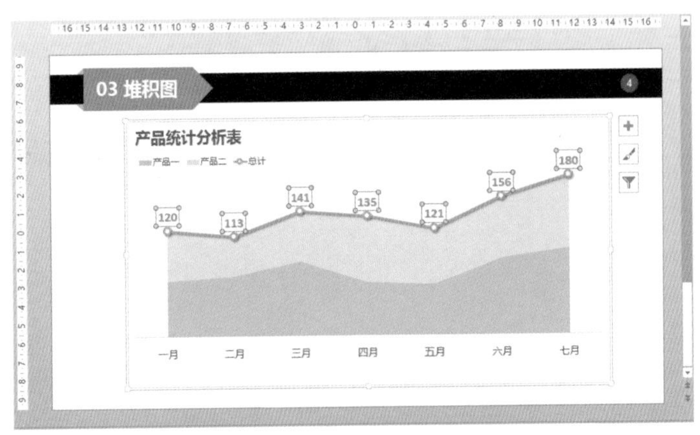

图3-112 设置数据标签文本格式

3.8 提高办公效率的诀窍

表格和图表是幻灯片制作过程中很重要的元素，通过表格和图表的创建可以使幻灯片中的文本数据更形象。根据笔者制作幻灯片的经验来看，有以下诀窍与读者交流。

01 用户在幻灯片制作过程中，可以插入Excel表格，然后像使用Excel电子表格一样使用，这样解决了用户在幻灯片放映过程中表格内容过多的问题。

02 用户还可以通过插入“对象”的方式导入Excel表格，这样在演示文稿放映时直接单击图标超链接至Excel表格。

03 用户插入表格或图表之后可以选择“源数据”进行编辑，这样方便用户随时对表格和图表进行修改。

04 用户在创建表格和图表时，尽量使用主题样式进行样式的设置，有利于制作出美观的幻灯片，同时尽量保证文本格式统一，文本内容对应，会使得表格和图表更整齐和美观。

第4章 在幻灯片中使用图形对象

——全面掌握幻灯片中的图像使用方法

图形对象是幻灯片中非常重要的元素，它包括各类图片、剪贴画、形状以及SmartArt等。借助图形对象，用户可以让受众更容易地领会幻灯片的内容，从而使得幻灯片展示得更加清晰明了。此外，图形对象还可以使幻灯片更加简洁、美观，增强幻灯片的吸引力。

通过本章的学习，您将掌握以下内容：

- 在幻灯片中使用图片
- 在幻灯片中使用艺术字和文本框
- 在幻灯片中使用形状
- 在幻灯片中使用SmartArt图示

4.1 在幻灯片中使用图片

在幻灯片中插入图片，使幻灯片图文并茂，可以更好地对演示文稿进行诠释。使用图片有多种方法，可以直接插入图片以及导入外部图片，下面就来学习图片插入的方法。

4.1.1 插入图片

插入图片可以使幻灯片图文并茂，增强幻灯片的吸引力，插入图片操作十分简单，其具体的操作方式如下：

01 选中要插入图片的幻灯片，单击“插入”选项卡中“图像”组中的“图片”按钮，如图4-1所示。

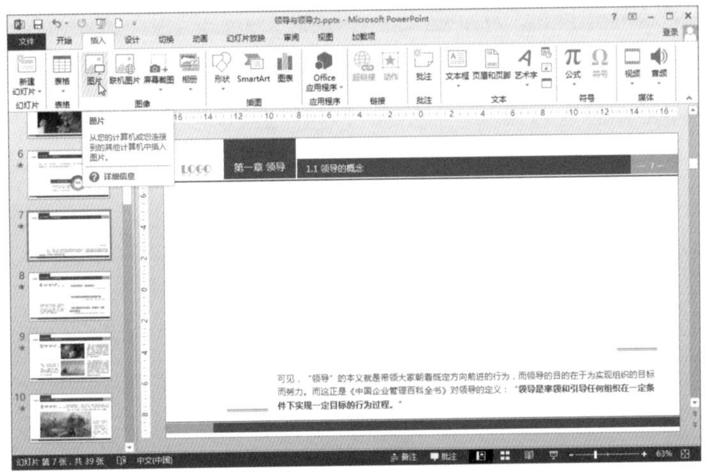

图4-1 插入图片

02 在弹出的“插入图片”的窗口中，根据图片的存储路径找到图片，单击选择图片后，单击“插入”按钮即可完成图片插入，如图4-2所示。

图4-2 选择要插入的图片

03 插入图片后，为图片加入一个阴影效果，如图4-3所示。有关为图片加上特殊效果的制作方法，我们会在后面的内容为读者朋友详细介绍，在这里就不赘述了。

图4-3 插入图片后效果

除了上述利用本地图片进行插入，我们还可以通过获取网络图片进行图片的插入，例如，我们需要在页面中插入一些商务人物图片。我们可以通过下面的操作步骤来进行网络图片的获取。

01 激活需要插入图片的幻灯片，单击“插入”选项卡中的“联机图片”按钮（位于“图片”按钮右侧）。

02 打开“插入图片”对话框，在“Office.com剪贴画免版税的照片和插图”编辑框中输入需要查找的图片类型的关键词，如“商务”，如图4-4所示。

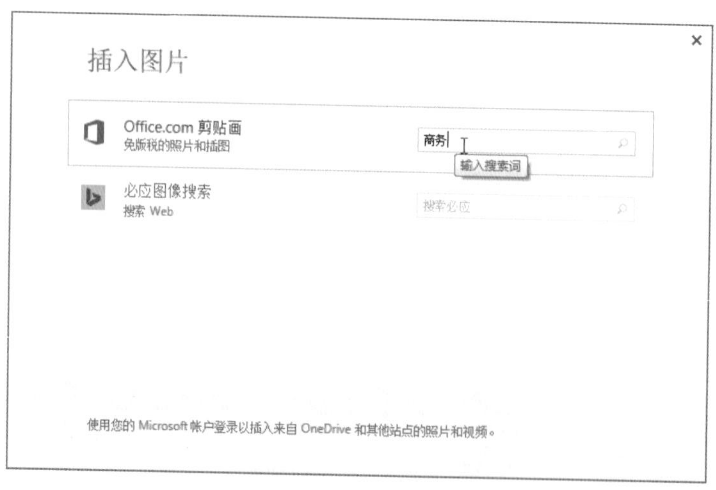

图4-4 输入搜索关键词

03 单击编辑框右侧的“放大镜搜索”图标，即可搜索到相应的图片，如图4-5所示。选择需要的图片，单击对话框右下角的“插入”按钮即可将图片插入幻灯片。

图4-5 选择图片并单击插入

4.1.2 编辑图片 

PowerPoint 2013具有十分强大的图片编辑功能，用户可以根据需要对图片进行相应的处理，包括设置其大小、旋转角度、图形样式、对齐方式和叠放次序等，下面进行具体的介绍。

① 调整图片的大小

通过拖动控制点可以随意改变图片大小，也可以选择“格式”选项卡，在“大小”功能选项卡中输入精确的数值来更改图片大小，按回车键确认可以将图片进行等比例缩放，如图4-6所示。

图4-6 直接输入精确数值

② 调整图片的位置

调整图片位置的方法很简单，直接选中图片，按下鼠标左键进行拖曳，即可改变图片的位置，如图4-7所示。

图4-7 调整图片的位置

③ 调整图片的旋转角度

选中需要调整旋转角度的图片，将光标移至图片上方的控制点“ ”，按住鼠标左键并移动鼠标，即可进行图片旋转，如图4-8所示。

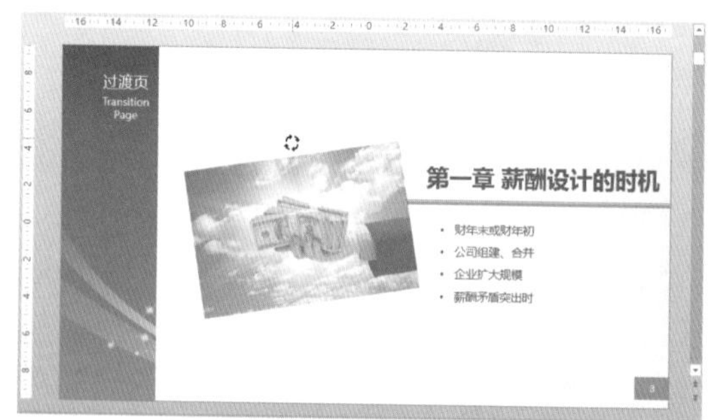

图4-8 旋转图片

4.1.3 选择与对齐多张图片 

对齐是图片在幻灯片中排布应该注意的一个十分重要的准则，将图片对齐，可以使幻灯片更加整洁，下面介绍选择与对齐多张图片的具体方法。

01 单击第一张需要对齐的图片，然后按住键盘上的Ctrl键选中其他需要进行对齐的图片，如图4-9所示。

图4-9 同时选择多张图片

02 在图片工具中单击“对齐”下拉按钮，在下拉菜单中选择一种对齐方式，如“上下居中”，如图4-10所示。也可以通过“开始”选项卡中的“对齐”下拉按钮进行同样的设置。

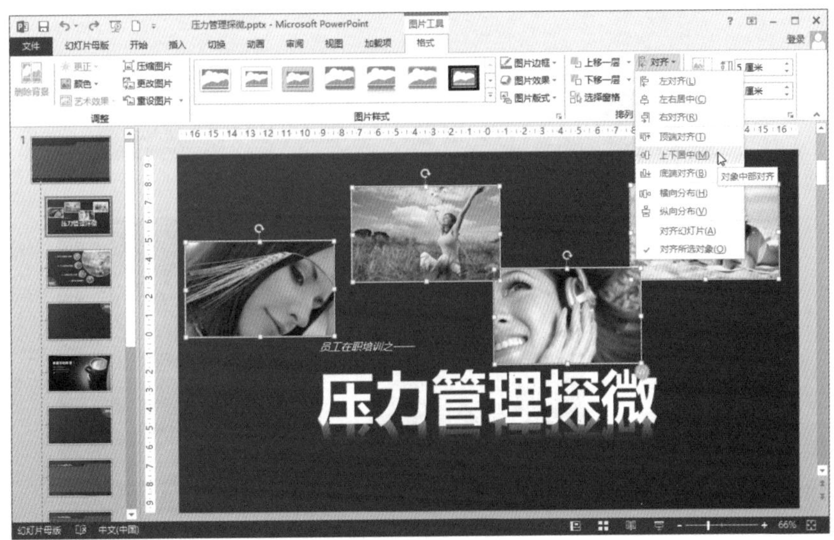

图4-10 对齐下拉菜单

03 将图中四张图片进行“上下居中”和“横向分布”两次对齐方式的设置之后，效果如图4-11所示。

图4-11 设置对齐后效果

小技巧 借助辅助线

PowerPoint 2013为用户提供了非常敏感的辅助线，当用户在幻灯片中拖动图片与其他图片将要对齐的时候，辅助线就会出现，用户可以借助辅助线快速地实现图片元素的对齐。

4.1.4 设置图片的叠放次序

在PPT中，不同的图片放置于不同的图层中，当几张图片部分重叠或者使用动画时图片出现在幻灯片中的同一位置的时候，就涉及到图片的叠放次序问题。

如图4-12中的图片上方装饰了一个透明的橙色文本框，如果将图片叠放在橙色文本框的上方，图片会将文本框掩盖，从而造成如图4-13所示的效果。因此，设置图片的叠放次序是非常重要的。

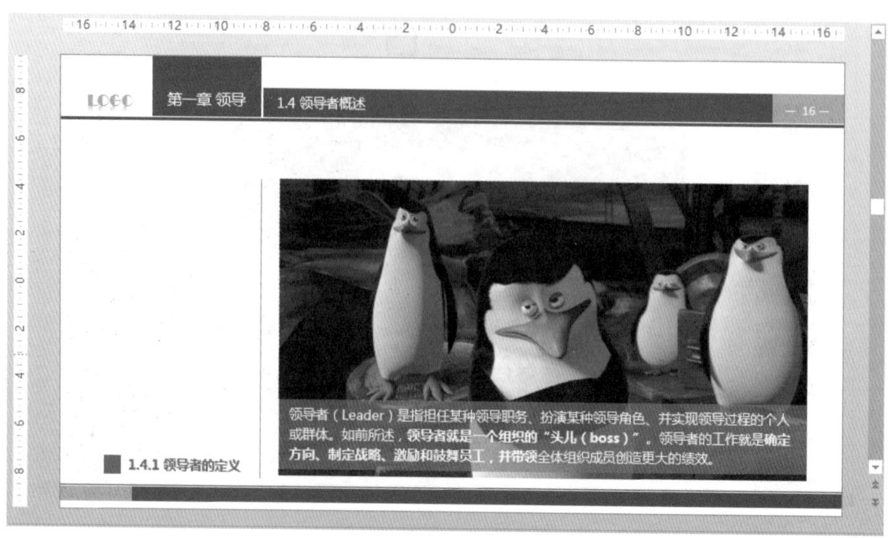

图4-12 正确的叠放次序

图4-13 错误的叠放次序

那么要怎么样进行图片叠放次序的设置呢？我们以图4-13中错误的叠放次序为例设置图片置于底层效果。请看下面的操作方式：

- 选中图片，右击，在弹出的菜单中选择“置于底层”选项，设置图片的叠放次序，如图4-14所示。

图4-14 右键设置图片叠放次序

- 也可以通过图片工具中的排列区域的选项按钮设置图片的叠放次序，如图4-15所示。

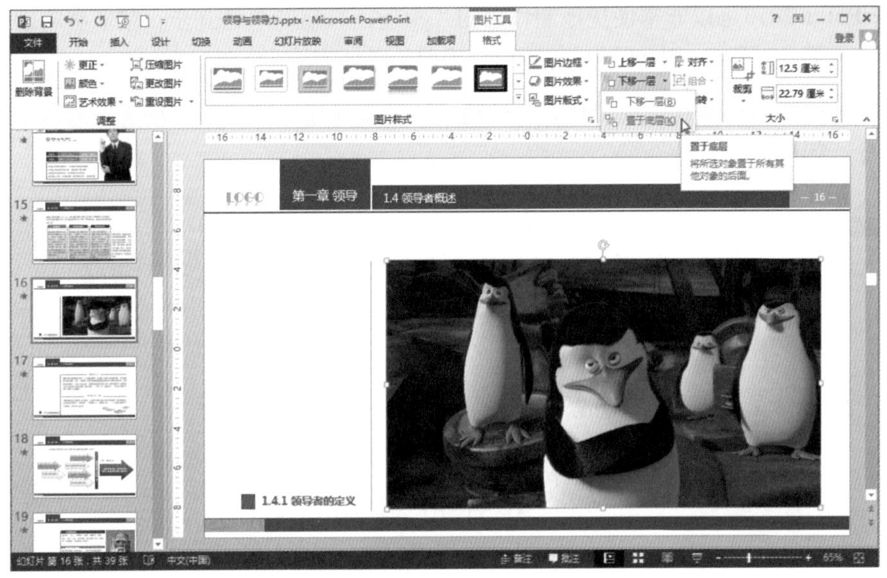

图4-15 叠放顺序

4.1.5 图片压缩

如果演示文稿中的图片过多时，会让文件增大，减慢演示文稿的切换速度，并且通过网络等方式传输文件时，也会延长传输时间，降低工作效率，非常不方便，这时就可以通过压缩图片来给文件瘦身。压缩演示文稿中图片的具体操作方法如下：

01 在“另存为”对话框中单击“工具”选项中的“压缩图片”命令，如图4-16所示。

02 这时弹出“压缩图片”对话框，用户可以对“目标输出”选项进行设定，如图4-17所示，单击“确定”按钮返回“另存为”对话框，单击“保存”按钮，这时PPT按照用户设置的压缩选项进行保存。

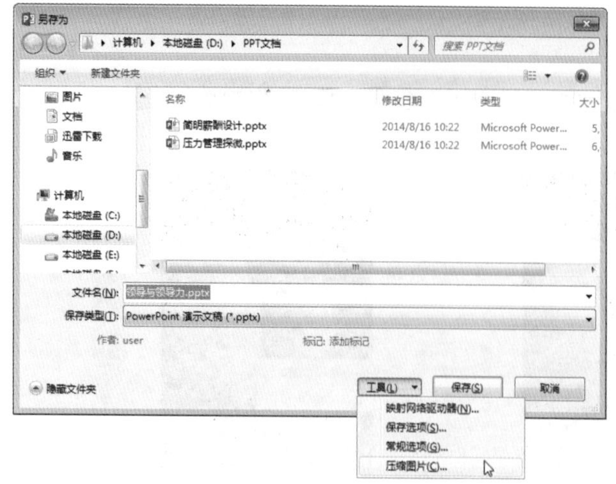

图4-16 选择“压缩图片”命令

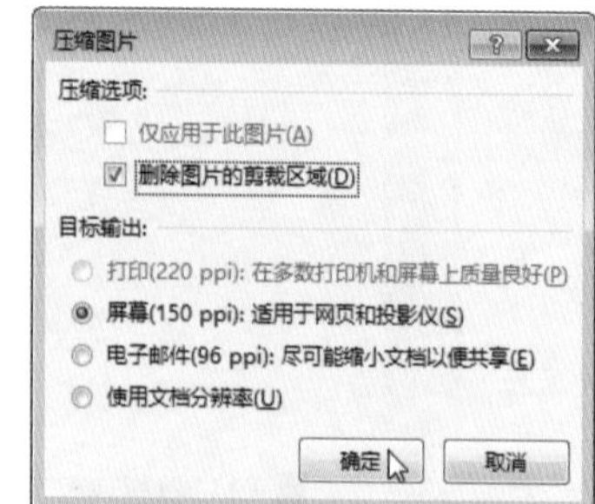

图4-17 “压缩图片”对话框

4.1.6 创建图片相册

PowerPoint 2013可以非常便捷地制作出图片相册，只需简单的几步，就能够将图片制作成图片相册，下面介绍PowerPoint 2013创建图片相册的具体方法。

01 新建一个空白文档，在“插入”选项卡中的图像组中，单击“相册”选项中的“新建相册”命令，如图4-18所示。

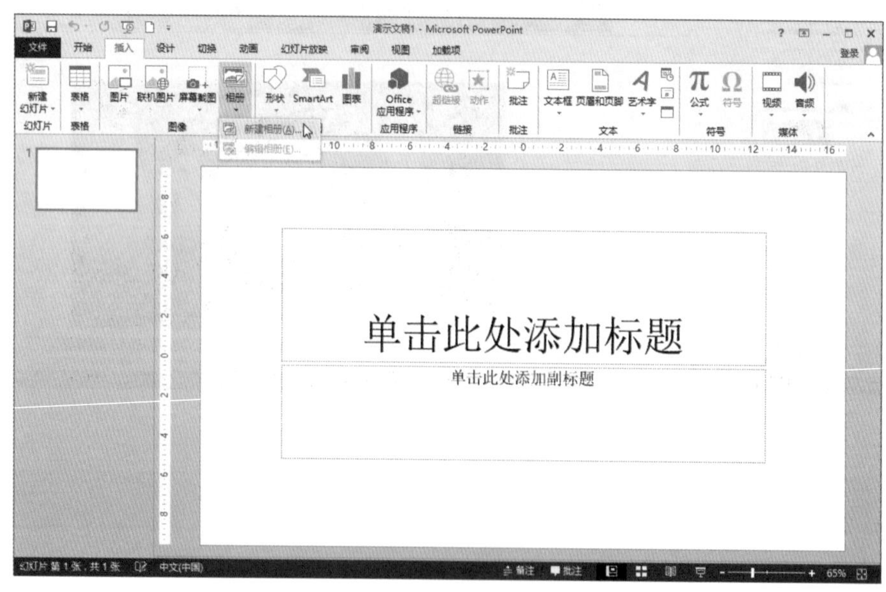

图4-18 新建相册

02 在弹出的“相册”对话框中，单击“文件/磁盘”按钮按照图片存储的路径找到所有需要创建为相册的图片，并将其全部选中，单击“插入”按钮，即可将图片全部输入到“相册”对话框中“相册中的图片”区域中，如图4-19所示。

图4-19 “相册”对话框

03 选择好图片板式、相框形状、主题后，单击“创建”按钮，便可以得到一个电子相册，效果如图4-20所示。

图4-20 创建完成的相册

4.1.7 使用屏幕截图

在我们制作关于学习的演示文稿的过程中，常常会遇到需要使用屏幕截图的情况。初次使用也许会不知所措，但实际上这是一个非常简单的操作。在这里有两个方法可以解决这个问题:

第一种方法：只需要直接按键盘右上角的“PrntScr”键进行全屏截图，或者按下“Alt”+“PrntScr”键对当前窗口进行截图，然后在演示文稿中粘贴就可以了。

第二种方法：利用PowerPoint 2013中自带的截图功能。

首先，打开需要截图的页面，再切换到需要插入图片的幻灯片页面中，单击“插入”选项卡，选择“屏幕截图”→“屏幕剪辑”选项，需要截图的区域即可插入屏幕截图，如图4-21所示。

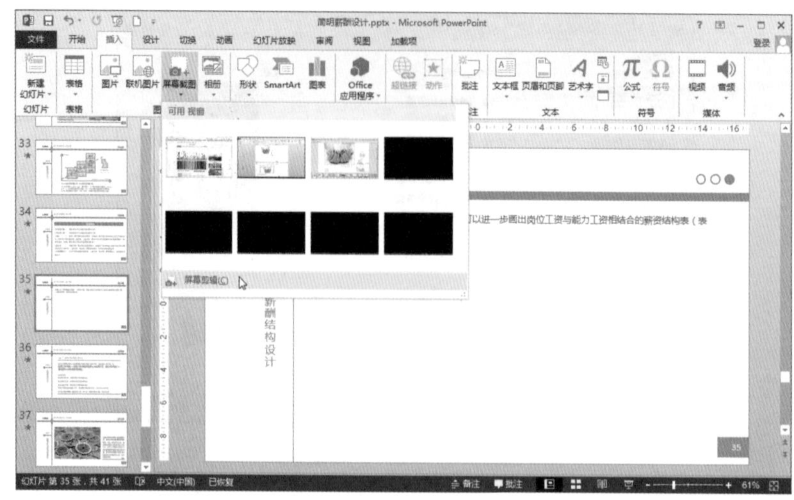

图4-21 自带截图功能

接下来，屏幕将自动切换到需要截图的页面，页面转变为朦胧状态，使用鼠标左键框选所要截取的图片区域，如图4-22所示。

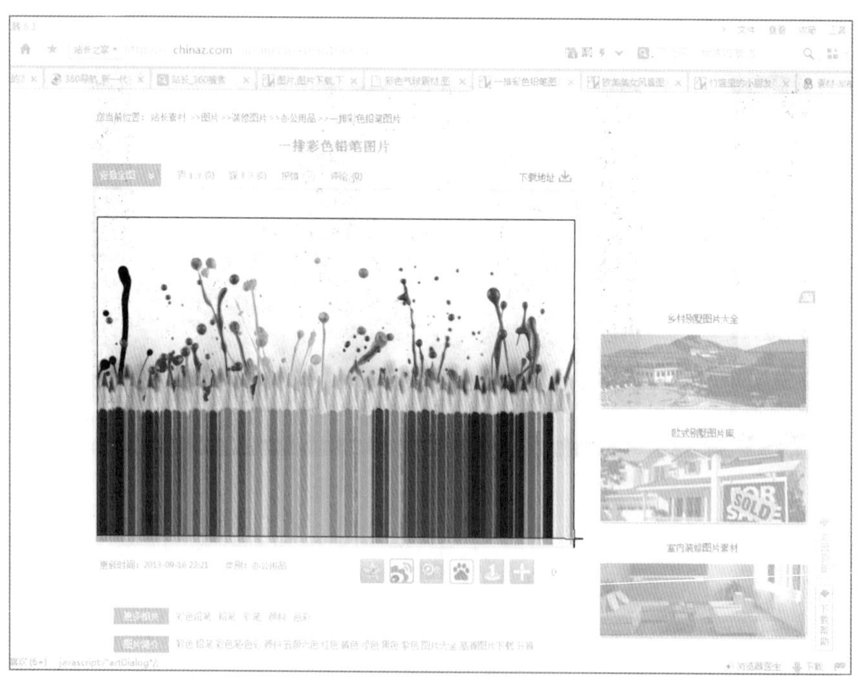

图4-22 截取图片区域

最后，松开鼠标左键，所选择的图片区域将自动被插入到当前的幻灯片页面当中，如图4-23所示。

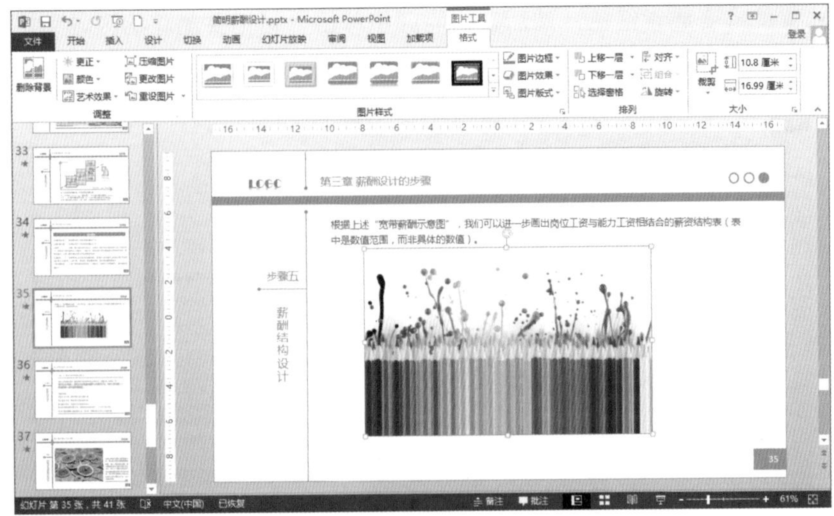

图4-23 自动插入截图

4.2 图片的美化与特效实现

4.2.1 图片初步处理

❶ 删除图片背景

图像背景有时会影响整个页面的美观，如果需要将图像的背景进行删除，可以通过下面的操作方法。

01 选择需要删除背景的图片，然后单击“格式”选项卡中的“删除背景”按钮，如图4-24所示。

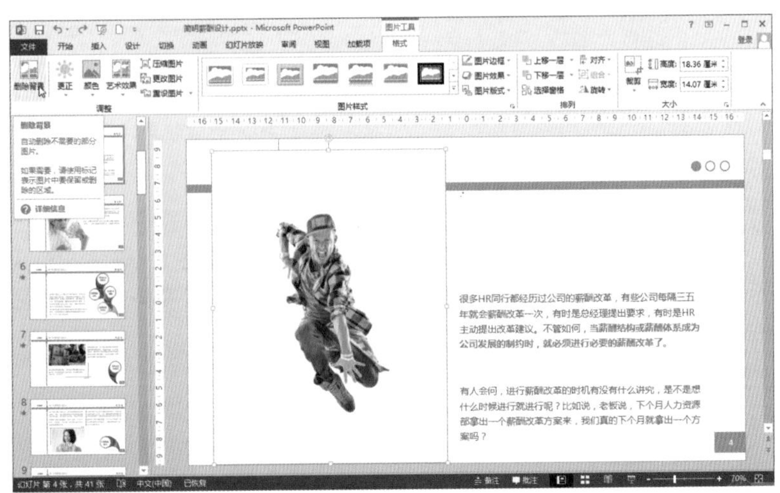

图4-24 插入图片

02 图片背景将变成紫红色，然后在功能区中单击“标记要删除的区域”按钮，再单击“保留更改”按钮即可，如图4-25所示。

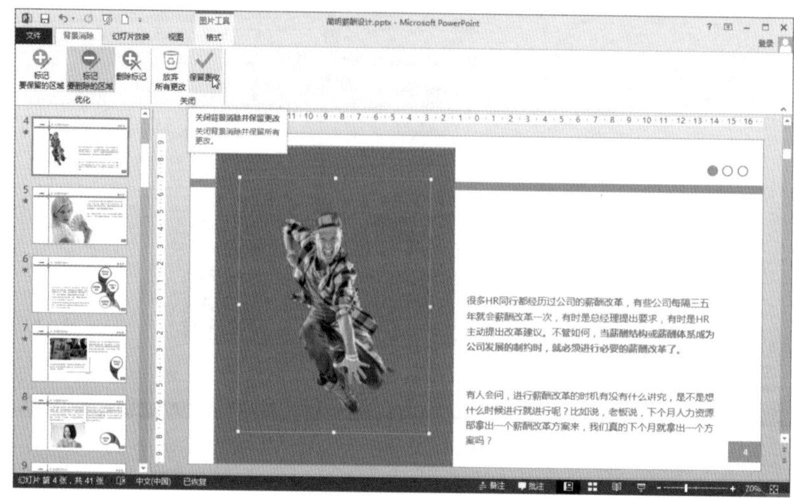

图4-25 选择背景

此时图片背景将被成功删除。效果如图4-26所示。

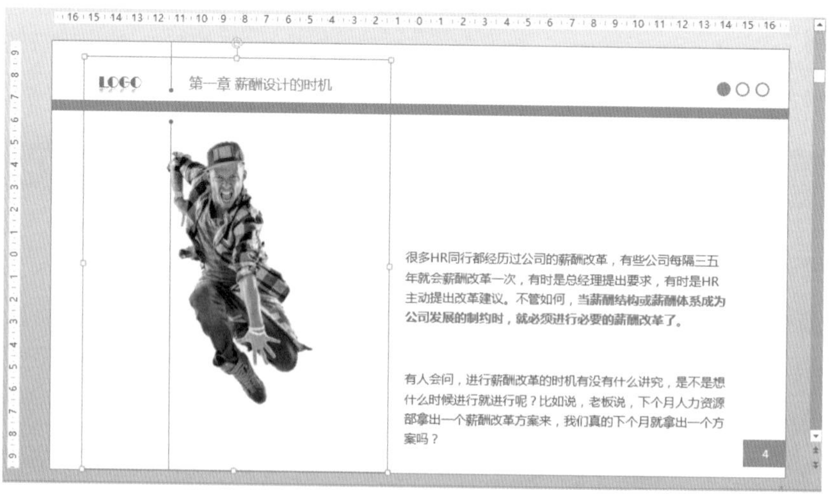

图4-26 删除背景后效果

❷ 初步调整图片效果

通过图片工具中的“更正”按钮可以调整图片的柔化/锐化、亮度和对比度效果，如图4-27所示。其中亮度为100%时，图片将变成纯白色；当亮度为0时，图片将变成纯黑色；当对比度为0时，图片将变成纯灰色。

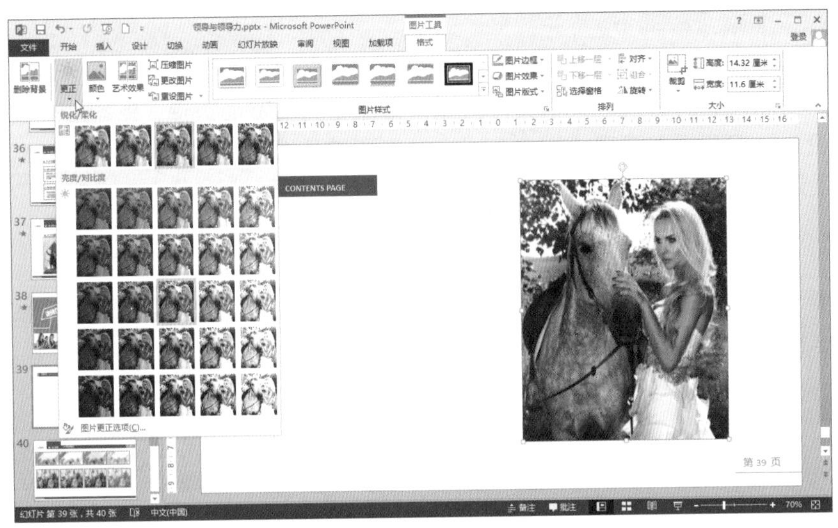

图4-27 “更正”选项

各种更正效果如图4-28所示。

图4-28 图表更正的几种效果

单击图片工具中的“颜色”按钮，可以调整图片的饱和度、色调和重新着色效果，各种效果如图4-29所示。

图4-29 图片的几种饱和度效果

通过“艺术效果”按钮可以用来设置PowerPoint 2013内置的各种艺术效果，如图4-30所示。这些处理图片方法很少单独使用，但是与其他图片技巧相互结合，就会有很多非常实际的用途。

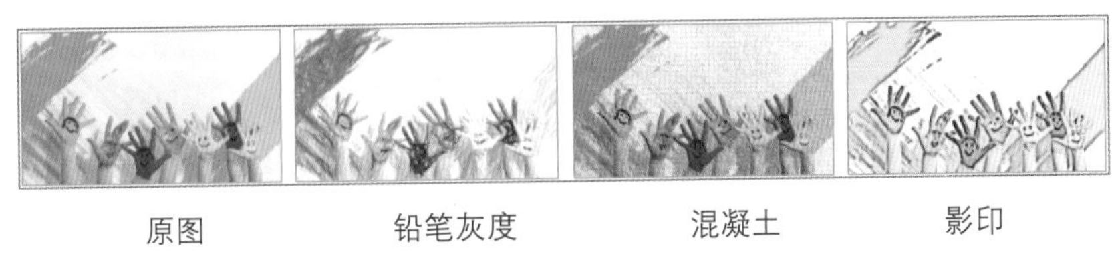

图4-30 图片的几种艺术效果

4.2.2 图片的美化

直接插入的图片有时显得不太精致，因此常常需要为其添加边框、使用其他效果或者使用图片格式预设。为图片设置不同的样式可以通过图片工具选项卡中的图片样式区域中的各种选项，也可以通过“设置图片格式”任务窗格来进行。

① 添加边框

选择需要添加边框效果的图片，单击图片工具选项卡中的“图片边框”下拉按钮，选择边框颜色、边框粗细或者线性，如图4-31所示。

图4-31 添加白色边框效果

还可以通过右击图片弹出的快捷菜单中单击“设置图片格式”选项来进行，如图4-32所示。

图4-32 右键快捷菜单

打开“设置图片格式”窗格，在“填充”、“线条”等子选项卡中设置图片边框的各种效果，如图4-33所示。

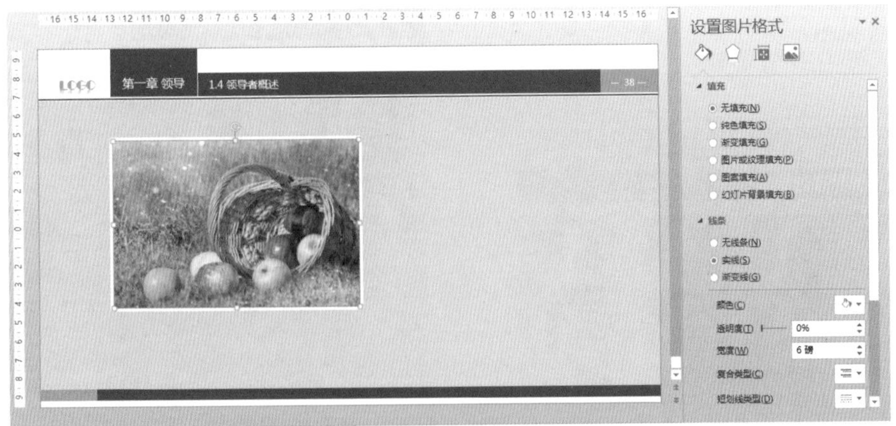

图4-33 “设置图片格式”窗格

❷ 设置图片效果

除了可以为图片添加边框效果，还可以通过“图片效果”下拉按钮为图片设置更多特殊的效果，如图4-34所示。

图4-34 设置“居中偏移”阴影效果

图中为水果篮图片添加了一个居中偏移的阴影效果，图片看起来是不是更加精致了呢。

通过“图片效果”下拉列表中的各种选项不但可以设置图片阴影，还可以设置图片的映像效果、发光效果、三维效果以及柔化边缘等特殊效果，几种效果设置后如图4-35所示。

当然如果觉得以上设置的方法过于简单，我们还可以通过“设置图片格式”窗格中的“效果”子选项卡设置图片的阴影、映像、发光和三维效果等更多精细的效果设置，如图4-36所示。

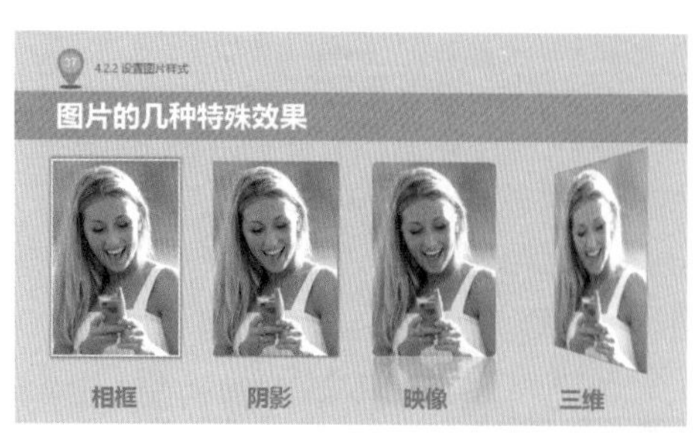

图4-35 几种特殊效果

图4-36 设置“三维旋转”效果

4.3 在幻灯片中使用艺术字和文本框

在演示文稿中，文字是构成幻灯片的静态元素之一。在演示文稿中，使用漂亮的艺术字来描述观点是美化幻灯片、吸引听众注意的重要手段；其中，输入文本有多种方法，可以在占位符中输入文本、使用文本框添加文本，以及导入外部文本。下面我们就来学习如何在幻灯片中使用艺术字和文本框。

4.3.1 插入艺术字

01 启动PowerPoint 2013并打开文档，然后在“插入”选项卡的“文本”组中单击“艺术字”按钮，在打开的下拉列表中选择需要的艺术字样式选项，如图4-37所示。

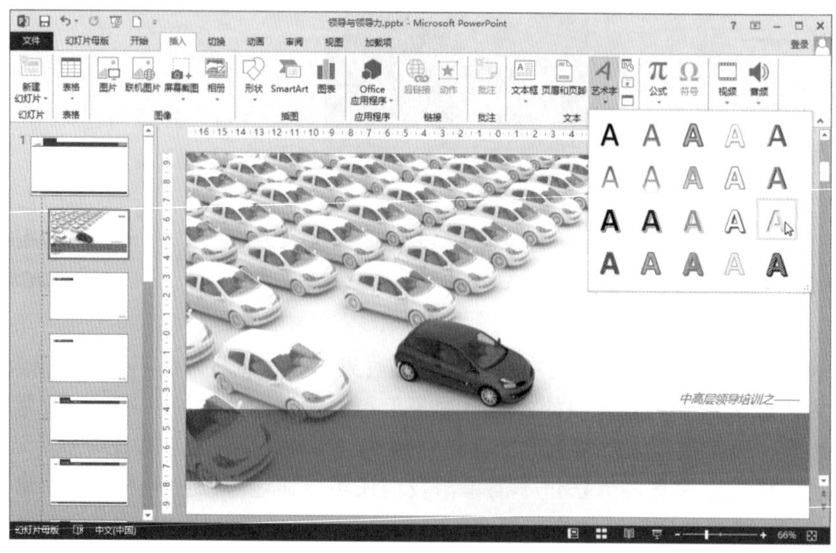

图4-37 选择需要使用的艺术字样式

02 此时幻灯片中将插入艺术字文本框，在文本框中输入文字，即可获得需要的艺术效果，如图4-38所示。

图4-38 输入文本内容

4.3.2 设置艺术字效果

预置的艺术字效果往往不足以满足读者朋友们的需要，我们还可以在艺术字原有的格式基础上，进行进一步的设置。例如，通过单击 “格式”选项卡“艺术字样式”分组中的“艺术字样式”下拉按钮，即可展开如图4-39所示的内置艺术字样式列表，单击其中一种需要的艺术字样式即可应用到幻灯片中。

图4-39 应用一种内置样式

单击“文本填充”右侧下拉三角按钮，可以展开“主题颜色”色板，单击其中喜欢的颜色即可应用到艺术字，如图4-40所示，此时艺术字呈现黑色文本填充。

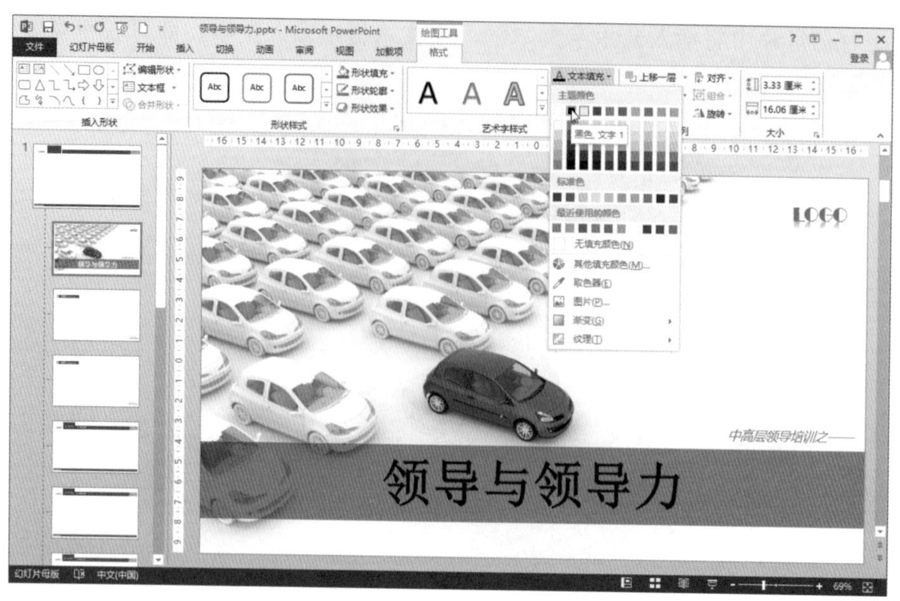

图4-40 设置文本填充

还可以通过“文本边框”设置艺术字轮廓的颜色及粗细等格式。

通过“文本效果”下拉列表，我们可以设置艺术字的阴影效果、映像效果，以及三维效果等，如图4-41所示。

图4-41 设置映像效果

与设置图片格式的操作类似，艺术字也可以通过右侧的任务窗格设置更多细节参数，从而改变艺术字的效果，如图4-42所示即是通过右键快捷菜单中的“设置形状格式”选项打开的任务窗格。在这里可以设置艺术字的发光效果、柔化边缘、阴影效果、映像效果，以及三维效果等。

图4-42 “设置形状格式”窗格

4.3.3 插入文本框 

当我们需要在演示文稿中输入文本内容时，需要插入文本框以在合适的地方添加文本，下面我们就来学习插入文本框的方法。

单击“插入”选项卡中的“文本框”按钮，选择“横排文本框”或者“垂直文本框”便可插入文本框（这里我们选择“横排文本框”），在文本框中输入相应的文本内容，如图4-43所示。

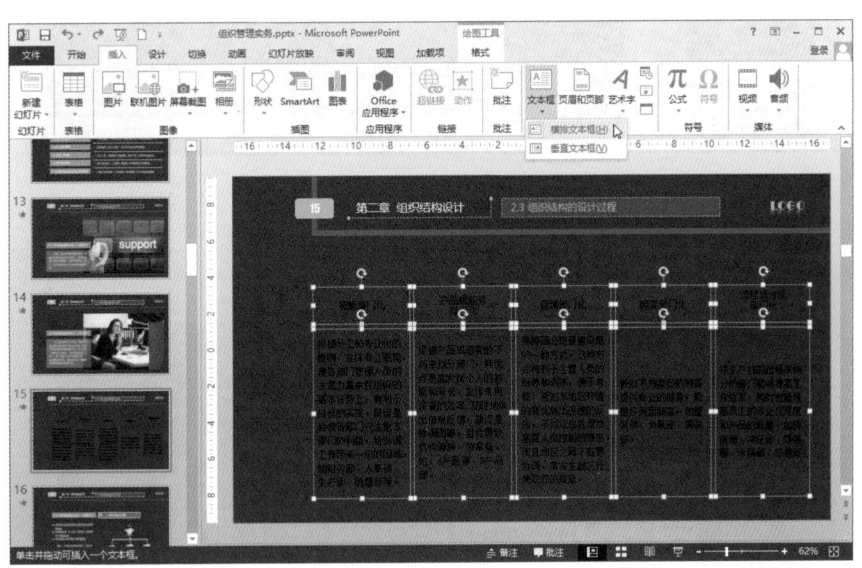

图4-43 添加横向文本框

4.3.4 设置文本框格式 

在PowerPoint 2013中，用户还可以设置文本框中的文字环绕方式、边框、底纹、大小和版式等参数。

单击“格式”选项卡，选择“形状样式”选项板，在弹出的列表框中，选择相应的形状样式，如图4-44所示，即可随心所欲设置文本框格式。

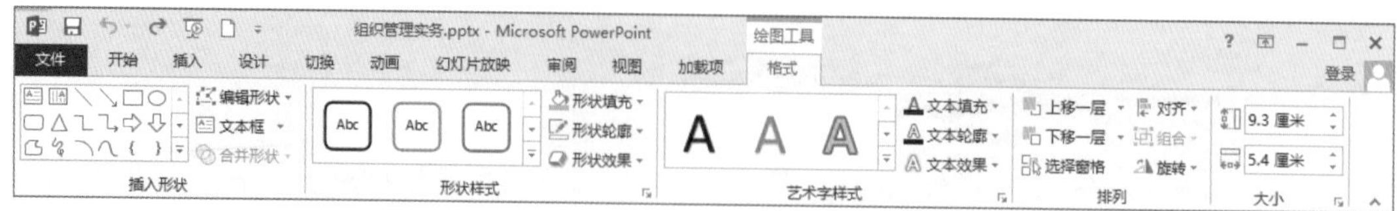

图4-44 设置文本框格式

01 单击选择文本框，为其设置形状填充效果。

单击“格式”选项卡，利用“形状样式”分组中的“形状填充”下拉列表，设置文本框的填充颜色，如图4-45所示。

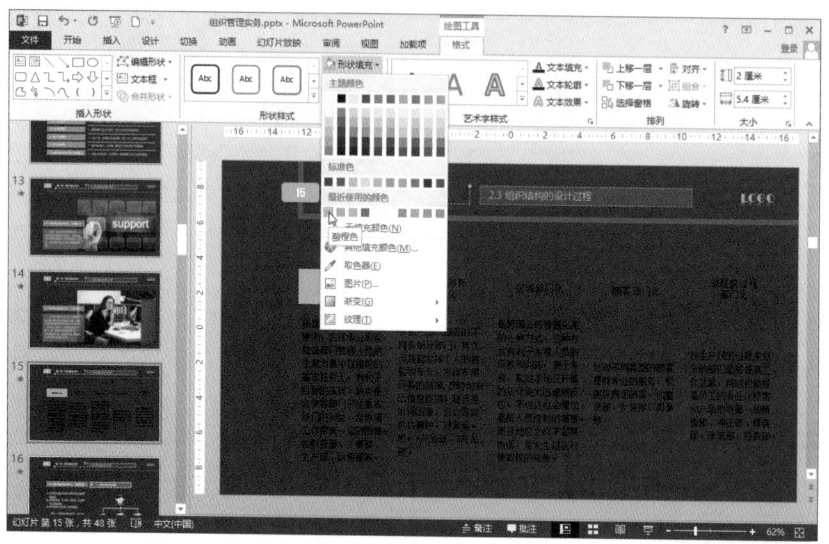

图4-45 设置形状填充

使用同样的方法将所有的文本框设置相应的填充颜色，如图4-46所示。

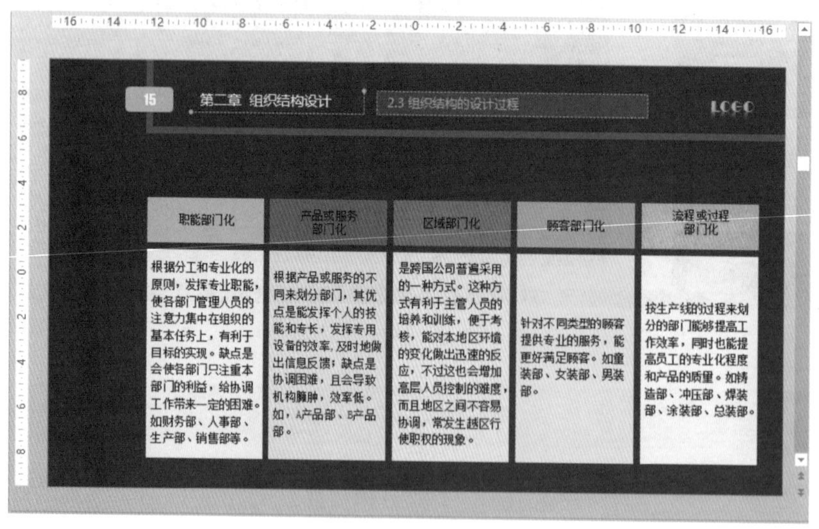

图4-46 设置形状填充后

02 然后通过“开始”选项卡中的“字体”分组中的命令设置文本内容的字体、颜色及大小等格式。

请思考一下：图4-47中上方的绿色文本框是如何制作的？（提示：可以利用“形状轮廓”命令）

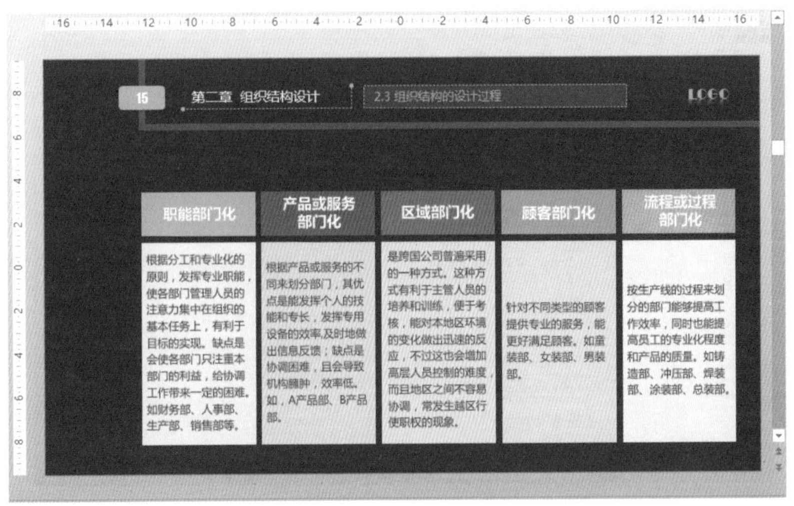

图4-47 设置文本格式

通过右键快捷菜单打开“设置形状格式”任务窗格，也可以设置文本框的填充效果、边框轮廓以及三维效果等，如图4-48所示。

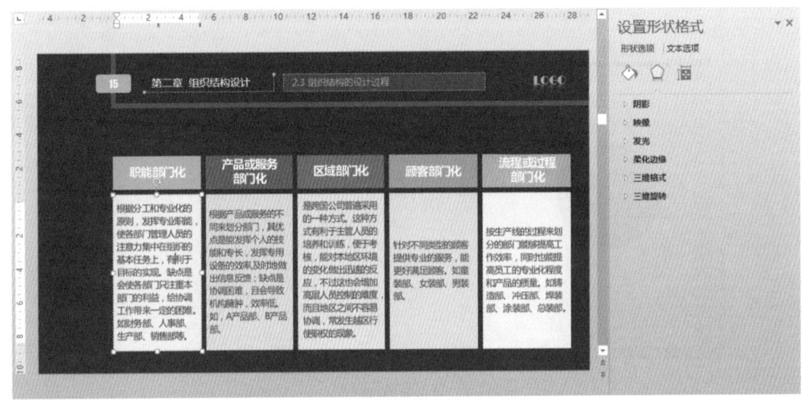

图4-48 “设置形状格式”窗格

4.4 在幻灯片中使用形状

4.4.1 绘制形状

PowerPoint 2013为我们提供了许多默认的图形样式预设，用户可以根据需要选择合适的图形插入到幻灯片中。

插入图形形状的具体操作如下：

01 新建一个演示文稿，选择“插入”选项卡，单击“插图”选项组中的“形状”按钮，在弹出的菜单中可以预览到各种各样的图形样式，如图4-49所示。

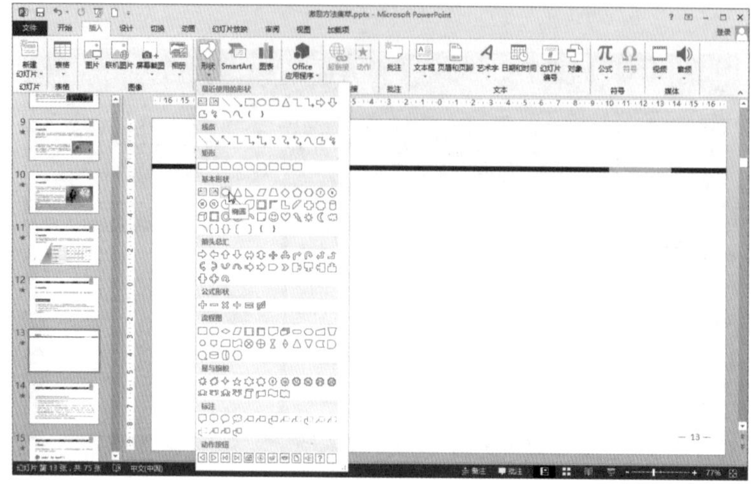

图4-49 图形形状

02 选择一种形状，如“椭圆”。在幻灯片中按住“Shift”键拖动鼠标即可绘制一个正圆形，如图4-50所示。

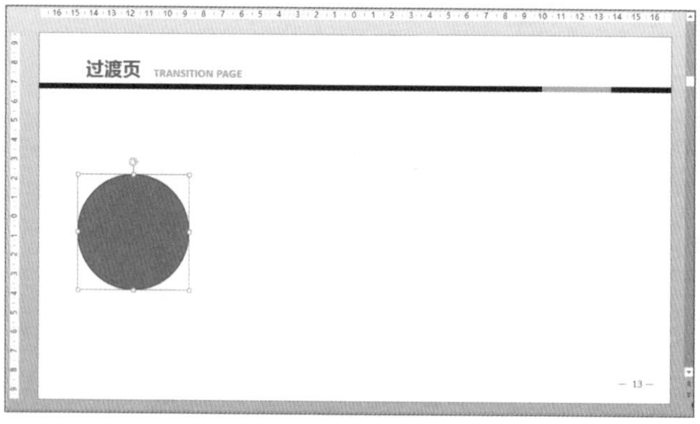

图4-50 绘制图形

利用插入形状功能，在页面中插入多个正圆形以及箭头，如图4-51所示。

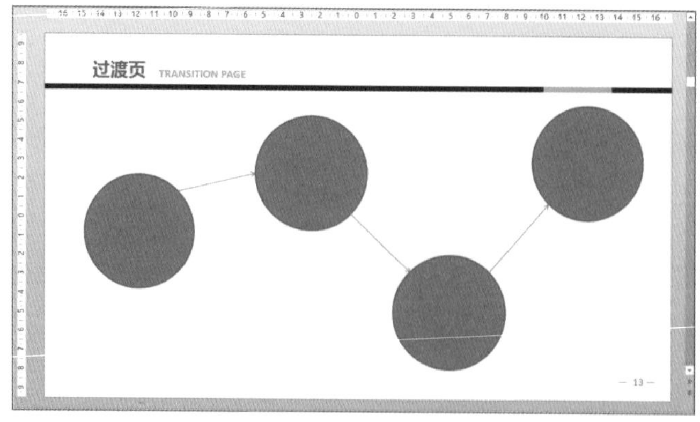

图4-51 绘制多个圆形与箭头

4.4.2 编辑形状

当形状插入之后，我们还可以在形状中添加文字，修改形状样式及格式。对形状进行编辑可以通过右键快捷菜单中的各种选项进行，也可以通过功能区中“格式”选项卡中的各种命令进行。想要进行更详细的格式设置还可以通过“设置形状格式”任务窗格来完成。

1 设置形状样式

01 首先我们介绍一下为形状添加文本。

右击需要添加文字的形状，在弹出的快捷菜单中选择“编辑文字”选项，即可在当前的形状中显示光标，表示可以在形状中输入文字内容，如图4-52所示。

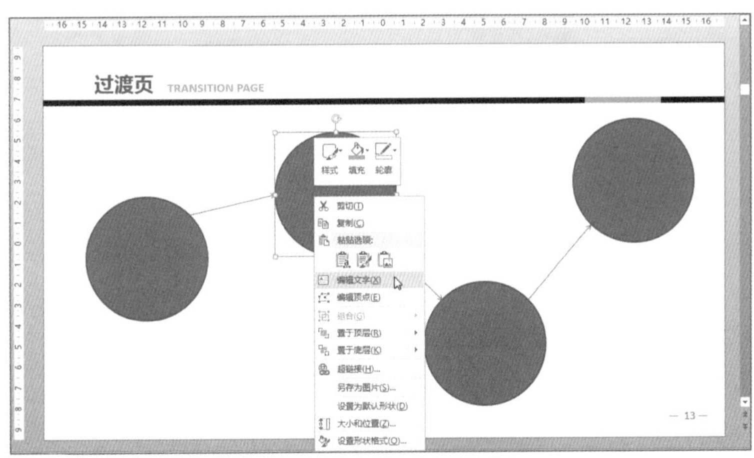

图4-52 编辑文字

此时在形状中添加文本内容即可。

02 通过功能区选项修改形状样式。

选中需要修改样式的形状，在功能区的“格式”选项卡中，单击“形状样式”下拉按钮，在列表中选择一种内置的形状样式即可，如图4-53所示。

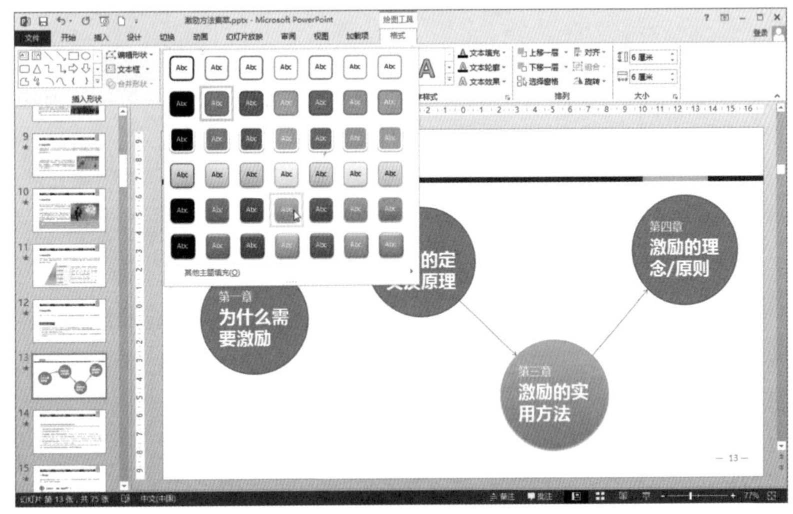

图4-53 设置形状样式

另外还可以通过“形状样式”分组中的命令按钮设置形状的填充效果、形状轮廓、阴影效果、映像效果以及三维效果等。

03 通过“设置形状格式”窗格修改形状格式

右击需要修改格式的形状，在弹出的快捷菜单中单击“设置形状格式”选项。打开“设置形状格式”任务窗格，在“填充”、“线条”子选项卡中设置填充颜色以及边框轮廓，如图4-54所示。

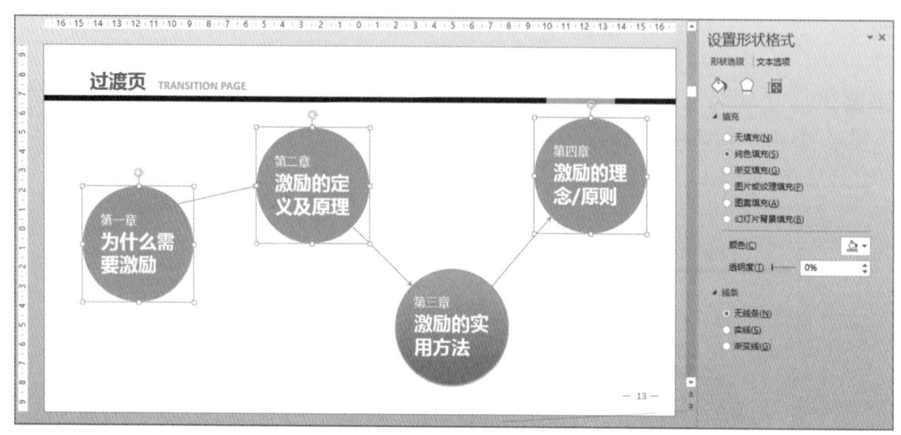

图4-54 设置形状格式

然后选中页面中的箭头，设置线条填充。

② 合并形状

在实际幻灯片制作过程中，PowerPoint 2013所内置的形状并不能够满足读者朋友们的需求，例如图4-55中段落左边的小便签形状，想要实现这个效果我们可以在内置形状的基础上进一步地编辑，便可以顺利得到。步骤如下。

01 通过形状功能绘制一个“泪滴形”和一个“正圆形”，将“泪滴形”旋转，将正圆形放置在“泪滴形”的上方中心位置，如图4-56所示。

与男人沟通，不要忘了他的面子；
与女人沟通，不要忘了他的情绪；
与领导沟通，不要忘了他的尊严；
与下属沟通，不要忘了他的自尊；
与年轻人沟通，不要忘了他的直接；
与儿童沟通，不要忘了他的天真。

图4-55 段落前带有小便签形状

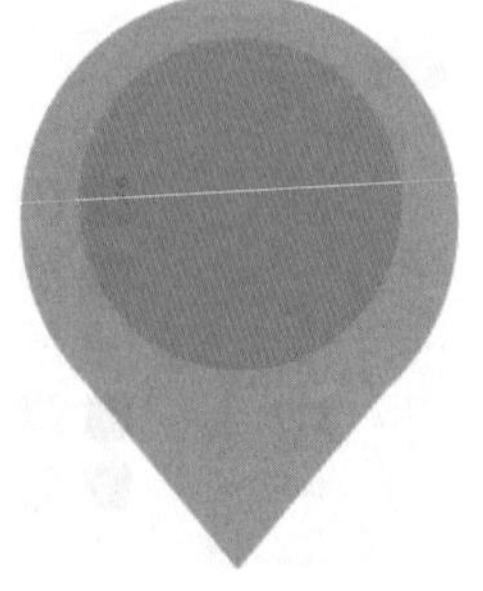

图4-56 绘制两个形状

02 鼠标选择“泪滴形”，再按住“Ctrl”键选择“圆形”，单击“格式”选项卡中的“合并形状”下拉按钮，在列表中选择“剪除”选项，如图4-57所示。

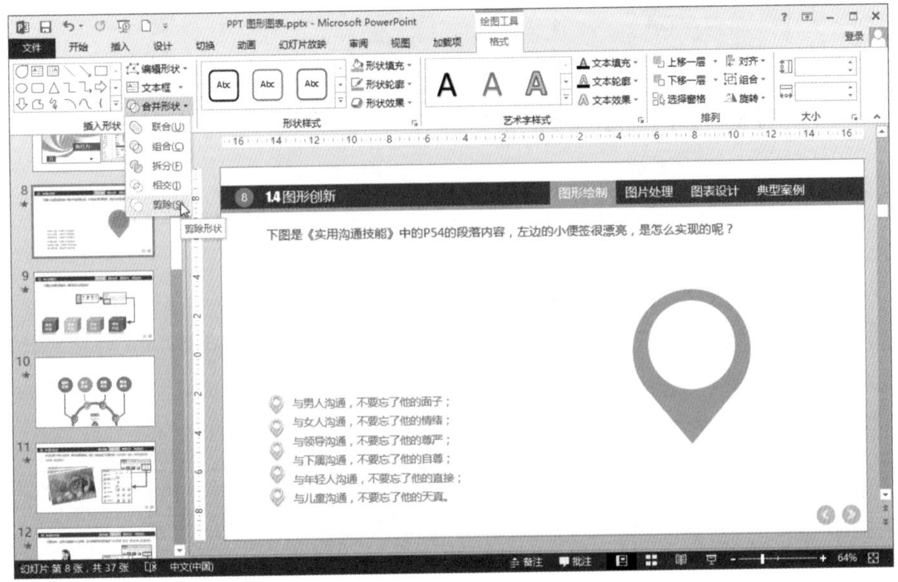

图4-57 “剪除”选项

然后为图形添加一个白色边框和阴影的效果，即可制作完毕，如图4-58所示。

利用“合并形状”中各种选项，可以实现下列几种图形效果，如图4-59所示。大家可以自行尝试一下不同类型的合并效果，这里便不再赘述了。

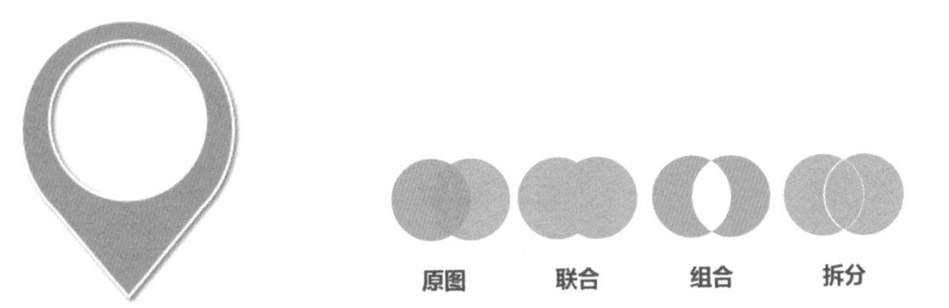

图4-58 添加边框及阴影效果

图4-59 几种合并形状效果

3 组合与对齐形状

如果多个对象被“组合”为一组，当移动、缩放或者改变这个组合的属性时，本组合中所有对象的属性都会发生相同的移动、缩放或者改变，而且组合内各个对象的相对位置不会发生改变，如图4-60所示。选中多个对象后右击就可以“组合”多个对象或将一个“组合”打散（或者通过“格式”选项卡中的“组合”下拉按钮），如图4-61所示。

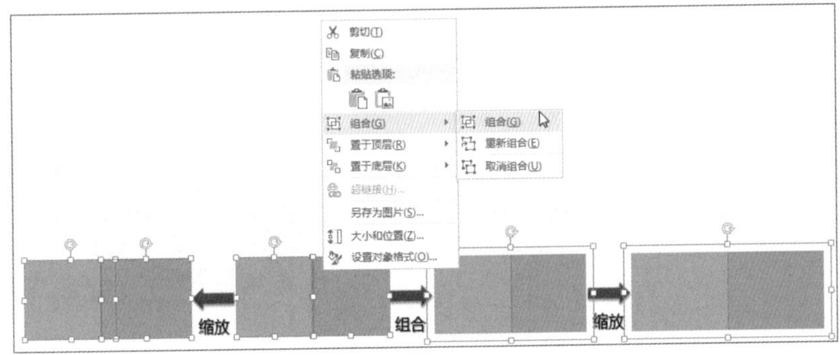

图4-60 组合对象缩放时相对位置不会改变

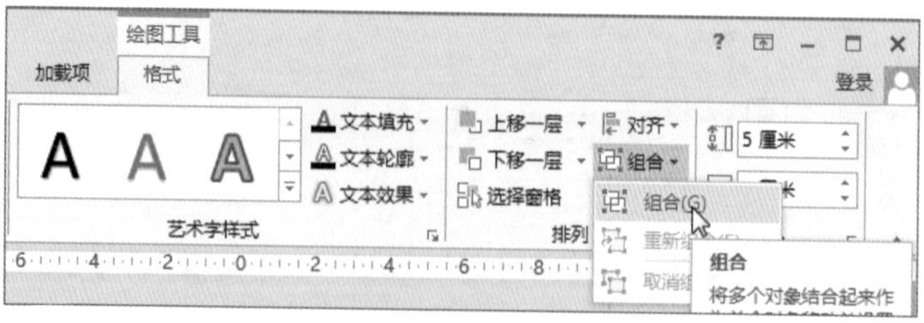

图4-61 组合选项

“对齐”可以实现多个对象的边缘精确对齐，这些对齐命令可以在“开始”选项卡右侧“排列”按钮的下拉菜单中找到，也可以在“格式”选项卡中的“对齐”下拉菜单中找到，如图4-62所示。这些对齐命令不仅比手工对齐效果更好，而且要高效很多，使用对齐命令快速完成各种对齐效果如图4-63所示。

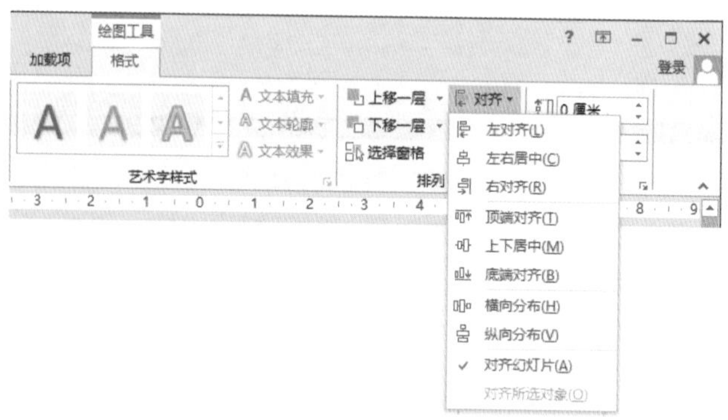

图4-62 对齐命令选项

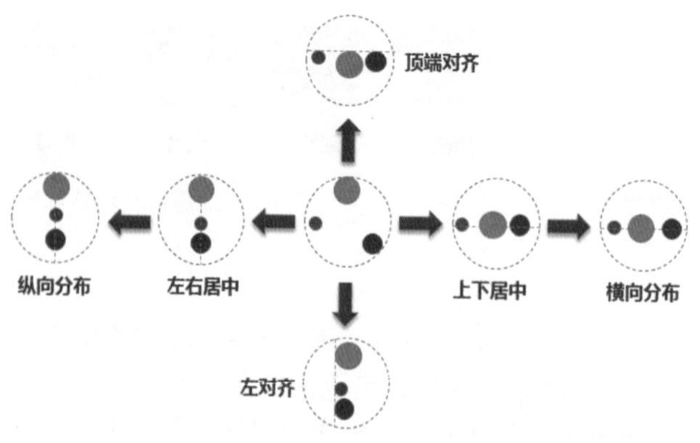

图4-63 使用对齐命令快速完成各种对齐效果

4 编辑顶点

通过形状的合并以及组合，可以绘制不少形状，但是你知道图4-64是怎么绘制的吗？

图4-64的形状是通过编辑顶点绘制而成的，以此为例。

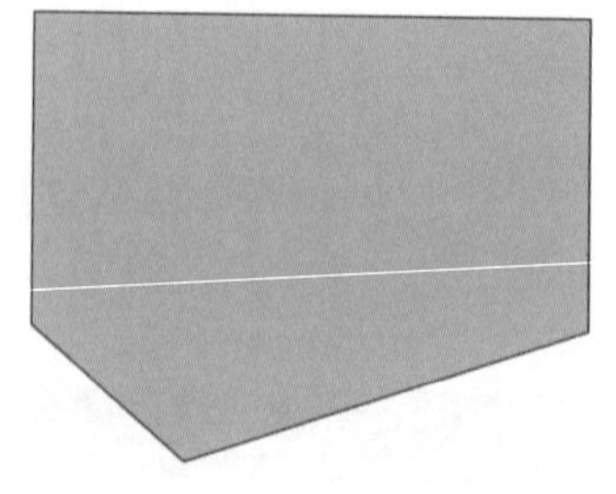

图4-64 不规则形状

首先插入一个矩形，右击矩形，选择“编辑顶点”选项，此时矩形边缘出现了四个顶点和红色的路径线。顶点可以删减、增加以及随意拖动。顶点选定后，在其两侧会出现两个控制手柄，通过调整控制手柄的长度和方向即可调节相交于顶点的两个边的曲率及曲率半径。

在路径线上右击，在弹出的快捷菜单中选择“添加顶点”（或者按住“Ctrl”键同时单击路径线，即可添加新顶点），拖动新添加的顶点到合适的位置，即可得到所需的形状，如图4-65所示。

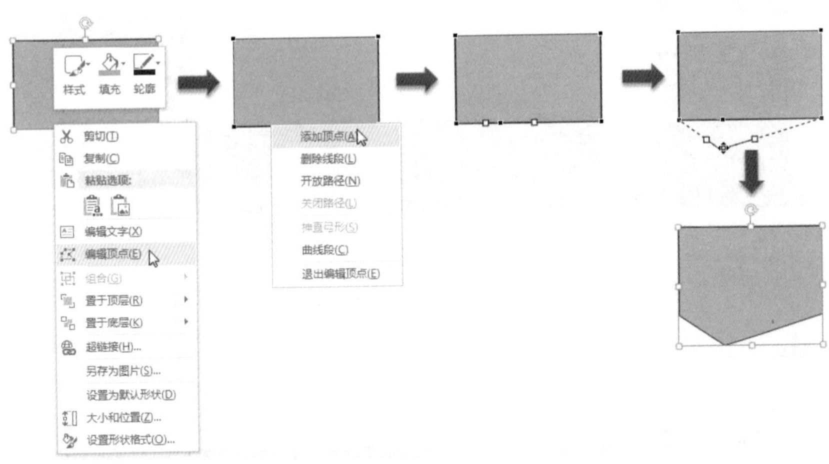

图4-65 绘制过程

4.5 在幻灯片中使用SmartArt图形

4.5.1 创建SmartArt图形

在PowerPoint 2013中可以插入SmartArt图形，其中包括列表图、流程图、循环图、层次结构图、关系图、矩阵图、棱锥图和图片等。

SmartArt图形能够以直观的形式表达信息，但在使用它表达重要信息前，首先需要在幻灯片中创建SmartArt图形，其具体操作方法如下：

01 激活需要插入SmartArt图形的幻灯片，选择“插入”选项卡，单击“插图”选项组中的“SmartArt”按钮，弹出“选择SmartArt图形”对话框，在对话框左侧选择SmartArt图形的类型，如“循环”，在中间选择“基本射线方式”，右侧将显示布局的详细信息，如图4-66所示。

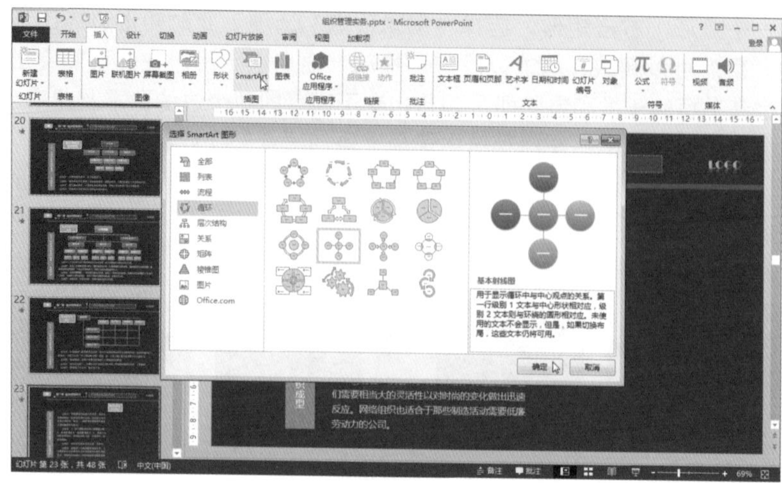

图4-66 “选择SmartArt图形”对话框

02 单击“确定”按钮，即可创建出相应的SmartArt图形，如图4-67所示。

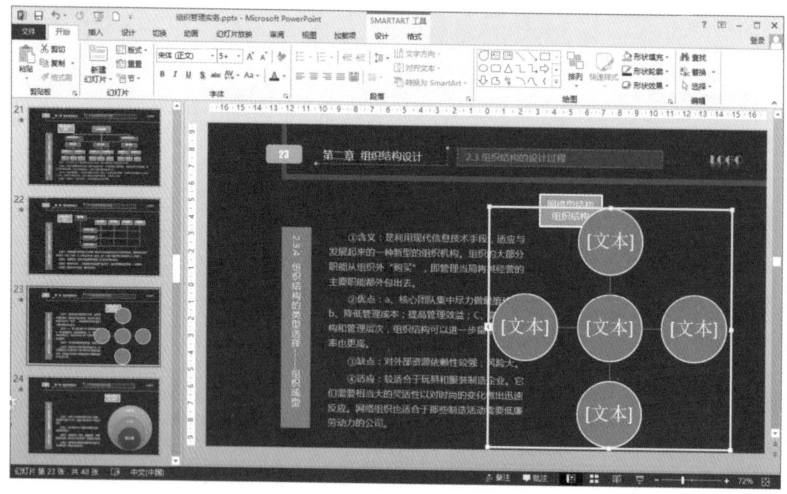

图4-67 创建SmartArt图形

03 单击圆形中间的文本字样添加文本内容，并设置文本格式，即可完成SmartArt图形的创建，如图4-68所示。

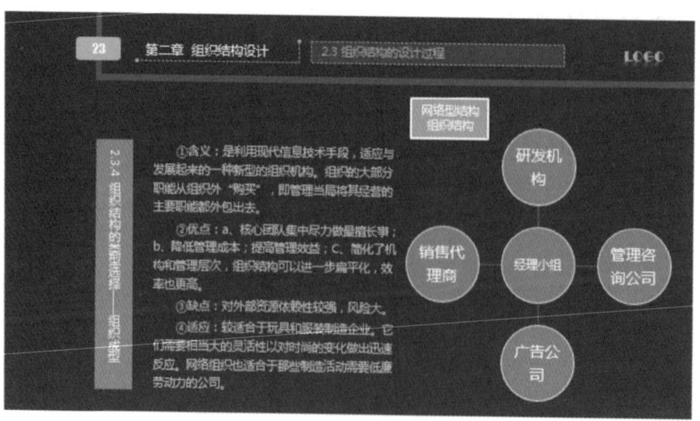

图4-68 添加文本

4.5.2 设置SmartArt

在幻灯片中插入SmartArt图形后，用户可以根据实际需要，改变SmartArt图形的布局、形状、大小、位置和设置SmartArt图形的外观样式等。

下面我们在上面创建的SmartArt图形的基础上添加两个形状，并添加新的文本内容，设置SmartArt图形样式。

具体操作步骤如下：

01 添加形状：单击基本射线图形中的“销售代理商”图形，单击“设计”选项卡中“添加形状”下拉按钮，在列表中选择“在后面添加形状”选项，如图4-69所示。并重复此操作一次。

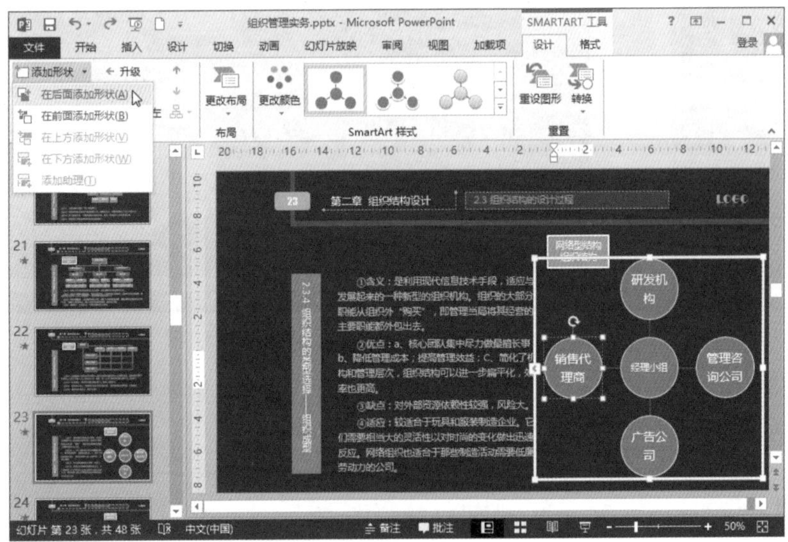

图4-69 “在后面添加形状”选项

02 文本窗格：单击“设计”选项卡中“文本窗格”按钮，即可打开SmartArt图形的文本窗格，在文本窗格中，输入新的文本内容，注意文本输入的顺序，如图4-70所示。

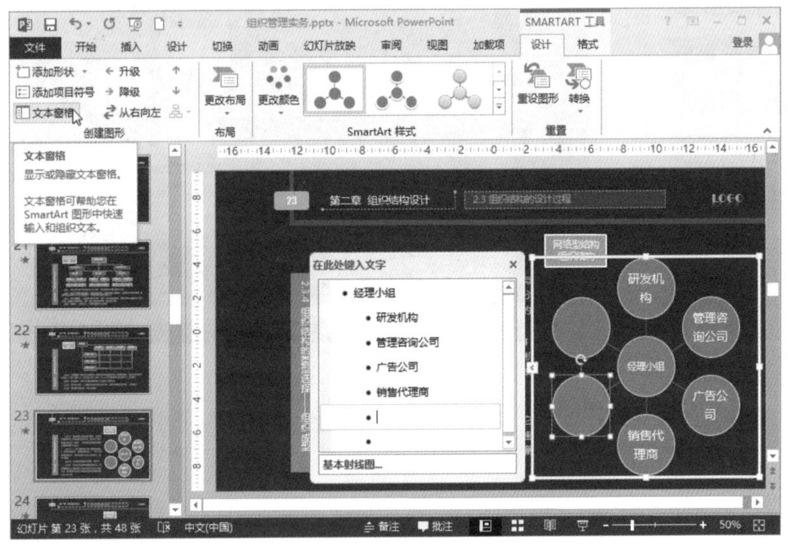

图4-70 “文本窗格”选项

03 修改布局：如果对选择的图形布局不是很满意，也可以通过“设计”选项卡中的“布局”列表框中的各种布局样式进行布局的修改，如图4-71所示。这里只为大家演示一下修改布局的方法，在这里不做布局的修改。

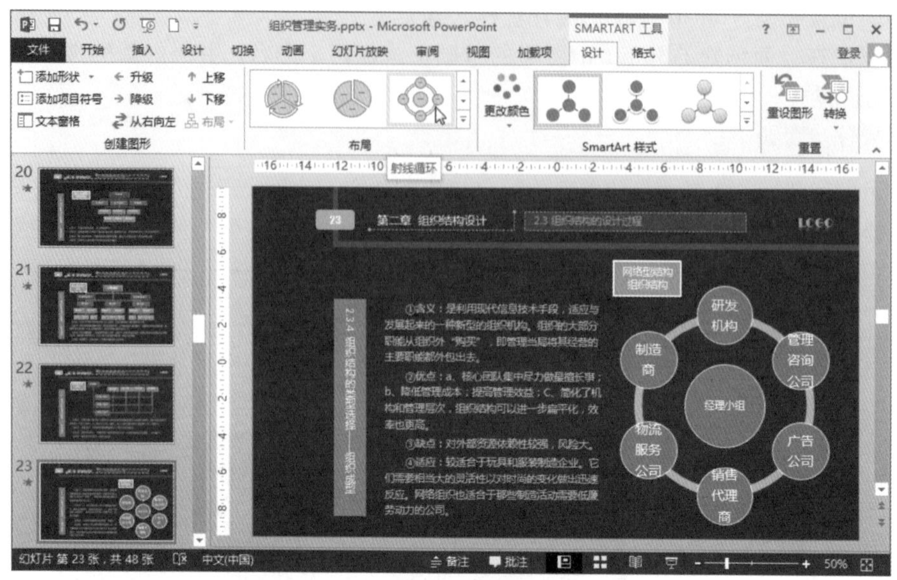

图4-71 更改布局

04 更改SmartArt样式：选择SmartArt图形，单击“设计”选项卡“SmartArt样式”列表框中的一种样式，即可将原有样式进行更改，如图4-72所示。

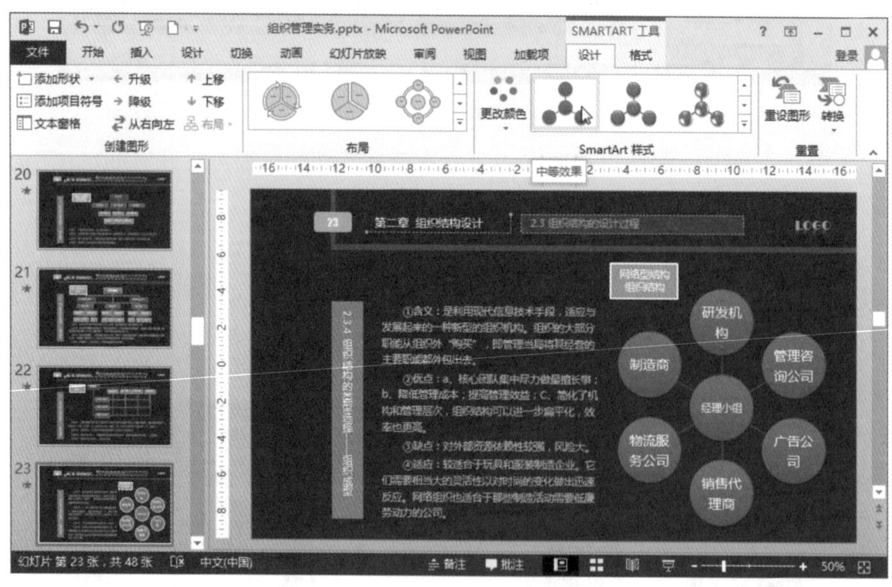

图4-72 更改SmartArt图形样式

05 更改颜色：单击“设计”选项卡中的“更改颜色”下拉按钮，在列表中选择一种颜色样式，单击直接应用即可，如图4-73所示。

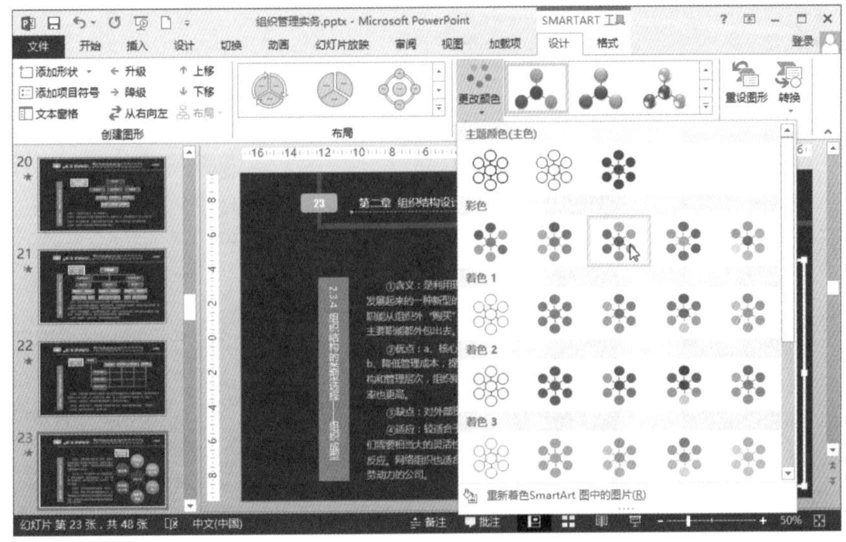

图4-73 更改颜色

06 通过任务窗格设置SmartArt图形样式：右击SmartArt图形，单击“设置形状格式”选项，打开“设置形状格式”窗格，在窗格中可以设置更多效果，如形状的填充颜色、边框轮廓、阴影效果、三维效果以及文本效果等，如图4-74所示。

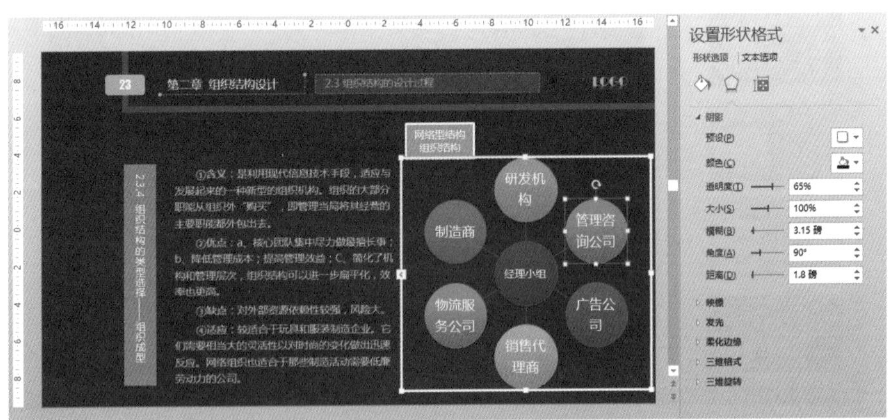

图4-74 “设置形状格式”窗格

4.5.3 将现有图片转换为SmartArt图形

如果对默认的SmartArt图形不满意，想利用自己喜欢的图片生成SmartArt图形也很简单。

首先在幻灯片中插入所有需要转换的图片，并全选，单击“格式”选项卡，选择“图片样式”选项卡中的“图片版式”，如图4-75所示，便可生成相应的SmartArt图示，效果如图4-76所示。

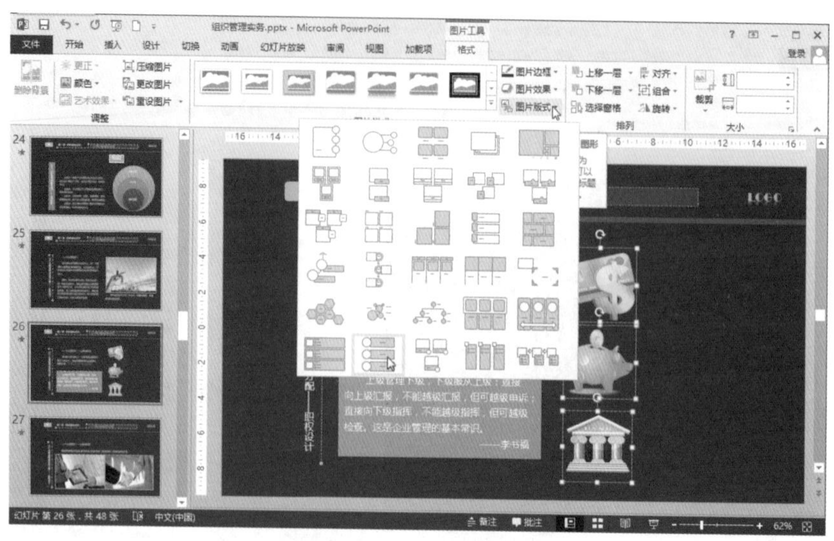

图4-75 单击“图片版式”按钮

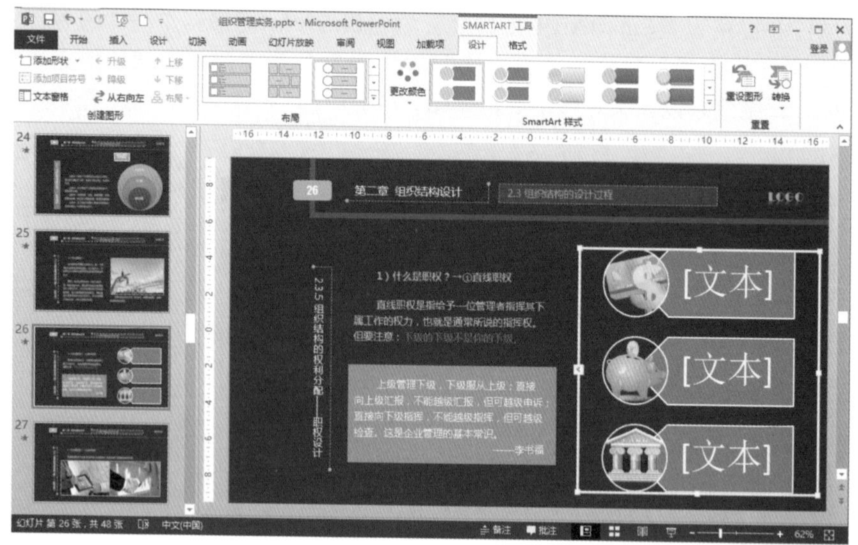

图4-76 转换后效果

4.6 图片应用之禁区

现在的PPT制作越来越注重“简单即是美”的原则，好的图片就是PPT的灵魂。但由于大多数PPT的制作者都不是设计出身，因此经常可以看到在许多PPT中图片的选取不当。下面就简单介绍图片应用的几个禁区，希望帮助大家更好地在PPT中运用图片。

禁区一：忌图片特效过多

PPT中预设了多种快速样式，如果总想标新立异，追求特殊样式，每张图像都应用不同的样式，反而会搬起石头砸自己的脚，好好的内容给弄的乱七八糟，如图4-77所示。反观如图4-78所示的页面没有多余的样式设置，整体简简单单，显得整齐干净，更加美观。

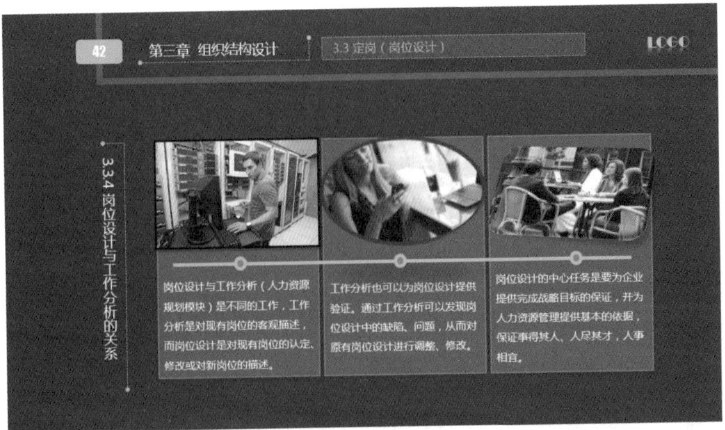

图4-77 添加多种特效

图4-78 不做特效的图片

禁区二：选择缺乏内涵的图库照片

许多PPT的作者为了方便，直接使用软件中自带的图库照片，如图4-79所示，显得非常庸俗，缺乏新意。在选取图片时，我们应该尽可能使用真实的照片，真实的照片不一定好看却非常可信，其所带来的震撼效果也是图库照片所无法比拟的。

图4-79 图库照片与真实照片的对比效果

同样都是关于污染的图片，带给观众的视觉震撼却是完全不同的。

禁区三：图片布局的随意

图片布局是否合理对于信息是否能清晰传递有很大的影响，布局本身很能反映问题。图片的不同布局能给观众带来疲劳、紧张、愉悦等截然不同的感觉。

如图4-80和图4-81所示，均是相同的图片，由于排版和布局的不同，一个给人不忍卒睹之感，另一个却让人感到赏心悦目。由此可见图片布局的重要，还望读者多多练习掌握。

图4-80 凌乱的布局

图4-81 规整的布局效果

4.7 实例：SmartArt图形的巧妙应用

下面我们使用SmartArt图形：

01 打开光盘中的素材文件：第4章/效果文件/实例1.pptx，激活第11页幻灯片，单击“插入”选项卡中的“SmartArt”选项，打开“选择SmartArt图形”对话框，从左侧图形类型中选择“关系”选项，在中间的图形中选择“射线列表”图标，如图4-82所示。

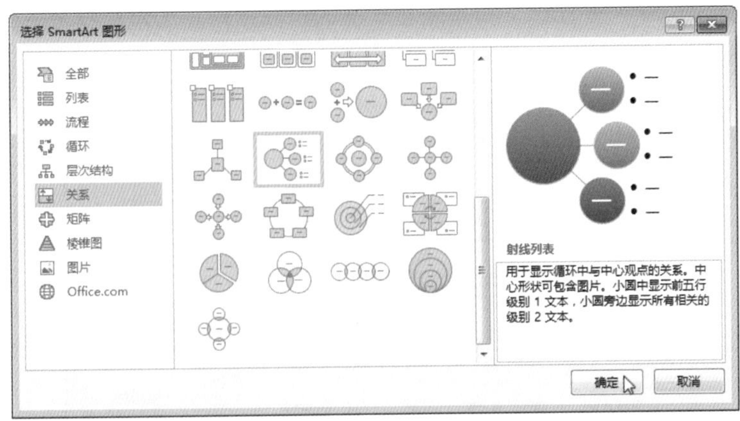

图4-82 “选择SmartArt图形”对话框

02 单击图形左侧圆形中的图片占位符，如图4-83所示。

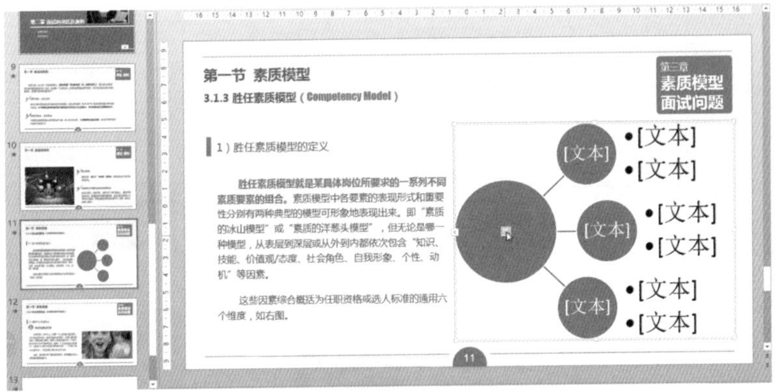

图4-83 单击左侧圆形中的图片占位符

03 打开“插入图片选项”对话框，单击“来自文件”选项右侧的“浏览”按钮，如图4-84所示。

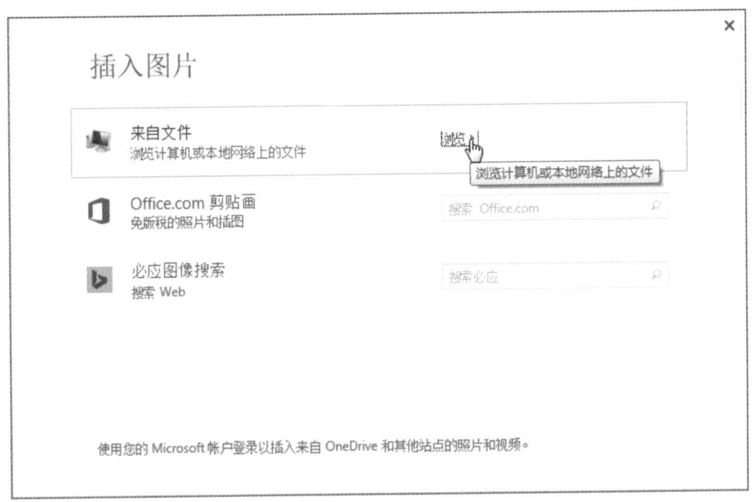

图4-84 单击“浏览”按钮

04 打开“插入图片”对话框，根据图片文件的存储路径找到图片并单击，然后单击“插入”按钮，如图4-85所示。

图4-85 “插入图片”对话框

05 右击右侧图形，在弹出的快捷菜单中选择“添加形状”命令，如图4-86所示。

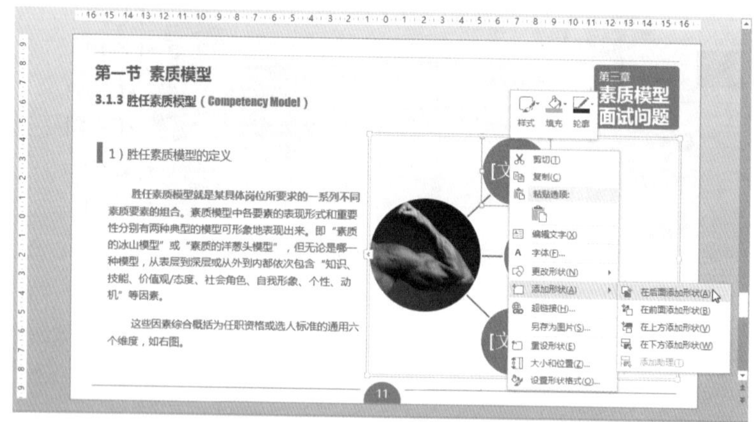

图4-86 单击“添加形状”命令

06 成功添加到6个圆形，如图4-87所示。

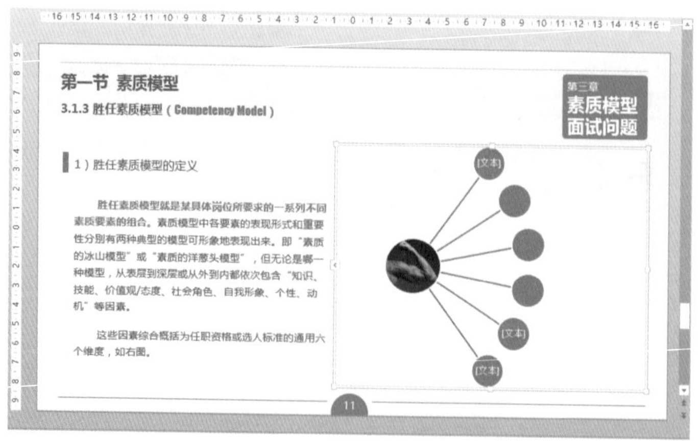

图4-87 添加到6个圆形

小提示

如果在添加过程中，遇到不能添加同级别形状的时候，可以选择“在下方添加形状”选项，然后单击“升级”按钮即可，如图4-88和图4-89所示。

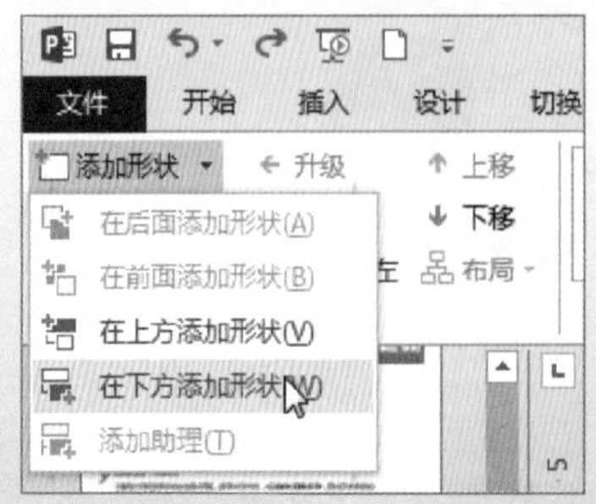

图4-88 单击“在下方添加形状”选项

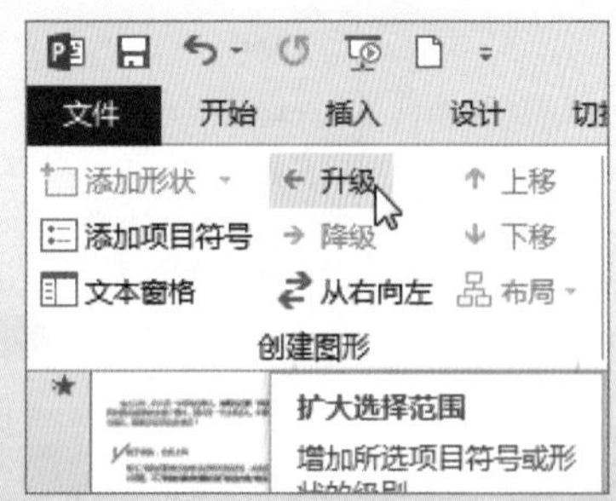

图4-89 单击“升级”按钮

07 设置6个圆形的大小，为3.36cm×3.62cm；左侧图片的大小为3.49cm×3.49cm，如图4-90所示。

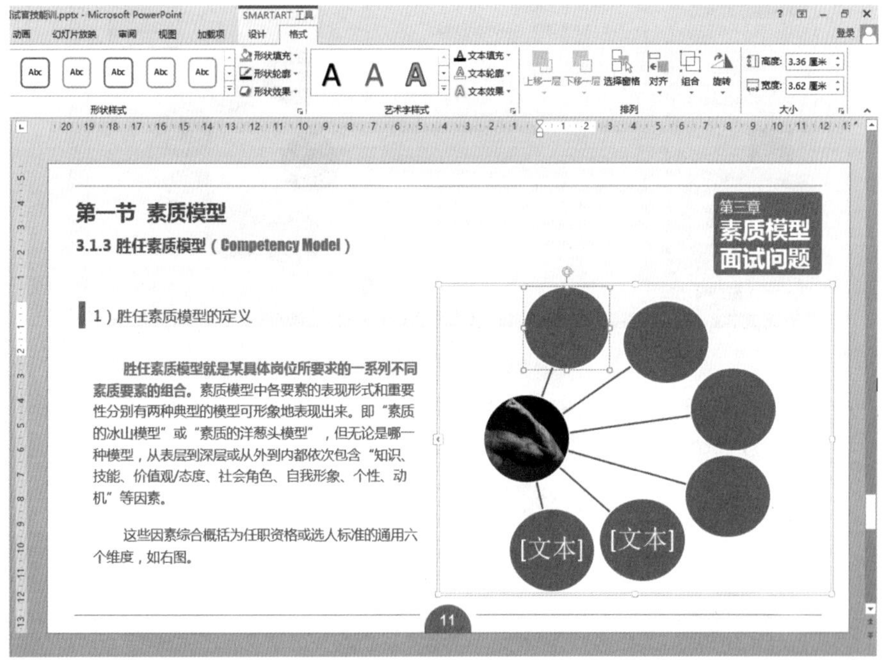

图4-90 设置圆形尺寸

08 添加文本内容：单击“SmartArt图形”边框最左侧的折叠按钮，展开“文本窗格”，在窗格中输入文本内容，如图4-91所示。

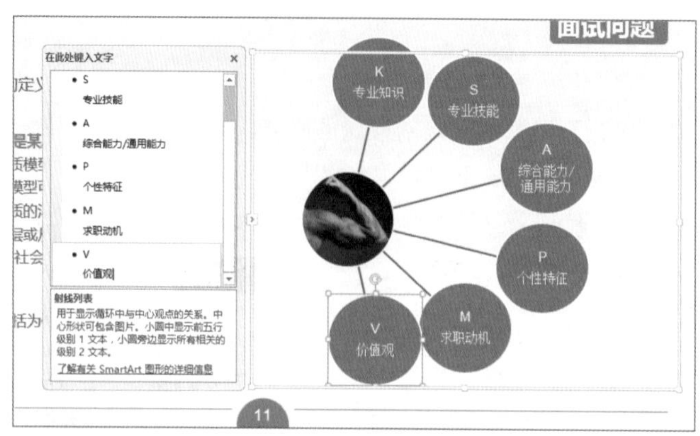

图4-91 添加文本

09 单击选择整个图形，在“设计”选项卡“SmartArt样式”分组中，通过样式列表框选择我们需要的样式，这里选择“中等效果”选项，如图4-92所示。

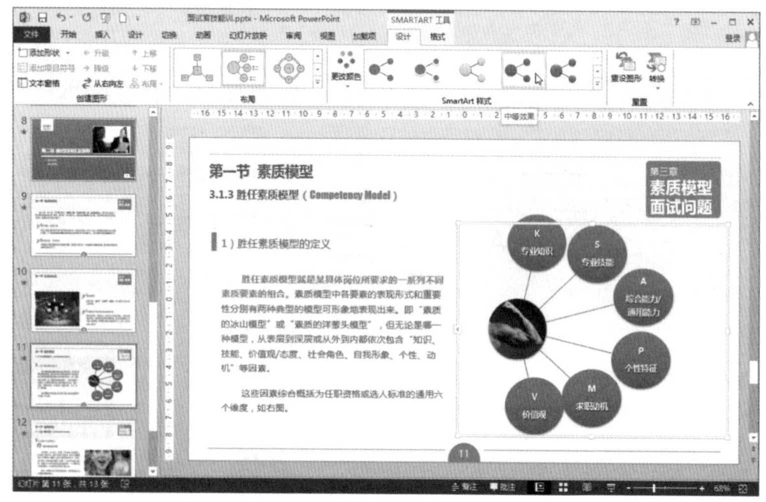

图4-92 设置图形样式

10 单击“SmartArt样式”分组中的“更改颜色”下拉按钮，在展开的颜色面板中选择“彩色填充-着色6”选项，SmartArt图形即可制作完毕，如图4-93所示。

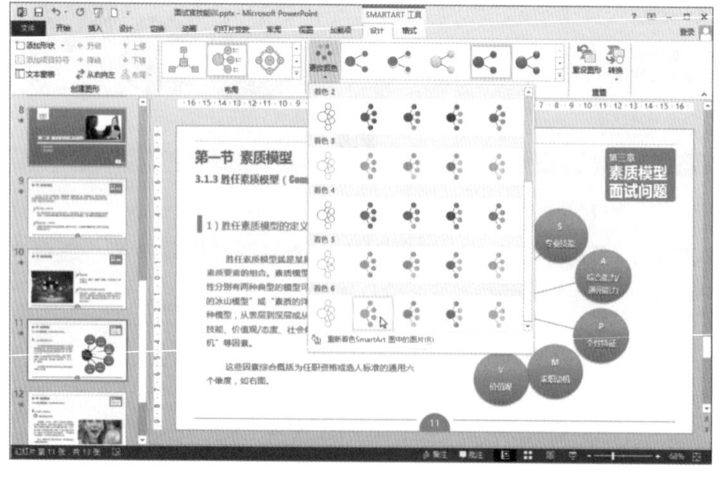

图4-93 更改颜色

第5章 在幻灯片中添加多媒体

——让你的幻灯片丰富多彩起来

制作幻灯片时，通常使用最多的就是文本，若在幻灯片中加入声音或动画等多媒体将会使幻灯片具有更强的感染力，使幻灯片的内容更加丰富。本章我们就来详细介绍PowerPoint 2013中如何高效便捷地使用多媒体。

通过本章的学习，您将掌握以下内容：

- 声音的添加与属性设置
- 视频的添加与属性设置
- 动画的插入

5.1 在幻灯片中添加声音

在幻灯片中添加声音的来源有很多，可以是电脑上下载的声音，可以是PowerPoint 2013中自带的声音，也可以是自己录制的声音。下面分别对这三种方式进行详细介绍。

5.1.1 添加电脑上下载的声音

在幻灯片制作过程中，可以插入外部的声音文件，具体操作步骤如下：

01 打开需要插入声音的幻灯片，单击“插入”选项卡“媒体”组中的“音频”按钮，在弹出的下拉列表中选择“PC上的音频”选项，如图5-1所示。

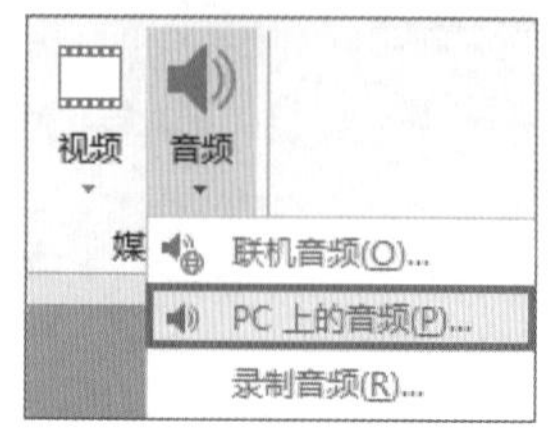

图5-1 选择“PC上的音频”选项

02 在弹出的“插入音频”对话框中选择需要插入的声音文件，然后单击“插入”按钮，如图5-2所示。

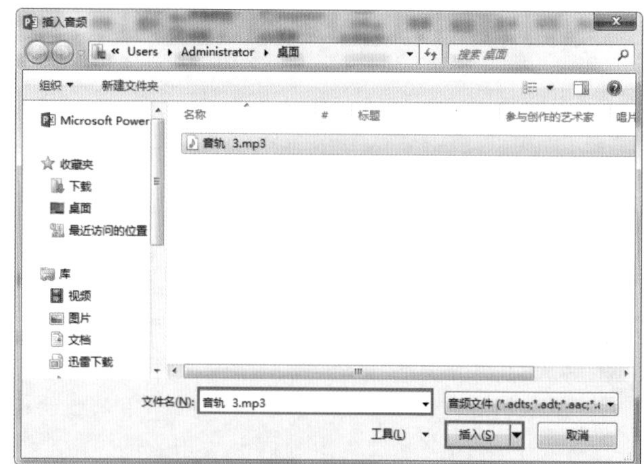

图5-2 选择需要插入的声音文件

03 直接应用到该幻灯片中，同时通过调整声音图标四周的节点来控制大小和位置，如图5-3所示。

图5-3 插入声音文件成功之后的幻灯片

5.1.2 插入PowerPoint中自带的声音

在PowerPoint 2013中自带的声音很多，读者可以根据幻灯片内容的需要插入剪辑中的声音，具体操作步骤如下：

01 打开需要插入声音的幻灯片，单击“插入”选项卡“媒体”组中的“音频”按钮，在弹出的下拉列表中选择“联机音频”选项，如图5-4所示。

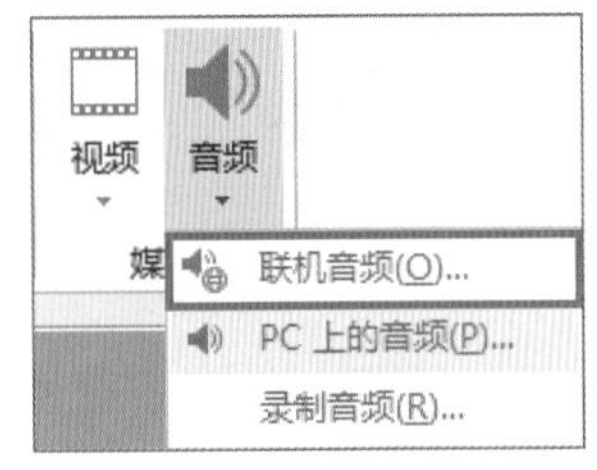

图5-4 选择“联机音频”选项

02 在弹出的“插入音频”窗格中，在搜索框中输入需要使用的声音文件，搜索到文件之后，单击“插入”按钮完成声音的添加。例如：在搜索框中输入“声音”，出现如图5-5所示的文件选项，读者自行选择需要的文件。

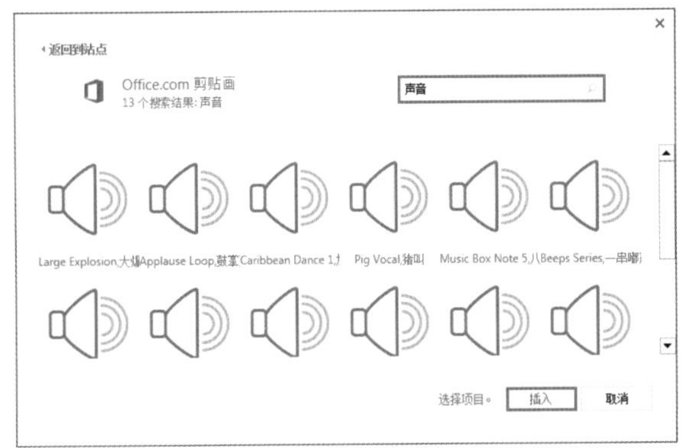

图5-5 插入剪辑中的声音文件

5.1.3 在幻灯片中录制声音

在幻灯片中还可以根据需要自己录制声音，录制的具体步骤如下：

01 打开需要插入声音的幻灯片，单击“插入”选项卡“媒体”组中的“音频”按钮，在弹出的下拉列表中选择“录制音频”选项，如图5-6所示。

02 在弹出的“录制声音”对话框中，根据需要设定录制声音的名称，单击“录制”按钮开始录制，录制完毕之后，单击“停止”按钮停止录制，也可以单击“播放”按钮进行声音的播放，如图5-7所示。

图5-6 选择“录制音频”选项

图5-7 设置“录制声音”对话框

5.2 设置声音属性

插入声音文件成功之后，可以根据需要对声音文件的基本属性进行设置和更改，下面对声音属性的设置步骤进行详细介绍。

5.2.1 设置声音播放音量

声音文件最基本的属性就是音量，下面将详细介绍在幻灯片中设置声音播放音量的具体操作步骤。

01 选中插入成功的声音文件，这时菜单栏会自动添加一个“音频工具”的工具选项，包括“格式”和“播放”选项卡。单击“播放”选项卡“音频选项”组中的“音量”按钮，如图5-8所示。

02 在弹出的下拉列表中有“低”、“中”、“高”和“静音”4个选项，如图5-9所示，读者根据需要自行选择设置音量的大小。

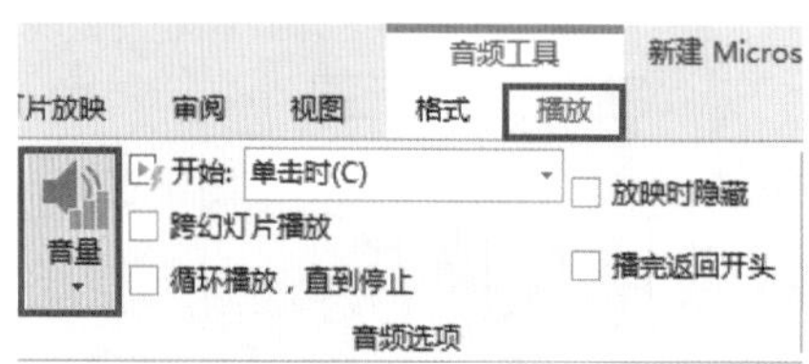

图5-8 选择“音量”按钮

图5-9 设置音量属性

小技巧

在设置声音文件的音量属性时，读者还可以采用下面这种更为快捷的方式，具体操作步骤如下：单击选中声音文件，在弹出的声音文件控制条中通过🔊图标控制声音的音量大小。具体调整效果读者自行感受。

5.2.2 设置声音的隐藏

在幻灯片放映的过程中还可以将声音图标隐藏，具体操作步骤如下：

01 单击选中声音文件，在出现的“音频工具”中勾选“播放”选项卡“音频选项”组中的“放映时隐藏”选项，如图5-10所示。

02 此时在幻灯片放映时将看不到声音文件的图标，为了使隐藏图标之后还能播放声音文件，需要单击“播放”选项卡“音频选项”组中的“开始”选项框，设为“自动”，如图5-11所示。

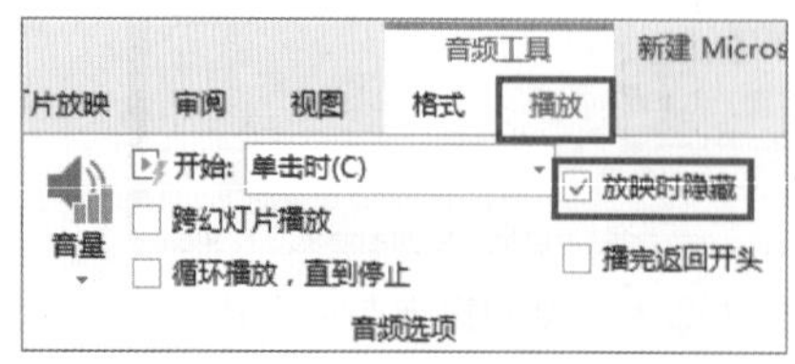

图5-10 勾选“放映时隐藏”选项

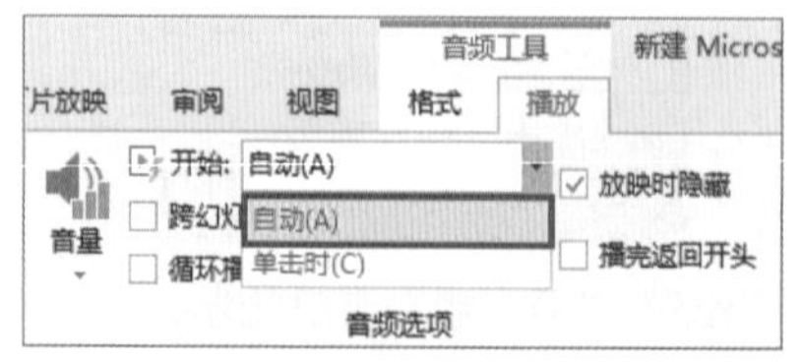

图5-11 设置音频播放开始效果为“自动”选项

03 读者可以放映幻灯片查看效果，音频会在选定幻灯片出现时自动播放，且放映过程中将看不到音频文件。

5.2.3 设置声音连续播放

在幻灯片放映时如果需要声音文件一直处于播放状态，则可以将声音文件设为循环播放模式，具体操作步骤如下：

01 单击选中声音文件，在出现的“音频工具”中勾选“播放”选项卡“音频选项”组中的“循环播放，直到停止”选项，如图5-12所示。

02 如果需要使声音文件在整个幻灯片放映过程中都能循环播放，而不是只在选定幻灯片上循环播放，需要单击勾选“跨幻灯片播放”选项，如图5-13所示。

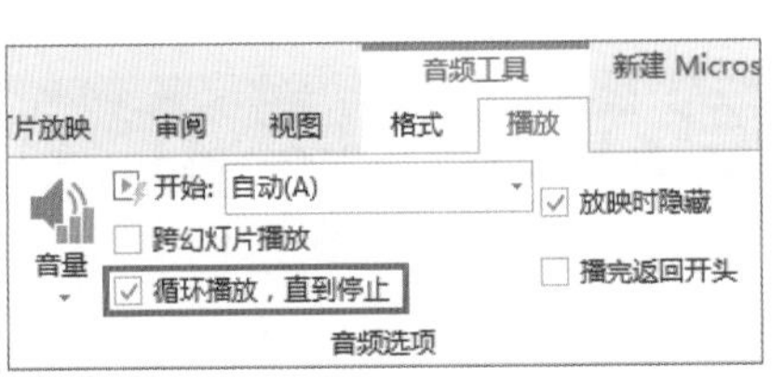

图5-12 勾选“循环播放，直到停止”选项

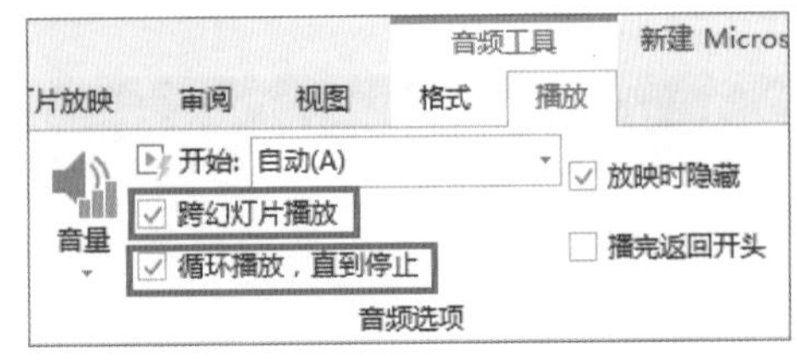

图5-13 勾选“跨幻灯片播放”选项

03 读者可以放映幻灯片查看效果，音频文件会在播放开始后一直循环播放，直到幻灯片放映完，如果读者不希望声音文件循环播放，取消勾选“循环播放，直到停止”和“跨幻灯片播放”选项即可。

5.2.4 设置播放声音模式

在幻灯片放映声音文件时还可以通过直接设置声音播放的模式来控制声音播放效果，具体操作步骤如下：

单击选中声音文件，在出现的“音频工具”中找到“播放”选项卡“音频样式”组中的“无样式”选项和“在后台播放”选项，如图5-14所示。下面对这两种模式的区别进行简单的介绍。

- 无样式：单击“无样式”选项，此时音频选项默认为如图5-15所示的界面，表示将音频文件播放设为单击开始播放。

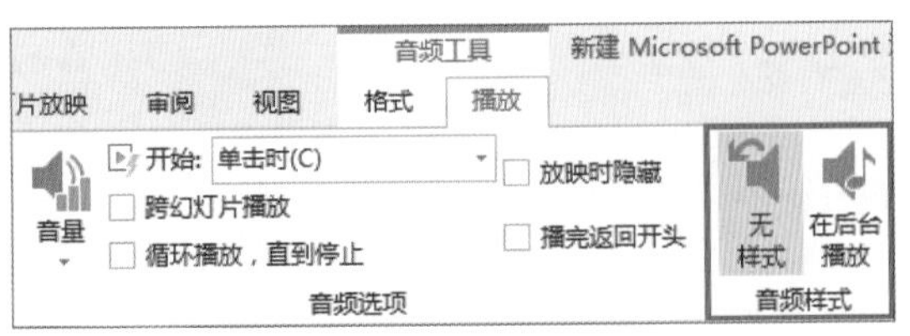

图5-14 找到“音频样式”选项卡

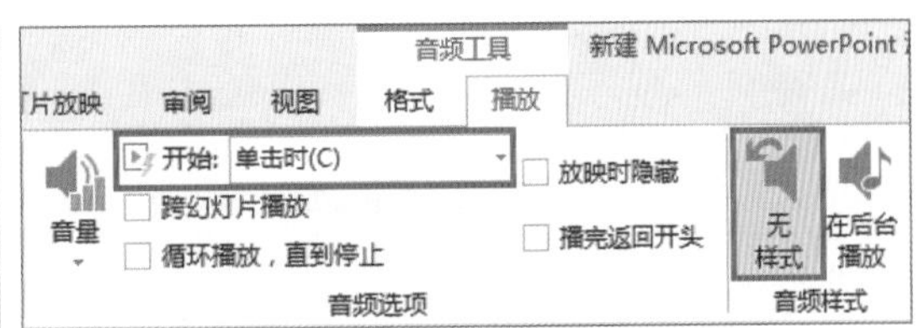

图5-15 单击“无样式”选项后的界面

- 在后台播放：单击“在后台播放”选项，此时音频选项默认为如图5-16所示的界面，表示将音频文件在幻灯片放映过程中设为隐藏，自动开始播放音频，并且音频播放设为连续播放。

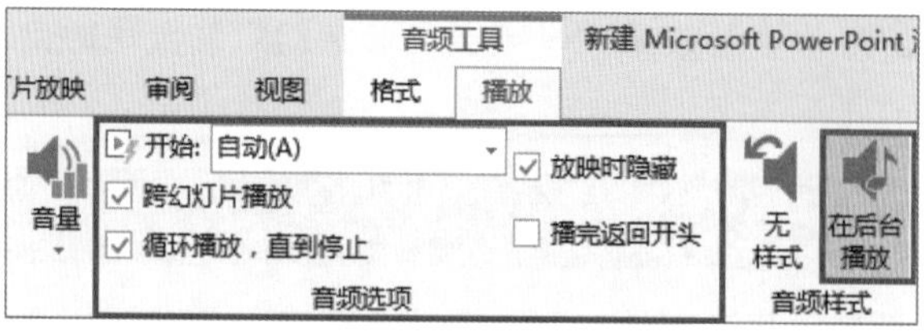

图5-16 单击“在后台播放”选项后的界面

5.3 添加视频

在幻灯片中添加视频的来源主要有PowerPoint 2013中自带的视频以及电脑上下载的视频。下面分别对这两种方式进行详细介绍。

5.3.1 添加PowerPoint 2013中自带的视频 

在PowerPoint 2013中自带的视频很多，读者可以根据幻灯片内容的需要插入剪辑中的声音，具体操作步骤如下：

01 打开需要插入视频的幻灯片，单击“插入”选项卡“媒体”组中的“视频”按钮，在弹出的下拉列表中选择“联机视频”选项，如图5-17所示。

02 在弹出的“插入视频”窗格中，根据需要在搜索框中输入需要使用的视频文件名称或视频嵌入代码，搜索到文件之后，单击“插入”按钮完成视频的添加，如图5-18所示。

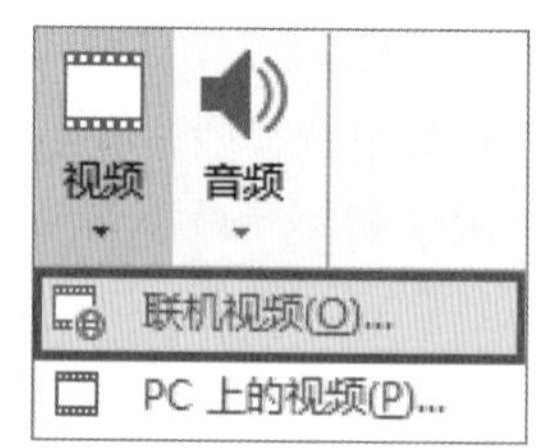

图5-17 选择“联机视频”选项

图5-18 插入剪辑中的视频

5.3.2 添加电脑上下载的视频 

如果剪辑中添加的视频不能满足需要，可以通过添加电脑文件中的视频完成，具体操作步骤如下：

01 打开需要插入视频的幻灯片，单击“插入”选项卡“媒体”组中的“视频”按钮，在弹出的下拉列表中选择“PC上的视频”选项，如图5-19所示。

02 在弹出的“插入视频文件”对话框中选择需要插入的视频文件，然后单击“插入”按钮，如图5-20所示。

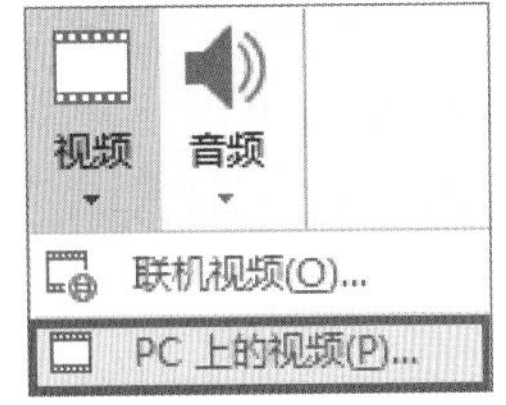

图5-19 选择“PC上的视频”选项

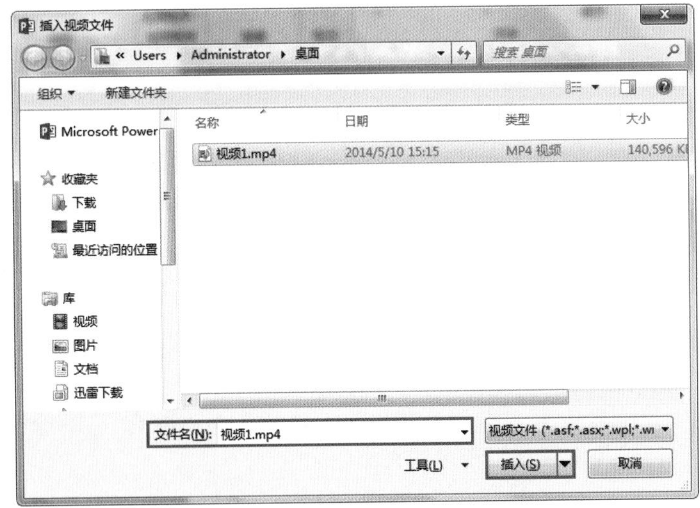

图5-20 “插入视频文件”对话框

5.4 设置视频属性

与声音文件类似，在插入视频文件成功之后，可以根据需要对视频文件的基本属性进行设置和更改，下面对视频属性的设置步骤进行详细介绍。

5.4.1 设置视频选项

在详细介绍视频属性设置之前，先简单介绍视频属性设置过程中包含的多个视频选项，下面为读者一一介绍。

选中视频，菜单栏会自动出现“视频工具”选项，单击 “播放”选项找到“视频选项”组，如图5-21所示，该组包括了多个选项，在下面将进行详细的介绍。

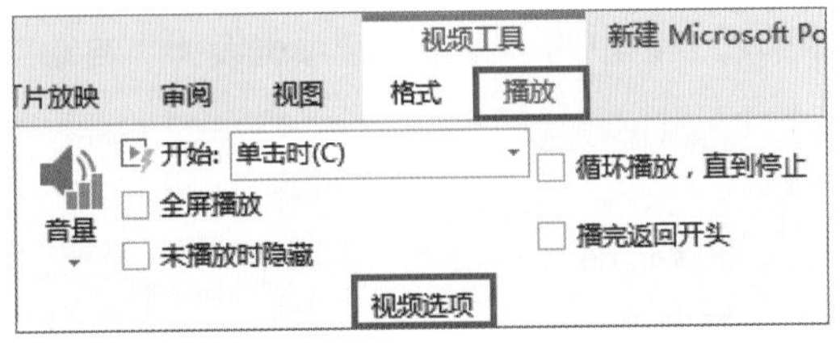

图5-21 “视频选项”组

5.4.2 全屏播放视频

在幻灯片中成功插入视频之后，可以在幻灯片放映的过程中将视频播放设置为全屏播放，具体操作步骤如下：

01 单击选中视频，根据5.4.1节中的介绍，打开“视频选项”组，单击勾选“全屏播放”选项，如图5-22所示。

02 设置好之后，读者可以放映幻灯片查看效果，视频会在被单击时全屏播放。

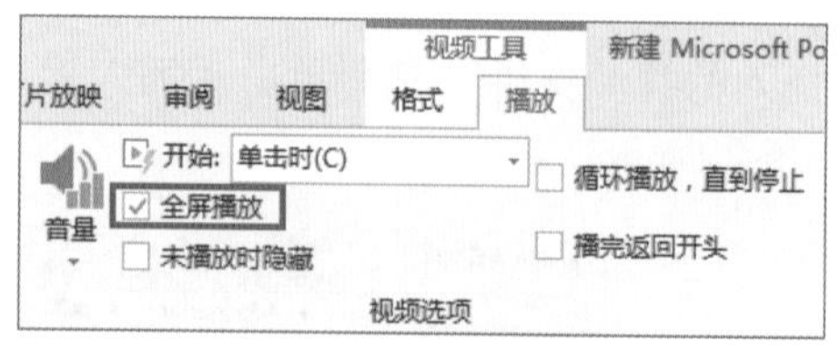

图5-22 勾选“全屏播放”选项

5.4.3 调整视频放映音量

插入的视频在幻灯片中播放的过程中，可以根据需要调整视频的放映音量，具体操作步骤如下：

01 单击选中视频，根据5.4.1节中的介绍，打开“视频选项”组，单击 “音量”按钮，如图5-23所示。

02 在弹出的下拉列表中有“低”、“中”、“高”和“静音”这4个选项，如图5-24所示，读者根据需要自行选择设置视频音量的大小。

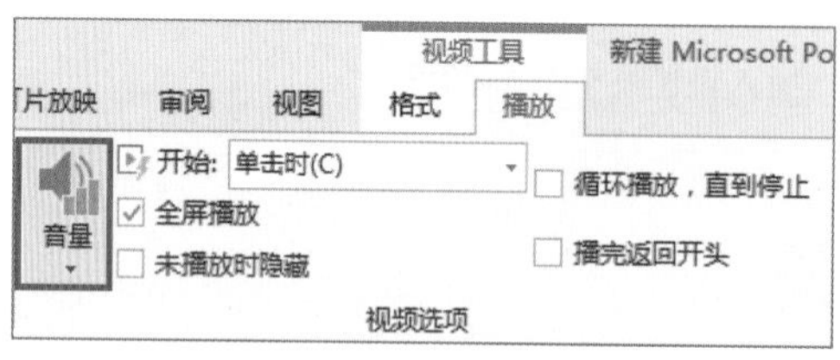

图5-23 单击“音量”按钮

图5-24 设置视频音量属性

5.4.4 未播放时隐藏视频

视频成功插入幻灯片之后，可以使视频在没有播放的情况下隐藏，只有当视频播放的时候才会出现，具体操作步骤如下：

01 单击选中视频文件，根据5.4.1节中的介绍，打开“视频选项”组，单击勾选“未播放时隐藏”选项，如图5-25所示。

02 此时在幻灯片放映时将看不到视频文件，为了使隐藏视频之后还能播放视频文件，需要把“播放”选项卡“视频选项”组中的“开始”选项框设为“自动”，如图5-26所示。

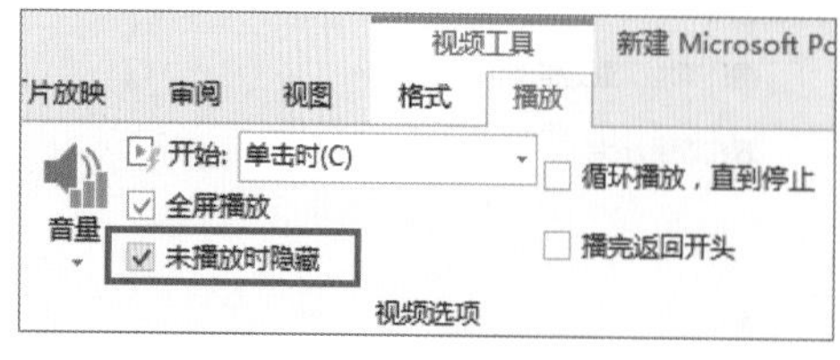

图5-25 勾选“未播放时隐藏”选项

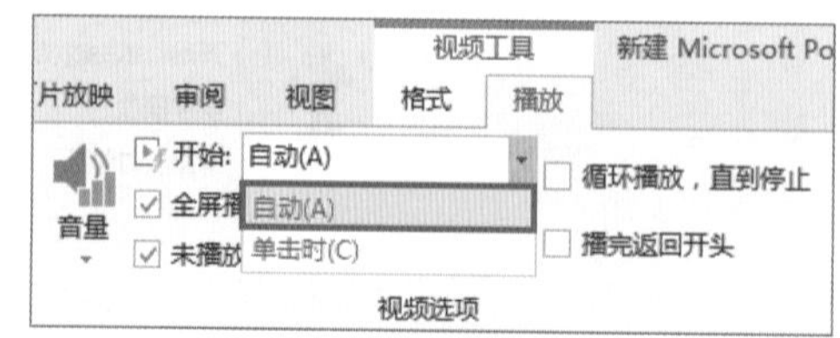

图5-26 设置视频播放开始效果为“自动”选项

03 读者可以放映幻灯片查看效果，视频会在选定幻灯片出现时自动播放，且放映过程中将看不到视频文件。

5.4.5 视频循环播放

与声音文件设置类似，在幻灯片中还可以将视频播放模式设置为循环播放，具体操作步骤如下：

01 单击选中视频文件，根据5.4.1节中的介绍，打开“视频选项”组，单击勾选“循环播放，直到停止”选项，如图5-27所示。

02 读者可以放映幻灯片查看效果，视频文件会在播放开始后一直循环播放，直到选定的幻灯片放映完毕，如果读者不希望视频文件循环播放，取消勾选“循环播放，直到停止”选项即可。

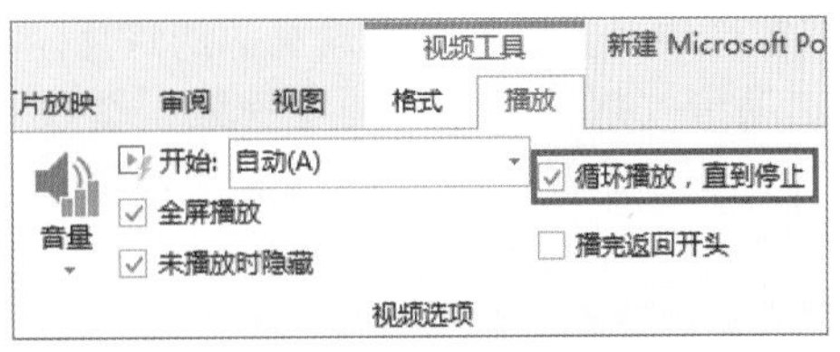

图5-27 勾选“循环播放，直到停止”选项

5.5 使用动画

在幻灯片中，除了添加音频和视频文件之外，还可以添加动画，丰富幻灯片的内容，动画主要介绍GIF动画和Flash动画，下面进行详细操作步骤的介绍。

5.5.1 插入GIF动画

GIF动画是一种图像文件格式的文件，是将多幅图像保存为一个图像文件，从而形成了动画。在幻灯片中插入GIF动画的步骤如下所示：

01 选中需要插入GIF动画的幻灯片，单击“插入”选项“图像”组中的“图片”选项，如图5-28所示。

02 在弹出的“插入图片”对话框中，将文件类型设置为“所有图片”，同时选择要插入的GIF动画，然后单击“插入”按钮即可，如图5-29所示。

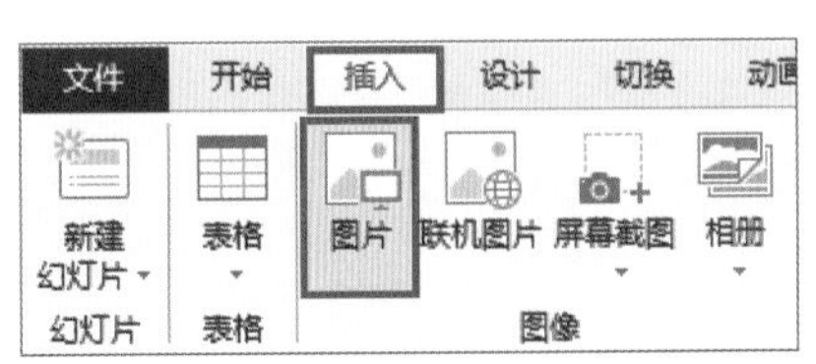

图5-28 选择“图像”组中的“图片”选项

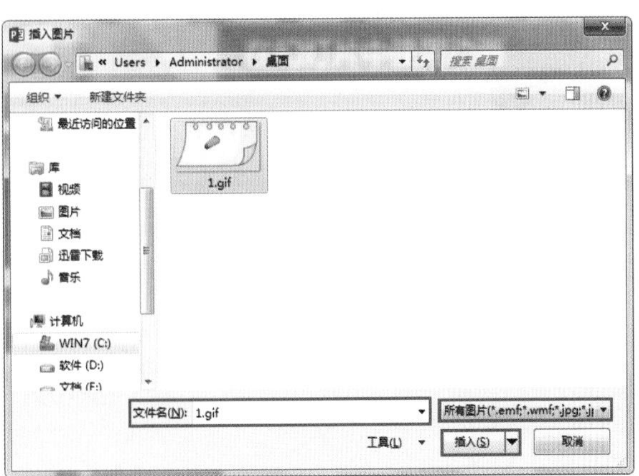

图5-29 “插入图片”对话框

03 读者可以放映幻灯片查看效果，GIF动画会自动播放，读者根据需要自行调整GIF动画的大小和位置。

5.5.2 插入Flash动画

在幻灯片中可以根据幻灯片内容插入合适的Flash动画，插入Flash动画的操作类似于5.3.2节中的添加电脑上下载的视频，具体操作步骤如下：

01 选中需要插入Flash动画的幻灯片，单击“插入”选项卡“媒体”组中的“视频”选项，在弹出的下拉列表中选择“PC上的视频”选项，如图5-30所示。

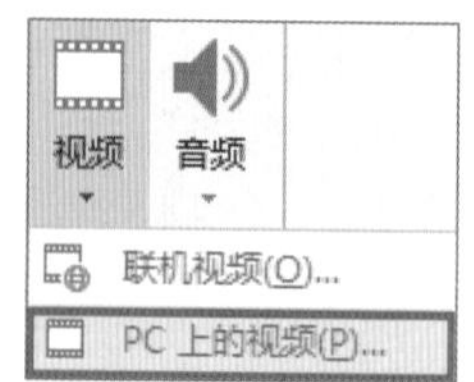

图5-30 单击“PC上的视频”选项

02 在弹出的“插入视频文件”对话框中，将文件类型设为“Adobe Flash Media（*.swf）”，同时选择需要插入的Flash动画文件，然后单击“插入”按钮，如图5-31所示。

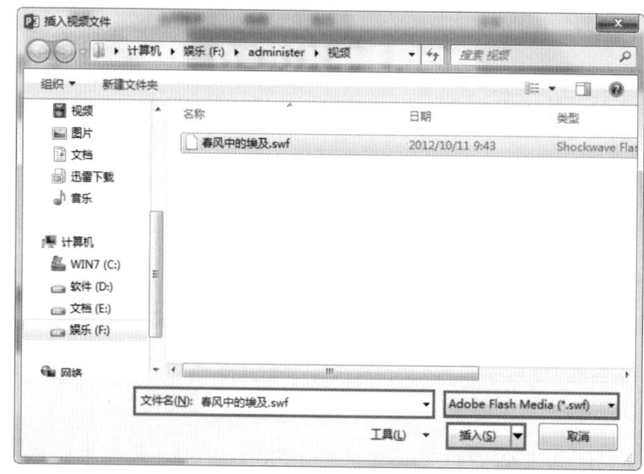

图5-31 “插入视频文件”对话框

03 读者可以放映幻灯片查看效果，同时可以参考5.4节对Flash动画属性进行设置。

5.6 实例：为幻灯片添加音视频

下面我们根据本章关于添加音视频的操作步骤，为本章中的“实例1.pptx”添加电脑中的音视频，具体操作步骤如下：

01 打开本章素材文件“实例1.pptx”，选中第4张幻灯片，切换到“插入”选项卡，单击“视频”下拉按钮，在展开的下拉列表中选择“PC上的视频”，如图5-32所示。

图5-32 单击“PC上的视频”选项

02 在打开的“插入视频文件”对话框中，根据视频文件存储路径找到文件，选中并单击“插入”按钮，如图5-33所示。

图5-33 插入PC上的视频

03 插入视频后，选中视频并使用鼠标左键拖动视频的控制点，调整视频窗口的尺寸，并调整视频摆放位置，如图5-34所示。

图5-34 调整视频尺寸与位置

04 选中视频，通过“格式”选项卡中“视频样式”分组中的样式库中，选择一种视频样式，单击应用到当前视频，如图5-35所示。

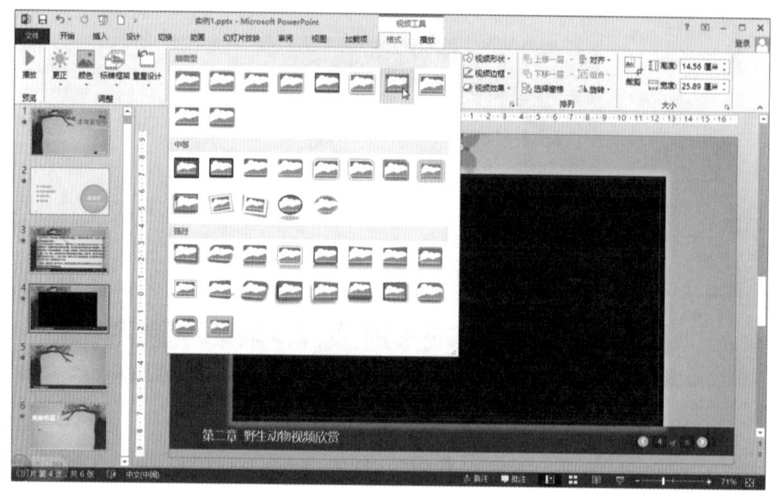

图5-35 添加视频样式

05 如果视频过长，需要进行视频剪辑。可以单击“播放”选项卡，在“编辑”分组中单击“剪辑视频”按钮，打开“剪辑视频”对话框，单击视频下方中间的“播放”按钮，播放视频，根据播放的时间选择剪辑长度与位置。如，需要将“00:20.112”之后的视频都删除，这里我们可以将“00:20.112”输入到“结束时间”编辑框中，如图5-36所示。

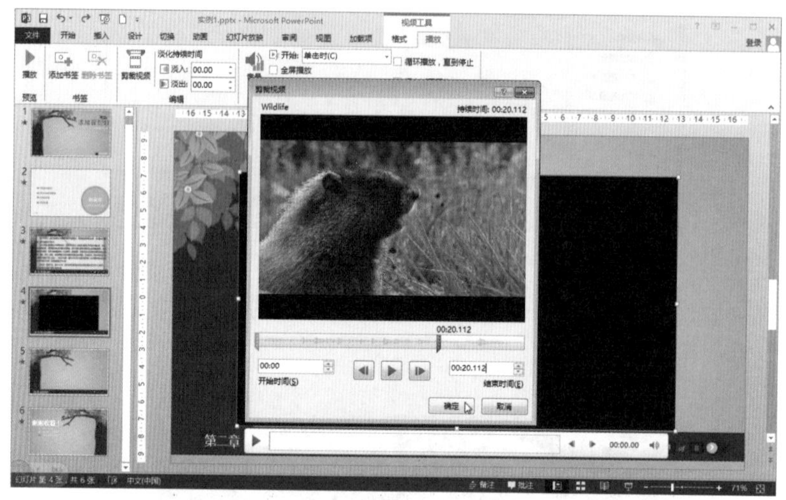

图5-36 剪辑视频

06 在“播放”选项卡“编辑”分组中设置“淡出”时间为“01.00”；然后通过“播放”选项卡“视频选项”分组中的各种选项命令，设置“开始”选项为“自动”，并勾选“播完返回开头”复选项，如图5-37所示。

图5-37 设置“播放”选项

07 通过“插入”选项卡中“音频”下拉列表，选择“PC上的音频”选项，根据音频文件的存储路径找到并插入音频文件；与剪辑视频的方法类似，通过“播放”选项卡中“剪辑音频”选项，经过音频的播放选择需要的音频“开始时间”和“结束时间”，单击“确定”按钮即可，如图5-38所示。

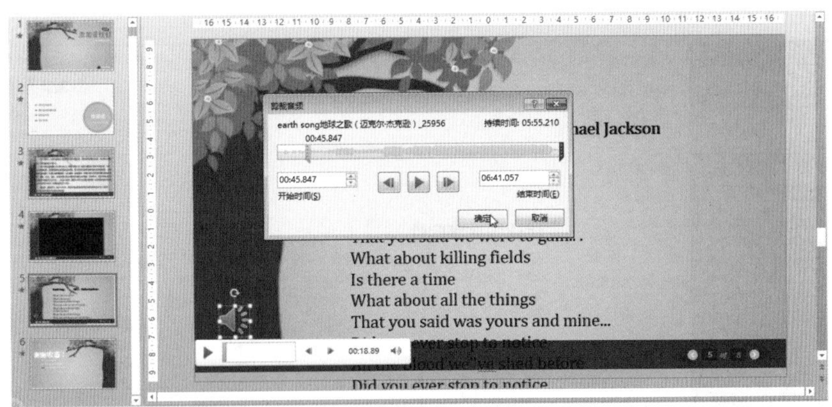

图5-38 插入并剪辑音频

08 在“播放”选项卡“音频样式”分组中，单击“在后台播放”选项，如图5-39所示。

图5-39 设置“在后台播放”效果

这样音频和视频均添加完毕，读者朋友们可以自行尝试添加一些自己喜欢的音视频，并剪辑，添加了音视频的幻灯片会更加生动形象。

提高办公效率的诀窍

在幻灯片中插入多媒体文件会让幻灯片变得丰富多彩，掌握多媒体的添加在PPT制作中非常重要。根据笔者制作幻灯片的经验来看，有以下诀窍与读者交流。

① 注意调节多媒体的音量

幻灯片中插入多媒体时播放的音量要根据幻灯片演示环境以及演讲者音量调节，确保播放清晰、不嘈杂。

② 尽量不要使视频文件满屏显示

在插入视频文件和动画时，最好不要使图标控件满屏，因为在幻灯片放映时，单击鼠标一般都会有一些动作或其他效果，控件满屏之后可能会丢失鼠标单击的效果，例如控件满屏时单击鼠标可能只是暂停多媒体播放，而不能切换幻灯片放映。

③ 视频的压缩

通过上面的例子我们清楚地了解了视频的剪辑功能，除了这项功能，还可以将视频进行压缩。

方法是，经过剪辑后的视频在保存文件时，选择“压缩媒体”按钮，这样可以缩小作品占用的空间，如图5-40所示。

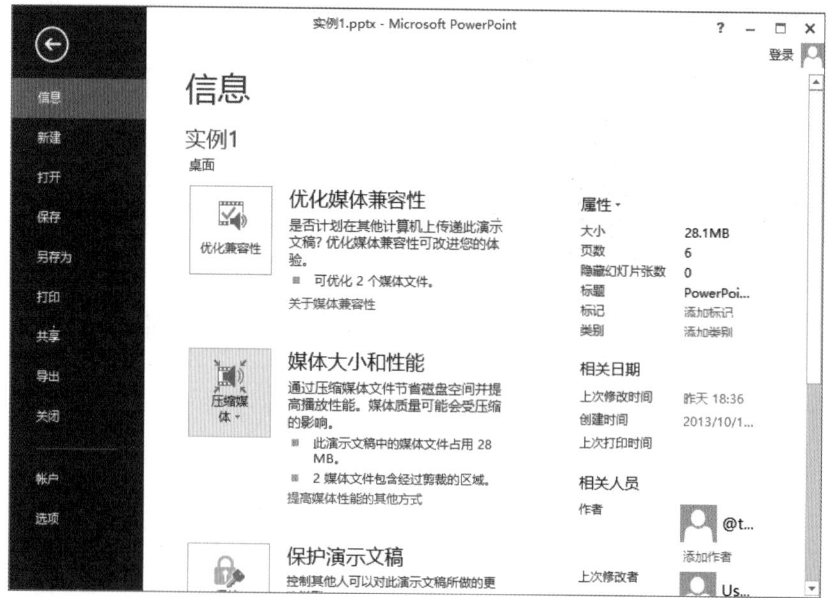

图5-40 “压缩媒体”选项

④ 视频的跳跃播放

有时候一段视频过长或者部分内容不重要等原因，导致我们需要根据实际情况来播放视频的几个片段，如果将这段视频分别剪辑为一个个的小片段显然是非常麻烦的。下面将教大家一个简单的方法解决类似的问题。

具体操作步骤如下：

01 插入视频文件，在需要播放的第一片段的位置单击左键，选定播放位置，然后单击“播放”菜单选项，再单击“添加书签”按钮，如图5-41所示。

图5-41 添加书签

02 切换到“动画”选项卡，选择动画效果为“搜寻”，书签的动画即添加成功，如图5-42所示。

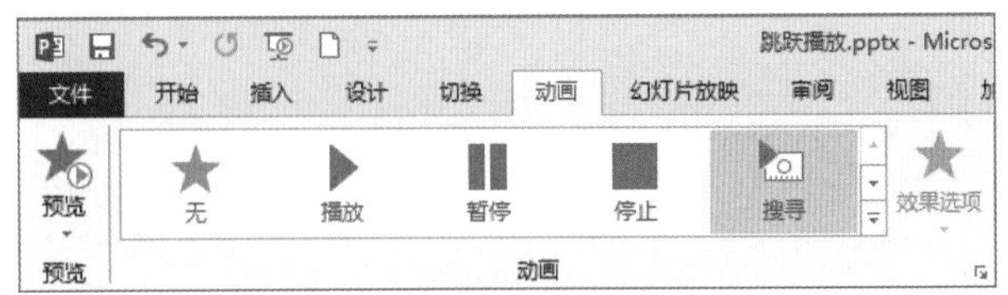

图5-42 为书签添加动画效果

03 用同样的方法设置余下的书签，但要注意，书签的设置动画方法有所不同，在设置时，要单击“添加动画”按钮，然后在弹出的动画列表中选择“搜寻”，而不能直接像上一步骤中选择“搜寻”，如图5-43所示。

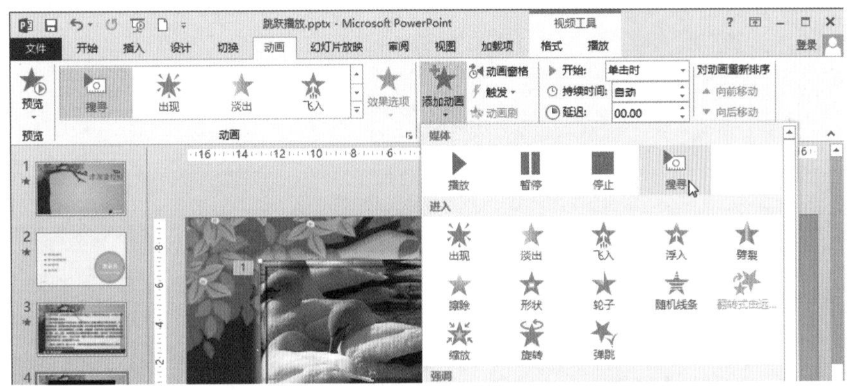

图5-43 通过“添加动画”按钮添加动画效果

04 设置完成后，播放幻灯片，在播放时按右方向键或者上下方向键就会跳到书签的位置进行播放，从而实现跳跃播放效果。

第6章 让你的PPT动起来

——动画设计与交互功能

演示文稿制作的最终用途是要将演示文稿中的幻灯片放映给观众，若在幻灯片之间增加一些切换效果或为演示文稿添加一些动画、超链接设置和动作设置，可以使演示文稿的播放效果更加形象与生动，从而能更好地展现幻灯片中的内容，也可以使幻灯片中一些复杂的内容逐步显示以便观众理解。本章我们就来详细介绍PowerPoint 2013中应当如何设计动画，从而使PPT能更生动。

通过本章的学习，您将掌握以下内容：

- 设置幻灯片切换动画
- 为幻灯片设置动画
- 为幻灯片添加超链接
- 对幻灯片设置动作

使用预置的幻灯片切换动画

幻灯片切换动画是指由一张幻灯片移动到另一张幻灯片时屏幕显示的过度效果。幻灯片切换动画可以使幻灯片的放映效果更加生动形象，增强幻灯片的吸引力。PowerPoint 2013中的换片方式包括细微型、华丽型和动态内容三大类。细微型的切换效果和PowerPoint较早版本的切换效果类似，动态效果细微；华丽型切换效果的动态效果比较炫丽，富有视觉冲击力；动态内容的切换效果为幻灯片中的内容元素提供动画效果，如果前后两张幻灯片的背景图片一致，那么用户会感觉切换过程中只是内容元素出现了动态效果。用户可以为幻灯片设置预置的幻灯片切换动画，下面具体介绍操作方法。

01 选择要设置切换动画的幻灯片，单击在“切换”功能选项卡中的“切换到此幻灯片”组中的“其他”按钮，如图6-1所示。

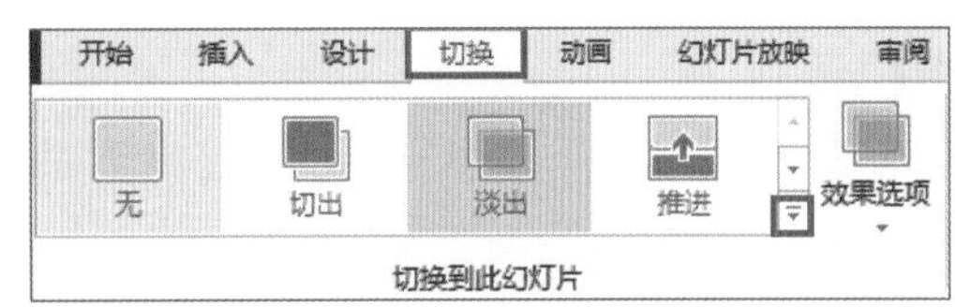

图6-1 幻灯片切换效果

02 在弹出的下拉列表中选择需要切换的动画，设置完毕后，在幻灯片编辑区即可预览到该效果，如图6-2所示。

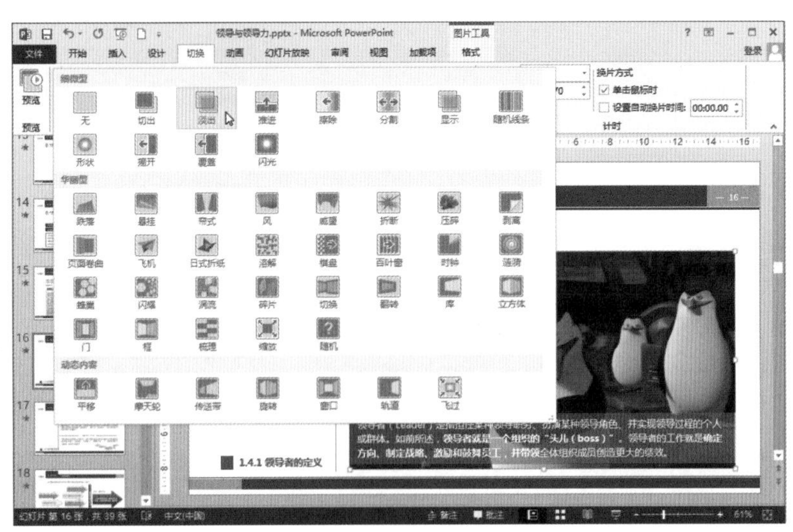

图6-2 选择切换效果

03 每一种幻灯片切换方式对应不同的效果选项，单击“切换到此幻灯片”组右侧的“效果选项”，即可进行设置，如图6-3所示，比如“淡出”切换效果就有“平滑”和“全黑”两种效果选项可选，读者可以自行设置体会。

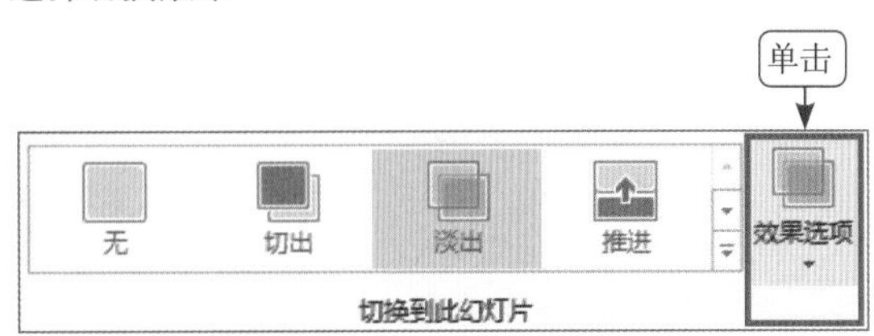

图6-3 设置效果选项

6.2 自定义幻灯片切换动画

用户可以对演示文稿的切换动画进行个性化的设置，包括设置幻灯片切换的声音效果、切换的速度以及切换的方式，下面进行详细介绍。

6.2.1 设置幻灯片切换的声音效果

切换的声音效果可以使幻灯片演示得更加形象，同时可以吸引受众的注意力，设置幻灯片切换的声音效果的操作方式如下：

01 选择要设置幻灯片切换的声音效果的幻灯片，在“切换”功能选项卡中的“计时”组中单击“声音”选项右侧的下拉按钮，如图6-4所示。

02 在弹出的下拉列表中选择需要设置的声音切换效果，其中“播放下一段声音之前一直循环”选项代表一直播放切换效果的声音直至播放下一段声音，如图6-5所示。

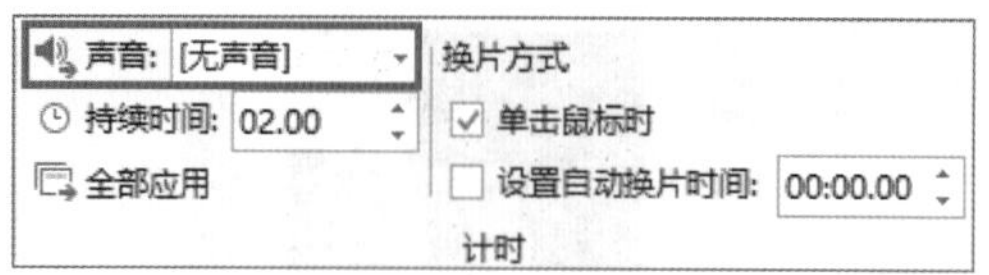

图6-4 插入声音效果

图6-5 设置切换的声音效果

6.2.2 设置幻灯片切换的速度

幻灯片的切换时间即为幻灯片切换的中间过度时间，用户可以为其设置持续的时间，从而控制幻灯片切换的速度，进而达到预想的效果，设置幻灯片切换速度的操作方式如下。

选择要设置切换速度的幻灯片，在“切换”选项卡中的“计时”组中的“持续时间”选项中输入幻灯片切换持续的时间，也可以单击输入框右侧的两个小三角，每单击一次时间改变0.25秒，如图6-6所示。

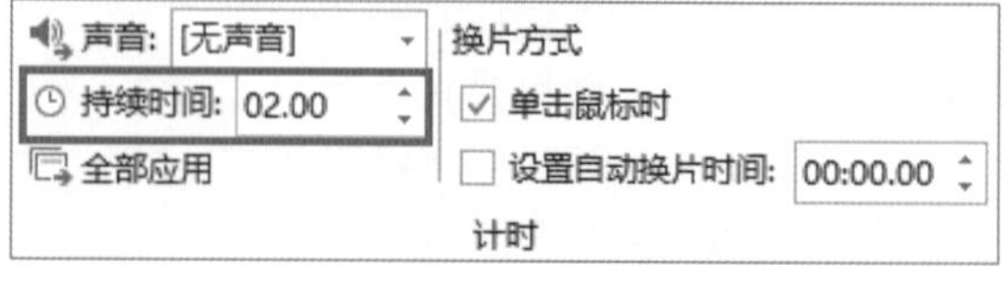

图6-6 设置幻灯片切换的速度

6.2.3 设置幻灯片切换的方式 

设置幻灯片切换的方式，可以使幻灯片在放映时按照设置的切换方式进行放映。有单击鼠标时切换与自动切换两种切换方式，下面介绍具体的操作方式。

- 单击鼠标切换：选择要设置切换方式的幻灯片，在“切换”功能选项卡中的“计时”组中勾选“单击鼠标时”复选框，如图6-7所示，此时所选幻灯片就可以通过单击进行切换。
- 自动切换：选择要设置切换方式的幻灯片，在“切换”功能选项卡中的“计时”组中取消勾选“单击鼠标时”复选框，勾选“设置自动换片时间”复选框，同时在其右侧输入每张幻灯片持续的时间，如图6-8所示，此时所选幻灯片就可以根据设置的换片时间自动切换。

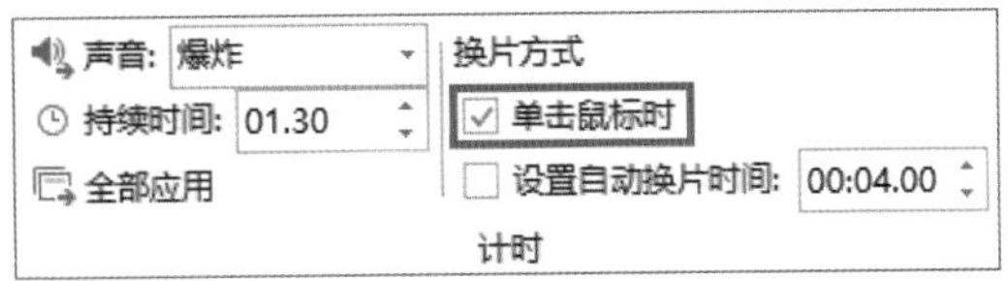

图6-7 设置“单击鼠标时”切换

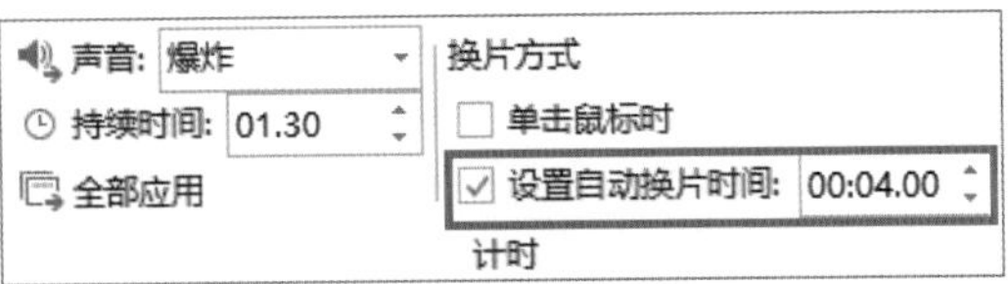

图6-8 设置自动切换

小知识 同时勾选两个复选框

用户可以同时勾选“单击鼠标时”复选框和“设置自动换片时间”复选框，此时在幻灯片放映过程中，既可以通过单击鼠标进行切换，也可以在设置的自动切换时间后进行切换。

6.3 删除幻灯片切换效果

幻灯片切换效果的删除非常简单，直接将切换效果设置为“无”，将声音也设置为“无”即可。下面介绍删除幻灯片切换效果的具体方法。

01 选择要设置切换动画的幻灯片，单击“切换”功能选项卡中的“切换到此幻灯片”组中的“其他”按钮，在弹出的下拉列表中选择切换效果为“无”，如图6-9所示。

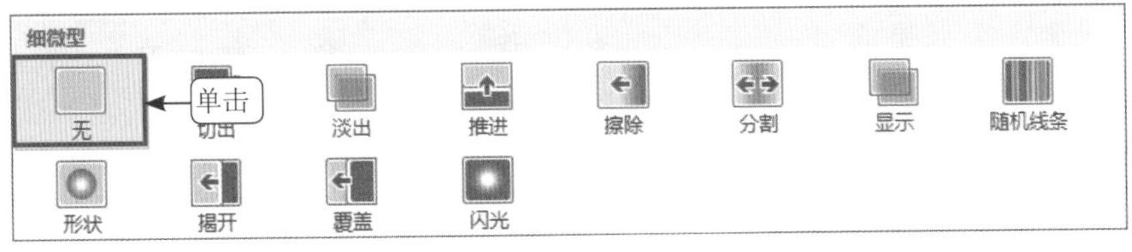

图6-9 选择“无”切换效果

02 选择要设置幻灯片切换的声音效果的幻灯片，在“切换”功能选项卡中的“计时”组中单击“声音”选项右侧的下拉按钮，在弹出的下拉列表中选择“[无声音]”，如图6-10所示，此时即完成了幻灯片切换效果的删除。

图6-10 选择“[无声音]”

6.4 设置动画

说起幻灯片动画，想必不少读者当初就是被幻灯片丰富的动画吸引而开始接触PPT。PPT的动画，制作简单，效果流畅。下面就为读者具体介绍PPT中设置动画的具体方法。

6.4.1 使用预置动画

PPT中的预置动画包括进入、强调、退出和动作路径四大类，每一大类又包括许多种动画，如图6-11所示。

为幻灯片中的元素设置预置动画的具体操作如下。

01 在幻灯片中选择要设置动画效果的元素，可以是文本框、图片、图标等，然后单击“动画”选项卡中的“动画”组中的“其他”按钮，在弹出的下拉列表中选择需要设置的动画效果，如图6-12所示，选择完成后幻灯片会自动预览此动画效果。

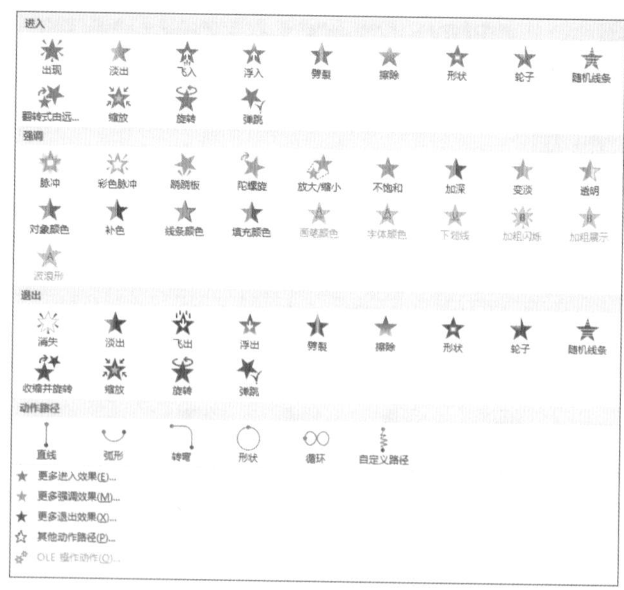

图6-11 PPT中预置的动画

02 每一种幻灯片的动画效果对应不同的效果选项，单击“动画”组右侧的效果选项，即可进行设置，如图6-13所示，比如“飞入”动画效果就有“自底部”、“自左下部”、“自左侧”、“自左上部”、“自顶部”、“自右上部”、“自右侧”、“自右下部”8种效果选项可选，读者可以自行设置体会，设置完成动画选项后，幻灯片会自动预览此种效果选项。

图6-12 选择动画效果

图6-13 选择动画效果

6.4.2 使用更多动画

PPT中预置的动画效果已经比较丰富，但除此之外，PowerPoint 2013还提供了更多的效果选项，用户可以根据需要进行更多的效果设置，如图6-14所示，下面将进行介绍。

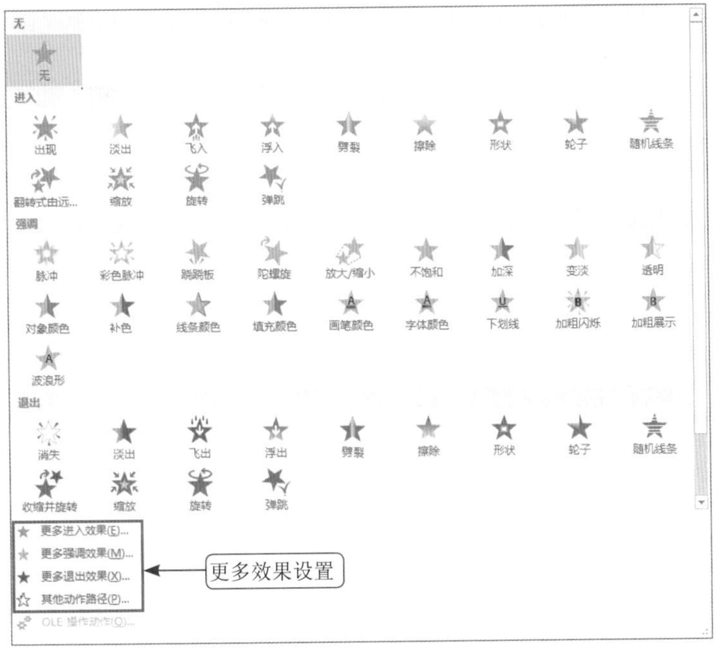

图6-14 PPT中更多的动画效果

为幻灯片中的元素设置更多动画的具体操作如下。

01 和在幻灯片中使用预置动画的基本操作类似，先选择要设置动画效果的元素，包括文本框、图片、图标等，然后单击“动画”功能选项卡中的“动画”组中的“其他”按钮，出现如上图6-14所示的界面，在弹出的下拉列表中选择“更多进入效果”、“更多强调效果”、“更多退出效果”或“其他动作路径”，读者可以为幻灯片选择不同的更多效果设置，对这四大类效果设置的基本操作一致，下面将以“更多进入效果”为例进行介绍。

02 用户在下拉列表中单击“更多进入效果”，此时弹出如图6-15所示的“更多进入效果”设置界面，该设置界面共提供了“基本型”、“细微型”、“温和型”和“华丽型”4种类型的设置，读者可以单击这4种类型下的每种效果进行预览，最后设置完成动画选项后，单击“确定”按钮，即完成了更多进入动画效果的设置。

图6-15 “更多进入效果”设置

6.4.3 使用动画刷快速复制动画效果

动画刷，顾名思义，就是将幻灯片中一个元素的动画效果复制到另一个元素之中，合理地使用动画刷能够使制作动画变得更加简单，它的使用方法和格式刷类似，下面进行具体的介绍。

- 选中想要复制动画效果的幻灯片元素，单击“动画”功能选项卡中的“高级动画”组中的“动画刷”按钮，如图6-16所示，单击“动画刷”可以刷一次，双击可以刷多次，刷完之后再单击一下“动画刷”或者按键盘上的“Esc”键关闭动画刷功能就可以了。
- 用鼠标单击需要改变动画效果的元素，此时即将动画效果从幻灯片中的一个元素复制到另一个元素之中。

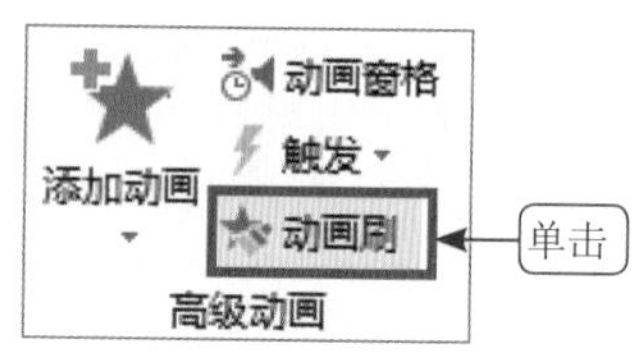

图6-16 单击“动画刷”

6.5 为对象设置多个动画

一些比较炫丽的动画，往往是多个动画的组合，本节为读者介绍如何为对象设置多个动画，以做出比较炫丽的效果。

6.5.1 在一个对象上添加多个动画

01 首先如6.4.1节中所示方法，为幻灯片中的对象设置第一个动画效果，然后单击“动

画”选项卡中的“高级动画”组中的“添加动画”按钮，如图6-17所示，在弹出的下拉列表中选择为对象设置的第二个动画效果，如图6-18所示。

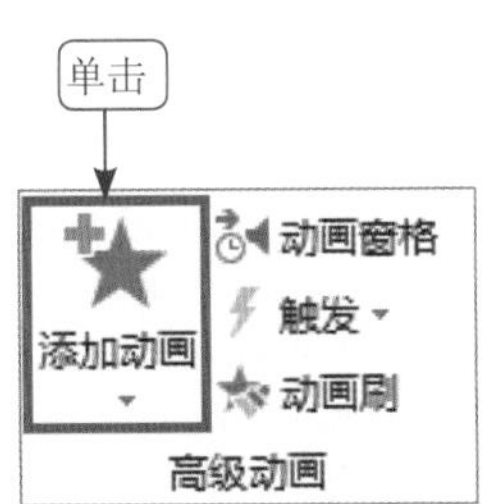

图6-17 单击“添加动画”按钮

图6-18 选择动画效果

02 当设置完成后幻灯片中的对象旁会显示1、2两个标记，并且单击“动画”选项卡中的“高级动画”组中的“动画窗格”按钮，可以在动画窗格中看出该对象有两个动画效果，如图6-19所示。

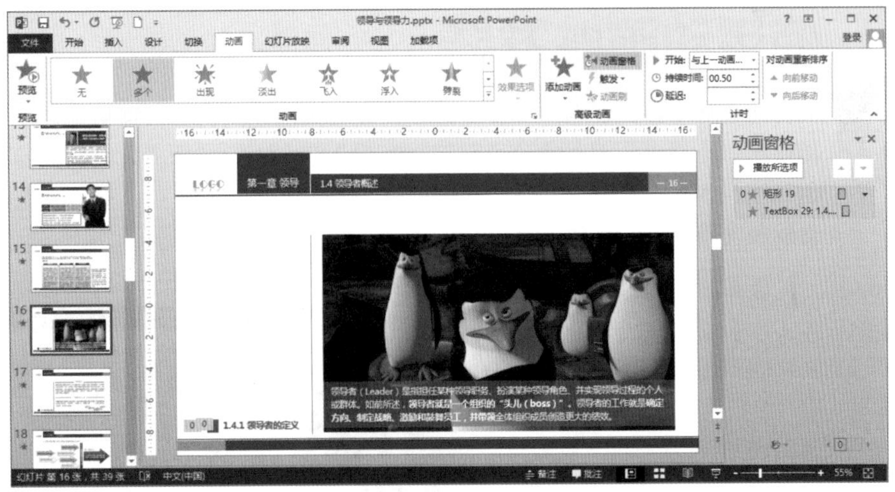

图6-19 设置两个动画效果

6.5.2 调整多个动画的顺序

当幻灯片中的动画较多，就涉及到设置动画的顺序问题，下面就来具体介绍调整多个动画顺序的操作方法。

01 单击“动画”选项卡中的“高级动画”组中的“动画窗格”按钮，此时在幻灯片编辑窗口右侧出现如图6-19所示的动画窗格界面。

02 在动画窗格中，鼠标单击选中需要调整顺序的动画效果，单击动画窗格右上角的上下两个小三角 ▲ ▼，调成动画效果的顺序，或者选中鼠标左键不放拖动到适当位置，再松开鼠标即可。

6.5.3 设置动画的细节

为幻灯片中的元素添加完动画效果之后，用户还可以设置动画的细节，包括效果、计时等等，下面具体介绍操作方法。

01 在动画窗格中选中需要设置动画的细节动画效果，双击鼠标左键，或者右击，选择“效果选项”，弹出以动画效果命名的对话框，如图6-20所示。

02 在以动画效果命名的对话框中便可以对动画效果的细节进行更多的设置，每种动画效果可以设置的动画的细节会稍有不同，读者可以自行尝试设置。

图6-20 “飞入”对话框

使用动画触发器

动画触发器，顾名思义就是触发动画效果出现的器具，通俗地说，触发器就相当于一个开关，通过这个开关可以控制PPT中的元素动画效果的开始。通过使用动画触发器，能够使PPT实现交互，为PPT增加许多亮点。下面详细介绍使用动画触发器的具体操作过程。

在本例中，实现单击页面中间图片，页面下方文本自页面底部飞入的效果，如图6-21所示，具体操作步骤如下：

01 首先如6.4.1节中所示方法，为幻灯片中的对象设置第一个动画效果，自底部飞入。

02 打开动画窗格，单击该动画效果，在“动画”选项卡的“高级动画”分组中，单击“触发”下拉三角按钮，在下拉列表中选择“图片19”，如图6-22所示。

图6-21 动画效果

图6-22 计时标签页

我们还可以“以动画效果命名的对话框”进行相同的设置，双击动画效果，打开对话框，如图6-23所示。单击“计时”选项卡，勾选“单击下列对象时启动效果”，并在其后的下拉列表中选择“图片19”，然后单击“确定”按钮关闭对话框，即可完成操作。

图6-23 “飞入”效果选项对话框

6.7 删除对象上的动画

删除对象上的动画操作比较简单，下面介绍操作的具体方法。

打开动画窗格，选择需要删除动画的对象，然后单击选择需要删除的动画，最后按下键盘上的Delete键，或者右击，选择“删除”，如图6-24所示。

图6-24 删除对象上的动画

6.8 为对象设置超链接

超链接，即从一个位置链接到另一个位置，PowerPoint 2013提供了功能强大的超链接功能，使用它可以在幻灯片与幻灯片之间、幻灯片与其他外界文件或程序之间以及幻灯片与网页和邮箱之间自由地转换。

6.8.1 设置内部超链接

通过设置内部超链接，可以实现演示文稿内部幻灯片之间的链接，在本例中，实现在演示文稿放映过程中，通过单击幻灯片2中的“第二章”文本框，链接到幻灯片22（第二章过渡页），下面介绍操作的具体方法。

01 选中需设置内部超链接的对象，单击“插入”选项卡，单击“链接”组中的“超链接”按钮，如图6-25所示。

图6-25 单击“超链接”按钮

02 在弹出的“插入超链接”对话框中，选择“本文档中的位置”，然后单击链接到的位置，即“幻灯片22”。此外，单击“屏幕提示”按钮可以输入屏幕提示，在幻灯片放映过程中，当鼠标指针放入插入超链接图片的范围之内可以看到提示内容。最后单击“确定”按钮即完成了对超链接的设置，如图6-26所示。

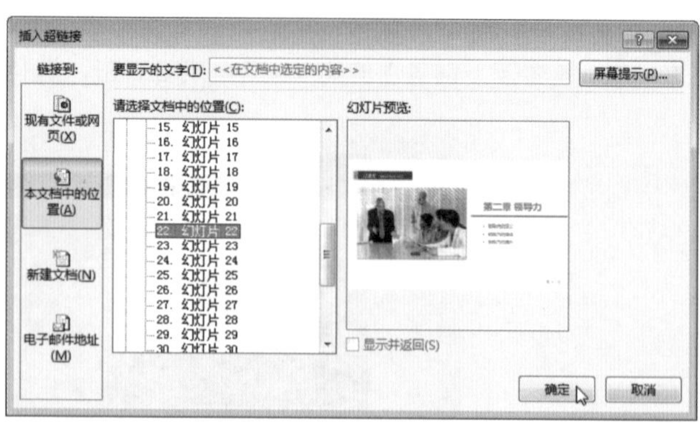

图6-26 设置内部超链接

6.8.2 设置外部超链接

通过设置外部超链接，可以将演示文稿内部的幻灯片之间与外部文件链接起来，在本例中，实现在演示文稿放映过程中，通过单击幻灯片22中的图片，链接到外部文件“领导力重要性.docx”，下面介绍操作的具体方法。

01 与6.8.1节的方法相同，选中需设置外部超链接的对象，即幻灯片22中的图片，单击“插入”选项卡，单击“链接”组中的“超链接”按钮。

02 在弹出的“插入超链接”对话框中，选择“现有文件或网页”、“当前文件夹”，然后在查找范围中选择链接到的文件，即桌面中“领导力重要性.docx”。此外，也可以设置屏幕提示，最后单击“确定”按钮，即完成了对超链接的设置，如图6-27所示。

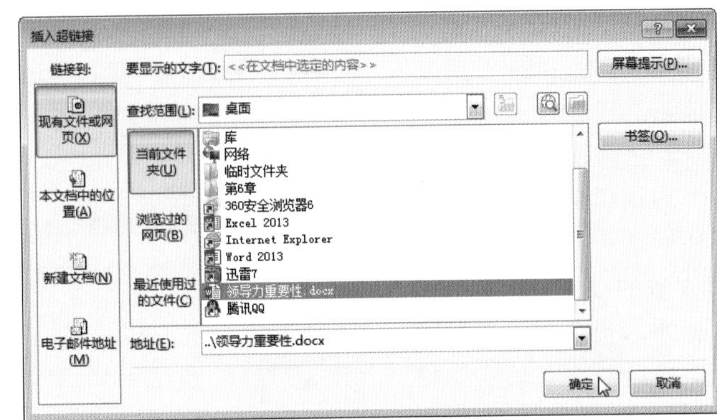

图6-27 设置外部超链接

6.8.3 设置网页超链接

通过设置网页超链接，可以将演示文稿内部的幻灯片与网页链接起来，在本例中，实现在演示文稿的放映过程中，通过单击幻灯片3中的“红松”图片，链接到百度百科中对红松介绍的网页，下面介绍操作的具体方法。

01 与6.8.1节的方法相同，选中需设置网页超链接的对象，单击“插入”选项卡，单击“链接”组中的“超链接”按钮，如图6-25所示。

02 在弹出的“插入超链接”对话框中，选择“现有文件或网页”、“浏览过的网页”，然后在“地址”选项输入网页地址。此外，也可以设置屏幕提示，最后单击“确定”按钮即完成了对超链接的设置，如图6-28所示。

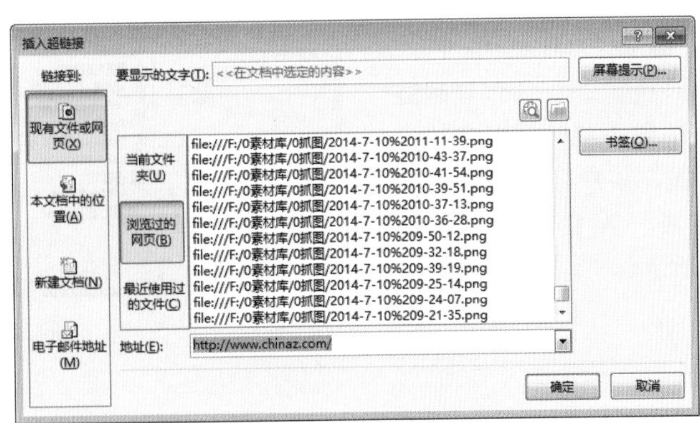

图6-28 设置网页超链接

6.8.4 设置邮箱超链接

通过设置邮箱超链接，可以将演示文稿内部的幻灯片与电子邮件软件链接起来，在本例中，实现在演示文稿的放映过程中，通过单击幻灯片22中的图片，启动Outlook，向××××××@163.com，发送主题为“领导与领导力”的电子邮件，下面介绍操作的具体方法。

01 单击“插入”选项卡“链接”组中的“超链接”按钮。

02 在弹出的“插入超链接”对话框中，选择“电子邮件地址”，然后输入电子邮件收件人的地址，主题。此外，也可以设置屏幕提示，最后单击“确定”按钮即完成了对超链接的设置，如图6-29所示。

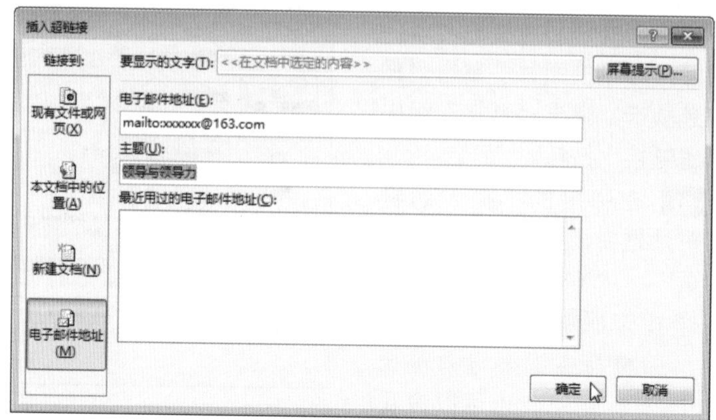

图6-29 设置邮箱超链接

6.8.5 删除超链接

删除超链接的操作比较简单，下面介绍操作的具体方法。

01 单击“插入”选项卡“链接”组中的“超链接”按钮。

02 在弹出的“编辑超链接”对话框中，PowerPoint 2013会根据超链接类型自动跳转到相应的设置界面，用户只需单击“删除链接”按钮即可，如图6-30所示。

图6-30 删除超链接

为对象设置动作

演示文稿制作好之后，演讲者在放映的过程中通过操作幻灯片上的对象去完成下一步的某项既定工作，这项既定工作就是该对象的动作。动作的设定会使幻灯片的放映更加生动。下面将对在幻灯片中为对象设置动作进行详细的介绍。

6.9.1 设置单击鼠标时的动作

在PPT中，可以为对象设置单击鼠标时的动作，具体的操作步骤如下：

01 选中幻灯片中需要设置动作的对象，然后单击“插入”功能选项卡，单击“链接”组中的“动作”按钮，如图6-31所示。

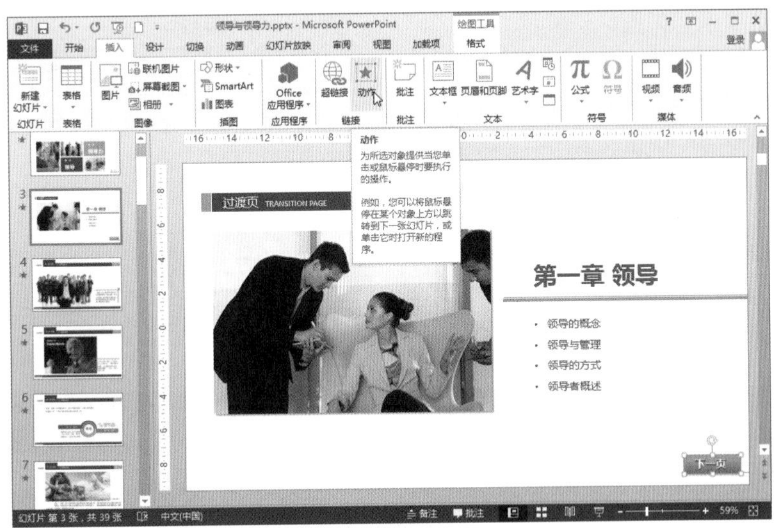

图6-31 单击“动作”按钮

02 在弹出的“操作设置”对话框中，选择“单击鼠标”选项卡，然后单击“超链接到”的位置，读者可以根据需求自定义选择超链接到的地址，如图6-32所示。

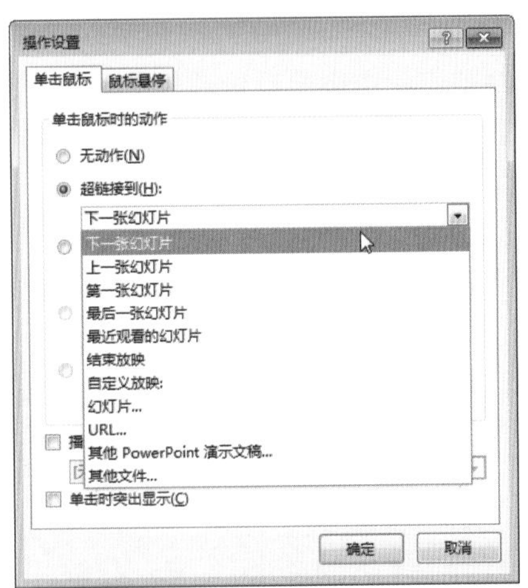

图6-32 选择“超链接到”的地址

6.9.2 设置移动鼠标时的动作

从图6-32中可以看到该“操作设置”界面还有一个“鼠标悬停”的标签，表示幻灯片放映时当鼠标指针移过对象时发生的动作。该标签可以为对象设置移动鼠标时的动作，具体的操作步骤如下：

01 选中幻灯片中需要设置动作的对象，然后单击“插入”选项卡“链接”组中的“动作”按钮。

02 在弹出的“操作设置”界面，选择“鼠标悬停”选项卡，如图6-33所示。

03 “鼠标移过时的动作”设置与“单击鼠标时的动作”设置操作一样，这里就不进行详细介绍，具体参考6.9.1进行操作。

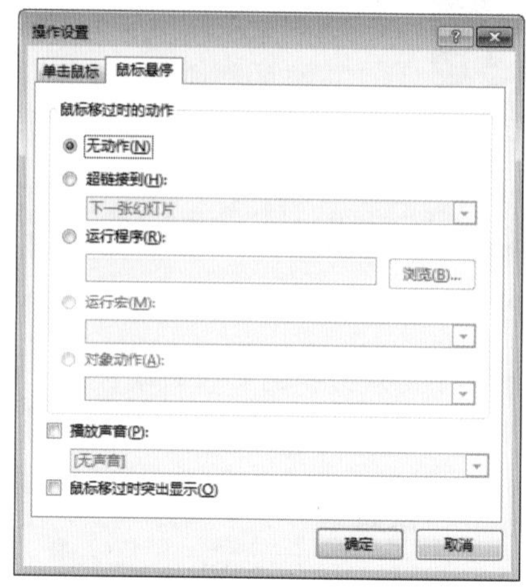

图6-33 选择“鼠标悬停”标签

小技巧

当插入的对象是Word、PowerPoint、Excel等时，该操作设置对话框的“对象动作”才会被激活，就可以使用。

6.9.3 将动作设置为运行某个应用程序 

除了将对象的动作设置为超链接地址之外，还可以将动作设置为“运行程序”，表示放映时单击对象会自动运行所选的应用程序，具体操作步骤如下。

01 选中幻灯片中需要设置动作的对象，然后单击“插入”功能选项卡“链接”组中的“动作”按钮。

02 在弹出的“操作设置”界面选择“运行程序”单选按钮，用户可在文本框中输入所要运行的应用程序及其路径，也可以单击“浏览”按钮选择所要运行的应用程序，最后单击“确定”按钮，对象动作设置完成，如图6-34所示。

图6-34 设置动作为运行某个应用程序

6.9.4 设置动作的声音和视觉效果 

除了为对象设置基本的超链接方式之外，还可以对动作设置声音和视觉效果，下面进行操作步骤的介绍。

01 选中幻灯片中需要设置动作的对象，然后单击“插入”选项卡“链接”组中的“动作”按钮。

02 在弹出的“操作设置”对话框中，将超链接到的地址设置为如图6-35所示，然后勾选“播放声音”选项，同时将声音设置为“箭头”，根据不同的视觉效果还可以将“单击时突出显示”选项进行勾选，最后单击“确定”按钮完成动作声音和视觉效果的设置，如图6-36所示。

图6-35 “操作设置”对话框

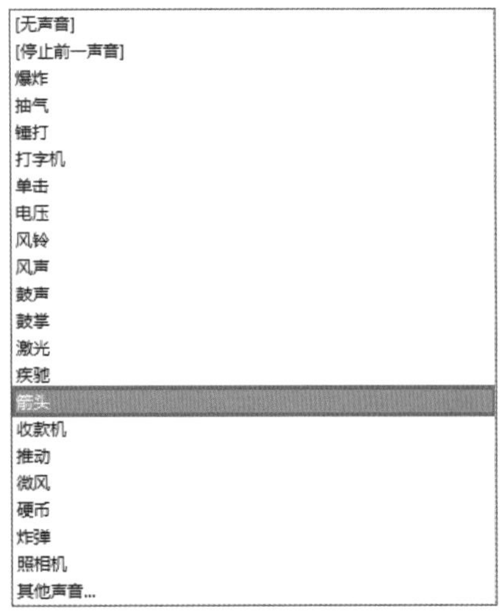

图6-36 “播放声音”列表选项

03 设置完之后单击“幻灯片放映”选项卡中的“开始放映幻灯片”组中的“从当前幻灯片开始”按钮，将进行幻灯片的放映，单击设置好动作的对象之后，即可弹出设置超链接位置。

实例：动起来吧，幻灯片

下面利用本章所学知识为一个演示文稿添加动画和链接，其具体的操作步骤如下。

01 打开本章素材文件“实例1.pptx”，选择第1张幻灯片，切换至“切换”选项卡，选择“覆盖”效果，如图6-37所示。

图6-37 添加切换效果

然后使用同样的方法按照下面的要求分别设置其他幻灯片的切换效果。

其他幻灯片的切换效果为：第2张为“门”；第3、7、11、14张为“立方体”；第4、8、12、15张为“推进”；其他页面均为“平移”。

02 选择首页中左起第一张图片，选择“动画”选项卡的“动画”组中的“其他”下拉按钮，在展开的下拉列表中选择“更多进入效果”选项，如图6-38所示，然后在“更多进入效果”对话框中选择“曲线向上”效果，单击“确定”按钮关闭对话框，如图6-39所示。

图6-38 单击“更多进入效果”选项

图6-39 单击“曲线向上”选项

在“计时”组中，单击“开始”右侧下拉按钮，从列表中选择“上一动画之后”选项，并设置持续时间为“0.50”，如图6-40所示。

图6-40 设置“计时”效果

03 若其他对象的动画效果需要设置为与当前相同，可以双击“动画刷”按钮，此时鼠标指针为小刷子形状，然后依次在对象上单击，如图6-41所示。

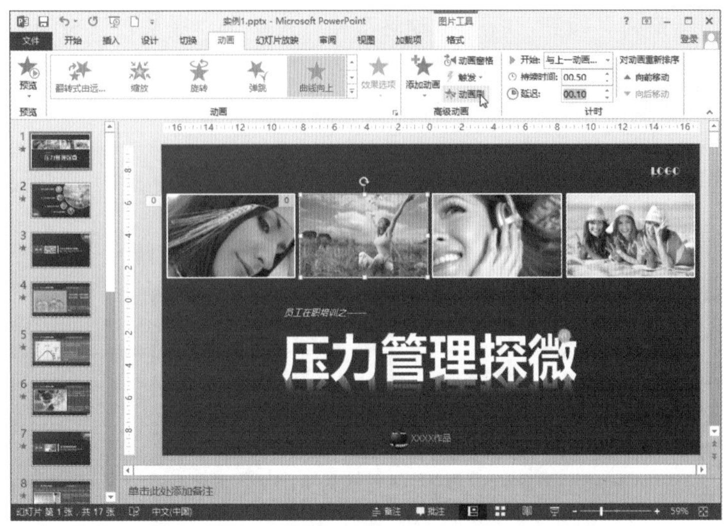

图6-41 使用动画刷

按照上面的方法，将首页中其他三张图片的动画效果也制作完毕，注意修改“计时”效果。

其他三种的“计时”效果，均将“开始”设置为“与上一动画同时”，而“延迟”效果分别设置“0.1”、“0.2”和“0.3”。

设置“员工在职培训之”文本框“飞入”效果，“自顶部”和“作为一个对象”，“开始”为“上一动画之后”，持续时间“0.4”；设置“效果选项”为“自顶部”。

设置“压力管理探微”文本框“曲线向上”效果，“作为一个对象”，“开始”为“上一动画之后”，持续时间“0.5”；

选择下方组合，设置“飞入”和“陀螺旋”组合效果，“开始”分别为“上一动画之后”和“与上一动画同时”，“持续时间”分别为“0.5”、“0.3”；设置“效果选项”分别为“自顶部”和“顺时针两周”，如图6-42所示。

图6-42 设置“效果选项”

选择黄色星形，设置“飞旋”效果，“开始”为“上一动画之后”，“持续时间”为“0.5”。

04 单击“动画窗格”按钮，打开“动画窗格”，单击“播放自”按钮，预览本张幻灯片的动画效果，若发现有动画效果排列顺序有误，可以选择需要调整的对象，拖动鼠标至合适的位置即可，如图6-43所示。

图6-43 调整动画顺序

05 将目录页幻灯片中的正文文本动画效果均设置为“飞入”效果，“效果选项”均设置为“自左侧”和“作为一个对象”，设置第一条目录文本的开始方式为“上一动画之后”，其余设置为“与上一动画同时”；“持续时间”均为“0.2”；“延迟”分别为“0.0”、“0.1”、“0.2”和“0.3”，如图6-44所示。

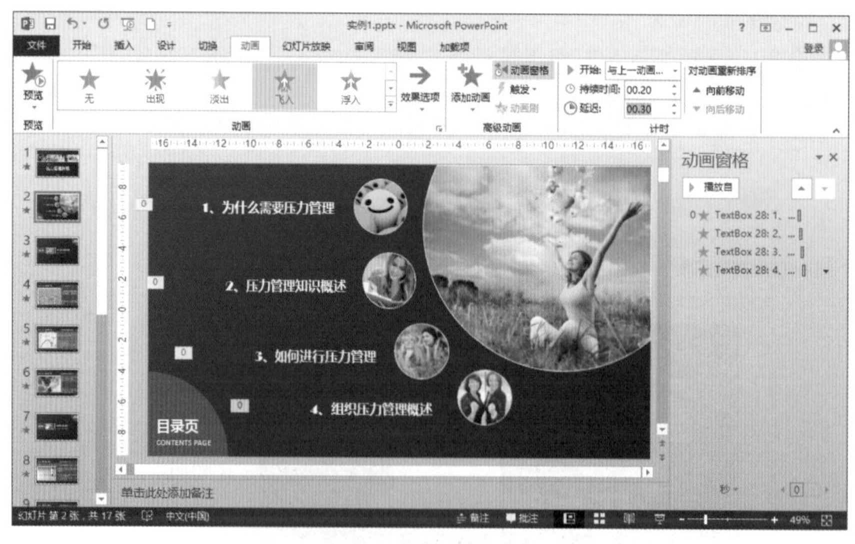

图6-44 设置动画效果

06 选择第3张幻灯片，即过渡页。选择中间长条黄色矩形，设置“擦除”效果，“自右侧”，“与上一动画同时”，“持续时间”为“0.4”。

选择左侧半透明矩形，设置“擦除”效果，“自右侧”，“与上一动画同时”，“持续时间”为“0.5”，“延迟”为“0.2”。

选择图片，设置“螺旋飞入”效果，“上一动画之后”，“持续时间”为“0.6”。

选择“第一章”文本框，设置“螺旋飞入”效果，“作为一个对象”，“与上一动画同时”，“持续时间”为“0.6”，“延迟”为“0.2”。

选择“为什么需要压力管理”文本框，设置“擦除”效果，“自左侧”和“作为一个对象”，“上一动画之后”，“持续时间”为“0.4”。

选择横向长条黄色矩形，设置“擦除”效果，“自左侧”，“与上一动画同时”，“持续时间”为“0.4”，“延迟”为“0.2”。

选择“请思考：不管理压力会怎样？”文本框，设置“擦除”效果，“自左侧”和“作为一个对象”，“与上一动画同时”，“持续时间”为“0.4”，“延迟”为“0.3”。如图6-45所示。

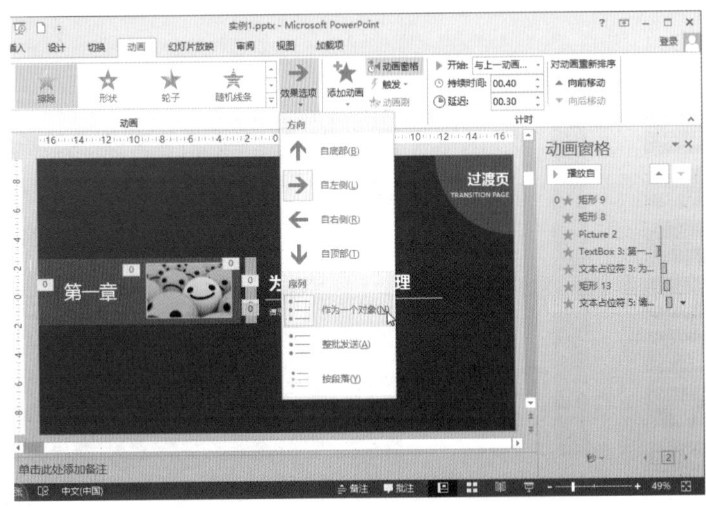

图6-45 设置效果选项

然后使用上面的方法设置“第二章”、“第三章”以及“第四章”的过渡页动画效果。

07 接下来介绍如何设置超链接，选择第2张幻灯片中的小标题文本，单击“插入”选项卡中的“超链接”按钮，如图6-46所示。

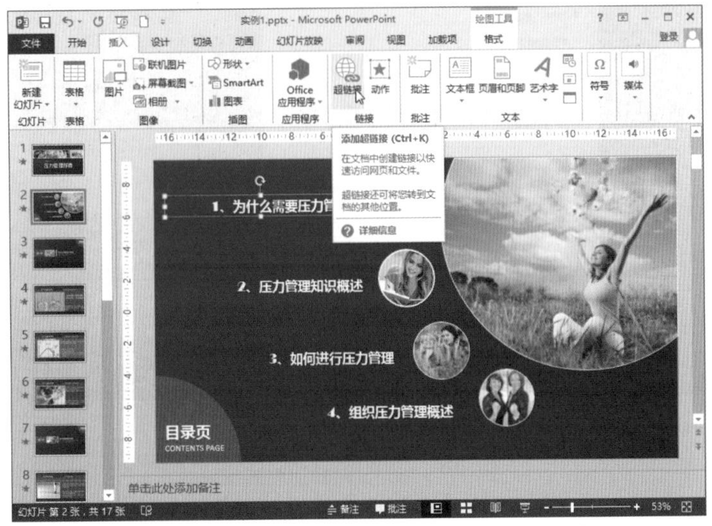

图6-46 单击“超链接”按钮

08 打开“插入超链接”对话框，在左侧的“链接到”列表框中选择“本文档中的位置”，在“请选择文档中的位置”下拉列表框中选择正确的文件，即“幻灯片3”，单击“确定”按钮，如图6-47所示，按照同样的方法，为其他3个小标题文本设置超链接。

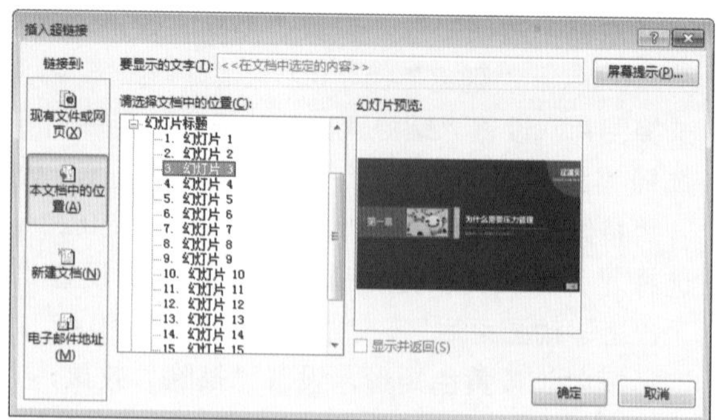

图6-47 添加超链接

09 选择第3张幻灯片，执行“插入”→“形状”命令，从展开的列表中选择“动作按钮：后退或前一项”选项，如图6-48所示。

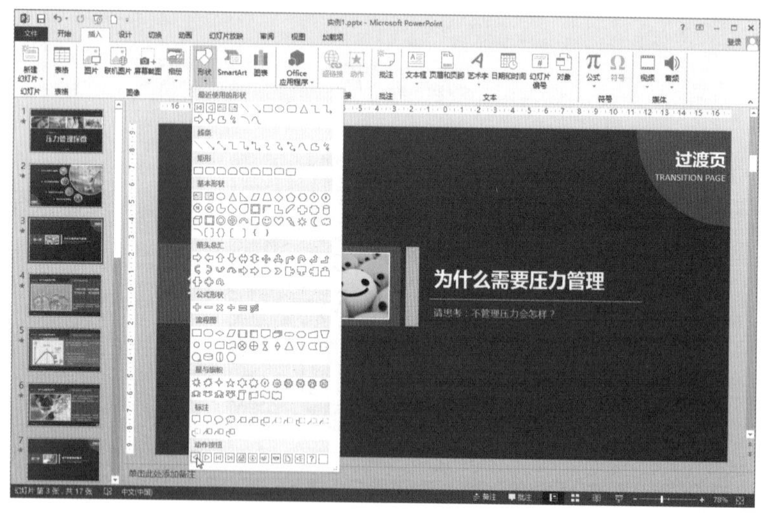

图6-48 插入“动作按钮”

10 在页面右下角画出形状，弹出“操作设置”对话框，在“超链接到”下拉列表中选择“幻灯片”，在打开的对话框中选择“幻灯片2”，单击“确定”按钮，如图6-49所示。

图6-49 “操作设置”对话框

11 右击绘制动作按钮，打开“设置形状格式”对话框，在“填充”选项中，选中“纯色填充”单选按钮，设置填充色为 “橙色”，在“线条”区域中勾选 “无线条”单选按钮，如图6-50所示。

图6-50 填充颜色

12 将制作完成的动作按钮复制到其他过渡页中，完成实例的制作。

6.11 提高办公效率的诀窍

① 同时设置多个对象的动画

在对某些对象进行动画的添加时，如果这些对象有着相同的动画效果，则可以将这些对象一起选中后再进行设置。

② 播放动画后隐藏对象

如果某一对象在动画播放完成后不再需要显示，能不能将其隐藏呢？答案当然是肯定的。用户可以通过下面的方法进行操作：首先设置好动画，然后进入到动画选项的对话框，根据如图6-51所示，选择“播放动画后隐藏”命令，单击“确定”按钮即可。

③ 设置动画重复次数

如果想要控制某一动画播放的次数，同样可以进入动画选项的对话框中，按照如图6-52所示的方式，在“计时”选项卡汇总进行相应的设置即可。

图6-51 设置动画选项

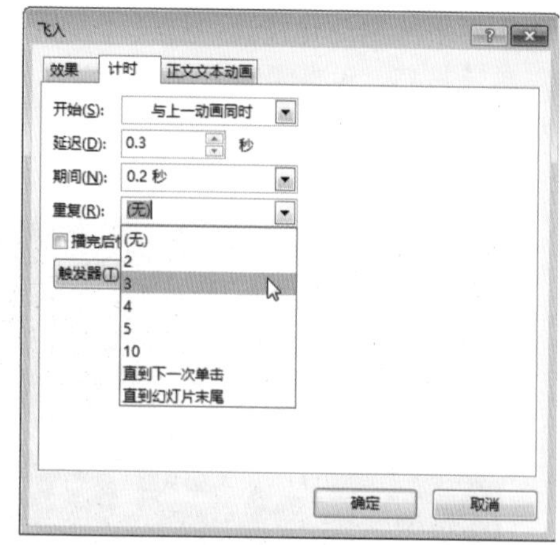

图6-52 设置播放次数

④ 通过触发器控制动画的播放

在幻灯片播放时，有时我们无法放过鼠标单击这样的事件来达到想要实现的效果。这时我们可以通过某一对象来控制另一对象的动画是否播放。这就需要用到触发器。比如我们定义了矩形2的动画，这个动画想通过单击“矩形1”对象时播放，就可以选择矩形2，然后单击“触发”，选择“单击：→矩形1”来实现，如图6-53所示。

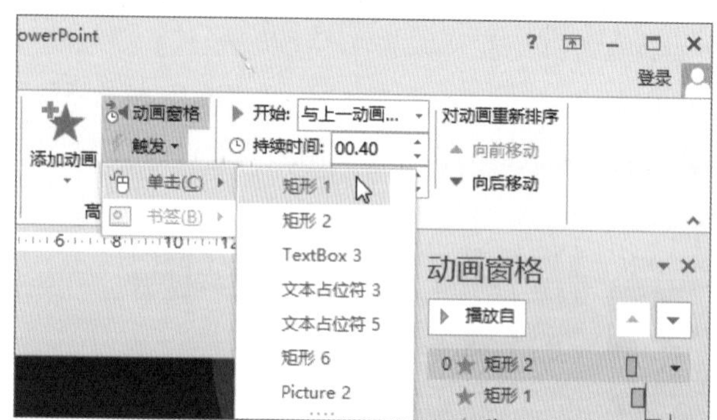

图6-53 设置触发效果

第7章 制作母版与版式

——提高制作幻灯片效率的金钥匙

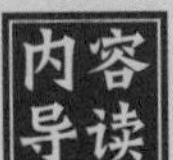

母版与版式是演示文稿中非常重要的一部分，也是用户制作幻灯片进阶的必经之路，设置母版与版式是众多PPT高手制作PPT第一步所进行的工作。通过设置母版与版式可以快速地制作出风格统一的演示文稿，极大地方便了幻灯片的制作。在PowerPoint 2013中，用户可以方便地设置幻灯片母版与版式。本章我们就来详细介绍PowerPoint 2013中制作母版与版式的操作方法。

通过本章的学习，您将掌握以下内容：

- 认识母版
- 熟悉母版的基本操作
- 掌握创建与使用母版
- 掌握设置幻灯片的背景
- 掌握设置演示文稿的主题

7.1 认识母版

母版，顾名思义，就是演示文稿中各种幻灯片的来源。母版包含了幻灯片文本和页脚（如日期、时间和幻灯片编号等）等占位符，这些占位符控制了幻灯片的字体、字号、颜色、阴影和项目符号样式等版式要素。

7.1.1 什么是母版

幻灯片母版是存储关于母版信息的设计母版，它包含了项目符号、字体的类型和大小、占位符大小和位置、背景设计和填充、配色方案等信息。母版包括幻灯片母版、讲义母版以及备注母版等，其中通常所说的母版，就是指幻灯片母版。幻灯片母版如图7-1所示。

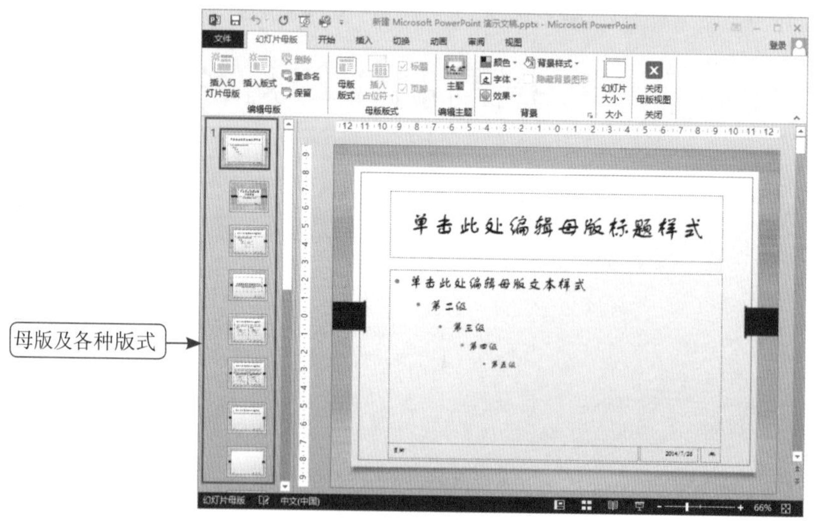

图7-1 幻灯片母版

小知识 母版可以做什么

幻灯片母版保证了幻灯片整体风格的统一，减少了幻灯片制作的时间，提高了工作效率。只要将幻灯片母版设置好，新增的幻灯片都会继承母版的特征，为幻灯片制作提供了方便。

7.1.2 进入母版视图

要想对幻灯片母版进行编辑，用户首先需要进入母版视图，具体操作方法如下。

在“视图”选项卡中的“母版视图”组中单击“幻灯片母版”按钮，如图7-2所示，即可进入幻灯片母版视图。

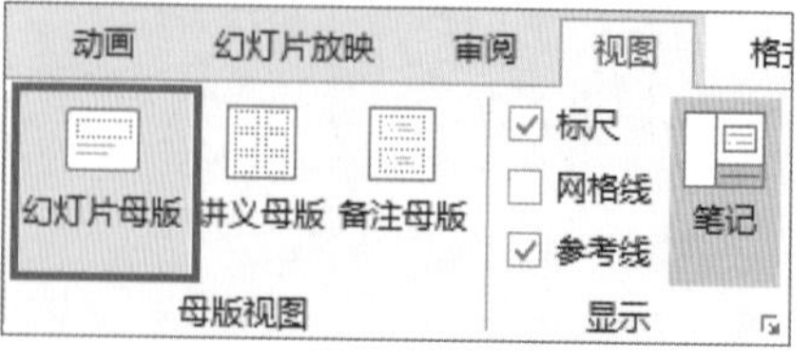

图7-2 进入母版视图

7.2 母版的基本操作

读者需要弄清楚，母版、版式以及幻灯片的关系，即幻灯片继承版式的特征，版式继承母版的版式。有了这个基本概念，当对母版进行操作时，读者思路会更清晰。母版的基本操作包括添加母版、添加版式、重命名母版、复制母版和版式，以及删除母版和版式等，下面为读者进行一一介绍。

7.2.1 添加母版

一份演示文稿可以继承多个幻灯片母版，用户可以进行添加母版操作，具体操作方法如下。

01 首先进入幻灯片母版视图。

02 在“幻灯片母版”选项卡中的“编辑母版”组中单击“插入幻灯片母版”按钮，即可插入新的幻灯片母版，如图7-3所示。

图7-3 添加母版

7.2.2 添加版式

添加版式即在幻灯片某一母版下添加版式，其方法与添加母版的方法类似，下面介绍具体操作方法。

01 首先如7.1.2节所示，进入幻灯片母版视图。

02 鼠标单击需要添加版式的母版，在“幻灯片母版”选项卡中的“编辑母版”组中单击“插入版式”按钮，即可插入新的幻灯片版式，如图7-4所示。

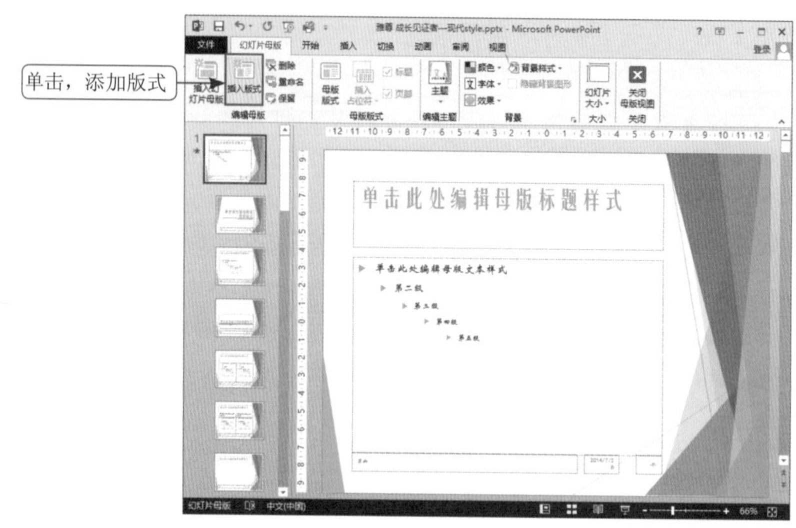

图7-4 添加版式

7.2.3 重命名母版

为了方便用户识别与使用幻灯片母版，PowerPoint允许用户对幻灯片母版进行重命名，具体操作方法如下。

01 首先如7.1.2节所示，进入幻灯片母版视图。

02 右击需要重命名的幻灯片母版，在弹出的选项栏中单击“重命名母版”选项，如图7-5所示，或者在“幻灯片母版”选项卡中“编辑母版”组中单击“重命名”按钮，如图7-6所示，弹出“重命名版式”对话框，输入更改的名称，单击“重命名”按钮即可，如图7-7所示。

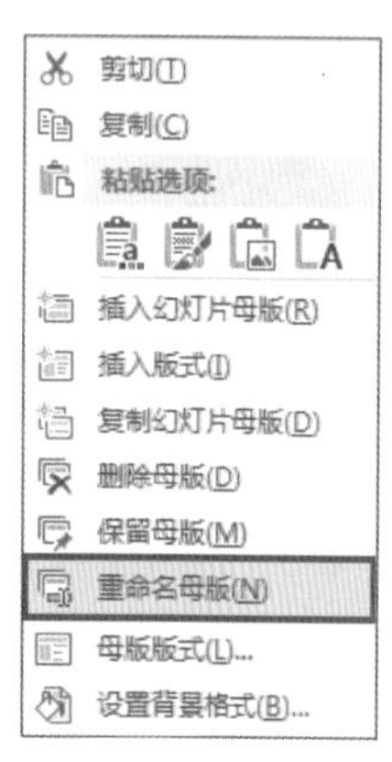

图7-5 重命名母版

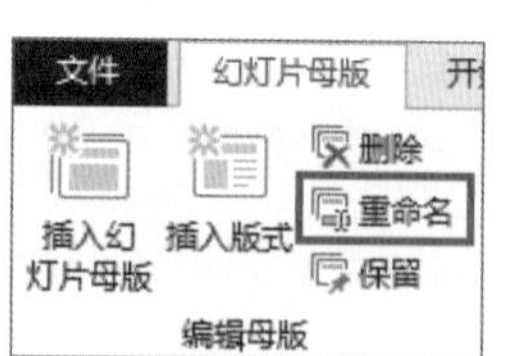

图7-6 重命名母版

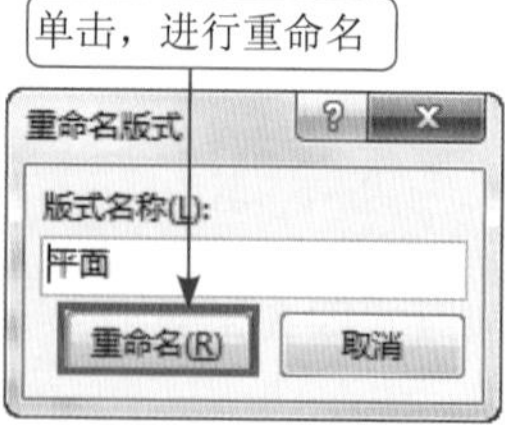

图7-7 输入名称

7.2.4 复制母版和版式

在演示文稿中可以便捷地对母版与版式进行复制，下面介绍具体的操作方法。

01 首先如7.1.2节所示，进入幻灯片母版视图。

02 右击需要复制的幻灯片母版，在弹出的选项栏中单击“复制幻灯片母版”选项，如图7-8所示，即可完成对母版的复制。右击需要复制的幻灯片版式，在弹出的选项栏中单击“复制版式”选项，即可完成对版式的复制，如图7-9所示。

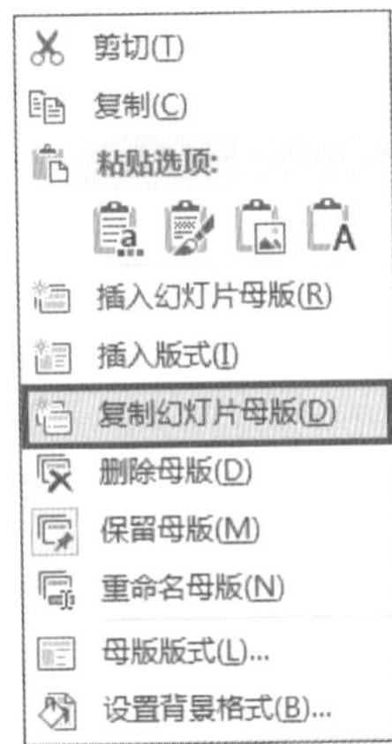

图7-8 复制幻灯片母版

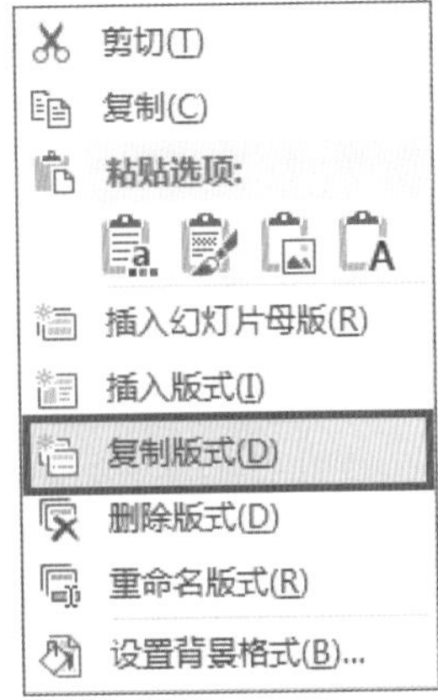

图7-9 复制幻灯片版式

7.2.5 删除母版和版式

删除母版和版式的方法与复制母版与版式的方法类似，操作也十分简单，下面介绍操作的具体方法。

01 首先如7.1.2节所示，进入幻灯片母版视图。

02 右击需要删除的幻灯片母版，在弹出的选项栏中单击“删除母版”选项，即可完成对母版的删除，如图7-10所示。右击需要删除的幻灯片版式，在弹出的选项栏中单击“删除版式”选项，即可完成对版式的删除，如图7-11所示。

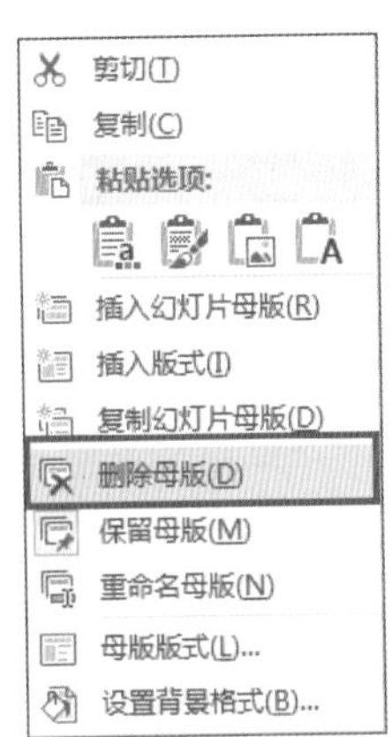

图7-10 删除母版

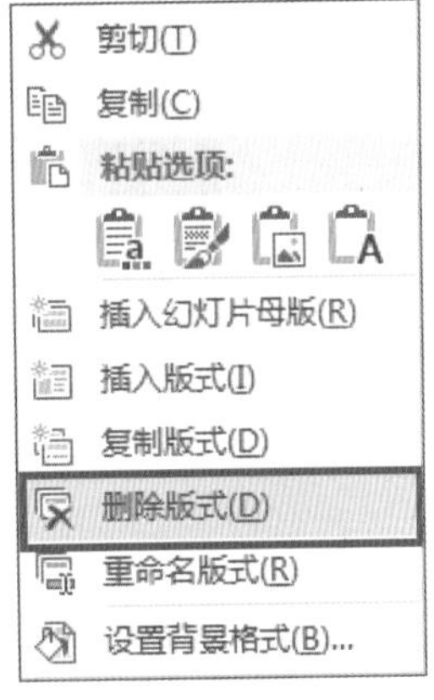

图7-11 删除版式

7.3 创建与使用母版

幻灯片模版是一个包含初始设置（有时还有初始内容）的文件，可以根据它来新建演示文稿。母版所提供的具体设置和内容有所不同，但可能包括一些示例幻灯片、背景图片、自定义颜色和字体主题，以及对象占位符的自定义定位。

7.3.1 创建演示文稿母版

一份完整的演示文稿在内容上至少包括封面版式、目录版式、正文版式以及封底版式的设计，在形式上包括配色方案、字体、背景、版式等的设计。

1 配色方案的设计

演示文稿的各个幻灯片的配色需要保持一致，可以通过设置母版的配色方案实现各个幻灯片保持配色一致，下面介绍设置配色方案的具体方法。

01 首先如7.1.2节所示，进入幻灯片母版视图。

02 在“幻灯片母版”功能选项卡中的“背景”组单击“颜色”按钮，如图7-12所示，在弹出的颜色设置下拉菜单中选择需要的配色，如图7-13所示。用户也可以单击下拉菜单中的“自定义颜色”选项，在弹出的“新建主题颜色”对话框中，自定义配色方案，如图7-14所示。

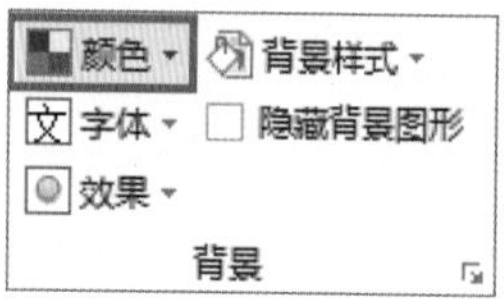

颜色 背景样式 字体 隐藏背景图形 效果 背景

图7-12 设置配色方案

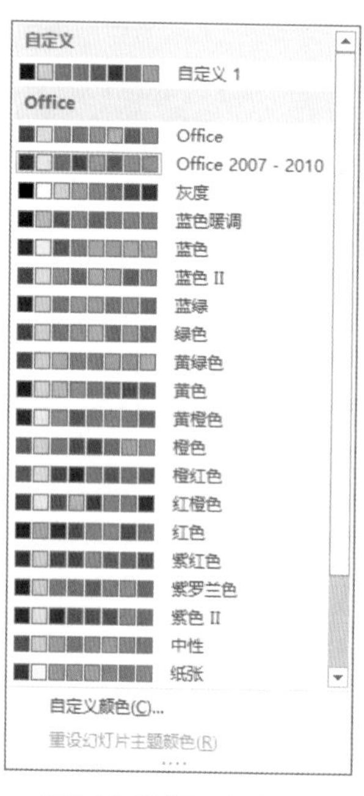

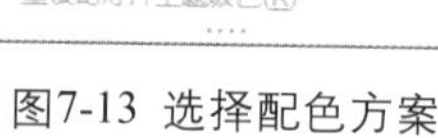

图7-13 选择配色方案

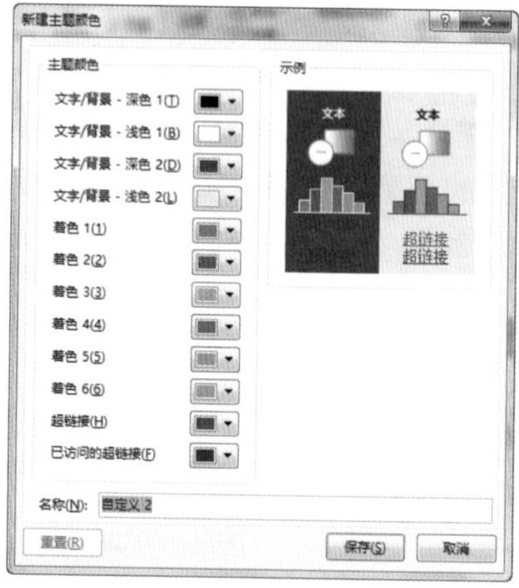

图7-14 自定义配色方案

2 字体的设计

演示文稿的字体非常重要，在幻灯片中最好使用无衬线字体，比如黑体和微软雅黑，选用合适的字体可以使幻灯片更加美观，下面介绍设置字体的具体方法。

01 首先如7.1.2节所示，进入幻灯片母版视图。

02 选中需要更改字体的占位符中的文字，然后右击更改字体或者在“开始”功能选项卡中“字体”组中修改字体，如图7-15所示。

图7-15 更改字体

③ 更改背景

背景样式是演示文稿非常重要的元素，一个美观的背景样式会为演示文稿添彩不少，下面介绍更改背景的具体方法。

进入幻灯片母版视图，选择需要更改背景的版式，在“幻灯片母版”功能选项卡中的“背景”组中单击“背景样式”选项，在弹出的下拉菜单中选择预置的背景样式，如图7-16所示，用户也可以单击“自定义背景格式”，在“设置背景格式”菜单中进行背景的设置，如图7-17所示。

图7-16 设置背景样式

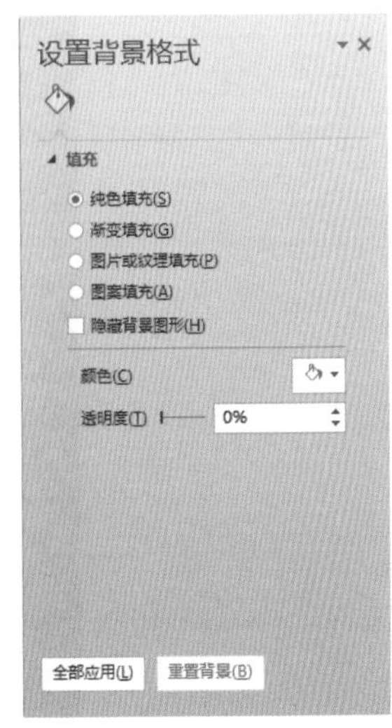

图7-17 设置背景格式

❹ 设计版式

PowerPoint 2013为用户提供了不少可供选择的版式样式，此外，用户也可以自定义版式，下面介绍设置版式的具体方法。

01 首先进入幻灯片母版视图。

02 选择需要更改版式的幻灯片，在“幻灯片母版”选项卡中的“母版版式”组中单击“插入占位符”选项，如图7-18所示，在弹出的下拉菜单中选择需要插入的占位符，如图7-19所示。

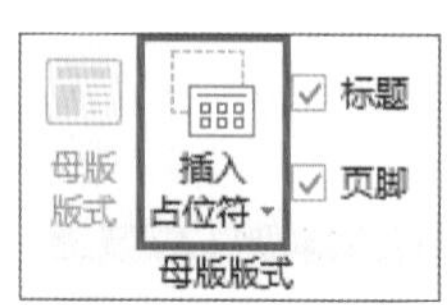

图7-18 插入占位符

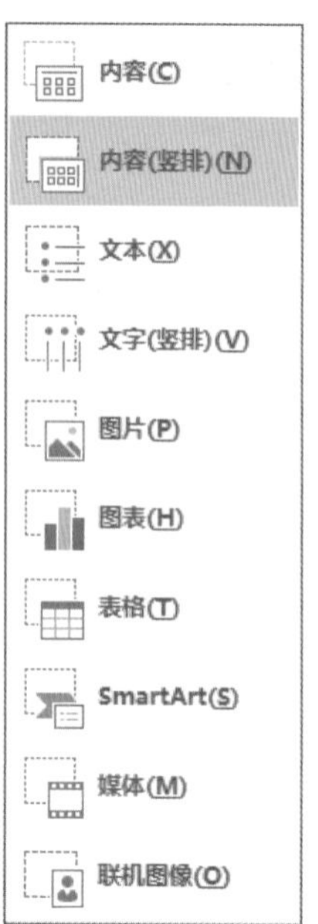

图7-19 选择占位符

❺ 保存母版

PowerPoint 2013为用户提供了母版专用的保存格式，方便用户使用，下面介绍保存母版的具体方法。

01 单击“文件”|“另存为”命令，依次选择“计算机”、“浏览”，如图7-20所示，弹出“另存为”对话框，如图7-21。

图7-20 保存母版

图7-21 “另存为”对话框

02 在“另存为”对话框中，保存类型选择“PowerPoint模版（*.potx）”，并选择保存位置以及保存文件名，单击“保存”按钮，可以完成演示文稿母版的保存，如图7-21所示。

7.3.2 使用母版创建演示文稿

用户可以使用PPT自带的母版创建演示文稿，也可以使用自定义的母版创建演示文稿，使用母版创建演示文稿的具体操作如下。

01 新建一个幻灯片，在“设计”选项卡中的“主题”组单击下拉按钮，选择预置的幻灯片母版，如图7-22所示。

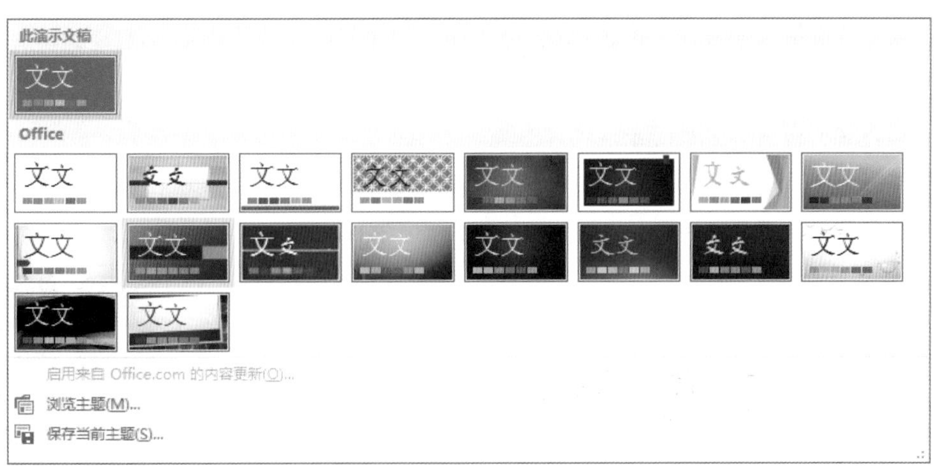

图7-22 预置幻灯片主题

02 单击下拉菜单中的“浏览主题”选项，即可选择用户自定义的幻灯片母版，此时弹出“选择主题或主题文档”对话框，如图7-23所示，选择相应的母版即可实现使用母版创建演示文稿。

图7-23 “选择主题或主题文档”对话框

7.4 设置幻灯片的背景

7.4.1 使用预设背景

PowerPoint 2013的每个主题方案都为用户提供了预设的幻灯片背景，用户可以挑选喜欢的背景，直接应用，使用非常方便。下面介绍在PowerPoint 2013中使用预设背景的具体操作方法。

01 新建一个幻灯片，在“设计”选项卡中的“变体”组单击下拉按钮，在下拉菜单中选择“背景样式”选项，如图7-24所示。

02 在弹出的背景样式选择页面中，单击选择需要的背景，即可实现在当前幻灯片中应用预设的背景样式，右击可以选择应用范围，如图7-25所示。

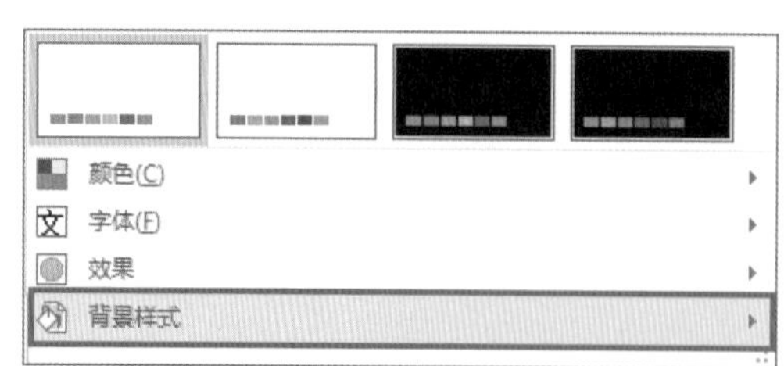

图7-24 预制背景

图7-25 选择预制背景

7.4.2 自定义背景

PowerPoint 2013的背景设计功能十分强大，用户完全可以在PowerPoint 2013内部完成幻灯片背景的设计，可以通过纯色填充、渐变填充、图片或纹理填充以及图案填充等4种方法进行幻

灯片背景的设计，下面分别进行介绍。

① 纯色填充

纯色填充，即利用单一颜色对背景进行填充，使用十分简单，也是目前扁平化设计所推崇的背景设置方法。纯色填充的关键是选择一个美观的颜色。下面介绍利用纯色填充设置幻灯片背景的具体操作方法。

01 鼠标选择需要自定义背景的幻灯片，然后在“设计”选项卡中的“自定义”组中单击“设置背景格式”按钮。

02 在幻灯片编辑窗口右侧滑出“设置背景格式”选项卡，选择“纯色填充”，设置的颜色和透明度即可完成对当前幻灯片背景的设置，如图7-26所示，如果单击选项卡左下方的“全部应用”按钮，本演示文稿中的所有幻灯片都应用当前设计的背景样式。

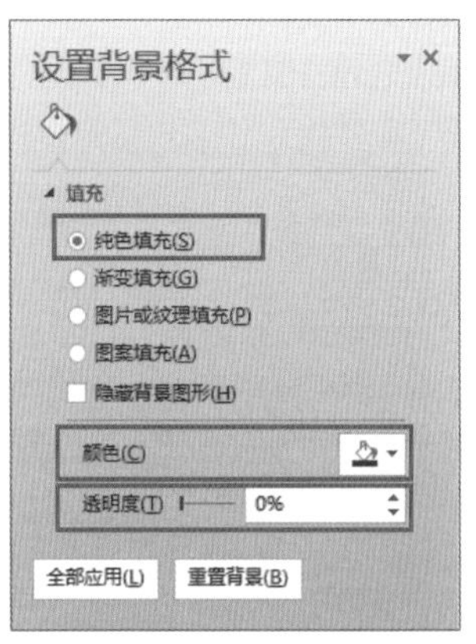

图7-26 纯色填充

② 渐变填充

渐变填充，用于创建两种或两种以上颜色之间的过度效果，合理地运用渐变填充可以设计出非常美观的幻灯片背景，在图7-26中选择“渐变填充”，便可以进行渐变效果的设置，如图7-27所示。

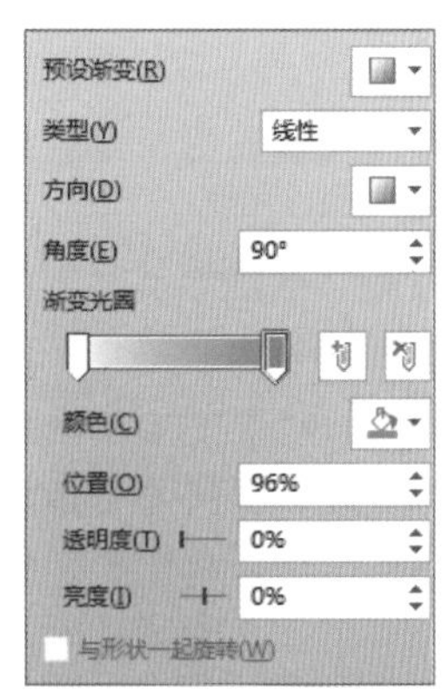

图7-27 设置渐变效果

在设置渐变效果选项中，可以设置的选项如下：

- 预设渐变是PowerPoint 2013为用户提供的提前设置好的渐变效果，用户可以单击选择，如图7-28所示。
- 类型：设置渐变的种类，包括线性、射线、矩形、路径以及标题的阴影等5种类型。
- 方向：为用户提供了预览效果，用户可以自行选择设置。
- 角度：可以设置线形渐变分界线的角度。
- 渐变光圈：可以设置渐变的颜色，通过控制条右侧的“添加渐变光圈”和“删除渐变光圈”按钮，可以实现在控制条上新增和删除颜色，每种颜色又可以设置其位置、透明度以及亮度。

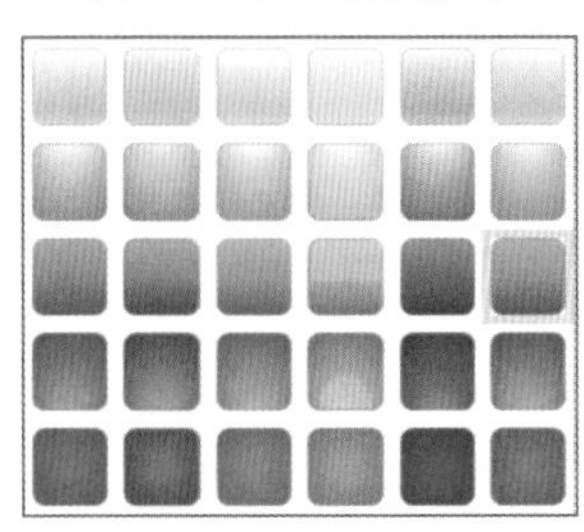

图7-28 预设渐变效果

设置完毕后，当前幻灯片即应用了设计的渐变效果，如果单击选项卡左下方的“全部应用”按钮，本演示文稿中的所有幻灯片都应用当前设计的背景样式。

③ 图片或纹理填充

在设置背景格式窗格中选择“图片或纹理填充”，可以进行图片或纹理填充的设置，如图7-29所示。

- 插入的图片可以来自计算机中已有的文件，剪切板或者联机图片，用户只需单击相应的选项，即可实现。
- PowerPoint 2013为用户提供了多种纹理可供选择，如图7-30所示。

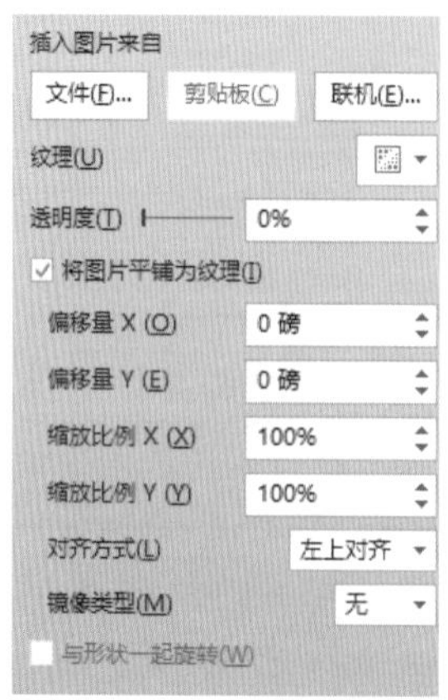

图7-29 图片或纹理填充

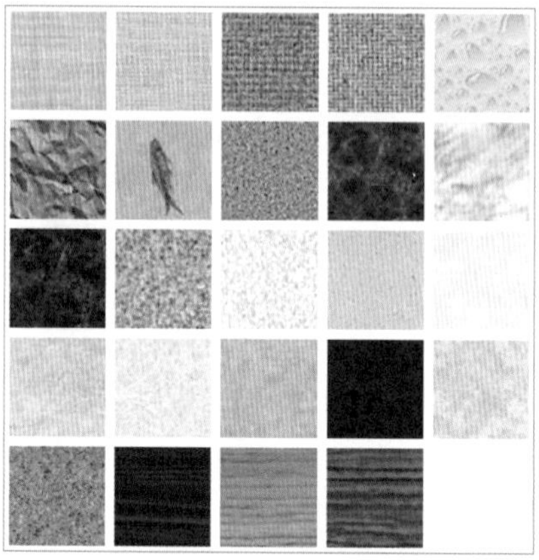

图7-30 可选纹理

- 透明度可以调整图片或者纹理的透明度，拖动透明度右侧调整条，或者直接输入数字即可实现。
- 如果勾选“将图片平铺为纹理”选项，图片将以原始大小插入到幻灯片中，较小的图片组合叠加，较大的图片只能显示部分图形。此外，用户还可以设置平铺图片的偏移量、缩放比例、对齐方式与镜像类型等，关于这些选项，用户可以自行操作体会。
- 如果不勾选“将图片平铺为纹理”选项，图片将进行自动缩放，填充整个画面。此外，用户也可以设置偏移量等选项，用户可以自行体会。

④ 图案填充

在设置背景格式窗格中选择图案填充，可以选择不同的图案，并可以设置前景色与背景色，组合成不同的图案，如图7-31所示。

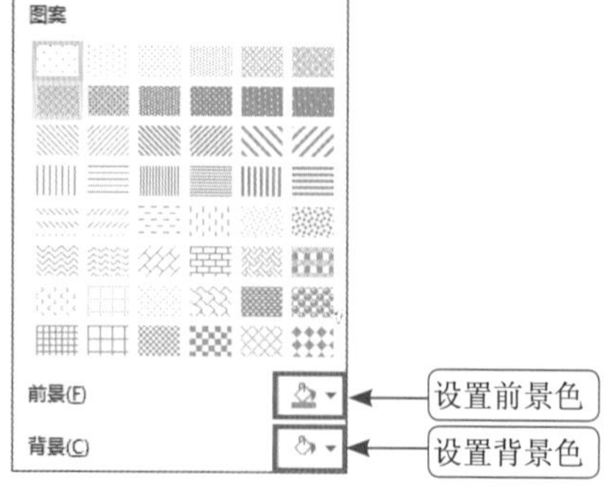

图7-31 预设图案

7.5 设置演示文稿的主题

主题是Office 2007版本以后引进的新概念，它由颜色、字体和效果以及背景样式组成。颜色可以改变调色板中的配色方案，同时也会应用到幻灯片中的所有对象。字体可以设定演示文稿中标题和正文默认的中英文字体样式。效果可以设定阴影、棱台、发光灯不同效果的演示，可以快速应用到图形中。背景样式可以设定幻灯片中背景的效果。

7.5.1 使用内置主题

PowerPoint 2013为用户提供了多组精美的主题供用户选择，使用内置主题可以快速制作出精美的演示文稿，下面具体介绍使用内置主题的操作方法。

01 新建一个演示文稿，在“设计”选项卡的“主题”组中单击下拉按钮，弹出主题选择的下拉菜单，如图7-32所示。

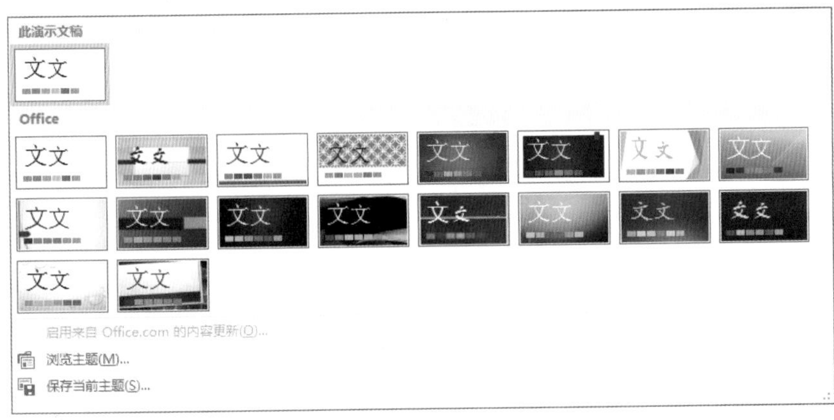

图7-32 选择主题

02 用户在“主题”下拉菜单中选择需要的主题样式，单击即可应用在演示文稿中。在此，选择“平面”主题，如图7-33所示。

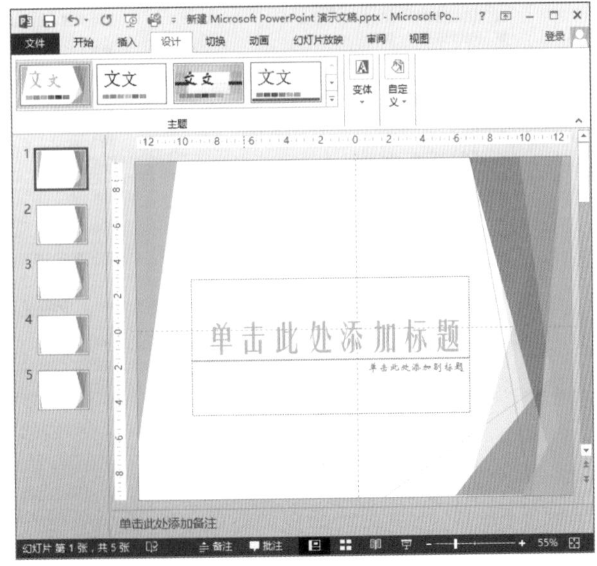

图7-33 平面主题样式

7.5.2 创建自定义主题

PowerPoint为用户提供的内置主题可能不能满足用户个性化的需求，这时，用户可以创建新的自定义主题。用户不仅可以选择内置的主题颜色、字体、效果以及背景样式进行创建，而且可以使用新的主题颜色、字体、效果以及背景样式创建新的主题，下面为读者详细进行介绍。

① 新建主题颜色

每一个主题都有一个配色方案，配色方案对于幻灯片的美观程度起着基础性的作用，下面介绍设置主题颜色的具体操作方法。

01 在“设计”选项卡中的“变体”组中单击下拉按钮，在弹出的下拉列表中选择“颜色”选项，如图7-34所示。

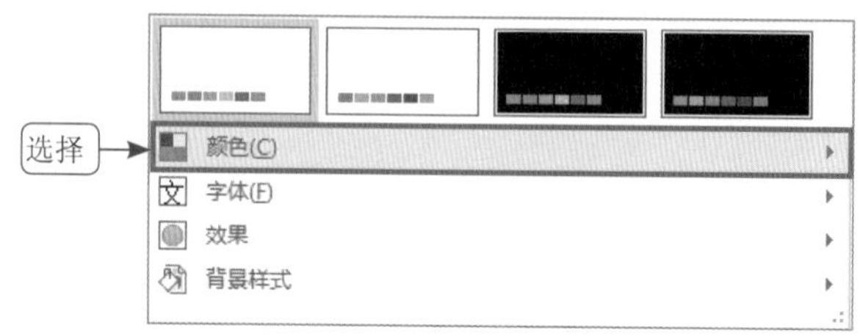

图7-34 设置颜色

02 在弹出的颜色方案选择菜单中选择需要的配色方案，如图7-35所示。

03 用户可以单击“自定义颜色”选项，在弹出的“新建主题颜色”对话框中自定义主题颜色，如图7-36所示。

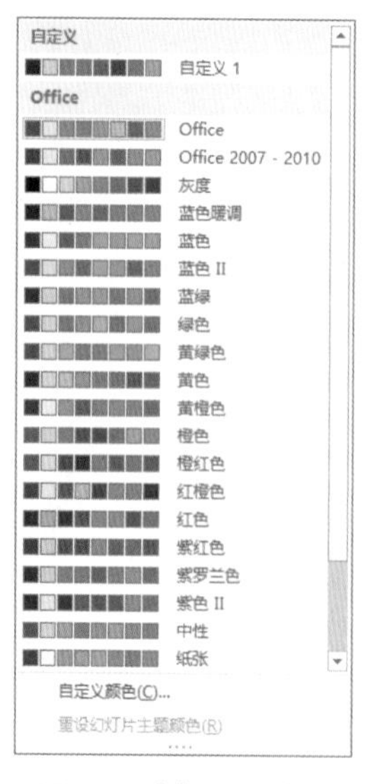

图7-35 选择配色方案

图7-36 自定义配色方案

② 新建主题字体

字体亦是幻灯片中非常重要的元素，合适的字体使得演示文稿更加美观，下面为读者介绍新建主题字体的具体操作方法。

01 在“设计”选项卡中的“变体”组中单击下拉按钮▾，在弹出的下拉列表中选择“字体”选项，如图7-37所示。

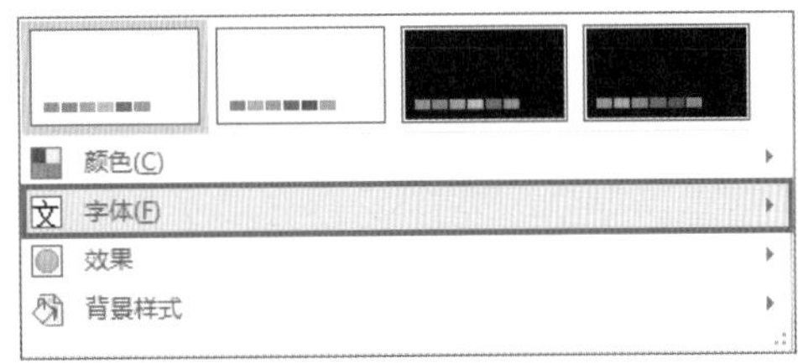

图7-37 设置字体

02 在弹出的字体选择菜单中选择需要的字体方案，如图7-38所示。

03 此外，用户可以单击“自定义字体”选项，在弹出的“新建字体主题”对话框中自定义主题字体，如图7-39所示。

图7-38 设置字体

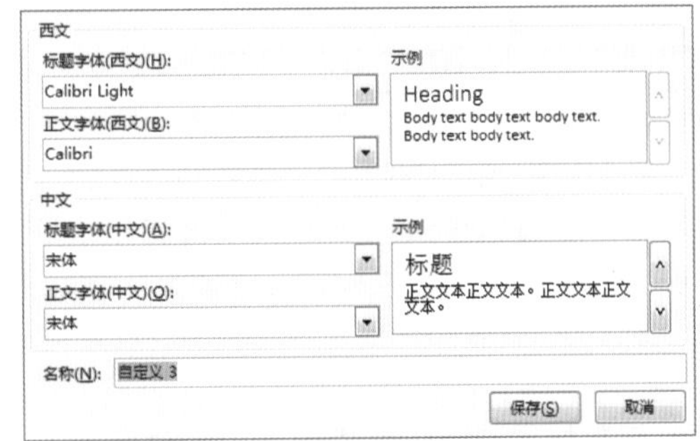

图7-39 自定义字体

③ 新建主题效果

效果是指演示文稿中图案形状的效果，用户可以在主题中设置效果，下面介绍新建主题效果的具体操作方法。

01 在“设计”选项卡中的“变体”组中单击下拉按钮▾，在弹出的下拉列表中选择“效果”选项，如图7-40所示。

02 在弹出的字体选择菜单中选择需要的字体方案，如图7-41所示。

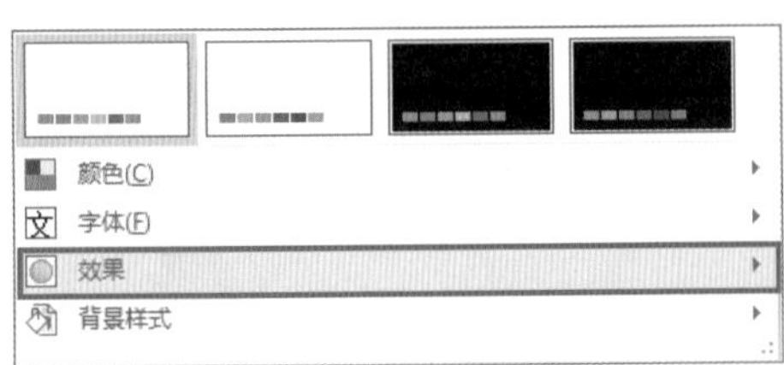

图7-40 设置效果

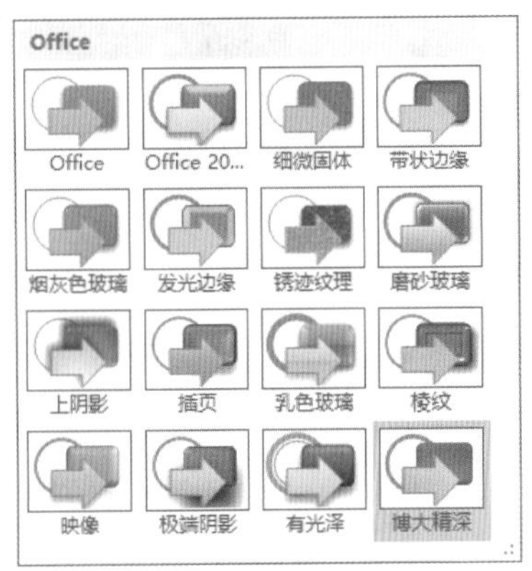

图7-41 选择效果方案

④ 新建主题背景样式

幻灯片中所有其他元素都放置在背景之上，可见背景样式在演示文稿中的重要地位。下面介绍新建主题的背景样式的具体操作方法。

01 在“设计”选项卡中的“变体”组中单击下拉按钮，在弹出的下拉列表中选择“背景样式”选项，如图7-42所示。

02 在弹出的背景样式选择菜单中选择需要的背景样式，如图7-43所示。

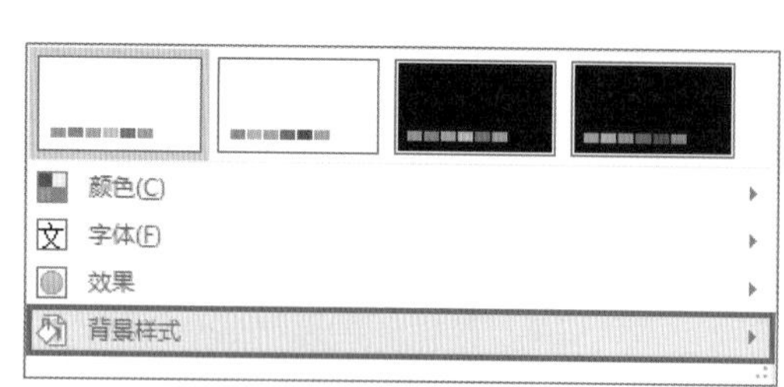

图7-42 设置背景样式

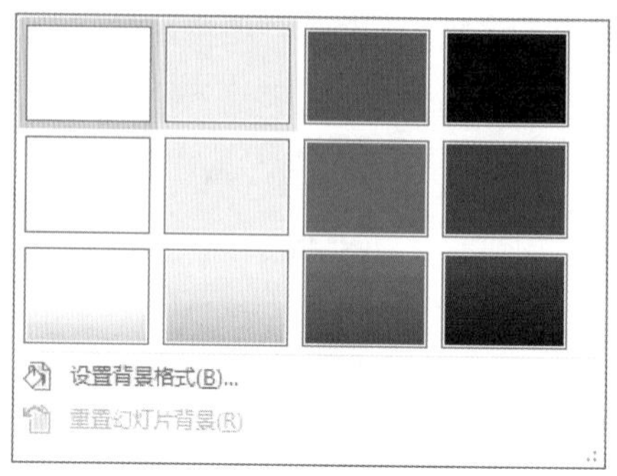

图7-43 选择背景样式

03 此外，用户可以单击“设置背景格式”选项，在幻灯片编辑窗口右侧滑出的“设置背景格式”选项卡中，自定义背景样式，具体方法读者可以参考7.4节。

⑤ 保存主题

用户可以保存新建的PPT主题以便日后使用，神奇的是，保存过的主题不仅能在PPT中使用，并且可以在Word、Excel等其他Office软件中使用。下面介绍保存主题的具体操作方法。

01 在“设计”选项卡中的“主题”组中单击下拉按钮，在弹出的下拉列表中选择“保存当前主题”选项，如图7-44所示。

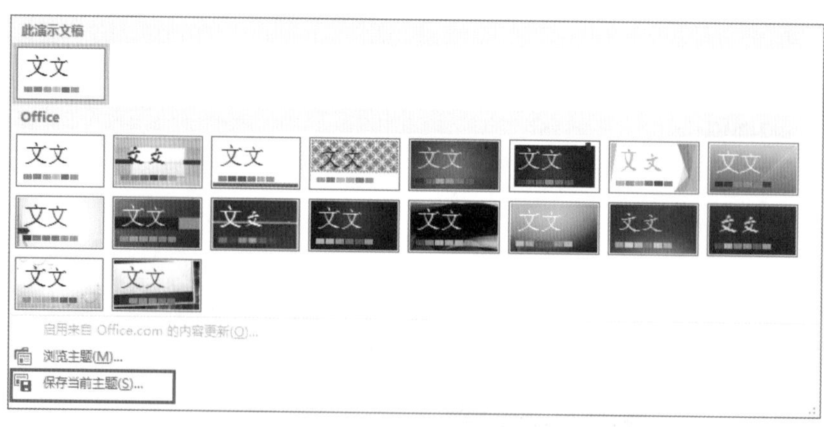

图7-44 保存当前主题

02 在弹出的“保存当前主题”对话框中，选择保存位置，为主题命名，然后单击“保存”按钮，如图7-45所示。

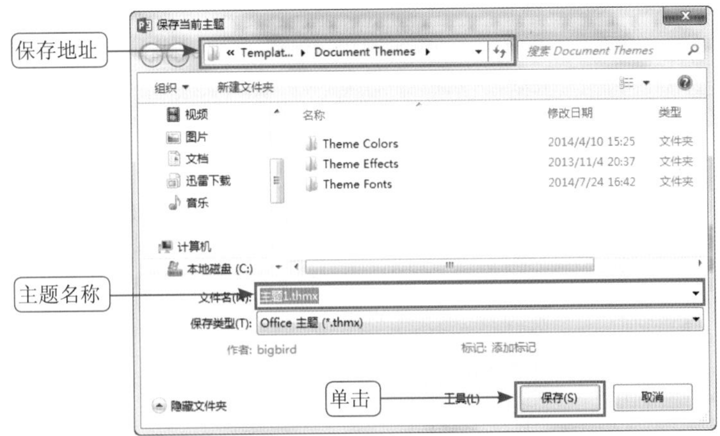

图7-45 “保存当前主题”对话框

7.6 实例1：制作幻灯片母版页

在制作演示文稿时，如果制作好演示文档母版，会在很大程度上提高工作效率。下面来介绍以下演示文档母版的制作。

01 新建一个空白演示文稿，切换至“视图”选项卡，单击“幻灯片母板”按钮，如图7-46所示。

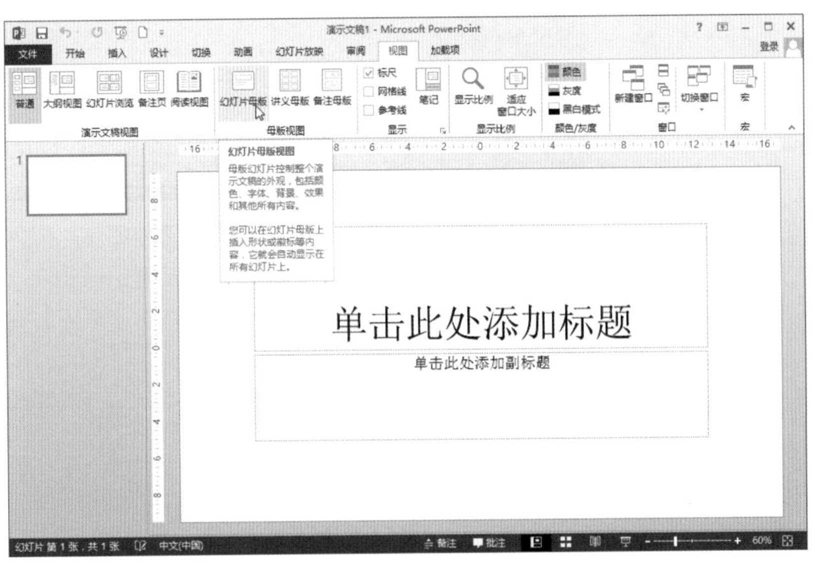

图7-46 打开母版视图

02 选择“Office主题幻灯片母版”，单击“背景样式”按钮，从展开的列表中选择“设置背景格式”选项，如图7-47所示。

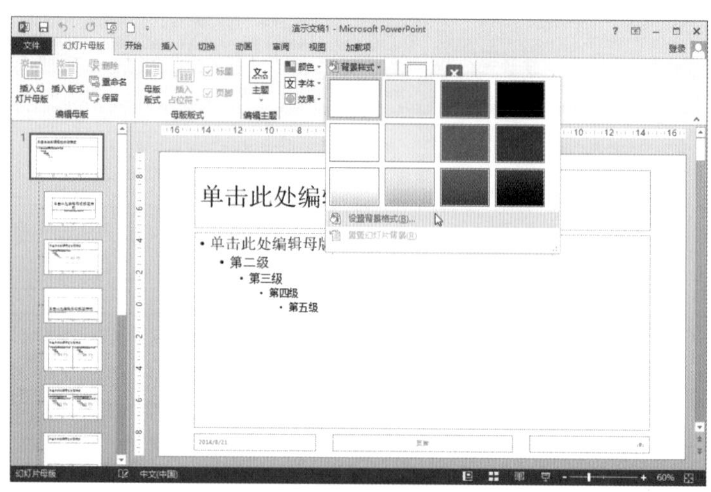

图7-47 选择“设置背景格式”选项

03 打开“设置背景格式”窗格，选中“纯色填充”单选按钮，单击“颜色”下三角按钮，选择“白色，背景1，深色5%”，如图7-48所示。

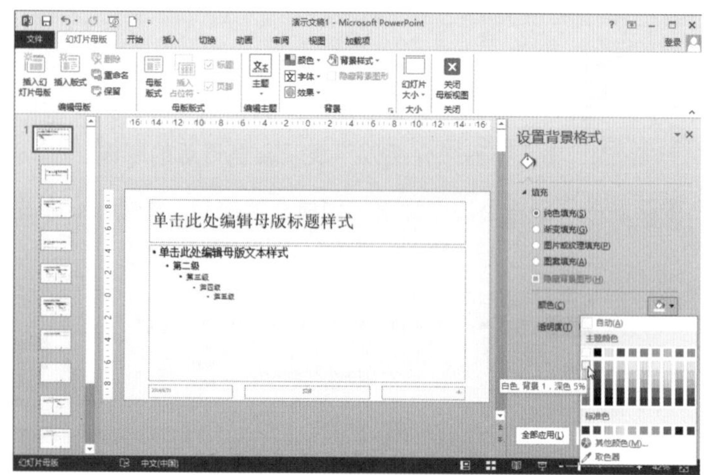

图7-48 选择背景填充颜色

04 选中原有所有占位符，按Delete键删除。然后切换到“插入”选项卡，单击“形状”下拉按钮，在下拉列表中选择“图文框”形状，在页面中画出图形，如图7-49所示。

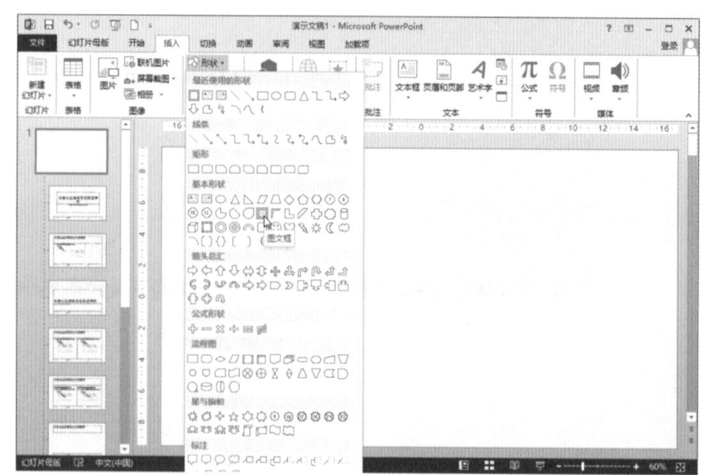

图7-49 插入“形状”

05 单击“格式”选项卡，在“大小”区域中设置“图文框”形状的尺寸：2.4cm×2.4cm，如图7-50所示。

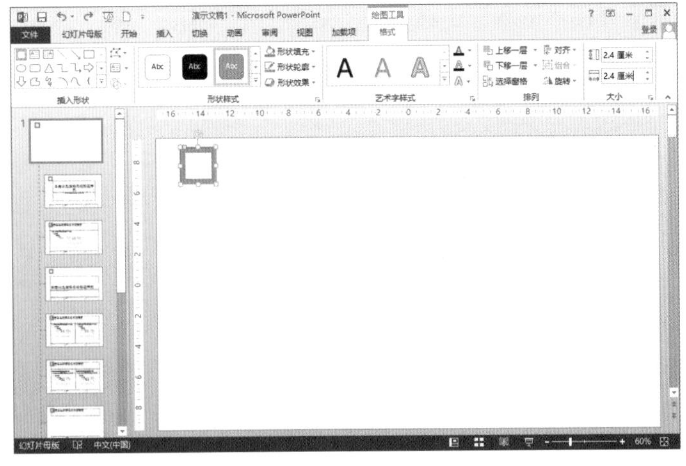

图7-50 设置形状尺寸

06 单击“形状填充”下三角按钮，在下拉列表中设置形状的填充颜色，这里设置为“橙色”，并设置“形状轮廓”为“无轮廓”，如图7-51所示。

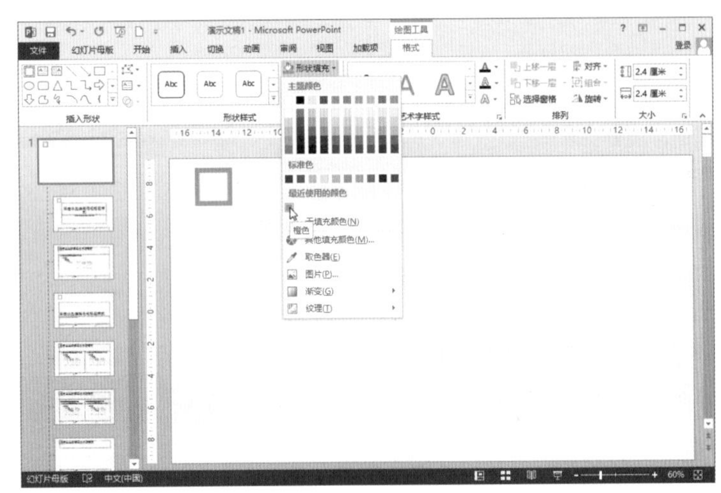

图7-51 设置形状样式

07 再次使用形状工具画出一个“2.4cm×2.4cm”的正方形，放置在“图文框”形状的适当位置。先选择“图文框”，再按住“Ctrl”键选中“正方形”，然后在功能区上执行“格式”→“合并形状”→“剪除”命令，如图7-52所示。

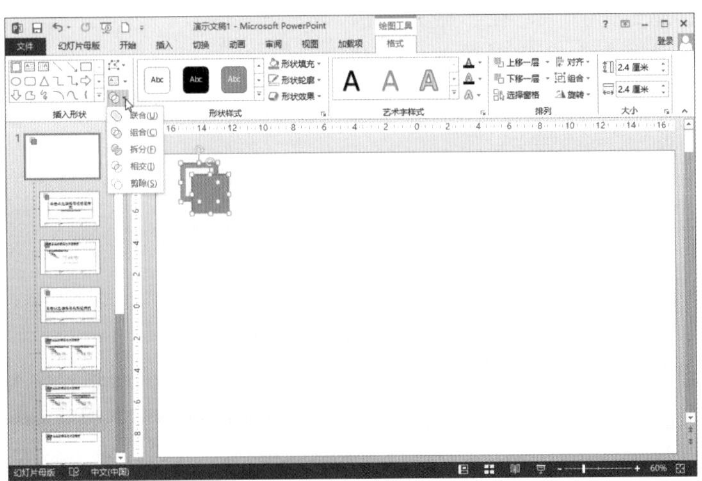

图7-52 执行“剪除”操作

08 使用“形状”工具中的“矩形”、“椭圆”和“燕尾形”（如图7-53所示）在页面的下方画出一系列形状，并设置形状格式，效果如图7-54所示。

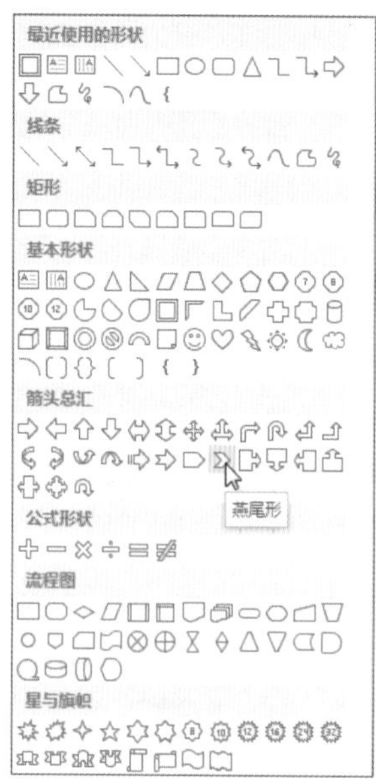

图7-53 形状下拉列表

图7-54 形状格式效果

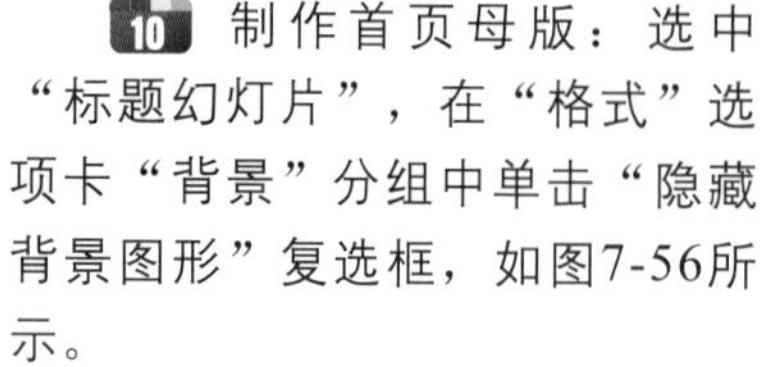

09 在其他页面中复制一个“<#>”占位符，并设置文本格式为“白色”、“微软雅黑”、“18磅”，将其摆放在圆形的中心位置，如图7-55所示。

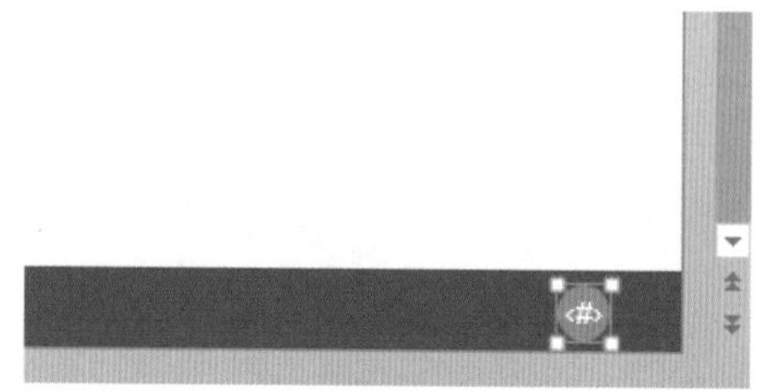

图7-55 添加占位符

10 制作首页母版：选中“标题幻灯片”，在“格式”选项卡“背景”分组中单击“隐藏背景图形”复选框，如图7-56所示。

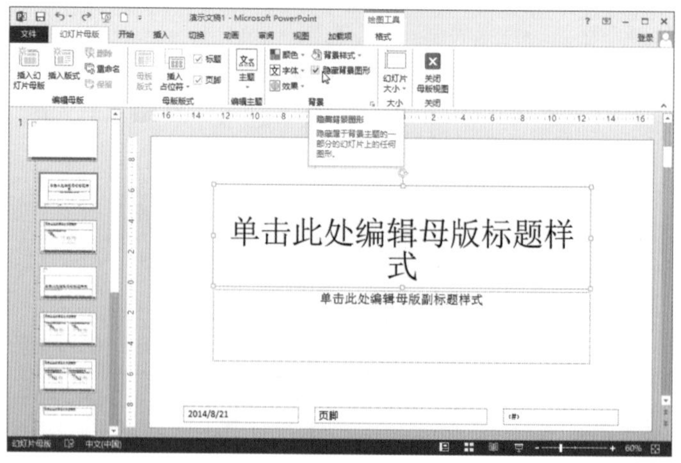

图7-56 隐藏背景图形

11 删除页面中占位符，使用形状工具在页面左侧中画出一个矩形，并在右击弹出的快捷菜单中选择“编辑顶点”选项，如图7-57所示。

图7-57 编辑顶点

12 此时矩形显示出4个黑色顶点，使用鼠标拖动右下角黑色控制点，向左平行移动，形成如图7-58所示的效果。

图7-58 拖动控制点改变矩形

13 右击形状，在弹出的快捷菜单中选择“设置形状格式”选项，在窗口右侧打开“设置图片格式”窗格，切换到“填充线条”子选项卡中，在“填充”区域中单击“图片或纹理填充”单选项，然后单击“文件”菜单项，如图7-59所示，在打开的“插入图片”对话框中，根据图片的存储路径，找到并插入图片。

图7-59 插入图片

14 通过形状工具，在页面中间画出一个矩形，再通过编辑顶点功能，将形状编辑为“平行四边形”，设置形状格式修饰图片边缘，效果如图7-60所示。

图7-60 编辑形状

15 在页面的右上角，使用艺术字功能，插入艺术字，如图7-61所示。

图7-61 插入艺术字

16 在文本编辑框中输入“LOGO”，通过“开始”选项卡中“字体”组中的各个选项设置文本的格式，具体设置如图7-62所示。

图7-62 修饰艺术字

17 使用形状工具，画出一个椭圆形标注，如图7-63所示。

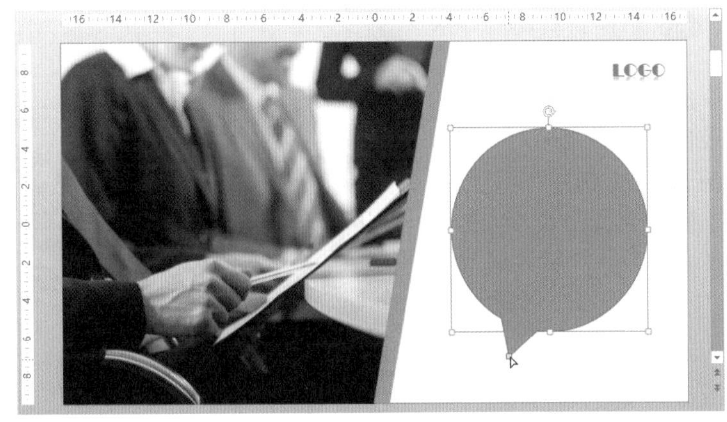

图7-63 椭圆形标注

18 使用鼠标左键，拖动椭圆形标注最下方黄色的控制点，向右调整，然后设置形状的填充颜色以及边框“无轮廓”效果，如图7-64所示。

图7-64 设置形状格式

19 使用文本框工具，为首页母版添加文本内容，并设置文本的字体、大小以及颜色，效果如图7-65所示。

图7-65 添加文本框

20 切换到“动画”选项卡，单击“动画窗格”按钮，选中“企业文化浅探”文本框，设置“飞入”动画效果，“从底部”飞入，“开始”选项设置为“上一动画之后”，“持续时间”为“0.5”，如图7-66所示。

图7-66 添加动画效果

21 制作目录页母版：选中“标题和内容”，隐藏背景图形。使用图片工具，在页面左侧插入一张素材图片，如图7-67所示。

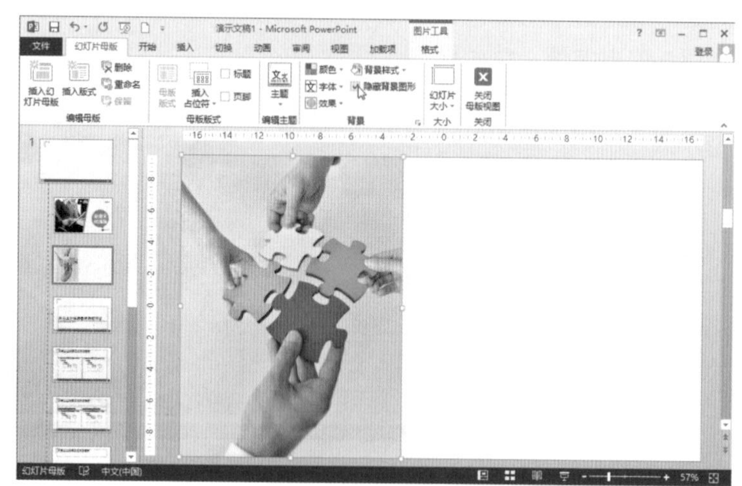

图7-67 插入图片

22 使用形状工具，在图片右侧插入一个矩形，调整其大小，并设置填充色为“橙色”，“形状轮廓”设置为“无轮廓”，效果如图7-68所示。

图7-68 插入矩形

23 使用文本框工具为页面添加文本内容，并设置文本格式，效果如图7-69所示。

图7-69 添加文本内容

24 制作过渡页母版：选中“节标题”，隐藏背景图形，并按照同样的方法插入素材图片，在“格式”选项卡“调整”分组中，单击“颜色”下拉按钮，选择“饱和度0%”图标，效果如图7-70所示。

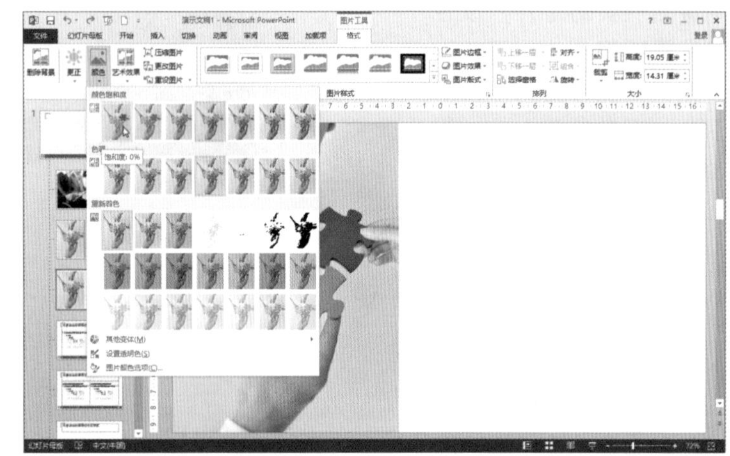

图7-70 调整图片饱和度

25 使用形状工具添加灰色矩形，然后再为页面添加文本内容，具体方法可参考上述内容，效果如图7-71所示。

图7-71 添加文本信息

26 制作内容页母版：内容页的母版制作起来很简单，选中“两栏内容”，在灰色矩形色块中添加文本内容，并修改文本格式，效果如图7-72所示。

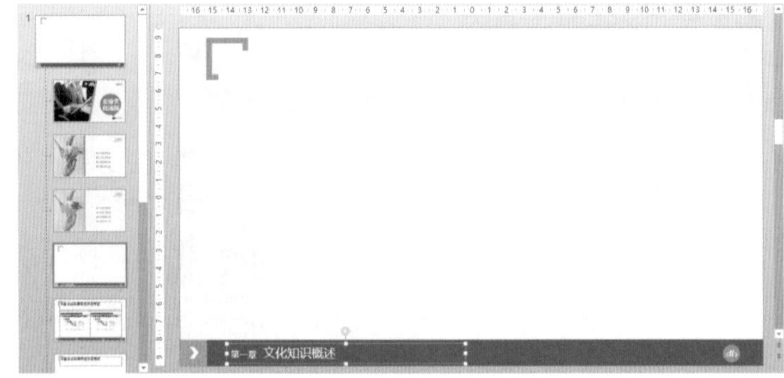

图7-72 添加文本内容

27 制作结束页母版：选中最后一页幻灯片，设置隐藏背景图形。使用图片工具，在页面上方插入一张素材图片，调整图片大小，效果如图7-73所示。

图7-73 插入图片

28 使用形状工具插入一个橙色矩形，设置形状大小，效果如图7-74所示。

图7-74 插入矩形

29 使用形状工具在页面下方空白处适当位置，插入一条直线，设置为灰色，效果如图7-75所示。

图7-75 插入直线

30 使用文本框工具，为页面添加文本内容，如图7-76所示。

31 母版制作完毕，使用“Ctrl+s”组合键将文档保存，并命名为“实例1.pptx”。

图7-76 添加文本内容

7.7 实例2：通过母版制作幻灯片

下面我们介绍如何使用我们创建好的母版制作幻灯片。具体操作步骤如下：

01 制作首页：打开“实例1.pptx”文件，另存为“实例2.pptx”文件，此时幻灯片默认使用了首页母版，如图7-77所示。然后删除页面中的占位符，首页可以直接应用母版格式，无须做任何修改。

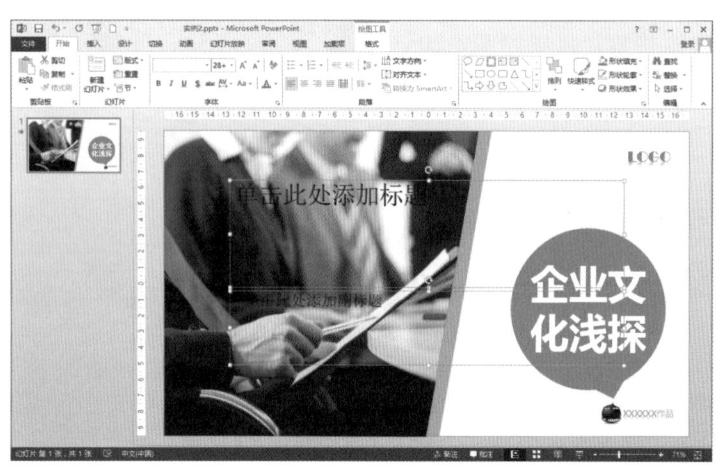

图7-77 默认应用首页母版

02 制作目录页：单击“新建幻灯片”下拉按钮，在列表中选择第2张母版，即“标题和内容”。即可插入一张应用目录页母版的幻灯片，插入之后无须做任何修改，可直接应用目录母版作为幻灯片。然后如图7-78所示。

图7-78 新建目录页幻灯片

03 制作过渡页：新建过渡页幻灯片，以第三张幻灯片为版式，使用形状工具，画一个对角圆角矩形，调整位置（将母版第一条目录覆盖），设置填充颜色为“橙色”，形状轮廓为“无轮廓”，效果如图7-79所示。

图7-79 插入形状

04 添加文本内容，修改文本格式，效果如图7-80所示。

图7-80 添加文本

05 制作内容页：新建以“第4张幻灯片”为版式的幻灯片，如图7-81所示。

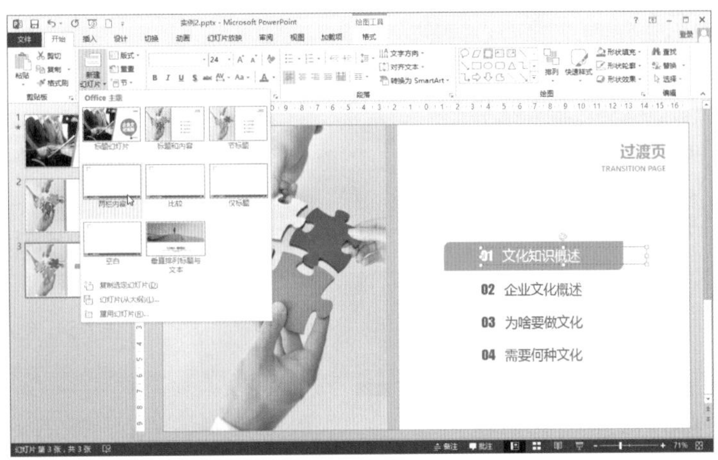

图7-81 新建内容页幻灯片

06 在页面右侧插入一张素材图片，并调整图片位置即大小，如图7-82所示。

图7-82 插入素材图片

07 使用文本框工具添加内容页的文本内容，设置文本字体及大小等格式，效果如图7-83所示。

图7-83 添加文本内容

08 按照同样的方法添加文本内容，然后使用形状工具，在文本框下方插入一条橙色的直线，再插入一个正方形放置在直线最左端，并将两个图形进行组合操作，效果如图7-84所示。

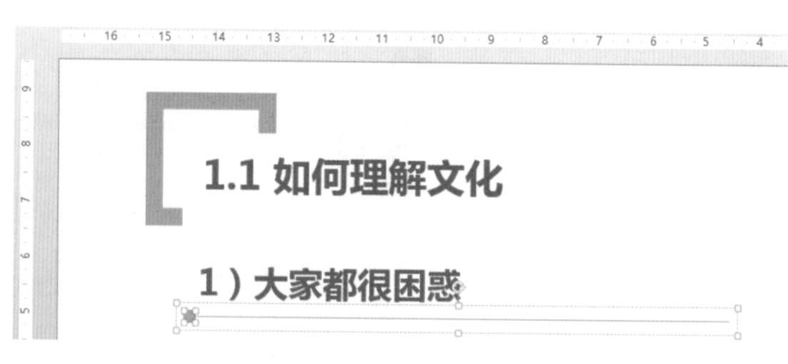

图7-84 插入形状

09 在直线下方使用文本框添加三行主要内容，然后全选文本内容，在“开始”选项卡“段落”分组中添加“项目符号”，如图7-85所示。

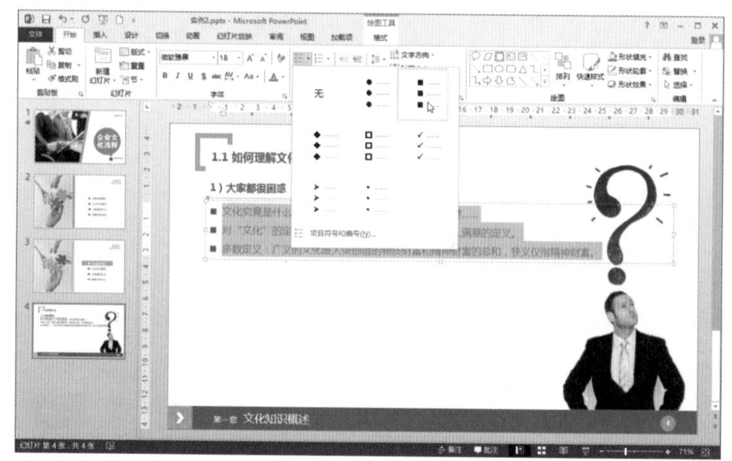

图7-85 添加项目符号

10 在页面下方添加文本框，输入文本内容，设置文本字体、大小以及颜色等格式，效果如图7-86所示。第一章内容页制作完毕。

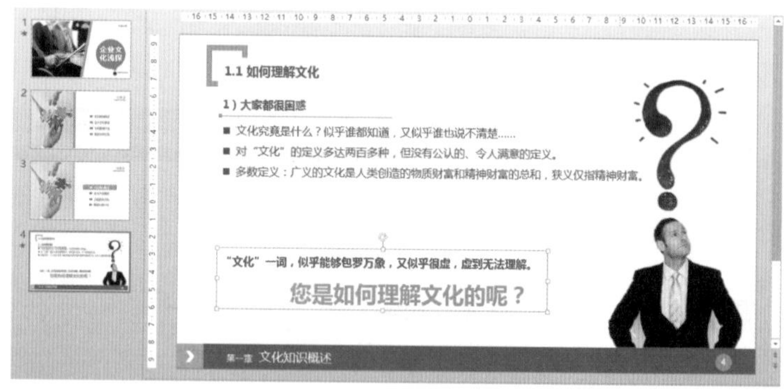

图7-86 第一张内容页效果

11 新建第二章内容页幻灯片，在页面上方添加文本框，设置文本格式，然后在页面下方利用形状工具插入一个橙色矩形，设置矩形位置以及大小等格式，效果如图7-87所示。

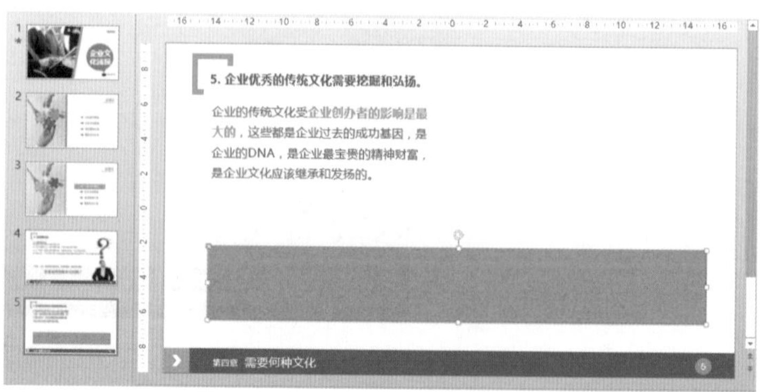

图7-87 插入橙色矩形

12 在橙色矩形色块中添加文本框，输入文本内容，并设置文本格式，效果如图7-88所示。

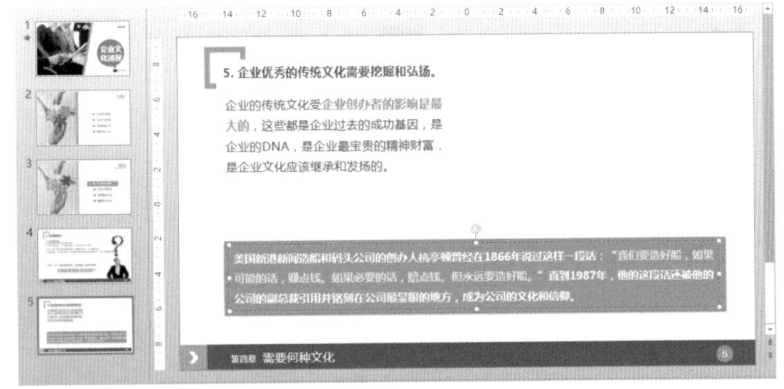

图7-88 添加文本

13 使用图片工具在页面右上角空白处插入一张素材图片，并右击图片，在快捷菜单中选择“设置图片格式”选项，如图7-89所示。

14 通过“设置图片格式”窗格中“填充线条”子选项卡，设置图片“线条”为“实线”、“白色”、“2.25磅”；通过“效果”子选项卡，设置图片的“阴影”为“右下斜偏移”，设置参数如图7-90所示。

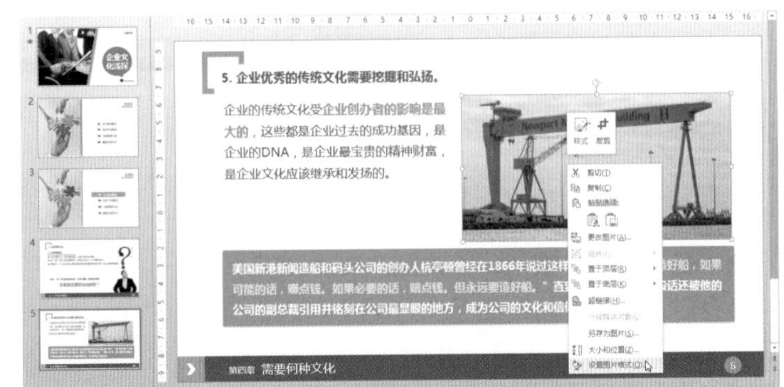

图7-89 单击“设置图片格式”选项

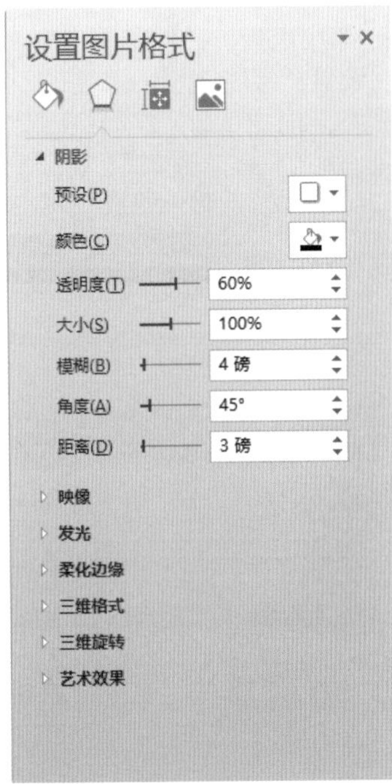

图7-90 设置图片效果的具体参数

15 制作结束页：利用结束页母版新建结束页，直接使用母版样式即可，如图7-91所示。

图7-91 结束页

16 为幻灯片添加动画效果：选中首页，单击“切换”选项卡，在“切换到此幻灯片”分组中选择“缩放”效果。

选中目录页，设置“切换”效果为“揭开”。

选择过渡页，设置“切换”效果为“淡出”；选中第1张内容页，设置“切换”效果为“推进”，选中左下角文本框，设置“动画”效果为“自顶部 飞入”，“开始”为“上一动画之后”，如图7-92所示。

使用同样的方法为第2张内容页中下方的文本内容设置动画效果，并设置“切换”效果为“平移”。

选中结束页，设置“切换”效果为“覆盖”，即可完成整个幻灯片的制作，其他的内容页，读者朋友们可以自行设计，完成自己的演示文稿作品。

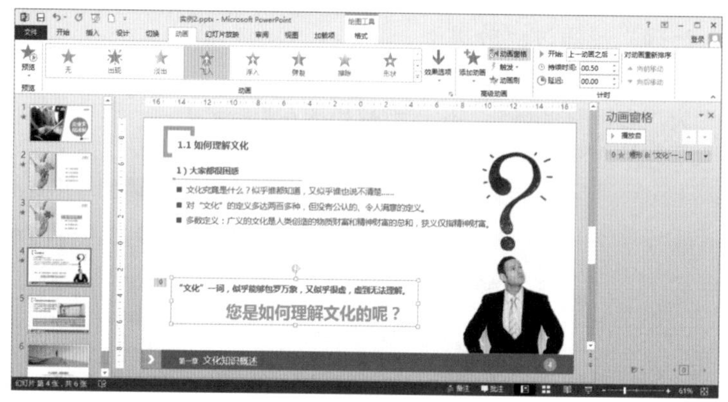

图7-92 为第1张内容页添加动画效果

7.8 提高办公效率的诀窍

① 在母版中添加页眉页脚

在母版视图中，执行“插入”→“页眉和页脚”命令，在弹出的对话框中进行设置即可，如图7-93所示。

图7-93 插入页眉页脚

② 在同一演示文稿中应用多个主题

若用户希望在一个演示文档中应用多个主题，可以选择幻灯片后，在主题样式列表中选择需要的主题样式，右键单击，从弹出的快捷菜单中选择“应用于选定幻灯片”命令，然后再设置其他幻灯片的主题即可。

③ 设置主题的背景

对于应用了某一主题的幻灯片，如果想对主题的背景进行修改，或者更改该主题的背景图片，则可以通过在幻灯片上右击，在弹出的快捷菜单中选择“设置背景格式”命令，在打开的“设置背景格式”对话框中，通过填充、图片更正、图片颜色、艺术效果等选项对背景进行编辑或更换。

④ 隐藏背景图形

应用了主题以后，如果某一张幻灯片不再需要背景图像，可以将其隐藏，在“设计”面板中选中“隐藏背景图形”复选框即可，如图7-94所示。

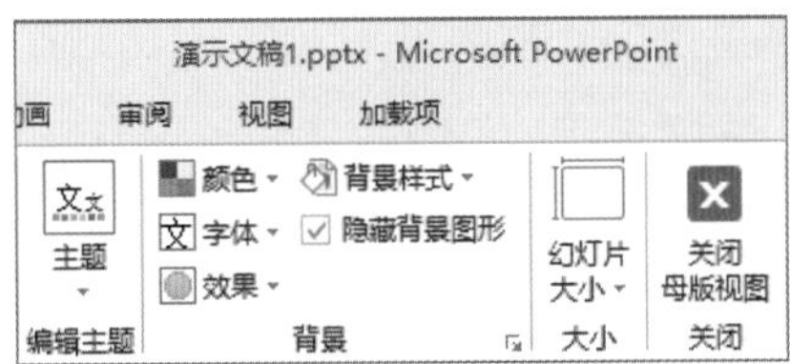

图7-94 隐藏背景图形

第8章 幻灯片放映与打包发布

——让幻灯片更好地与他人分享

演示文稿制作完成后，就可以与他人分享了。用户可以直接将演示文稿放映出来，可以将其保存为特定的格式，亦可以打印出来。与他人分享做好的幻灯片看似简单，但其中需要注意的问题也不少，本章即对幻灯片分享中的问题进行详细介绍，望读者通过本章的学习，可以在以后分享幻灯片的过程中游刃有余。

通过本章的学习，您将掌握以下内容：

- 放映方式的设置
- 排练与录制的设置
- 使用监视器的设置
- 打包为CD或视频的设置
- 创建PDF/XPS文档与讲义的设置
- 使用电子邮件发送的设置
- 打印幻灯片的设置

8.1 幻灯片放映

幻灯片放映看似简单，但是其中的学问也不少，下面就来具体学习幻灯片放映的知识。

8.1.1 开始放映幻灯片

❶ 简单放映

幻灯片制作完成，单击“幻灯片放映”选项卡中“开始放映幻灯片”组中的“从头开始”和“从当前幻灯片开始”即可以分别从幻灯片的首页与当前页进行放映，如图8-1所示。

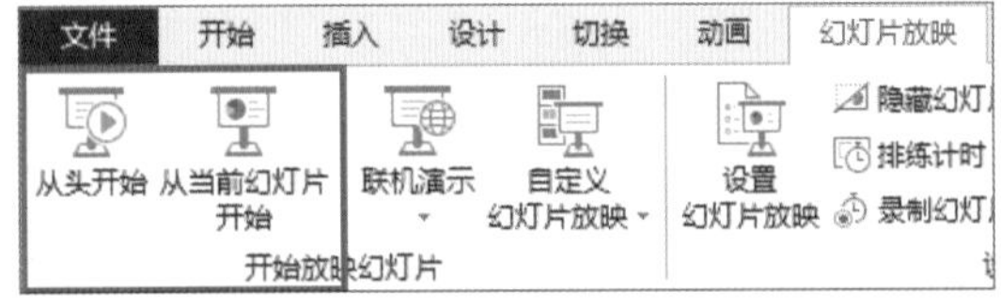

图8-1 放映幻灯片

❷ 联机演示

PowerPoint 2013对以往版本中的广播幻灯片进行了优化，并将其命名为“联机演示”。顾名思义，联机演示可以让用户实现互联，在不同终端通过浏览器对播放的幻灯片进行观看。下面介绍在幻灯片联机演示的具体操作方法。

01 单击屏幕右上角“登录”按钮，登录Windows Live ID账户，如果用户没有Windows Live ID，需要首先注册，注册地址为http://t.cn/zjLcrFR。

02 选择“联机演示”中的“office演示文稿服务”，如图8-2所示。

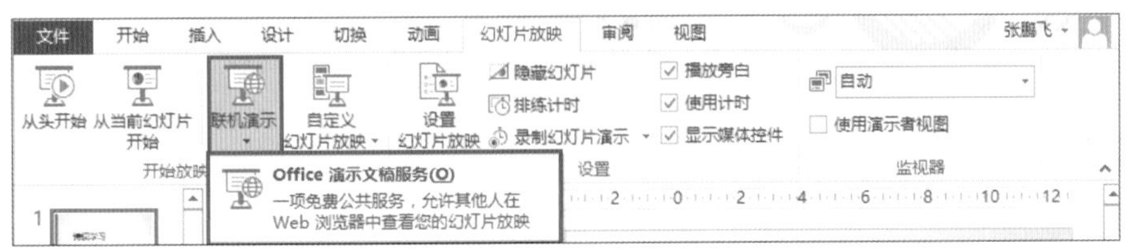

图8-2 office演示文稿服务

03 在弹出的“联机演示”对话框中单击“连接”按钮，如图8-3所示，稍等片刻后PowerPoint 2013会为用户提供一个公共链接如图8-4所示，用户可以在浏览器中访问此连接从而收听播放的幻灯片，如图8-5所示。

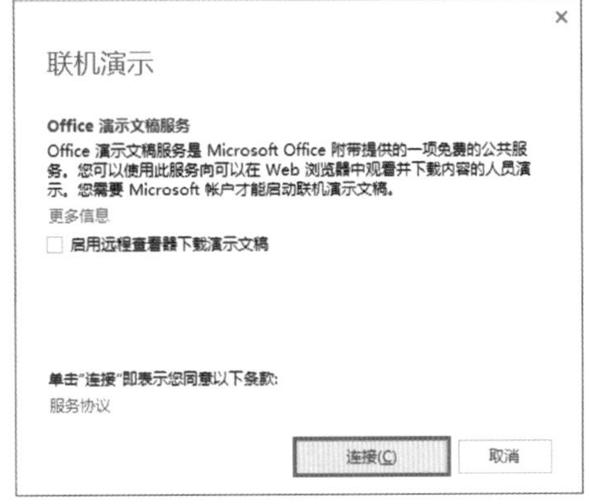

图8-3 联机演示

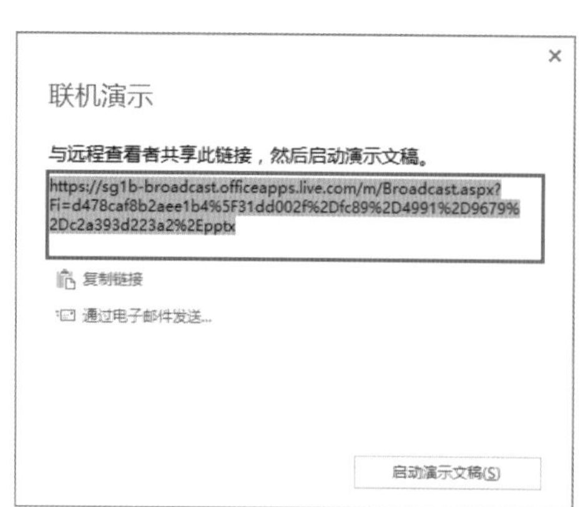

图8-4 公共链接

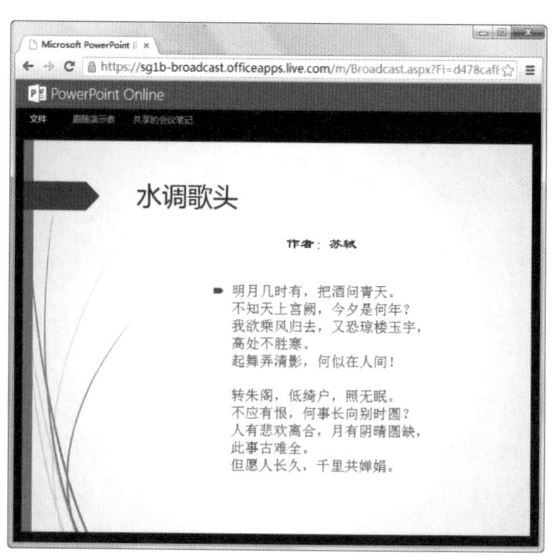

图8-5 收听到的幻灯片

❸ 自定义幻灯片放映

当用户不希望幻灯片按照默认的播放设置从始至终逐页播放时，可以使用自定义幻灯片放映进行个性化的幻灯片播放设置，具体方法如下。

01 单击“幻灯片放映”功能选项卡中“开始放映幻灯片”组中的“自定义幻灯片放映”，选择“自定义放映”选项，如图8-6所示。

02 在弹出的“自定义放映”中单击“新建”按钮，如图8-7所示，弹出“定义自定义放映”对话框。

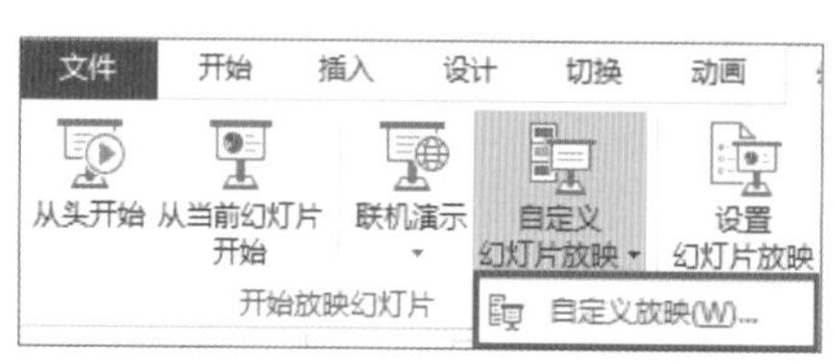

图8-6 选择“自定义放映”选项

图8-7 新建自定义放映

03 在“定义自定义放映”对话框中，可以添加需要播放的幻灯片并且调整顺序，如图8-8所示。

04 设置完成后单击“确定”，弹出“自定义放映”对话框，单击“放映”按钮，此时幻灯片即按用户设置的放映属性进行放映，如图8-9所示。

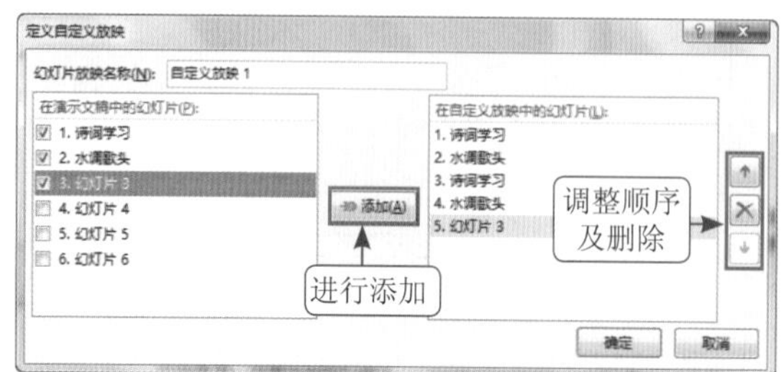

图8-8 设置自定义放映

图8-9 开始自定义放映

8.1.2 设置放映方式

PowerPoint 2013允许用户对幻灯片放映方式进行个性化设置，用户可以使用“演讲者放映”、“观众自行浏览”和“在展台浏览”3种放映类型进行放映，同时可以根据需要进行更为细致的设置，下面具体介绍操作方法。

01 单击“幻灯片放映”功能选项卡中“设置”组中的“设置幻灯片放映”，如图8-10所示。

02 在弹出的“设置放映方式”对话框中对放映方式进行设置，这里只对比较难理解的选项进行说明，如图8-11所示。

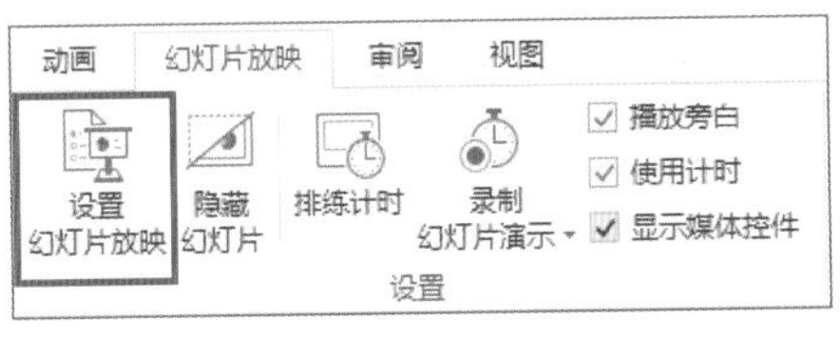

图8-10 选择“设置幻灯片放映”

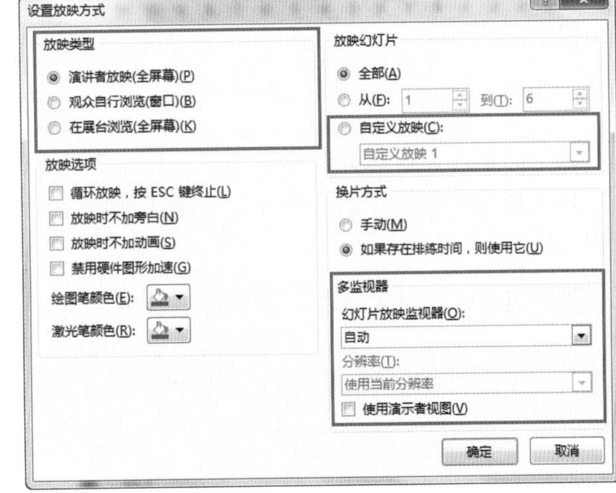

图8-11 设置放映方式

- 演讲者放映：这是默认的放映方式，幻灯片全屏放映，放映者有完全的控制权。
- 观众自行浏览：幻灯片从窗口放映，由观众选择要放映的幻灯片。
- 在展台浏览：幻灯片全屏放映，每次放映完毕后，自动反复，循环放映，终止放映要按<Esc>键。
- 自定义放映：可以选择在上一小节中设置完毕的自定义放映方式。
- 多监视器：如果用户电脑中安装了多个显示器投影设备，用户可以在此选型组中进行设置，设置好后可以在多个显示器中放映幻灯片。

8.1.3 排练与录制

① 排练

通过使用PowerPoint 2013的排练功能，用户可以根据自己的需要方便地控制动画的间隔时间、每个幻灯片的放映时间等，更有利于幻灯片内容的展示，下面介绍排练功能的具体使用方法。

01 单击“幻灯片放映”功能选项卡中“设置”组中的“排练计时”，如图8-12所示，此时幻灯片进入幻灯片放映视图。

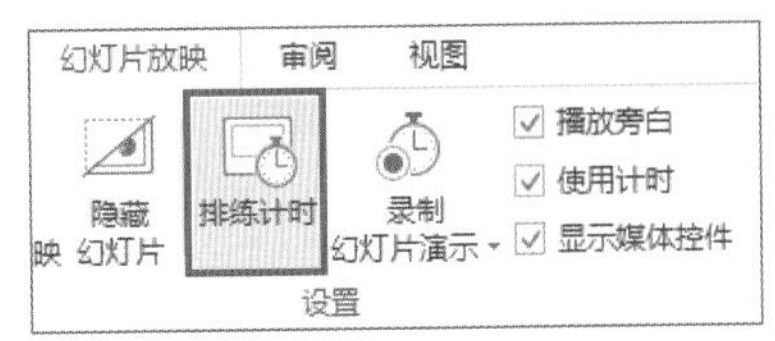

图8-12 进入排练计时

02 在幻灯片放映视图中，通过操作控制面板依次对幻灯片中的每一页设定放映时间，如图8-13所示。

03 录制结束后，单击控制面板中的“关闭”按钮，PowerPoint 2013提示是否保留新的幻灯片排练时间，选择“是”按钮，如图8-14所示。

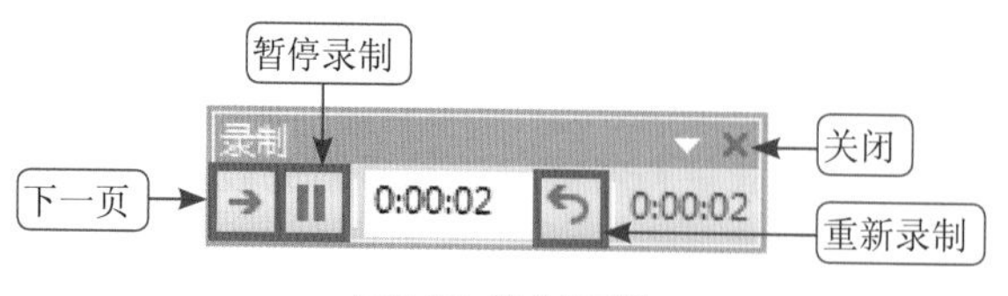

图8-13 控制面板

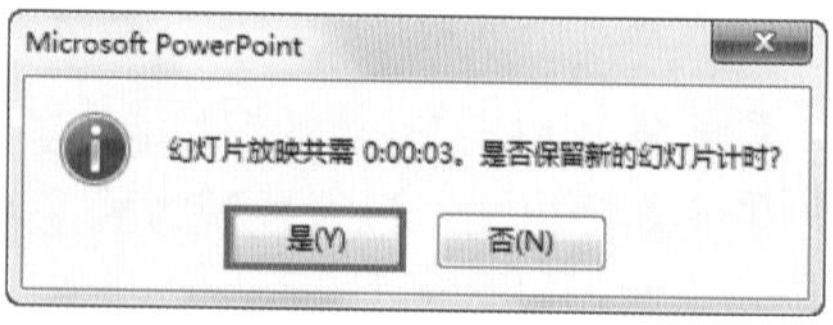

图8-14 保存计时

04 此时，再次放映幻灯片，幻灯片就会按照排练计时的时间进行播放。

❷ 录制

录制的功能和排练计时十分相似，相比排练计时增加了对幻灯片播放中旁白和激光笔的录制，通过使用此功能，用户可以方便地实现计时、录制旁白等功能，下面介绍录制功能的具体使用方法。

01 单击“幻灯片放映”功能选项卡中“设置”组中的“录制幻灯片演示”，如图8-15所示，此时弹出“录制幻灯片演示”对话框，勾选“幻灯片和动画计时”以及“旁白和激光笔”复选框，单击“开始录制”按钮，如图8-16所示，此时便进入录制模式。

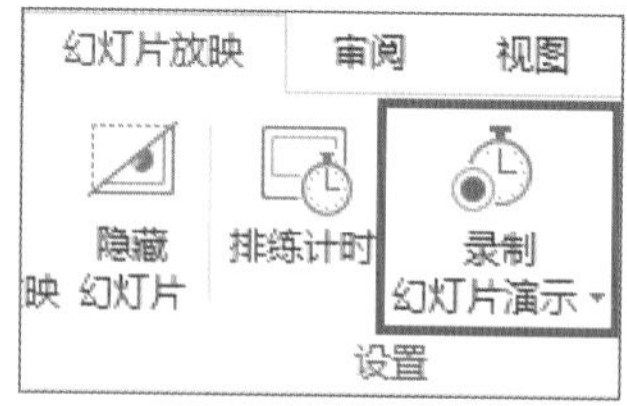

图8-15 录制幻灯片演示

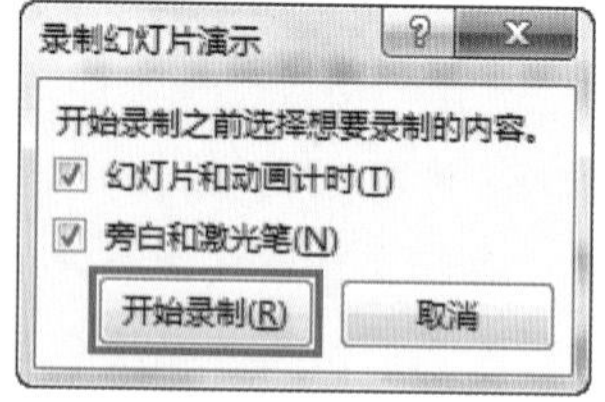

图8-16 开始录制

02 录制过程中同“计时”功能，请读者参考“计时”功能介绍。

03 幻灯片播放完毕后，幻灯片自动退出幻灯片放映模式，此时每张幻灯片的时间以及旁白等信息便记录在幻灯片中了，此时播放幻灯片，幻灯片便会根据录制的时间以及旁白进行播放。

8.1.4 使用监视器

监视器相当于电脑自身的显示器之外的显示设备，PowerPoint 2013可以让用户方便地控制这些显示设备，这里以最常用的一台电脑显示器加一个投影仪的组合方式进行介绍。

01 连接好投影仪，将显示模式设置为扩展模式，Windows 7系统下的快捷键为Windows+P。

02 在“幻灯片放映”功能选项卡中“监视器”组中选择监视器2并勾选“使用演示者视图”，如图8-17所示。

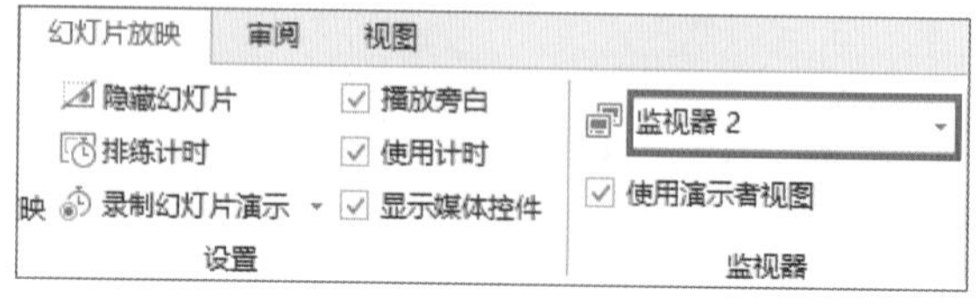

图8-17 设置监视器

03 此时播放幻灯片，电脑显示器中显示“演示者视图”，投影仪中全屏播放幻灯片，如图8-18所示。

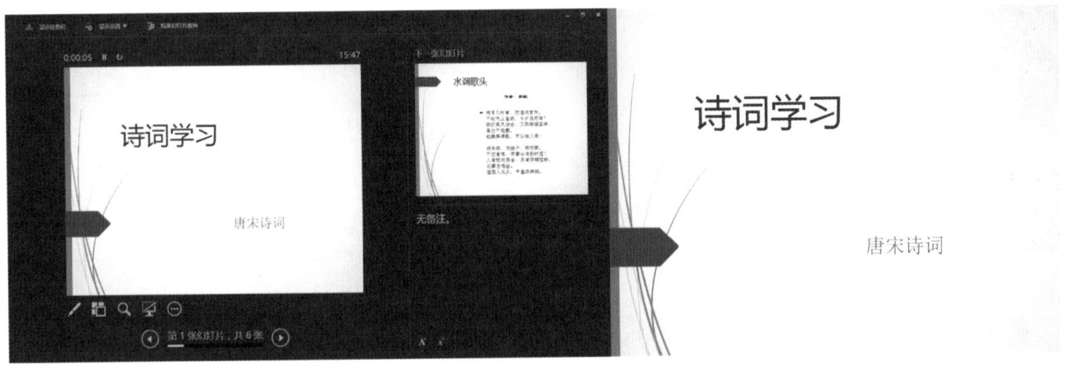

图8-18 左边为电脑屏幕显示状态右边为显示器显示状态

04 如果在步骤 02 中不勾选“使用演示者视图”，则电脑显示器中显示普通编辑视图，投影仪中全屏播放幻灯片，如图8-19所示。

图8-19 左边为电脑屏幕显示状态 右边为显示器显示状态

8.2 幻灯片的发布

在日常工作中，经常需要将制作的幻灯片与其他人分享，这时就需要用到幻灯片发布的功能。幻灯片发布的方式很多，本节将一一为读者阐明。

8.2.1 打包为CD或视频

1 打包为CD

将幻灯片打包成CD有很多好处，比如打包文件可以在未安装PowerPoint的电脑中播放、电脑中无原PPT中的链接文件，下面就来介绍将PPT打包为CD的具体方法。

01 依次单击“文件”功能选项卡→“导出”→“将演示文稿打包成CD”→“打包成CD”，如图8-20所示。

02 在弹出的“打包成CD”对话框中，输入打包的名称，选择要打包的幻灯片，单击“复制到文件夹”，如图8-21所示。

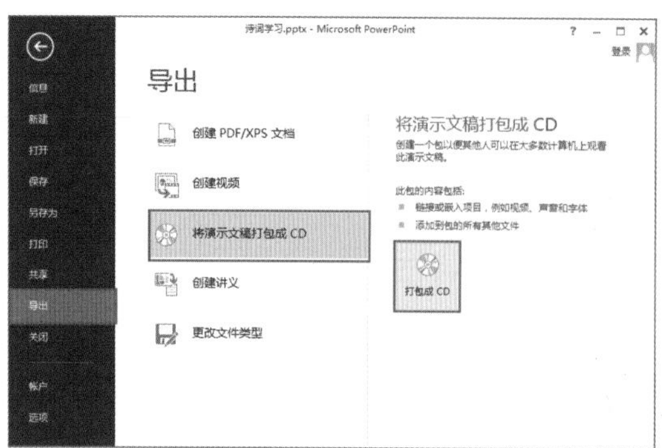

图8-20 打包成CD

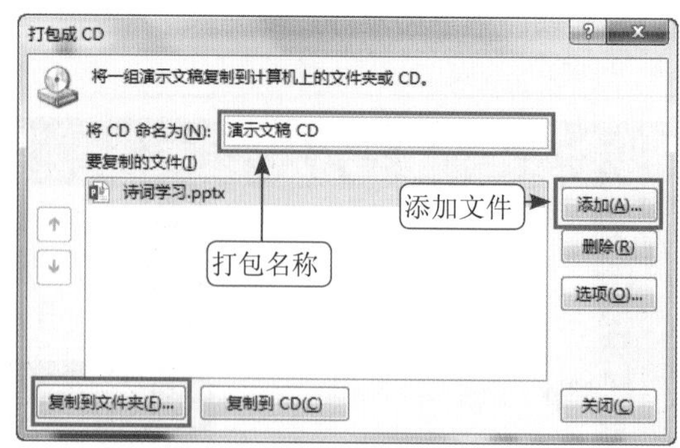

图8-21 设置打包幻灯片

03 在弹出的“复制到文件夹”对话框中，输入打包文件准备使用的文件夹名以及保存位置，单击“确定”按钮，如图8-22所示。

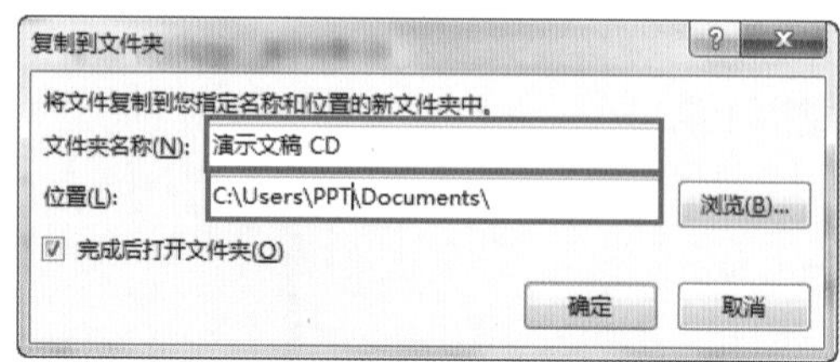

图8-22 选择文件夹名称及位置

04 在弹出的Microsoft PowerPoint对话框中，单击“是”按钮，如图8-23所示。

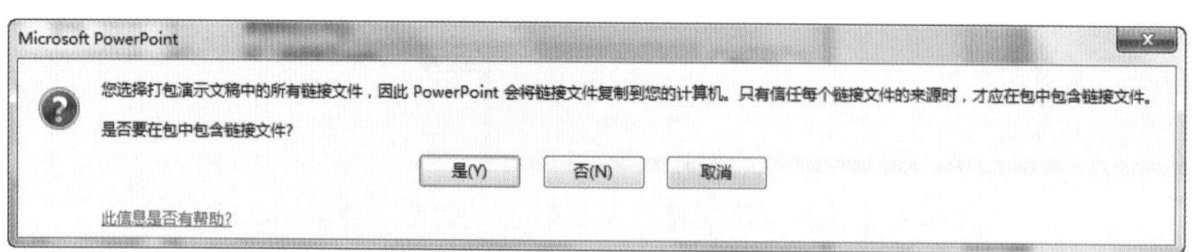

图8-23 确认添加链接文件

05 PowerPoint 2013会自动打开演示文稿所在的文件夹，这样即可将幻灯片打包到文件夹，如图8-24所示。

06 用户如果想将演示文稿刻录到CD光盘中，在步骤02单击“复制到CD”按钮即可，其余步骤相同，如图8-25所示。

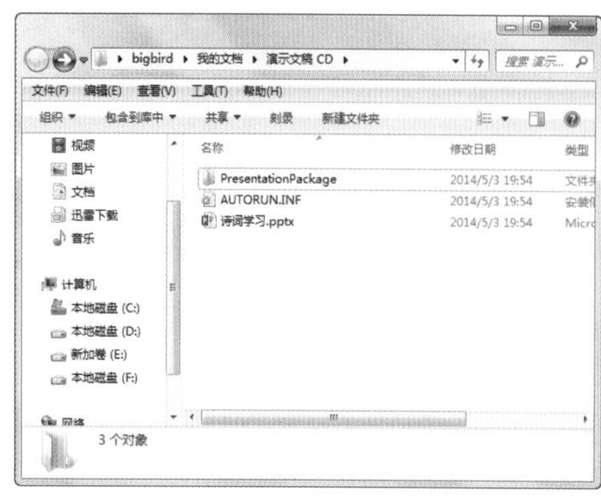

图8-24 打包成功

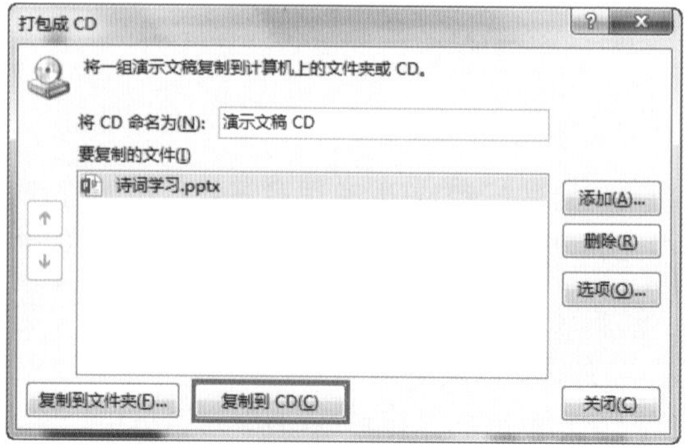

图8-25 打包到CD

② 打包为视频

自PowerPoint 2010开始，微软公司就将导出为视频功能嵌入到PPT当中，将幻灯片导出为视频，是一种利用PPT制作视频的非常简单的方法，下面就来介绍将PPT导出为视频的具体方法。

01 依次单击“文件”功能选项卡→“导出”→“创建视频”，对输出视频的要求进行设置后，单击“创建视频”，如图8-26所示。

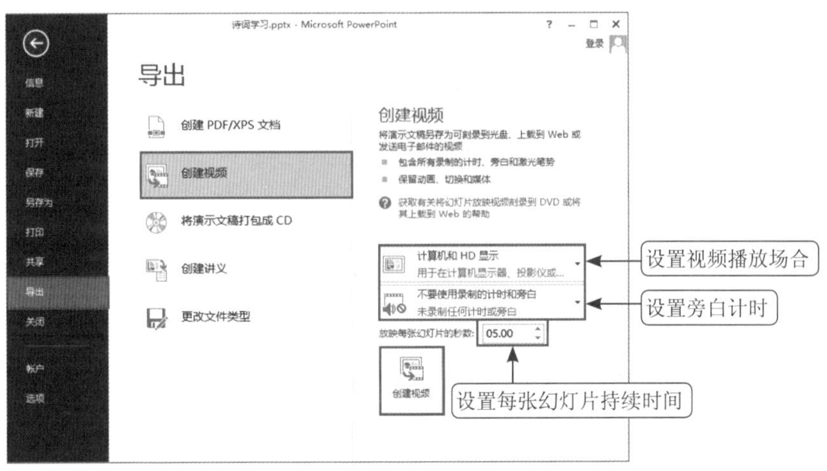

图8-26 创建视频

02 在弹出的“另存为”对话框中，设置文件名和保存类型，单击“保存”按钮，如图8-27所示，一段时间后，视频导出完毕，如图8-28所示。

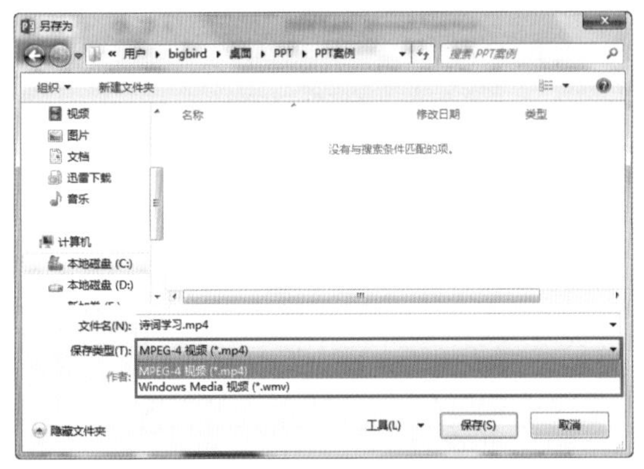

图8-27 保存设置

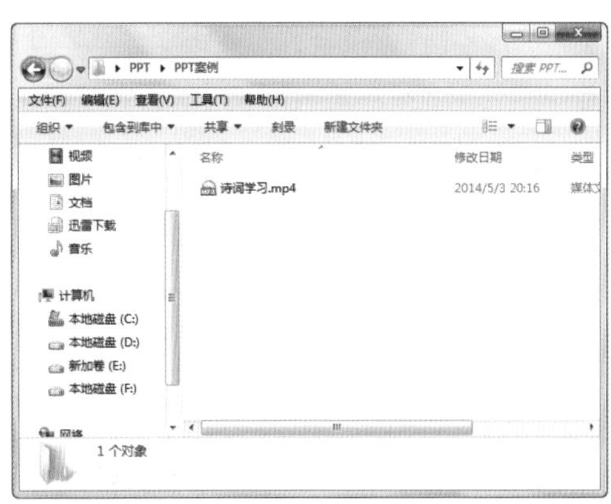

图8-28 导出完毕

8.2.2 创建PDF/XPS文档与讲义

① 创建PDF/XPS

PDF/XPS格式的文件打印时的格式与用户设置的格式保持一致，从而避免了软件的不同版本兼容性问题带来的格式变化问题，将幻灯片创建为PDF/XPS文档操作十分简单，下面就来介绍将PPT创建为PDF/XPS文档的具体方法。

01 依次单击“文件”功能选项卡→“导出”→“创建PDF/XPS文档”→“创建PDF/XPS”，如图8-29所示。

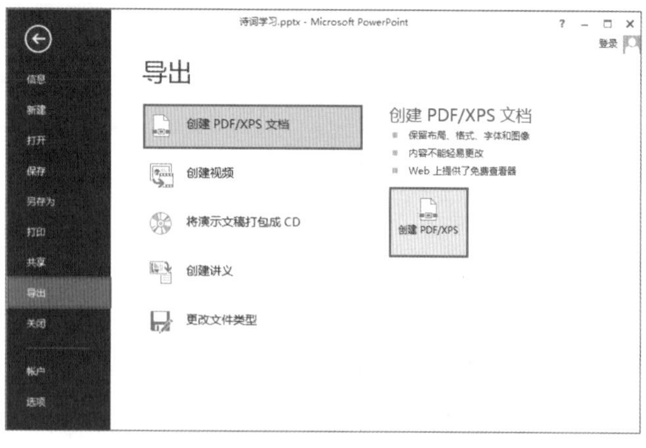

图8-29 创建PDF/XPS

02 在弹出的“发布为PDF或XPS”对话框中，输入保存的文件名，选择保存类型，如图8-30所示，同时可以单击“选项”按钮对保存进行设置，如图8-31所示，设置完成后单击“确定”按钮返回“发布为PDF或XPS”对话框，单击“发布”按钮。

图8-30 “发布为PDF或XPS”对话框

图8-31 设置保存选项

03 发布成功后，PowerPoint 2013会自动打开生成的PDF/XPS文件，此时发布为PDF或XPS成功。

❷ 创建讲义

PowerPoint 2013可以自动生成讲义，将幻灯片与备注等信息一同生成一个Word文档，方便用户观看，下面就来介绍将PPT创建为讲义的具体方法。

01 依次单击“文件”功能选项卡→“导出”→“创建讲义”→“创建讲义”按钮，如图8-32所示。

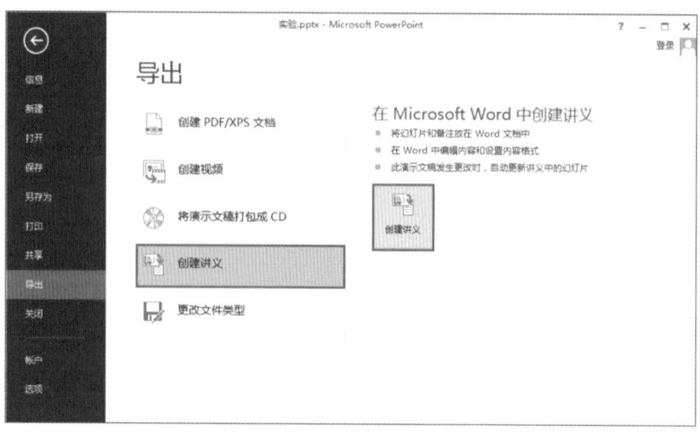

图8-32 创建讲义

02 在弹出的“发送到Microsoft Word”对话框中，如图8-33，根据需要进行选择，可以将备注和空行放置在幻灯片的不同位置，并且可以选择粘贴类型，然后单价“确定”按钮，此时PowerPoint 2013便会自动生成一个讲义的Word文档。如图8-34所示。

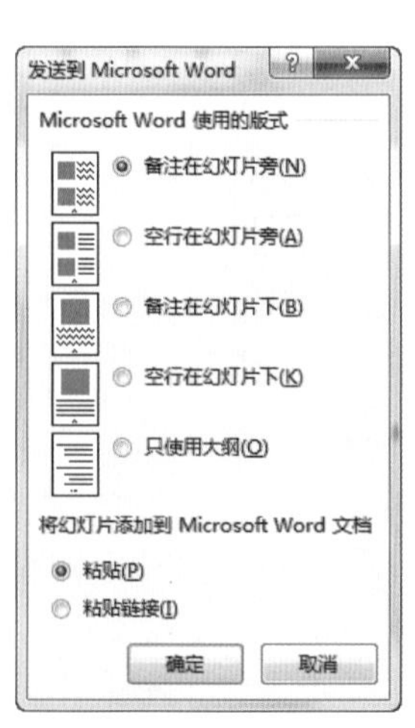

图8-33 “发送到Microsoft Word”对话框

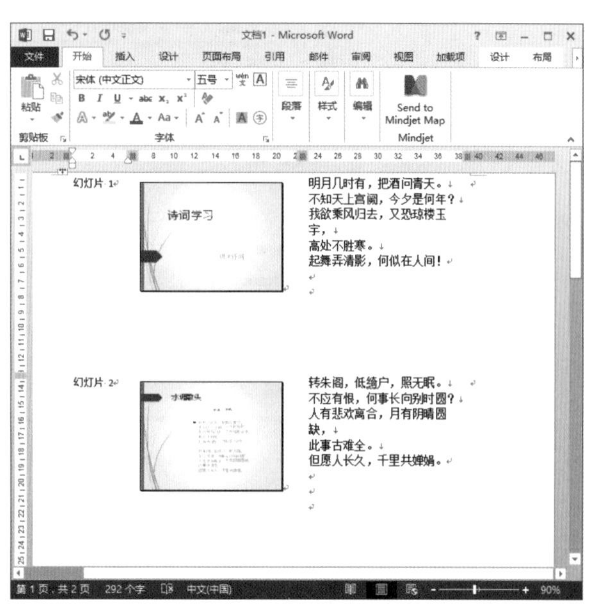

图8-34 讲义Word文档

8.2.3 更改文件类型

PPT可以根据用户不同的需要，将幻灯片转换成多种格式类型，在不同场合选用合适的格式类型，可以方便幻灯片的使用。下面就来介绍PPT更改文件类型的具体方法。

01 这里以将PPTX格式的文件更改为PPT格式的文件为例进行介绍，依次单击“文件”功能选项卡→“导出”→“更改文件类型”，双击“PowerPoint 97-2003演示文稿(*.ppt)”，如图8-35所示。

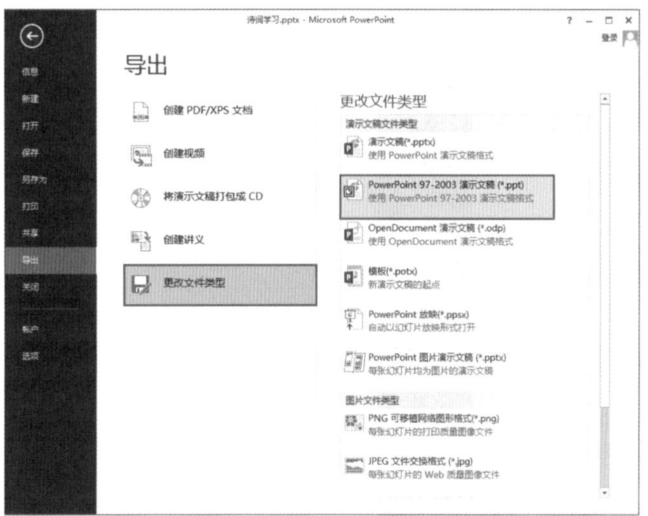

图8-35 更改文件类型

02 在弹出的“另存为”对话框中，设置保存类型和文件名，单击“保存”按钮即可，如图8-36所示。

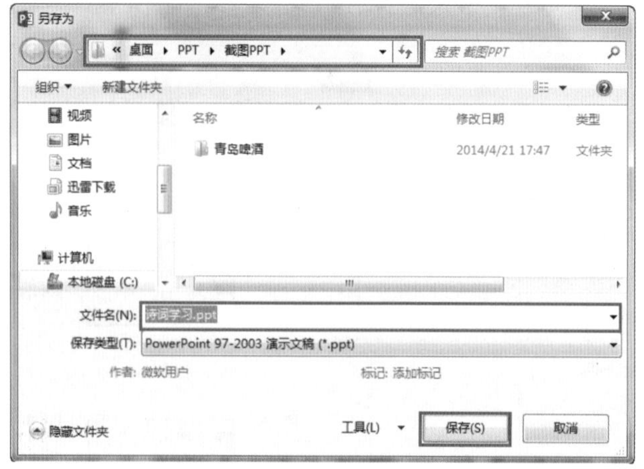

图8-36 “另存为”对话框

小知识 PPT的格式类型

- ppt：是PowerPoint 2003等之前版本文件保存时的格式，打开后可对文本进行直接编辑。
- pptx：是PowerPoint 2007等之后版本文件保存时的格式，打开后可对文本进行直接编辑，相对于ppt格式的幻灯片功能更加强大。
- ppsx：是PowerPoint文件保存为打开后直接全屏显示播放的格式，不可进行编辑，可作防止别人修改该幻灯片的一个好方法。

8.2.4 使用电子邮件发送

幻灯片制作好后，可以在PowerPoint 2013中通过电子邮件直接与他人分享，下面就来介绍利用PowerPoint 2013发送电子邮件的具体方法。

01 依次单击“文件”功能选项卡→“共享”→“电子邮件”，然后选择发送电子邮件的方式，这里以“作为附件发送”为例，其他方式与此相似，单击“作为附件发送”，如图8-37所示。

02 此时Outlook会自动启动，用户可以设置收件人、邮件主题等信息发送电子邮件，此时幻灯片会自动作为邮件的附件进行发送。

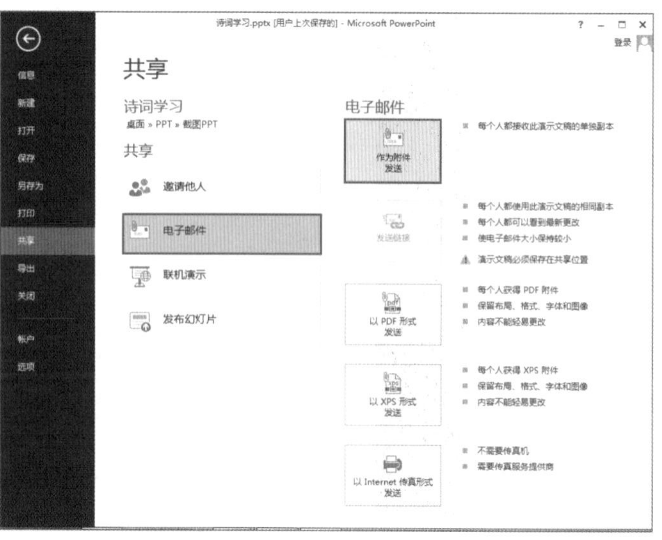

图8-37 使用电子邮件发送

小知识 Outlook

Microsoft Office Outlook是Microsoft office套装软件的组件之一，它对Windows自带的Outlook Express的功能进行了扩充。Outlook的功能很多，可以用它来收发电子邮件、管理联系人信息、记日记、安排日程、分配任务等。

8.2.5 打印演示文稿

在日常的工作学习中，有时需要对幻灯片进行打印，对幻灯片进行打印的设置比较多，下面对打印演示文稿进行详细介绍。

01 依次单击“文件”功能选项卡→“打印”，对打印的方式进行设置，如图8-38所示。

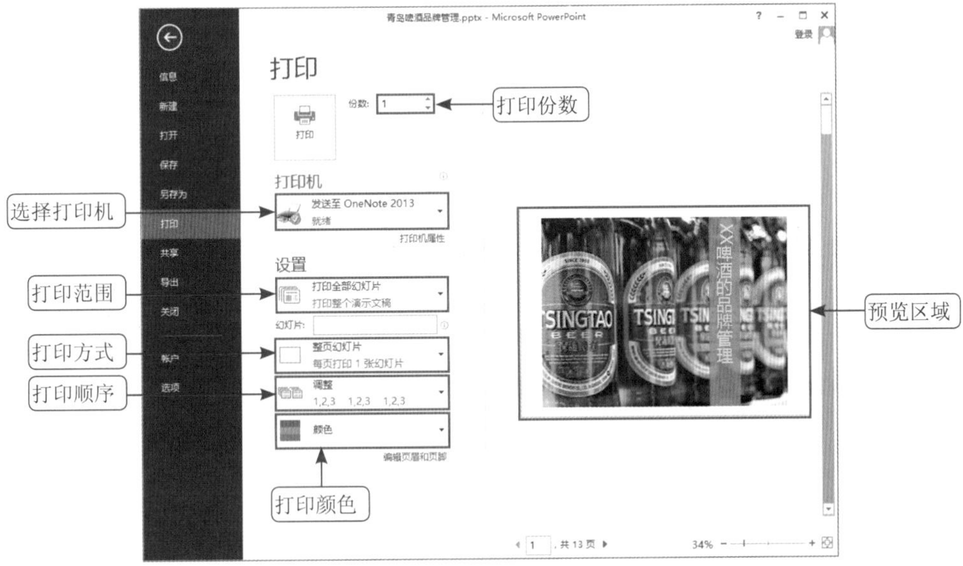

图8-38 打印方式的设置

02 依次选择打印机、打印范围、打印方式、打印顺序、打印颜色、确定打印份数，然后单击“打印”按钮，进行打印。下面详细介绍打印方式、打印顺序以及打印颜色。

- 打印方式：打印方式包括打印版式以及讲义两大类，可以选择不同的打印方式，包括每张纸打印1张、每张纸打印2张等，如图8-39所示，用户在进行设置时利用打印预览区域可以观看，根据打印预览区域的情况，选择打印方式。
- 打印顺序：在打印多份演示文稿的时候，用户可以选择两种打印方式，如图8-40所示，包括打印整套演示文稿再重复以及打印第一页再重复等。

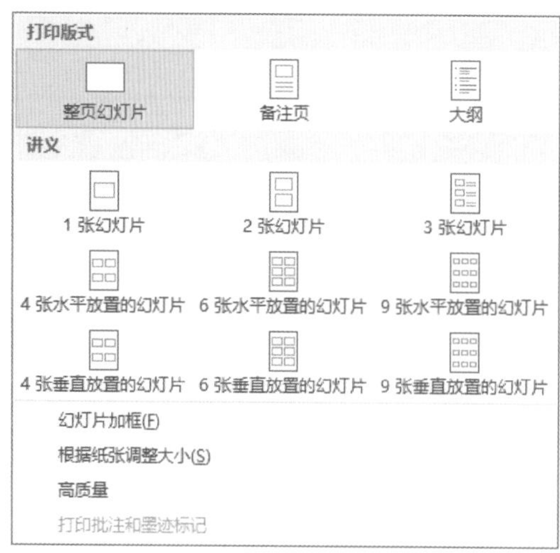

图8-39 设置打印方式

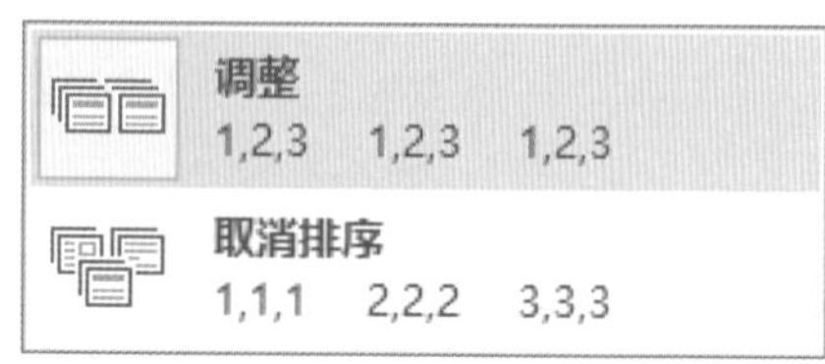

图8-40 设置打印顺序

■ 打印颜色：用户可以选择颜色、灰度、纯黑白三种打印颜色，如图8-41、图8-42、图8-43所示，分别为这三种颜色方式的打印效果，用户可以根据自己的需要进行设置。

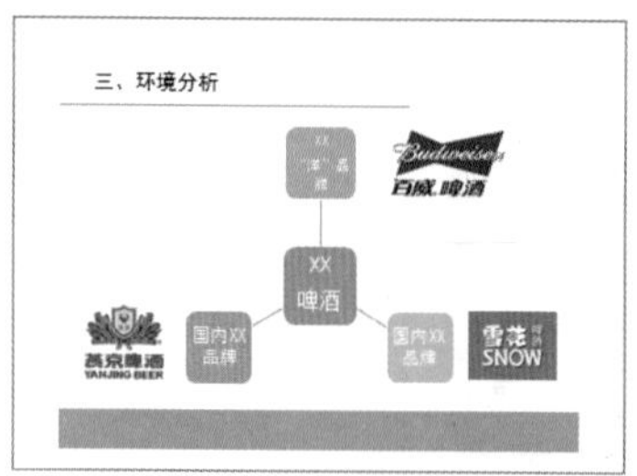

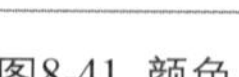

图8-41 颜色

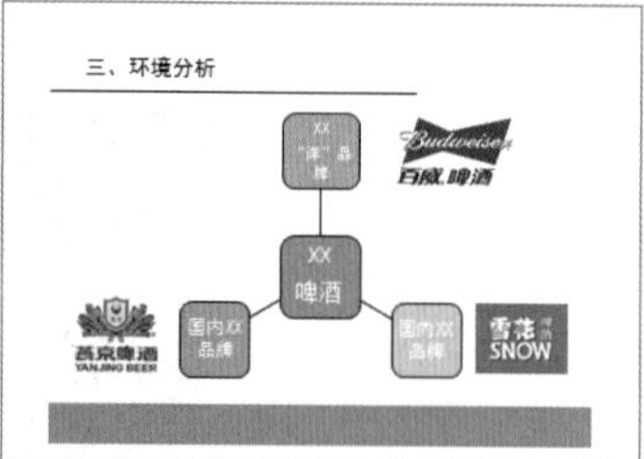

图8-42 灰度

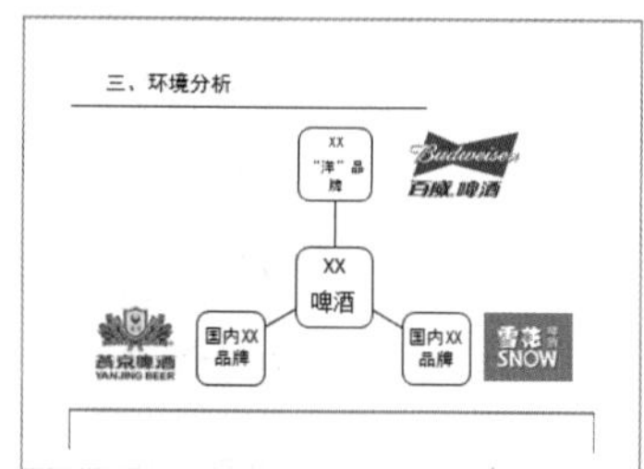

图8-43 黑白

第9章 如何设计出优秀的PPT

想要设计出优秀的PPT，仅仅靠PowerPoint提供的各项功能还是远远不够的，实际上，PowerPoint只是一种工具，就像油盐酱醋一样，拥有调料不一定就能制作出美食，想要制作出美味可口的菜品，就需要掌握一定的技能。本章将为读者朋友介绍在设计PPT的过程中需要掌握的一些相关知识和技巧。

9.1 优秀PPT必备的要素

每个人都想把PPT做的更好看一些，实际上要做一个好的PPT并不是一件容易的事。那么，评判一个PPT好坏的标准又是什么呢？

① 熟悉受众群体

在制作一个演示文稿之前，用户首先要了解受众群体，这是非常关键的，你的受众将决定着你演示文稿的结构、风格、配色，以及演讲时的速度等。在制作的过程中千万不能以自我为中心，而是要充分考虑受众群体的年龄、职业、教育程度以及文化背景的差异，并且需要充分地顾及演讲时的环境。总之，好的演示文稿首先要适合绝大部分观众阅读。

② 合理的组织结构

通常PPT中的内容主要是辅助演讲。图片、图表、文字要搭配合理，让观众可以赏心悦目地看，聚精会神地听，从而使演讲效果达到最佳。

对于只能通过文本来表达的PPT，也要尽可能地使用简洁、清晰的描述性文字，引领读者进入角色，进而很好地体会PPT所阐述的内容。在演示文稿中每一页幻灯片都需要具备清晰的讲解思路，以保证受众独自阅读PPT也能进行独立的思考。

另外，在动画和特效的把握上也要做到恰到好处，避免使用过多的特效，太多的特效不仅会增大PPT文件的体积，还会打乱读者的阅读顺序，降低PPT的效果。

③ 大方的配色方案

一个好的配色方案会让整个PPT增色不少，一个成功的演示文稿，整体配色应当协调美观，否则，再怎么精彩的内容也会被掩埋在糟糕的配色之下。那么在进行色彩的选择时应当注意哪些内容呢？以下几项需要读者朋友特别注意：

- 在一张演示文稿中，每张幻灯片可以不用使用一样的主色调，但是，所有的色调应该彼此不冲突，具有一定的特征性。
- 在同一张幻灯片中，最好不要超过4种颜色，太多的颜色会使人眼花缭乱，分不清主次。
- 演示文稿的配色还应当充分考虑到受众的个性以及演讲时的环境。

④ 严谨的逻辑结构

清晰的逻辑在演讲中至关重要，无论你的演示文稿多么的精美绝伦，没有一个合理、清晰的逻辑，观众也只是看到了一幅很精美的画面，却读不懂画面所传达的信息。

要想使演示文稿具有清晰的逻辑关系，首先，需要对演讲的内容进行分析，将逻辑关系在心中或图纸上呈现出来；然后，在已有的框架上根据需要进行适当的调整；最后，可以将梳理完成的结构补充到页面中，根据列出的提纲，进行制作即可。

9.2 色彩在PPT中的应用

色彩的运用是PPT美化的基础，一个色彩搭配平凡的PPT毫无吸引力可言，演示文稿的主题色、背景色以及幻灯片中形状、图片、文字等对象的颜色的搭配，关系到整个演示文稿是否可以吸引观众的眼球，为此，从本节起将对色彩在PPT中的应用进行介绍。

9.2.1 色彩基础 

下面我们首先了解一下有关色彩的基础知识。

❶ 色彩的构成

色彩一般分为无彩色（消色）和有彩色两大类。无彩色是指白、灰、黑等不带颜色的色彩，即反射白光的色彩，如图9-1所示。有彩色是指红、黄、蓝、绿等带有颜色的色彩，如图9-2所示。

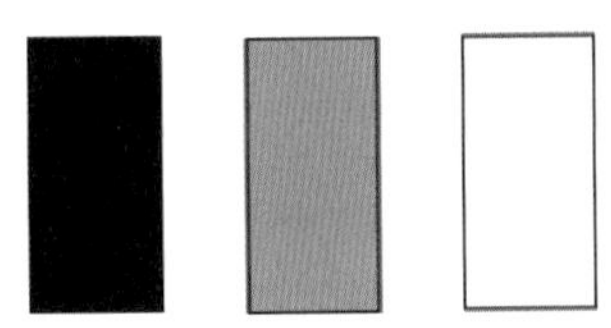

图9-1 无彩色

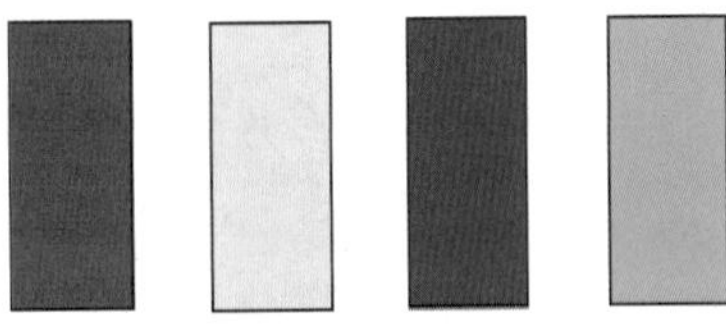

图9-2 有彩色

❷ 色彩的属性

色彩的划分可以分为以下3种，分别为色相、明度和纯度，下面分别对这几种属性进行介绍。

（1）色相

指某一色彩呈现的相貌。正是由于色彩具有这种具体相貌的特征，我们才能感受到一个五彩缤纷的世界。如果说明度是色彩的骨骼，色相就很像色彩外表的肌肤。色相体现着色彩外向的性格，是色彩的灵魂。在对色相的认识学习中，又分为：

- 三源色——把光谱中不能用其他颜色调配而成的红、黄、兰，称为三原色，如图9-3中圆环中心的三角形内的颜色。
- 间色——把光谱中橙、绿、紫等，它们由二种原色调配而成。称为间色也叫二次色，如图9-3中圆环内以及三角形外的颜色。
- 类似色——（同类色）色环中45°以内的颜色。
- 互补色——色彩中180°以内 90°以外的颜色成为互补色。
- 冷暖色——以人的情感来分。红黄系属于暖色、蓝紫系属于冷色系、绿色系属于中性色。

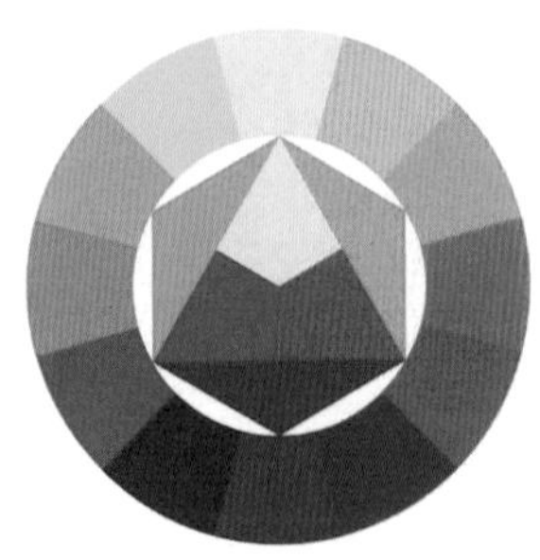

图9-3 十二色环

（2）明度

又称亮度，是指色彩的明亮程度，在无色彩中，明度最高的色为白色、明度最低的色为黑色，中间存在一个从亮到暗的灰色系列。在有色彩中，任何一种纯度色都有着一种明度特征。黄色为明度最高的色，紫色为明度最低的色。

在PPT中的“颜色”对话框中，明度可以通过调整“自定义”选项卡中颜色方块右侧的明度滑杆进行调节，三角形滑块越往上调节明度越高，反之亦然，如图9-4所示。

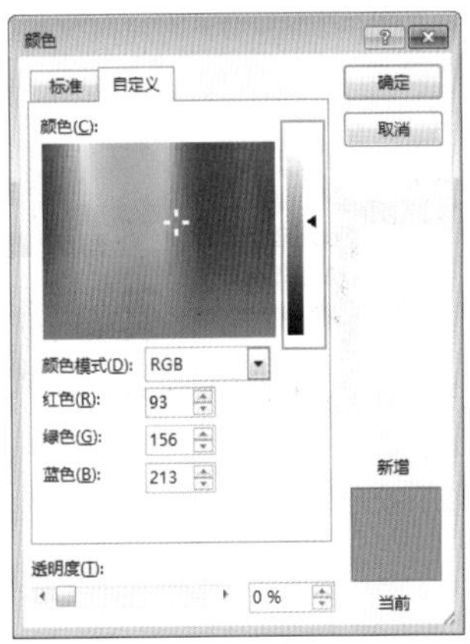

图9-4 调节颜色的明度

（3）纯度

又称彩度，指的是色彩的鲜艳程度。任何一种色相， 如果不含白色、黑色和灰色，它的彩度是最高的。我们的视觉能辨认出的有色相感的色，都具有一定程度的鲜艳度，比如绿色，当它混入了白色时，虽然具有绿色相似的特征，但它的鲜艳度降低了，明度提高了，成为淡绿色，当它混入黑色时，鲜艳度也降低了，明度变暗了，成为暗绿色；当混入与绿色明度相似的中性灰时，它的明度没有改变，纯度降低了，成为灰绿色。

纯度变化系列是通过一个水平的直线纯度色阶表示的，它表示一个颜色从它的最高纯度色（最鲜色）到最低纯度色（中灰色）之间的鲜艳与混浊的等级变化，如图9-5所示。

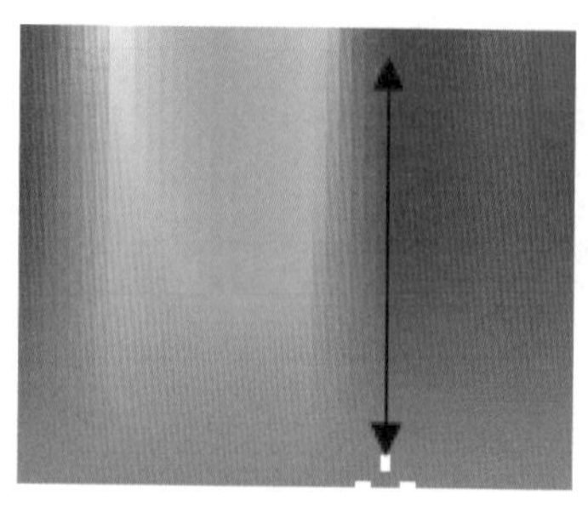

图9-5 彩度的调节

9.2.2 色彩选择的艺术

人的眼睛对于色彩的感知大于对文字的感知，因此，对于一个优秀的演示文稿，配色是很关键的，但是，对于很多没有接受过色彩培训，色彩敏感度不强的人来说，怎样才能配出好的色彩呢？下面将介绍几种简单的方法教你选择色彩。

1 根据公司Logo和VI搭配色彩

Logo是现代企业的标志，代表着一个企业的形象，其配色和形状都是经过设计师经过反复思考设计而成的，而公司的VI手册一般都会规定几种企业标准色。因此色彩选用时，可以参考公司的Logo、VI手册以及网站的色彩搭配。如图9-6所示为一公司的Logo。

比如下面的一个餐饮连锁机构，其配色模式就可以为红黑色搭配，如图9-7所示。

图9-6 公司Logo

图9-7 配色方案

❷ 根据行业特色选择色彩

颜色与行业也是息息相关的，不同的行业往往会钟爱一些特定的颜色，因为这些色彩在某种程度上就已经体现了行业的本色，如与电子相关的产业，通常会采用蓝色、灰色、黑色等比较冷静、稳重的色彩，如图9-8所示；在医药行业，则通常会采用绿色、橙色、蓝色等让人感觉平静、安心的色彩，如图9-9所示。因此，在选择色彩时，还应当根据行业的不同来进行选择，且用色能体现出该行业的特点。

图9-8 电子科技行业的应用

图9-9 医药行业的应用

❸ 根据色彩的基本属性选择

前面已经介绍过，不同色彩带给人的感觉是不同的，根据色彩的不同属性来进行选择，红色代表着热情、革命、温暖、健康、活泼等感觉，如图9-10所示，而黑色有着庄重、时尚、厚重的感觉，如图9-11所示。

图9-10 使用红色作为主色调

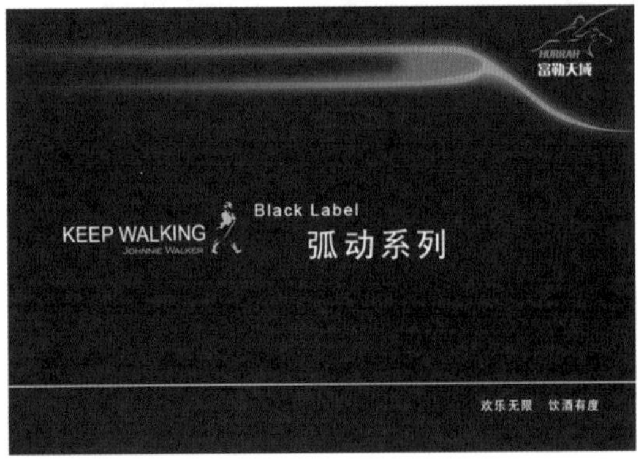

图9-11 使用黑色作为主色调

绿色带给人新鲜、安逸、平静、活力、环保和生命力，如图9-12所示。黄色节奏鲜明、活泼积极，给人很强的愉悦感，如图9-13所示。

图9-12 使用绿色作为主色调

图9-13 使用黄色作为主色调

紫色神秘、高贵，给人极强的华丽感，如图9-14所示。灰色虽然会有消极感，但是却有着其专业、冷静的特点，如图9-15所示。

图9-14 使用紫色作为主色调

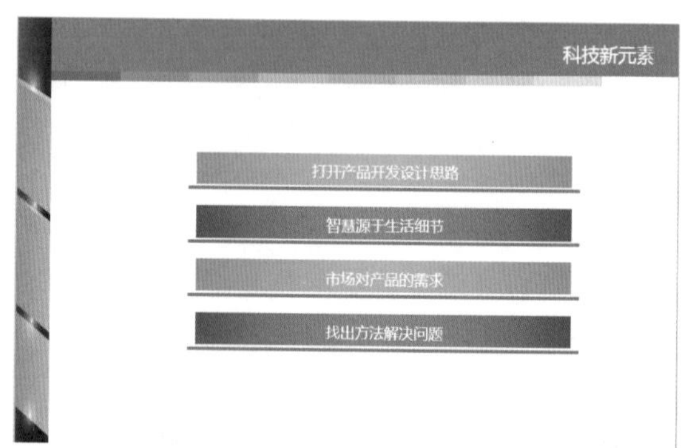

图9-15 使用灰色作为主色调

9.2.3 配色的艺术

在实际工作中，用户通常会根据自身的性格特点设计演示文稿，这就会导致色彩具有片面性，例如演示文稿颜色偏鲜艳、或者清冷。那么如何才能完成一个合理的配色方案呢？下面我们分别从色彩的感觉和色彩的搭配技巧来分析。

① 色彩的感觉

为了克服用户常常以个人感受来设计演示文稿的弊端，让设计完成的演示文稿可以适合各种观众的需求，用户在设计演示文稿之前，首先需要了解一下不同色彩给人带来的感受。

（1）色彩的情感感受

不同的色彩会给人带来不同的情感感受，通常，各种颜色给人的情感感受如表9-1所示。

表9-1 色彩的情感感受

名称	举例	情感感受	应用场合
红色	大红 桃红 砖红 玫瑰红	热情、活泼、热闹、革命、温暖、幸福、吉祥、危险	媒体宣传、企业形象展示、警示标志、政府部门文件等
橙色	鲜橙 橘橙 朱橙 香吉士	光明、华丽、兴奋、甜蜜、快乐	工业安全用色、服饰等方面
黄色	大黄 柠檬黄 柳丁黄 米黄	明朗、愉快、高贵、希望、发展、注意	交通指示、大型机械
绿色	大绿 翠绿 橄榄绿 墨绿	新鲜、平静、安逸、和平、柔和、青春、安全、理想	服务业、卫生保健、工厂等场所
蓝色	大蓝 天蓝 水蓝 深蓝	深远、永恒、沉静、理智、诚实、寒冷	商业设计、科技产品
紫色	大紫 贵族紫 葡萄酒紫 深紫	优雅、高贵、魅力、自傲、轻率	和女性相关产品和企业形象的宣传
白色	白色	纯洁、纯真、朴素、神圣、明快、柔弱、虚无	科技产品、生活用品、服饰，可以和任何颜色相搭配
灰色	大灰 老鼠灰 蓝灰 深灰	谦虚、平凡、沉默、中庸、寂寞、忧郁、消极	和金属相关的高科技产品
黑色	黑色	崇高、严肃、刚健、坚实、粗莽、沉默、黑暗、罪恶、恐怖、绝望、死亡	科技产品、生活用品和服饰的设计
褐色	茶色 可可色 麦芽色 原木色	优雅、古典	传达商品的原料色泽以及原始材料的质感

（2）色彩的空间感

在对演示文稿进行设计时，除了心理感觉之外，不同的颜色还会给观众带来不同的空间感，造成空间感的主要因素是色彩的前进和后退感，暖色系有前进感，冷色系有后退感，如图9-16所示。

图9-16 色彩的空间感

色彩的前进和后退感还与图形的背景色有关，同样的两个图形，背景为黑色时，明亮颜色的图形有向前进的感觉；背景为白色时，则偏暗的图形有向前进的感觉，如图9-17所示。

（3）色彩的大小感

造成色彩大小感的主要因素同样是颜色的前进和后退感，同样大小的图形，暖色和明色看起来偏大；而冷色和暗色则偏小，如图9-18所示。

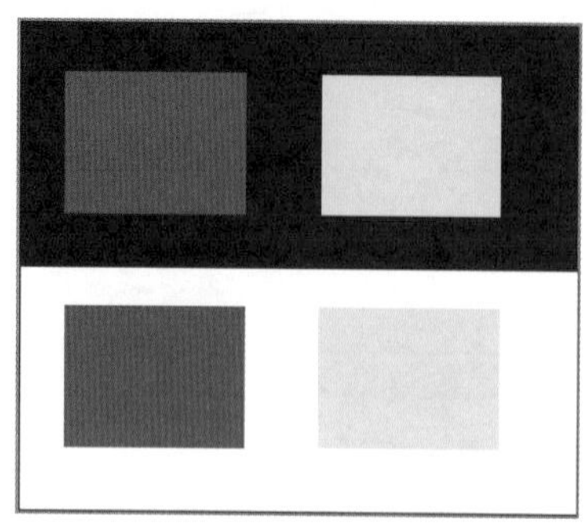

图9-17 背景影响色彩的空间感

图9-18 色彩的大小感

除此之外，色彩还有轻重感和软硬感。其中，影响色彩轻重感的是明度，明度相同时，彩度越高，感觉越轻；从色相方面来讲，暖色重，冷色轻。但是影响色彩软硬感的主要是明度和彩度，和色相关系不大，明度高彩度低的色彩具有柔软的感觉，例如粉红色，明度低彩度高的色彩具有坚硬感，例如紫色、蓝色和红色。

2 色彩搭配技巧

在设计演示文稿的过程中，有一些最基本的搭配技巧和用户分享一下，包括善用主题色、合理选择背景色、不滥用色彩、有选择性地选择色彩等。

（1）善用主题色

设计演示文稿时，如果用户对色彩的把握不够熟练，可以使用系统预定义好的颜色组合的方案来设置演示文稿的格式，如图9-19所示。

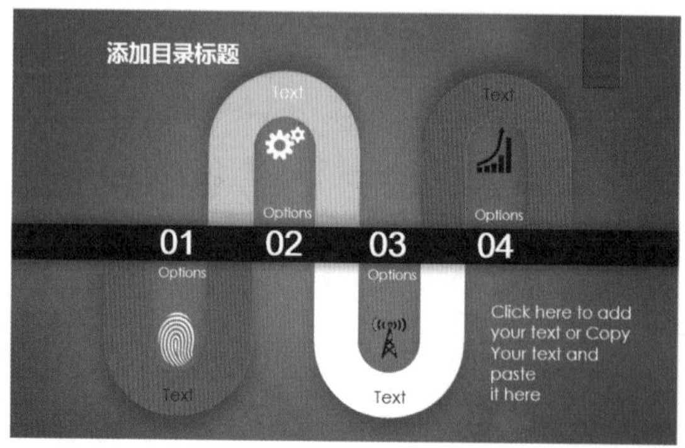

图9-19 应用“离子”主题色效果

（2）合理选择背景色

在选择背景色时要结合演示文稿中文字、图形等相关对象的颜色进行选择，如图9-20、9-21所示。从两幅图的对比可以看出，图9-21在背景色的选择上与图表的色彩更能融为一体，同时显得更加专业。

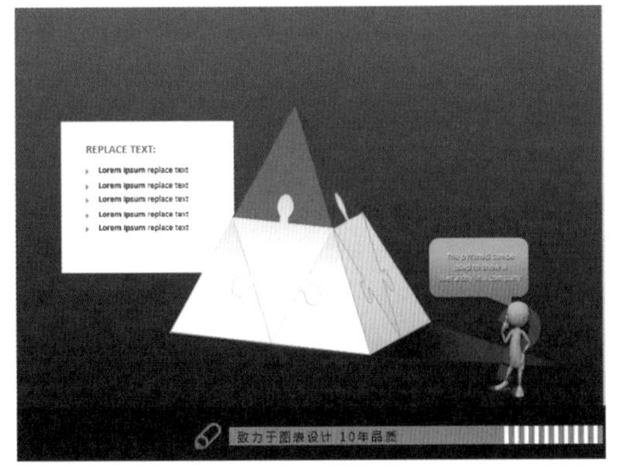

图9-20 应用背景色不当

图9-21 应用合适背景色

另外，可以考虑使用图片和纹理作为演示文稿的背景色。恰当的纹理或图片背景比纯色背景具有更好的效果。

如果使用渐变填充，可以考虑使用近似色；构成近似色的颜色可以柔和过渡并不会影响前景文字的可读性。也可以通过使用补色进一步突出前景文字。但是，千万不要使用对比过于强烈并且相互冲突的颜色，不滥用色彩。

在同一个演示文稿中，切忌文本颜色、图形填充以及幻灯片背景使用多种相互冲突的色彩，使得演示文稿让观众眼花缭乱，且无法突出重点，如图9-22所示。其实相似的颜色也能产生不同的作用，颜色的细微差别可能使信息内容的格调和感觉发生变化，如图9-23所示。

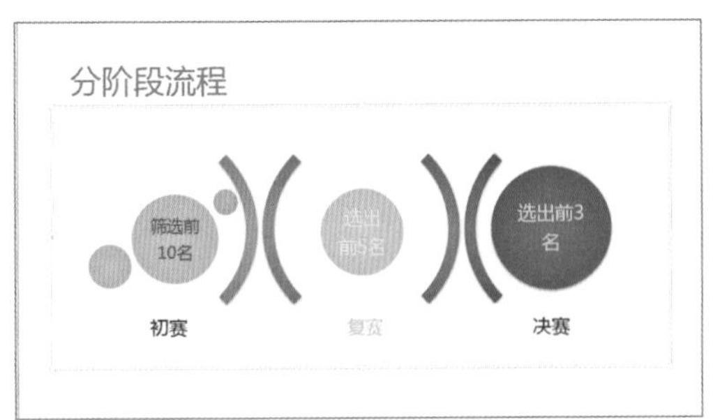

图9-22 滥用色彩

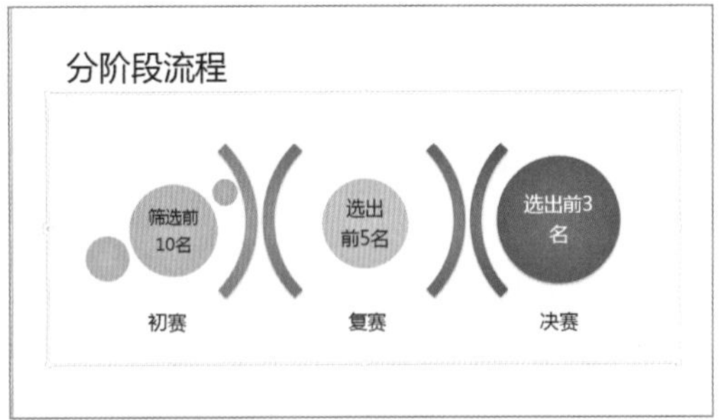

图9-23 合理运用色彩

需要注意的是，一些颜色虽然有其惯用的含义，例如红色表示警告，而绿色表示认可。但是由于这些颜色在不同的国家具有不同的含义，使用前需要充分了解受众的背景。

③ 针对听众选择颜色

用户在制作演示文稿之前，一定要弄清自己的演示文稿将要演示给哪些人看，政府部门、事业单位、年长者及国有企业的领导一般都偏爱较艳丽的颜色；而年轻人、学历较高以及西方文化背景的人则会偏爱清淡一些的颜色。除此之外，还要留意周边的环境，例如，灯光墙壁颜色等是否影响到显示效果。

综上所述，关于PPT配色的总结有以下几点：

第一，整个PPT页面最好不要超过4种以上的颜色，过多的色彩会让整个PPT失去应有的表达能力。

第二，采用的颜色不能相互冲突，最好可以做到相互协调，互相统一。

第三，不能随心所欲地创造一些颜色，而是应用一些已经被人们广泛接受的颜色。

第四，应当充分考虑观众对色彩的感知能力，使每个观众都可以身心愉悦地观赏整个演示文稿。

9.2.4 配色的技巧与注意事项

① 单一色配合白色的应用

白色系被称作为放心系，无论是在平面设计、网页设计还是在衣服颜色的搭配方面，白色都能较好地与其他颜色搭配。这在PPT中也是同样的道理，白色可以和任何颜色搭配，白色的加入，可以让整个画面顿时清爽起来。

在绿色中加入少量的白，其性格就趋于洁净、清爽、鲜嫩。在黄色中加入少量的白，其色感变的柔和，其性格中的冷漠、高傲被淡化，趋于含蓄，易于接近。在红中加入少量的白，会使其性格变的温柔，趋于含蓄、羞涩、娇嫩。在紫色中加入白，可使紫色沉闷的性格消失，变得优雅、娇气，并充满女性的魅力。

② 利用同色系的明暗变化配色

如果对色彩的把握能力不够强，又觉得单一色的背景单调，可以使用同一色系的色彩设置渐变背景、构成层次、划分区域等。

③ 不要小看单一的背景色

在制作PPT时，不能为了追求抢眼效果，设置过分缤纷的背景，太过炫目的效果，会夺走观众的吸引力，演示文稿的最终目的是演示，从观众的视线看来，单一的背景色搭配适宜的文字颜色和字体，会产生更佳的视觉效果。

④ 其他经典配色

黑+灰+黄，严谨、专业又显示出极强的力量感。

深红+灰+白，醒目、独特，加入适量的灰色使整个画面的冲突感降低。

灰+洋红（湖蓝）+白（黑），潮流时尚之感迎面而来，因为灰色调的加入，整个画面又稳重起来。

灰+橙（黄）+白，时尚又不乏大气之感，动感而又专业。

⑤ 学会取人之长

当你为了配色纠结、痛苦不堪时，让我偷偷告诉你一个绝招吧，那就是搜索一些网站和图书的封面，借鉴他们的配色运用于自己的演示文稿中。

另外，PPT模板中保存的配色方案都是经过千锤百炼深受广大用户喜欢的配色，可以将其“窃取”过来据为己有，只需打开该模板后，单击“设计”选项卡上的“颜色”按钮，选择“新建主题颜色”命令，为该配色方案起一个简单明了的名字，将其保存，这样以后就可以随心所欲地使用它了！

9.3 PPT的布局结构

同样的内容、同样的图片，不同布局结构的演示文稿，给读者所带来的视觉效果以及传达给观众的思想也有可能是不同的。对于PPT来说，一个合理的布局结构是非常重要的。人们常用的幻灯片布局结构有标准型、左置型、文字型、斜置型、中图型、圆图型、中轴型、棋盘型、全图型等，下面将对其中常见的几种布局结构进行介绍。

1 标准型布局

最常见的幻灯片布局为标准布局，即遵循从上到下的排列顺序。这是由于自上而下的排列结构符合人们的心理顺序和思维活动的逻辑顺序，可以产生良好的阅读效果，如图9-24所示。

2 左置型布局

左置型布局是一种常见的版面编排类型，它往往将纵长型图片或图表放在版面的左侧，与右侧横向排列的文字形成强有力的对比。这种布局结构非常符合人们视线的移动规律，因而应用也比较广泛，如图9-25所示。

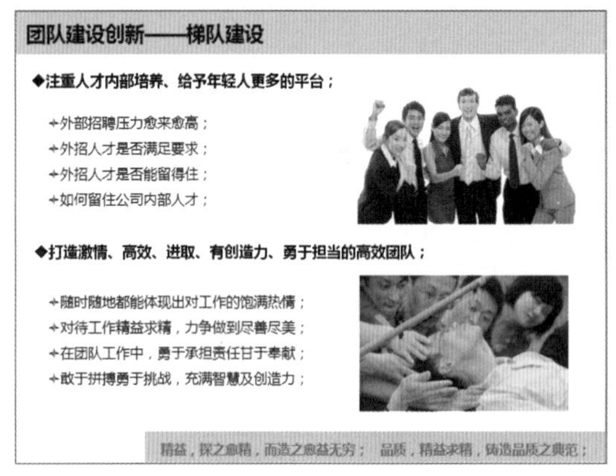

图9-24 标准型布局

图9-25 左置型布局

3 文字型布局

在某些时候，用户希望可以传达某些信息，其中文字是版面的主体，其余的图片或者页面背景等只是作为衬托。为了使文字具有更强的感染力，且便于阅读，此时就需要对字体、字色、字号等作出设置，如图9-26所示。

4 斜置型布局

在布局时，全部图形或图片右边（或左边）作适当的倾斜，使视线上下流动，画面产生动感，令呆板的画面活跃起来，如图9-27所示。

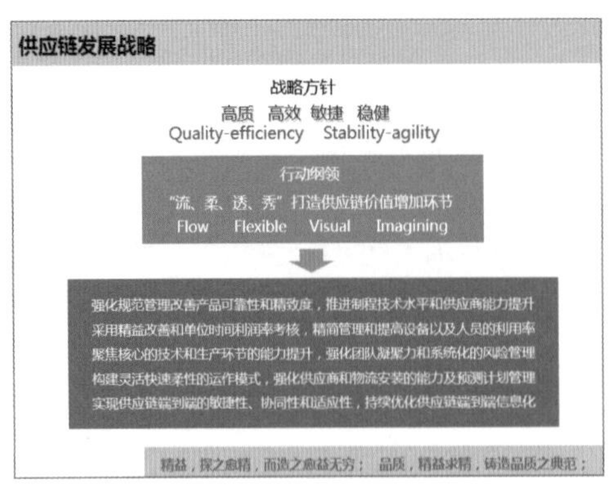

图9-26 文字型布局

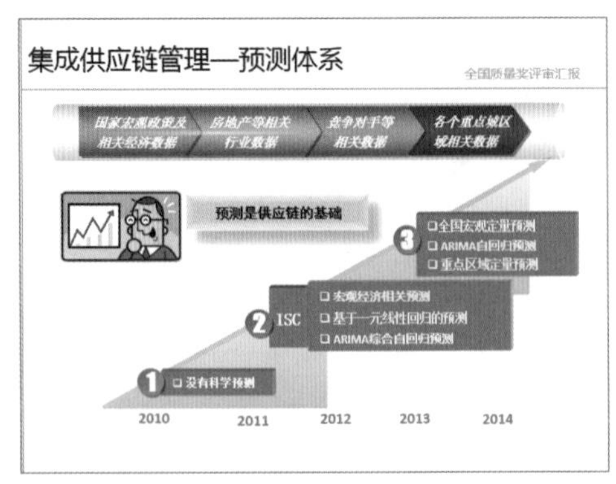

图9-27 斜置型布局

5 圆图型布局

以正圆或半圆构成版面的中心，在此基础上按照标准型顺序安排标题、说明文本以及其他对象，可以一下吸引读者目光，突出重点内容，如图9-28所示。

6 中轴对称型布局

将标题、图片、说明文与标题图形放在轴心线或图形的两边，这样便显示出了良好的平衡感，如图9-29所示。

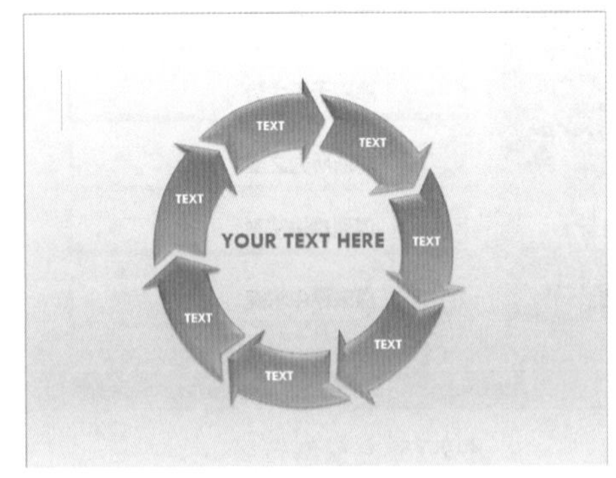

图9-28 圆图型布局

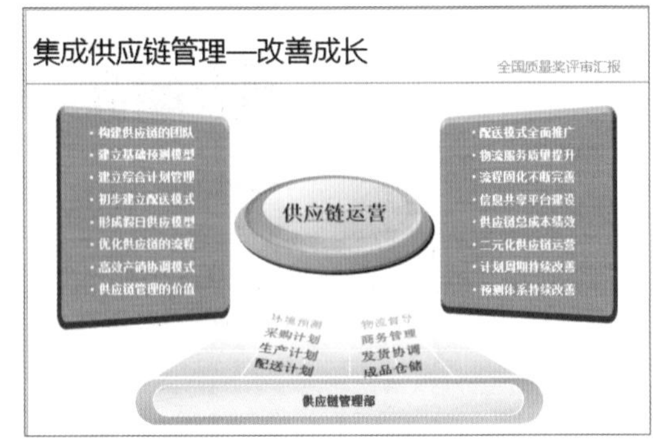

图9-29 中轴对称型布局

上述介绍的只是单个幻灯片的布局结构，用户在制作一个演示文稿之前，首先需要先想清楚整个演示文稿的内容，然后罗列出大纲，根据大纲合理分配页数，当页码太多时，还可以将正文分为多个小节，一般来说，一个完整的演示文稿会包括目录页、导航页、正文页、结尾页4个部分，用户可以采用总分式、叙事式、场景式等多种结构的方式来完成一个演示文稿。

9.4 PPT构图基础

PPT构图是创作过程中的一个不可缺少的环节，它是将演示文稿内各个部分组合成整体的一种形式。构图既要充分考虑作品内容，又要传达出作者内心的感受，并同时符合大众的审美法则。构图的概念和法则与审美意识、艺术观念、理论及风格密切相关。

9.4.1 构图法则

无论是何种类型、何种风格、何种性质的演示文稿，都应当遵循以下几种原则来进行构图。

（1）元素与主题密切相关

演示文稿中的一切对象都必须与当前主题相关联，或衬托主题、或点明主题，但是不可在其中加入与主题无关的元素，否则会有画蛇添足之嫌，如图9-30所示。作为一个项目汇报的首页，只要做到简洁大方，主题鲜明即可。相比图9-30，图9-31中把“项目汇报”这几个字重点突出，这样一来，就使得该页显得更加大气、专业。

图9-30 包含无关元素

图9-31 所有元素与主题相关

（2）各组成元素不可过于分散

演示文稿内各组成元素应保持密切的联系，否则会导致相互关系表达混乱，无法传达出想要表达的主题，如图9-32和图9-33的对比中，后者利用了几何图形将文字主题有效地整合在了一起，其效果一目了然。

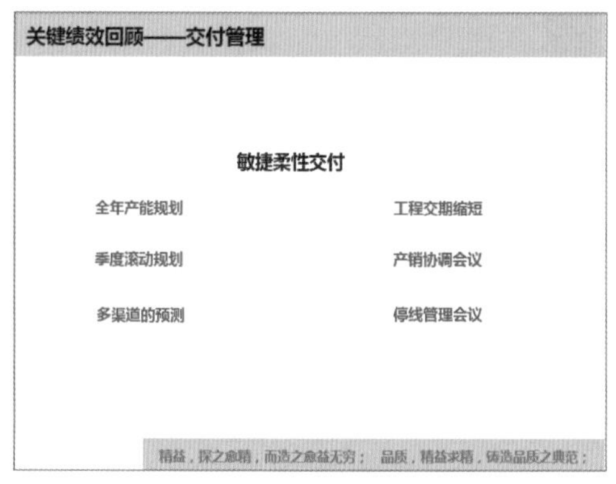

图9-32 组成元素分散

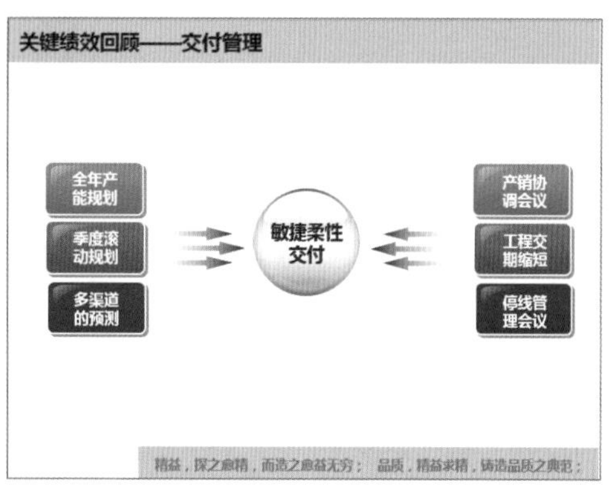

图9-33 组成元素关系密切

（3）主题内容突出显示

在组织元素表达中心内容时，应当合理安排各元素之间的相互关系，利用文字的艺术效果、图片的调整、图形的特殊效果等将重点内容突出显示，如图9-34和图9-35的对比中，后者采用了立体面将层次进行了划分，不仅突出了主题，同时也使得画面更具动感，更好地吸引受众的眼球。

图9-34 主题内容不突出

图9-35 主题内容突出显示

（4）各元素相互协调统一

整个演示文稿中的所有元素，应当是既有变化又有统一的一个整体，应当利用几何体、明暗、线条、色彩等因素的对比谐调规律，以及平面构成、空间处理等手段，使整个演示文稿活泼生动、时尚新颖，并具有最佳的艺术感染力，如图9-36所示。

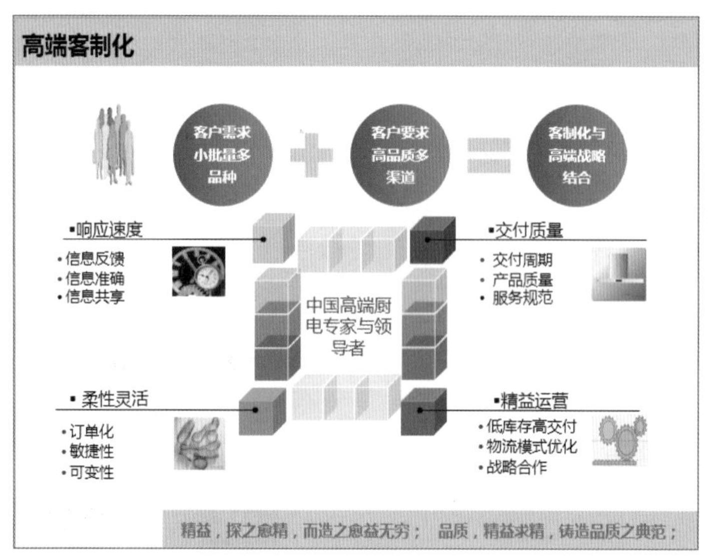

图9-36 各元素和谐统一

9.4.2 构图原理

PPT构图与平面构图有着相似之处，在PPT构图中同样有均衡、对比统一、节奏、对称等原理，下面我们简要介绍其中几种。

（1）均衡原理

均衡是PPT构图中一项最基本的原理，通过各种元素的摆放、组合，使画面通过人的眼睛，在心理上感受到一种物理的平衡（比如空间、重心、力量等），均衡是通过适当的组合使画面呈现“稳”的感受，通过视觉而产生形式美感。从明暗调子来说，一点黑色可以与一片淡灰获得均衡。黑色如与白色结合在一起时，黑色的重量就会减轻。从色彩的关系来说，一点鲜红色，可与一片粉红或一片暖黄色取得均衡。PPT整个画面的均衡感是各种因素复杂地综合在一起而产生的，如图9-37示。

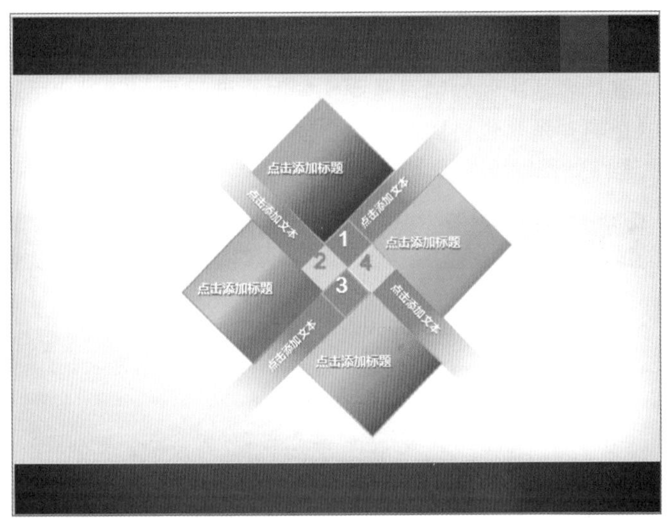

图9-37 均衡的画面

（2）对比统一原理

构图中的变化与统一，也可以称为对比与谐调。在PPT构图中，常常会通过对比来追求变化，通过谐调来获得统一。如果忽略这一原理，就会失去变化统一的效果，表达的主题就不会生动，也不可能获得最完美的形式美感。PPT画面中的变化因素很多，包括视点、位置、形状、明暗等。那么，对比的因素，如何在构图处理上达到统一谐调的效果呢？画面中较多的对比形式因素需要交错处理，产生呼应，使对比具有了谐调感。

谐调是近似的关系，对比是差异的关系。对比要通过画面中各因素的倾向性和近似的关系来获得谐调感。以谐调与统一占优势的构图，也必定有处理某些变化的因素，使整个画面不致单调而有生动感，如图9-38所示。

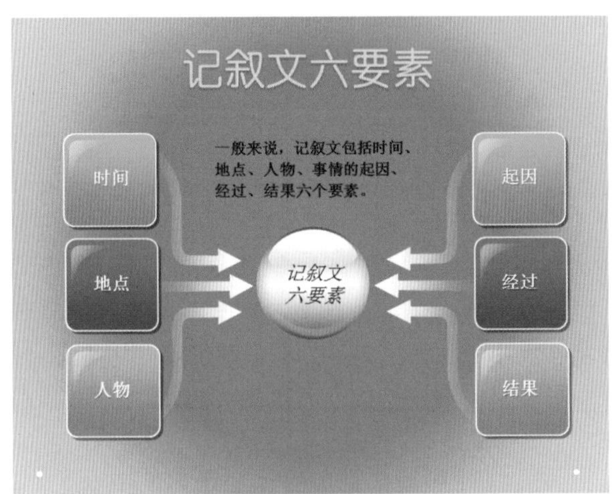

图9-38 对比统一的画面

（3）节奏

PPT还有一个重要的原理——节奏，节奏鲜明的构图让整个画面动起来，变得趣味、活泼，摆脱呆板、乏味的形象。

例如，明暗可以带给整个画面节奏感，明暗是指最深的暗调子至最淡的明调子之间的各种明暗层次。暗色调的交错，获得画面的变化与均衡，产生节奏韵律感。常常采用暗的背景衬托明亮的主体、明亮的背景衬托较暗的主体或者是中间色调衬托明暗对比鲜明的主体物，构图的明暗形式处理，必须服从表达主题的情景需要。同时也要运用明暗对比手段，显示出构图的主体部分和陪衬部分的正确关系。也可以同时运用多种明暗对比因素的构图形式，去处理复杂的题材，表现重大的主题，如图9-39所示。

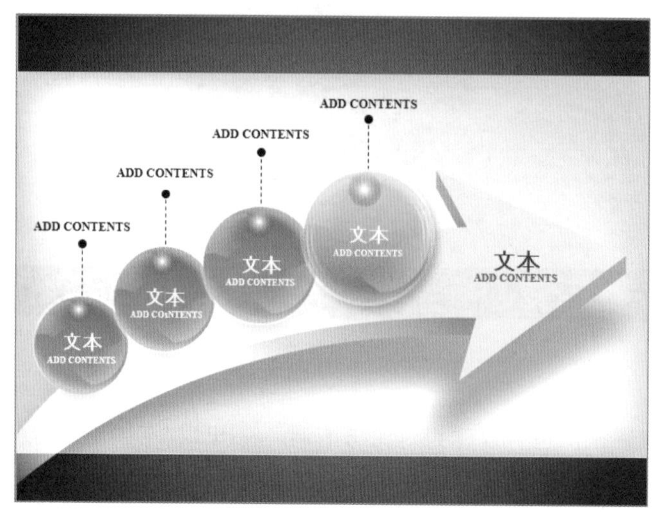

图9-39 充满节奏感的画面

9.5 PPT平面构成

9.5.1 平面中的点、线、面

构成平面的最基本元素是点，线则是点移动的轨迹，而面由线组成，由点、线、面三个基本元素可以构成一个平面，下面将对幻灯片页面中的点、线、面进行阐述。

① 点

与几何学中的点不同，在平面构成中，点是在对比中存在的，是相对周围面积而言很小的视觉形象，具有各种形状、大小、深浅的差别，是一切形态的基础。点一般被认为最小的并且是圆形的，但实际上点的形式是多种多样的，有圆形、方形、三角形、梯形、不规则形等，自然界中的任何形态缩小到一定程度都能产生不同形态的点。

点的基本属性是注目性，点能形成视觉中心，也是力的中心。也就是说当画面有一个点时，人们的视线就集中在这个点上，因为单独的点本身没有上、下、左、右的连续性，所以能够产生视觉中心的效果，如图9-40所示。

圆形点 方形点 三角形点 饼形点 多边形点

图9-40 充满节奏感的画面

在PPT中，利用点的视觉特征，可以吸引观众的视线，例如可以使用点标示某些重要数据或者突出显示某个重点内容等，如图9-41所示。

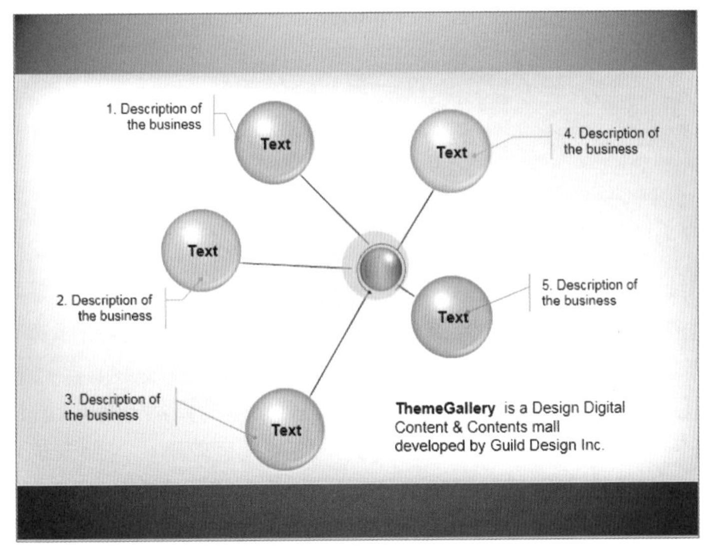

图9-41 显示重点内容

❷ 线

在几何学中，线只是具有位置、长度而没有宽度和厚度的。通过点的移动可以得到线，但是线的存在具有不可替代性，在平面中，多种多样的线条让平面具有条理感，线和点一样，也是相对的概念，太短为点，太宽为面，具有位置、长度、宽度、方向、形状和性格等属性，线在平面构成中起着非常重要的作用，线在一个平面中加粗到一定程度的时候，我们往往把这个线看成是一个面或一个长方形。

线概括起来分直线和曲线两大类。其中，直线可分为：垂直线、水平线、斜线、折线、平行线、虚线、交叉线。曲线可分为：几何曲线（弧线、旋涡线、抛物线、圆）、自由曲线。

直线具有男性的特点，有力度、稳定，直线中的水平线平和、寂静，使人联想风平浪静的水面，远方的地平线；而垂直线则使人联想到树、电线杆、建筑物的柱子，有一种崇高的感受；斜线则有一种速度感。直线还有粗细之分，粗直线有厚重，粗笨的感觉，细直线有一种尖锐，神经质的感觉。

曲线富有女性化的特征，具有丰满、柔软、优雅、浑然之感。几何曲线是用圆规或其他工具绘制的具有对称和秩序的美、规整的美。自由曲线是徒手画的一种自然的延伸，自由而富有弹性。

在PPT中，线的应用及其广泛，可以用直线来绘制折线图。

还经常会用大量密集的线形成面的感觉，通过线的长短、粗细、位置、方向、疏密、明暗调性等因素，以重复、渐变、发散等规律化的形式进行构成，以追求丰富生动，灵活多变的视觉效果，来增强页面视觉效果，如图9-42所示。

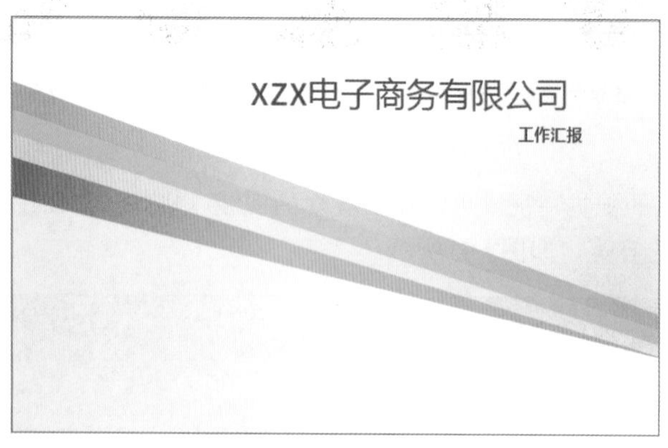

图9-42 使用线形成面

③ 面

面是线或点连续移动至终结而成的形状，有长宽、位置，但无厚度，是体的表面，受线的界定。面的形态是多种多样的，不同形态的面，在视觉上有不同的作用和特征，直线形的面具有直线所表现的心理特征，有安定、秩序感，男性的性格。曲线形的面具有柔软、轻松、饱满、女性的象征。偶然形的面如：水和油墨，混合墨洒产生的偶然形等，比较自然生动。

在平面中，任何封闭的线都能勾画出一个面，如果只有轮廓，内部未加填充，则虽有面的感觉，但是不充实，往往给人通透，轻快的感觉，没有量感。填充的面则给人以真实、充实和量的感觉。面的边界线即轮廓是决定面的形态特征的关键。面的形态体现了整体、厚重、充实、稳定的视觉效果，不同形状的面，又会产生不同的视觉效应。如图9-43所示。

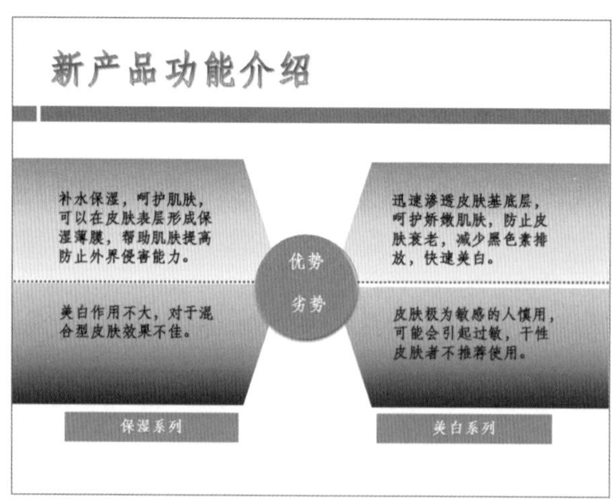

图9-43 面显示效果

9.5.2 基本平面构成

在PPT中，经常会使用平面来对整个幻灯片版面进行划分，合理安排布局结构，构成幻灯片版面的方法有多种，下面介绍几种常用的方法。

① 重复构成

在制作演示文稿内的目录、流程、关系型等图形的过程中，经常会不断地使用同一个形状来构成画面，这种相同的形象出现两次或两次以上的构成方式叫做重复构成。这种重复在日常生活中到处可见，如高楼上的一扇扇窗子。基本形重复后，其上下、左右都会相互连接，从而形成类似而又有变化的图形。多种多样的构成形式生成千变万化的形象，使得画面丰富且具有韵律感，如图9-44、图9-45所示。

图9-44 重复构成目录图表

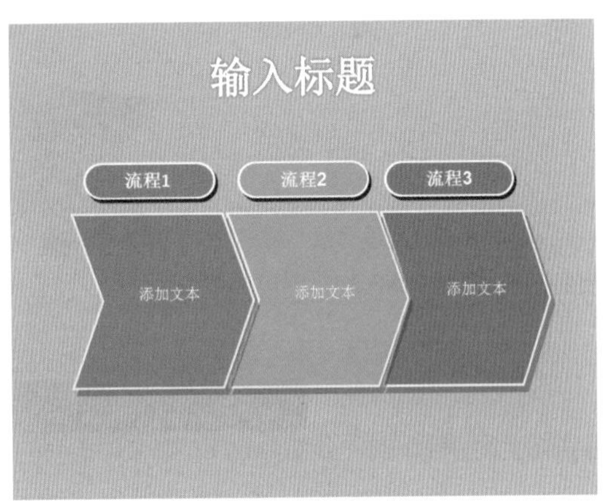

图9-45 重复构成流程图表

② 渐变构成

除了重复构成外，渐变构成同样是用户在制作PPT时经常采用的构成方式，渐变构成是以类似的基本形或骨格，渐次地、循序渐进地逐步变化，呈现一种有阶段性的，调和的秩序。在渐变构成中，其节奏与韵律感的安排是至关重要的。如果变化太快就会失去连贯性，循序感就会消失；如果变化太慢，则又会产生重复感，缺少空间透视效果。

在制作幻灯片时，渐变构成是深受用户喜爱的一种构成方式，充分利用渐变效果，遵循构图法则，可以构造出华丽动感的画面，如图9-46所示。

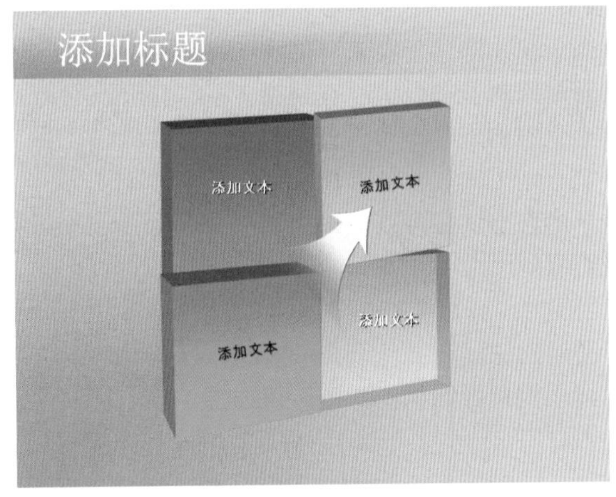

图9-46 渐变构成效果

③ 发射构成

发射构成是一种特殊的重复，是基本形或骨骼单位环绕一个或多个中心点向外或向内集中。（水花四溅、花朵）发射也可说是一种特殊的渐变。发射构成有两个基本的特征：第一，发射具有很强的聚焦，这个焦点通常位于画面的中央；第二，发射有一种深邃的空间感，光学的动感，使所有的图形向中心集中或由中心向四周扩散。

在一张幻灯片中，若需要突显一内容，可以采用该构成方式，将需要突出显示的内容，作为构图的中心点，其他辅助说明内容作为辐射即可，如图9-47所示。

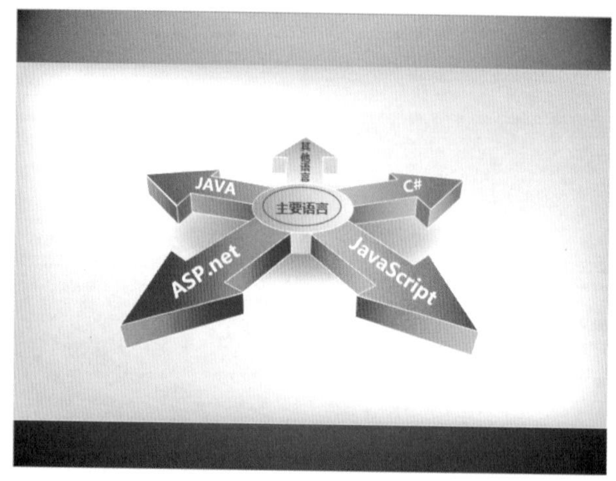

图9-47 发射构成效果

4 特异构成

特异构成同样是建立在重复的基础上，其中的某个形态突破了骨骼和形态规律，产生了突变，这种整体的有规律的形态群中，有局部突破和变化的构成叫特异构成。特异和重复、渐变构成有着密切的关系，特异的形态往往可以带来视觉上的惊喜和刺激。

在PPT中，若需要在若干个并列关系的对象中，突出显示某一对象，可以采用特异结构，如图9-48所示。

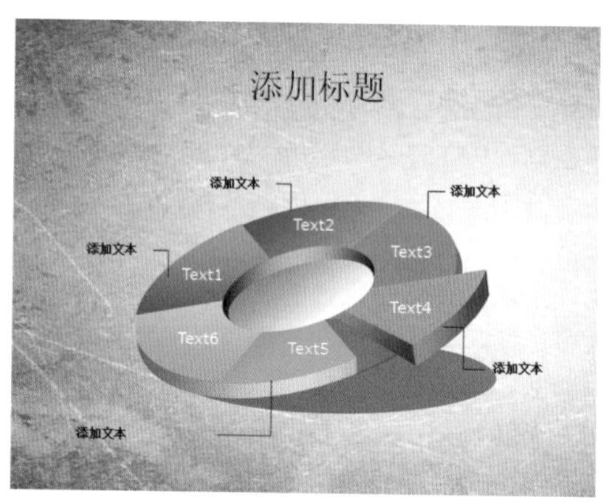

图9-48 特异构成效果

9.5.3 复杂平面构成

平面与平面相互重叠交错组合而成的复杂平面常常会具有空间感，除此之外，还可以使用线、点的渐变的形式来完成。

在制作幻灯片时，为了增强幻灯片的视觉效果，往往会使用多个面重叠而成的方式来构成一个复杂的平面以烘托主题，下面将介绍几种复杂平面构成的幻灯片。

1 线条和平面构成

充分利用线条和平面相互组合，可以构成复杂平面，这需要用户熟练使用图形的插入、三维格式的设置、渐变填充的设置以及三维效果的设置等。

如图9-49为初始效果，利用矩形、平行四边形以及直线命令，为矩形设置快速效果，平行四边形设置渐变填充效果，然后利用直线划分边界，即可构成一个平面，然后在合适的位置输入标题、插入图片、添加文本，即可做出一个展览型的幻灯片，如图9-50所示。

图9-49 初始效果

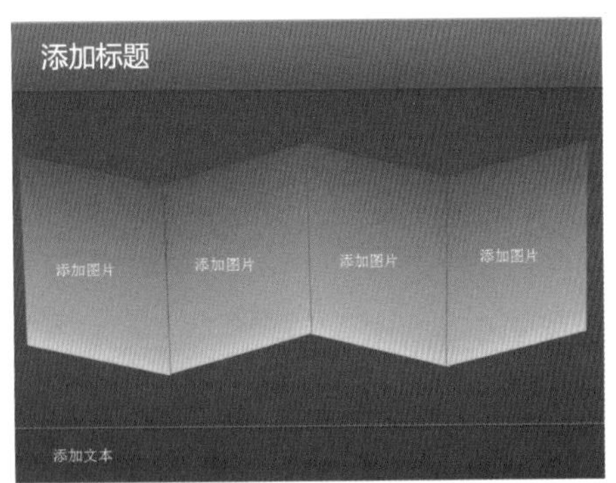

图9-50 构成复杂平面

❷ 平面重叠构成

利用多个平面的相互重叠，可以构造出具有明暗效果、立体感的画面，如图9-51所示为一个空白主题的演示文稿，通过图形的绘制、图形的填充、调整图形叠放次序后，形成一个动感时尚的幻灯片画面，如图9-52所示。

图9-51 初始效果

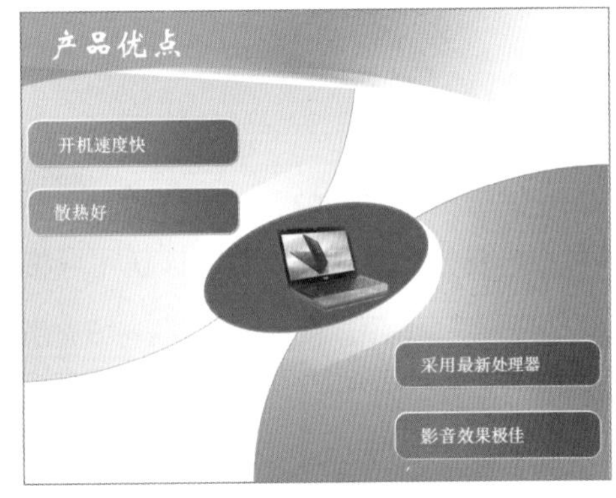

图9-52 构成复杂平面效果

如图9-53所示为一个演示文稿的目录页，利用多个图形重叠而成的金字塔形构成的画面比之前画面更加的注目、美观，如图9-54所示。

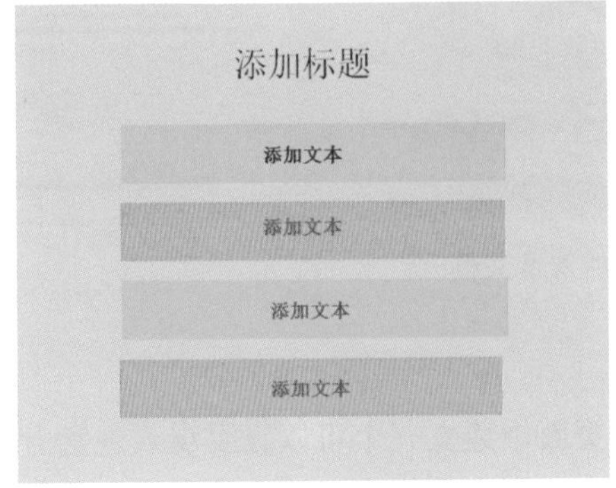

图9-53 初始效果

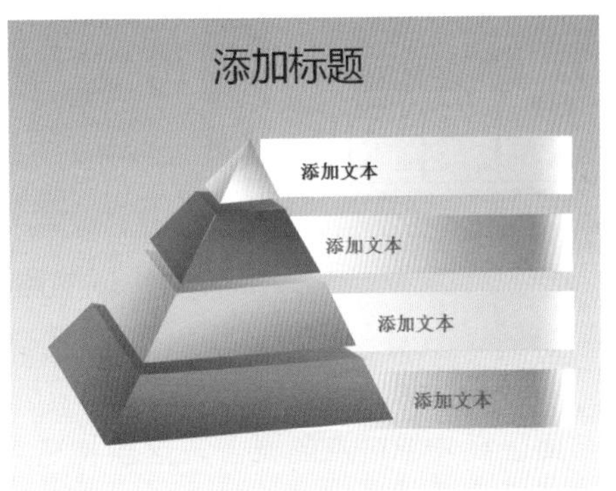

图9-54 构成立体效果

9.6 版式设计的原则

① 避免陈旧、平淡

输入文本时，传统的套用模板版式的方法，会让PPT毫无新鲜感，应当根据实际情况，设计正文内容版式，如图9-55所示。

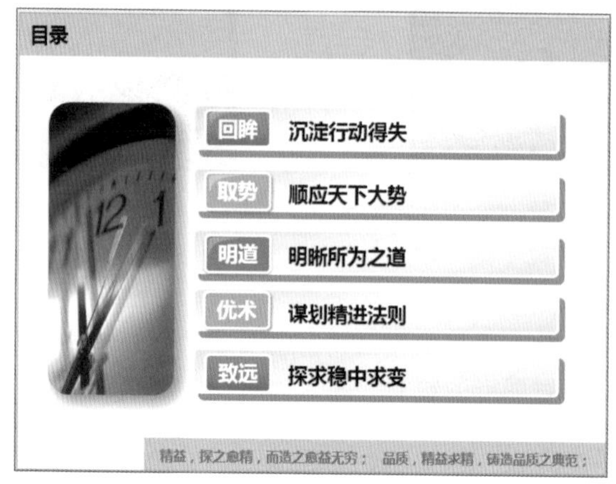

图9-55 排版效果

② 风格要统一

在制作演示文稿时，切忌为了追求华丽使用多个迥然不同的模板，这样会混乱观众的视线和思维，弱化重点内容，而应该使用风格、版式都统一的演示文稿，如图9-56所示。

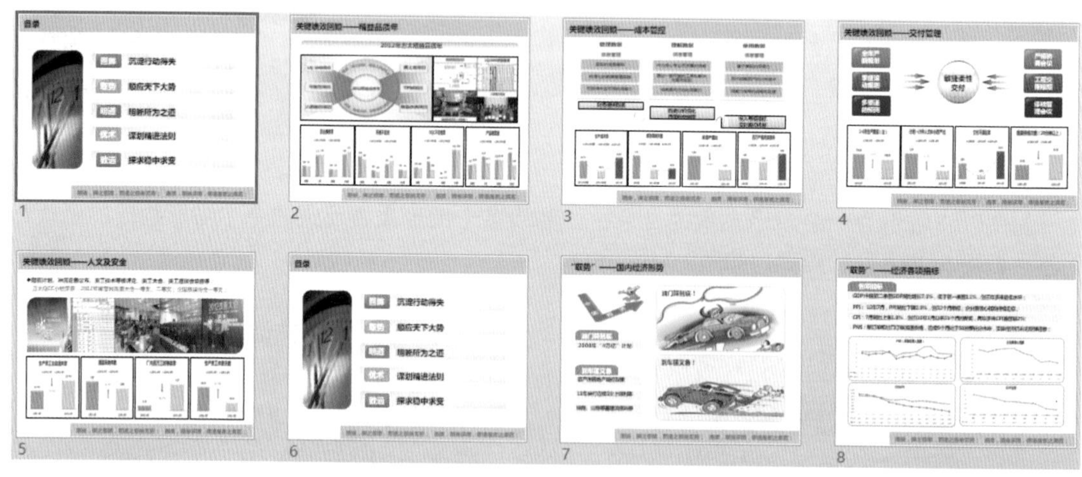

图9-56 风格、版式统一的演示文稿

③ 学会构建焦点

前面已经介绍过点的概念，这里构建焦点是指在页面中建立一个可以吸引观众注意力的视觉焦点，这个焦点可以是一段文字，也可以是一张图片，那么怎样构建这个焦点呢？例如以图

9-57所示幻灯片构建焦点为例，首先，将正文内容分解成几个分组，并提炼主要关键词，然后结合图形，构建凸显重点，各分点并行显示，如图9-58所示。

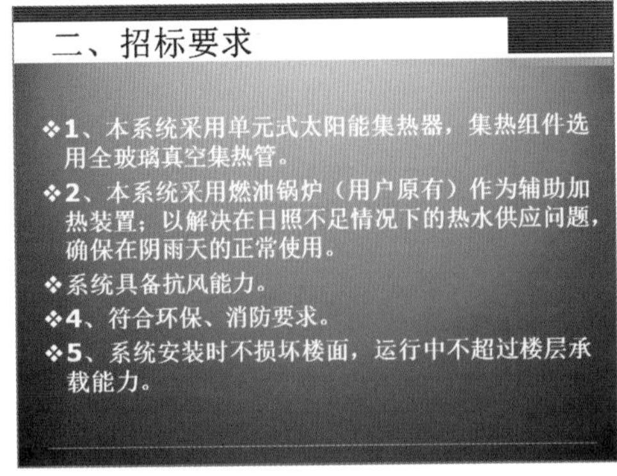

图9-57 无焦点的幻灯片

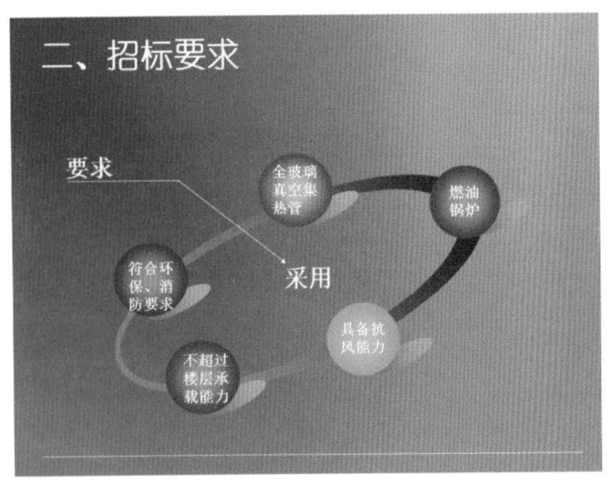

图9-58 建立焦点的幻灯片

④ 要明确重点

建立焦点后，还需要根据内容的主次、重要性明确页面的重点，让观众一目了然地看出哪些是重点内容，哪些是次要内容，这就需要在视觉上具有强烈的对比效果，如图9-59所示。

图9-59 重点明确的幻灯片

9.7 文本应用注意事项

文本是PPT最基本的组成元素之一，是观众注意的焦点，也决定了演示文稿的主题和版式。接下来我们来了解一下使用文本时应该注意的一些事项以及一些技巧方面的内容。

9.7.1 文本应用原则

① 避免冗余

在制作演示文稿时，要做到简练明了，避免使用大段的无用文本，大量冗余的文字会让观众兴趣缺失，如图9-60所示。相反，使用干练、简洁、利落的文字即可准确传达所要表达的信息，更能俘获观众的目光，如图9-61示。

图9-60 大量冗余文字

图9-61 简洁、干练的文本界面

② 灵活运用字体

字体的选用，在演示文稿的设计中扮演着至关重要的作用，最安全的办法是使用已经成熟的字体，中文比如宋体和黑体，宋体比较严谨，显示清晰，适合正文，office默认的字体也是宋体；黑体比较端庄严肃，醒目突出，适合标题或强调区；隶书和楷体艺术性比较强，但投影效果很差，所以如果所做的PPT需要投影的话，应该尽量少用或者不用这两种字体，另外商用PPT中，这两种字体也尽量少用，因为容易产生不信任感。

英文字体一般用Arial、Verdana、Times New Roman这三种比较多。Arial是一种很不错的字体，端庄大方，间距合适，即使放大后也没有毛边现象。Comic Sans MS也是很不错的一款字体，比较轻快活泼，有手写的感觉。如图9-62所示。

Arial Unicode MS

Verdana

Times New Roman

Comic Sans MS

图9-62 几种不同的英文字体

变换不同的字体可以达到很好的效果，但是也要注意字体的一致性。如果字体变化过于频繁，在同一演示文稿中使用的字体如果超过三种，则可能向观众表达的消息会不一致。

另外，需要慎用粗体和斜体。仅仅在强调时才需使用粗体和斜体，其他情况下使用或过多使用则会降低其效果。

③ 文本与图形的结合

文字是传达信息的重要手段，但是纯文本的叙述往往会让观众产生审美疲劳，这时候，用户可以结合图形，根据需要构造出适当的结构，以典雅、美丽的姿态展现给观众，如图9-63所示的效果是不是可以让观众眼前一亮呢？

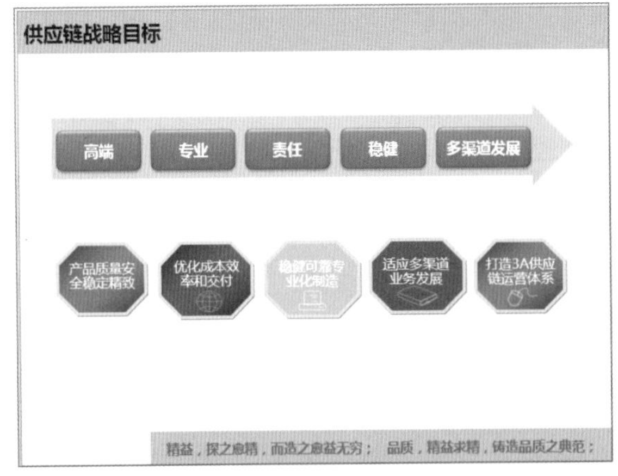

图9-63 文本与图形的结合

9.7.2 字体选择的艺术

❶ 了解常用的字体

在PowerPoint设计中，字体是最容易被忽略，也是最不被重视的。事实上，在PPT设计中，字体选择的难度并不比色彩搭配低多少，无论是从视觉角度还是从给人带来的感觉来说，不同的字体都会带来不同的感受。

纵然字体千变万化，但是仍旧遵循万变不离其宗的原则，实际上所有的字体都可以按照西文字体的分类分为衬线字体（Serif）和无衬线字体（sans serif）两种。

衬线字体：在字的笔画开始、结束的地方有额外的装饰，而且笔画的粗细会有所不同，容易识别，它强调了每个字母笔画的开始和结束，因此易读性比较高，常用于出版物或者印刷品的正文内容等以大段文字作为表现形式的作品上。

比较常见的衬线字体有宋体、楷体、行楷、隶书、Time New Roman、Georgia、Garamond、Didot等，如图9-64所示。

无衬线字体：没有这些额外的装饰，而且笔画的粗细差不多。无衬线体给人一种休闲轻松的感觉。随着现代生活和流行趋势的变化，如今的人们越来越喜欢用无衬线体，因为他们看上去“更干净”。无衬线字体的使用必须保证其在正文内容中的可读性。否则，使用衬线字体。

比较常见的衬线字体有黑体、雅黑、幼圆、Verdana、Arial、Optima等，如图9-65所示。

图9-64 衬线字体　　图9-65 无衬线字体

在时尚引领一切的今天，PPT也要紧跟人们的潮流，字体就和时尚一样，永远在不停地演变，宋体、楷体、黑体、隶书这样的字体，就如同人们脚下的那双布鞋，虽然很舒适，但是已经很土了，成为庸俗、普通、没有创意的代名词。而当下，越来越多的PPT设计者钟情方正字库、汉仪字库、文鼎字库等等。下面我们来看看几种特殊字体的应用。

综艺体：是黑体的一种变体，也是艺术字的一种。特点是笔划更粗，尽量将空间充满。同时为了美观，对拐弯处的处理较为圆润。方正、微软等各大字库都有开发，常被用于广告、报刊等的标题，如图9-66所示。

行书：行书是在楷书的基础上发展起源的，介于楷书、草书之间的一种字体，是为了弥补楷书的书写速度太慢和草书的难于辨认而产生的。“行”是“行走”的意思，因此它不像草书那样潦草，也不像楷书那样端正，如图9-67所示。

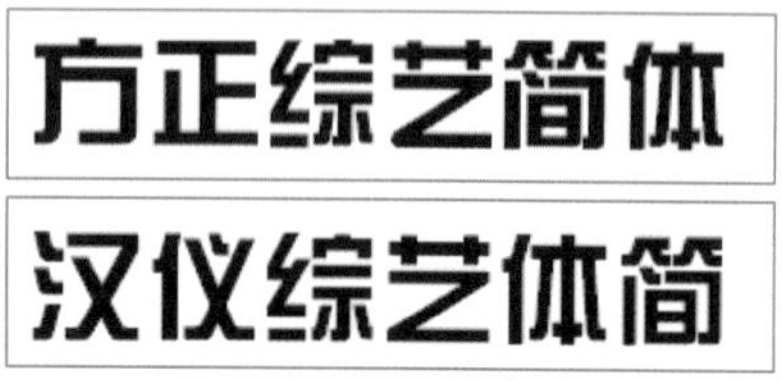

方正综艺简体

汉仪综艺体简

图9-66 综艺体

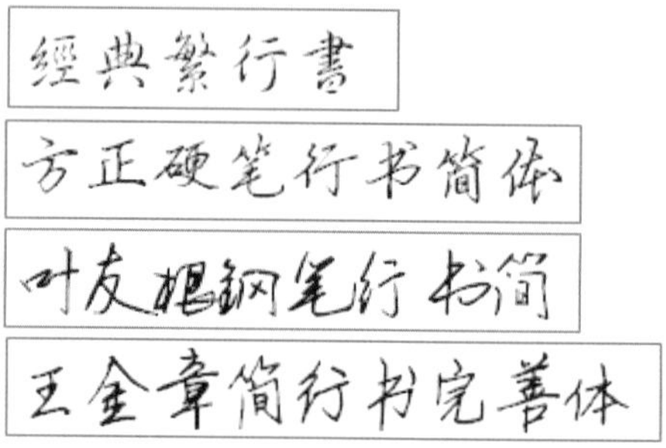

經典繁行書

方正硬笔行书简体

叶友根钢笔行书简

王金章简行书完善体

图9-67 行书

霹雳体：霹雳体在字形上突出呈现内紧外松特点。笔画交接处圆浑厚重，喻蓄势于中心，又疾速发散至收笔之端，一笔之间粗细变化之快生动刻画出“列缺霹雳 丘峦崩摧”的震撼，展现通上彻下的能量释放。看似犀利的笔画穿插相辅、顾盼呼应；整体安排斜中求正，错落有致，平稳和谐，如图9-68所示。

广告体：广告字体就是根据商品的某些特点进而变化产生出来的一种字体，与看到字体的人达到共识，吸引眼球。具有很强的艺术效果和视觉冲击力，为广告加分，如图9-69所示。

文鼎霹雳体

图9-68 霹雳体

文鼎中特广告体

图9-69 广告体

2 标题文字要注意的事项

标题之于幻灯片就如同人的眼睛，一双盈盈秋目会令人过目难忘，同样的，一个吸人眼球的标题，对于演示文稿来说，起着至关重要的作用。那么在标题命名时，有哪些需要注意的地方呢？

首先，标题应该做到言简意赅，换繁就简，试想一下，在这个时间就是金钱的社会，谁愿意花费多余的时间在你哪些无用的文字上呢？你的观众不喜欢、你的老板不会喜欢、你的同事和客户同样不会喜欢。

其次，标题应做到与正文内容相呼应，否则，我们就成为一个挂羊头卖狗肉盗取观众时间的骗子，欺骗观众的注意力，混淆观众的实线，搬起石头砸自己的脚。

最后，如果你有一些好的Idea，那就抛弃你原有的规则吧，一个新潮而时尚的标题，可以瞬间抓取观众的眼球，给你的演讲增光添彩。

③ 安装系统之外的字体

若PowerPoint中提供的字体不能够满足用户的需求，还可以安装需要的新字体，对于Windows 7系统来说，安装新字体有以下三种方法（字体文件已经下载）。

用户可以直接将字体文件复制到“C：\Windows\Fonts”文件夹，在此文件夹中还可以选择删除或者隐藏一些字体，如图9-70所示。

也可以双击打开字体文件，然后单击“安装”按钮，如图9-71示。或者右击字体文件，选择“安装”。

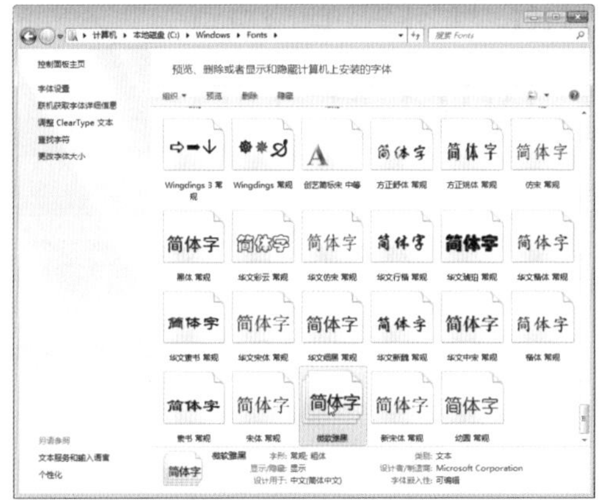

图9-70 字体文件夹

图9-71 打开字体文件窗口

安装种类繁多的字体的确会给我们设计幻灯片带来极大的便利，但与此同时，这些字体文件也会占用大量的系统资源，还会影响Office的运行速度。那么如何解决这个问题呢？用户可以通过“使用快捷方式安装字体”的方法解决。这样即使将字体文件放在其他磁盘中，也可以使用该字体，单击字体文件夹窗口左侧的“字体设置”，如图9-72所示。在打开的“字体设置”窗口中，勾选“允许使用快捷方式安装字体（高级）”选项，如图9-73所示。

图9-72 单击“字体设置”

图9-73 “字体设置”窗口

经过设置后，双击打开下载的字体，可以在预览窗口中看到“使用快捷方式”选项，将其勾选，并安装该字体文件即可，如图9-74所示。

图9-74 安装快捷方式

9.7.3 文本内容的层次化安排 

对于包含大量信息的文本来说，合理安排文本内容的结构，使观众可以一目了然地从中得到有效的信息是很有必要的。下面介绍如何实现文本内容的层次化。

❶ 善于归纳文字内容

大量使用文本是幻灯片的大忌，除非是必须要显示的内容，如果确实需要显示较多的内容。则最好从中找出一些规律，将其按条理进行归纳。让大段的文本信息条理化，明确化，用简短的句子将需要传达的信息传递给受众，如图9-75所示为原始效果，如图9-76所示为归纳文本信息效果。

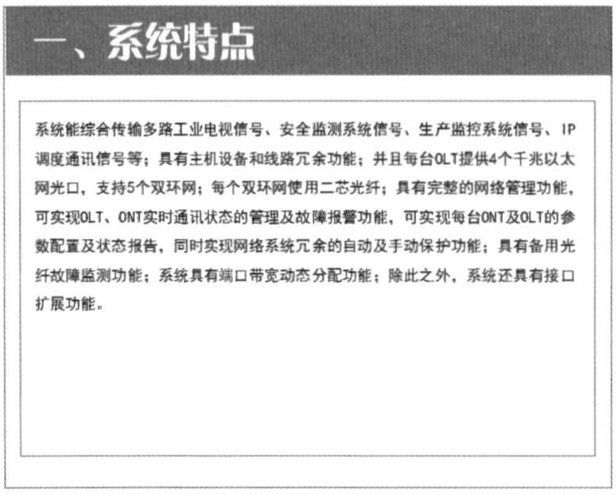

图9-75 原始效果

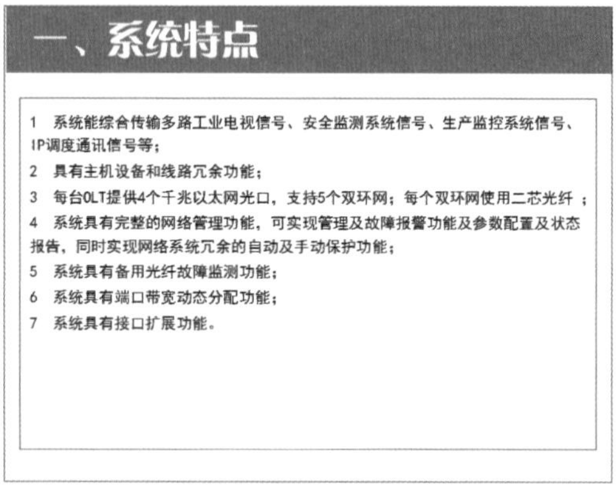

图9-76 归纳文本内容效果

越来越多的人为了追求创意和独特，只用一些简单的词语来进行总结，这是非常不可取的，可能当时理解这些词语的意思，但是不利于以后的总结和学习，如图9-77所示。用户需要在简短的同时，又不能忽略了文本原有的含义，将需要表达的观点明确地传达给观众，如图9-78所示。

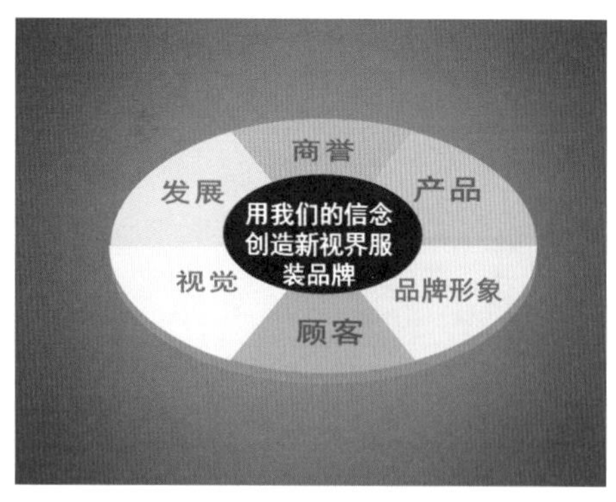

图9-77 原始效果

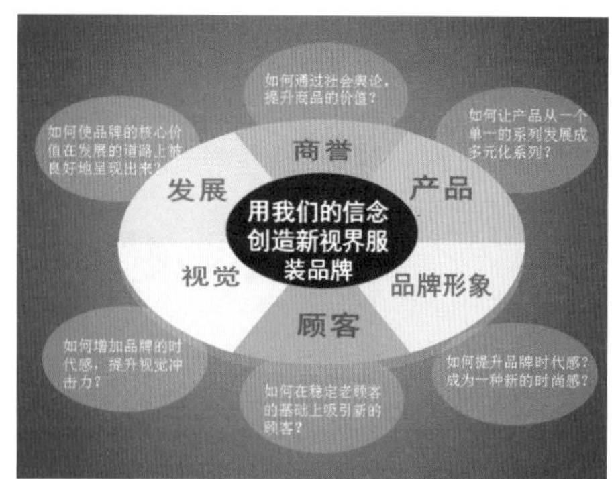

图9-78 美化文本结构

❷ 设置项目符号

一张幻灯片中包含多个段落时，尽管用户会合理恰当的设置文本段落，但是有时仍会显得条理不清，这时，可以采用项目符号和编号功能，使文本更具有层次感，利于观众对文本内容的理解，如图9-79所示。

除了可以使用一些既定的符号作为项目符号外，用户还可以使用一些靓丽的图片作为项目符号，使段落结构化的同时又增添了美丽的外观，如图9-80所示。

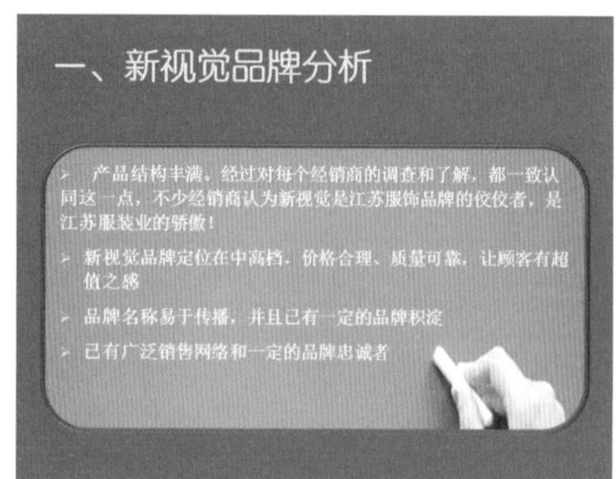

图9-79 使用项目符号

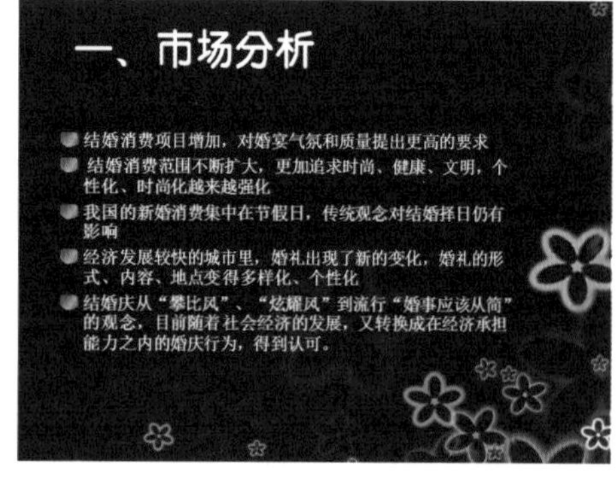

图9-80 使用图片作为项目符号

❸ 文本结构的再次美化

当一张页面中有大量文本信息时，用户可根据需要对文本结构再次美化，利用图形将文字结构化显示出来，如图9-81所示为原始效果，图9-82所示为结构化显示文本效果。

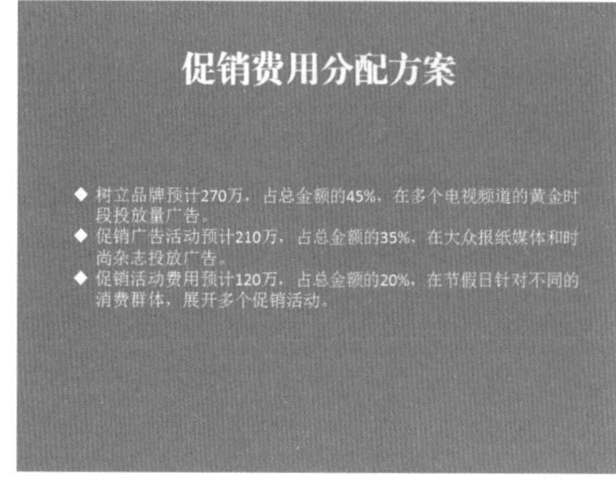

图9-81 原始效果

图9-82 金字塔型文本

除了上述按金字塔形对文本结构美化外，还可以按照一定的规律对文本进行美化，如图9-83所示。

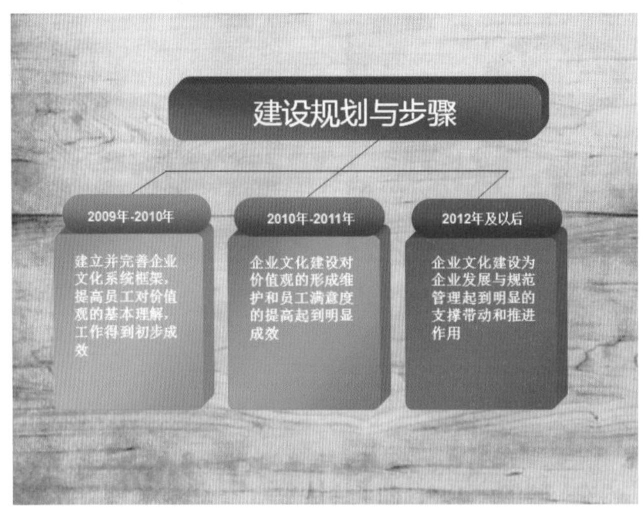

图9-83 组织结构式文本

9.7.4 标题文本的美化

标题之于演示文稿，如同大脑之于人本身，里面的内容固然很重要，但是一个吸引人的发型将决定他人的第一印象。因此，一个精美的标题文本对于演示文稿来说，是很必要的，下面将介绍几种美化标题文本的方法。

❶ 利用艺术字效果

PowerPoint 2013提供了多种艺术字效果，为了突出显示标题文本，用户经常会使用艺术字效果来呈现，如图9-84所示。但是，需要注意的是，要根据演示文稿的主题以及背景色来选择合适的艺术字颜色和效果，如果运用不当，则会画虎不成反类犬。

图9-84 利用艺术字效果

除此之外，用户还可以利用Photoshop或Illustrator等图文软件来设计更加精美的艺术字。

② 利用图形/图像点缀

图形或图像，无论在什么时候都可以带给你惊喜，标题文本还可以通过图形或图像进行美化。图文结合或者行文结合，可以创造出更加吸引眼球的视觉效果，在视觉盛宴开始之初，就呈现一道精美的开胃小菜，如图9-85所示为初始效果，图9-86为结合图形制作的标题效果。

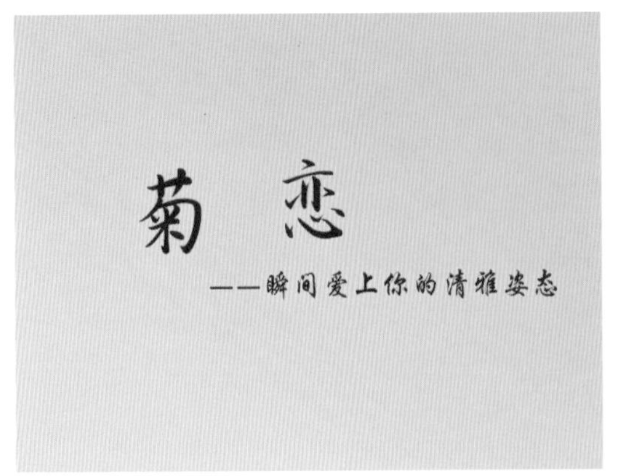

图9-85 初始效果

图9-86 图文结合效果

③ 利用符号

符号是指具有某种代表意义的标识。来源于规定或者约定成俗，其形式简单，种类繁多，用途广泛，具有很强的艺术魅力。越来越多的符号被用于平面设计，在幻灯片中也被用作文本的装饰，如图9-87所示。

图9-87 标题中运用符号

9.7.5 文本应用的禁忌

文本是传达信息的必备神器，但是，运用不恰当反而会给演示文稿丢分，下面将介绍几个应用文本时一不小心就会进入的雷区，在使用文本时需要慎重，谨防误入雷区。

① 忌字体泛滥

虽然说，为了区分标题的级别或者突出显示某个字或短语通常会采用不同的字体。但是，在一个PPT中最好不要超过三种以上的字体。同时，字号的变化也不要超过三种。如图9-88所示为字体和字号超过三种时的显示效果，图9-89所示为字体和字号为两种的显示效果。

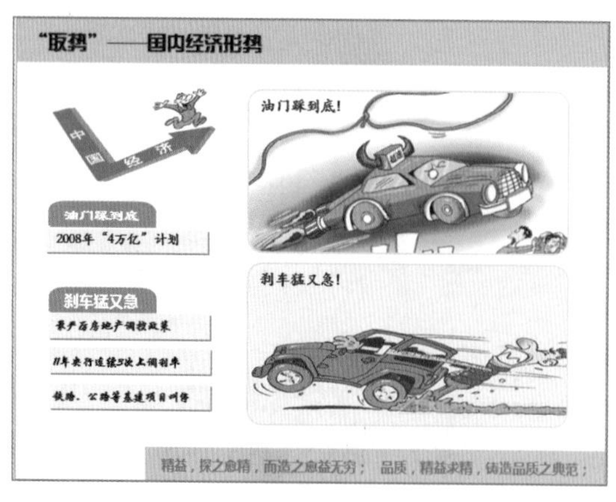

图9-88 初始效果

图9-89 调整字体和字号

② 忌排版紧密

在进行文字排版时，一定不要将所有的文字密集地排列在一起，这会让有密集恐惧症的人看到就晕菜了。不经过处理的大段文字直接粘贴至PPT中，无用的信息会占用观众的时间不说，还会让观众抓不到重点，对文字精简并保留核心内容后，页面简单大方且方便阅读和理解，如图9-90所示。

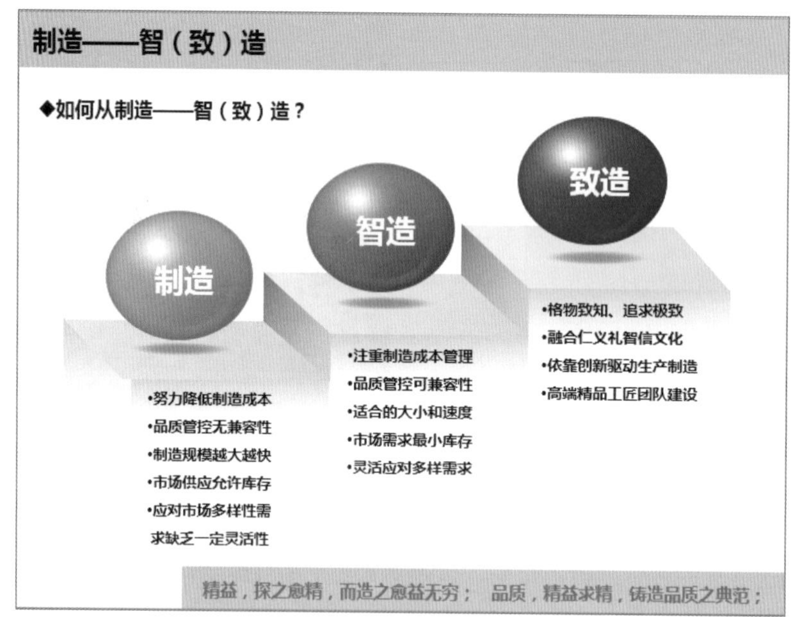

图9-90 文字排列效果

③ 忌颜色复杂

在一个演示文稿中，字体的颜色要与当前主题色相匹配，不能与当前页面中的图片和图形等相互冲突，色彩混乱复杂的演示文稿，很难被观众接受。而色彩统一协调的演示文稿则清爽宜人、干净利落，如图9-91所示。

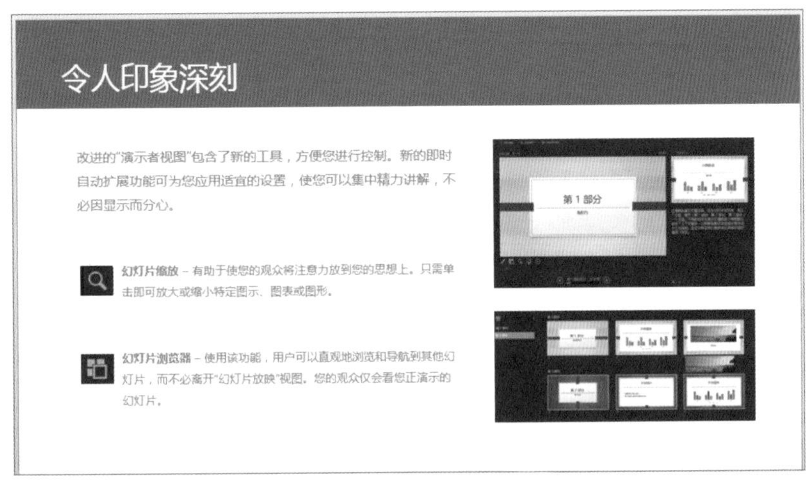

图9-91 减少文字颜色效果

❹ 忌杂乱无章

在演示文稿中，切忌不要将文字天女散花式地随意洒落在页面，文字之间的逻辑关系被打乱，会让观众分不清重点，而按照某种逻辑关系统一地排列文字，则可以增强文字的逻辑性和美观性，如图9-92所示。

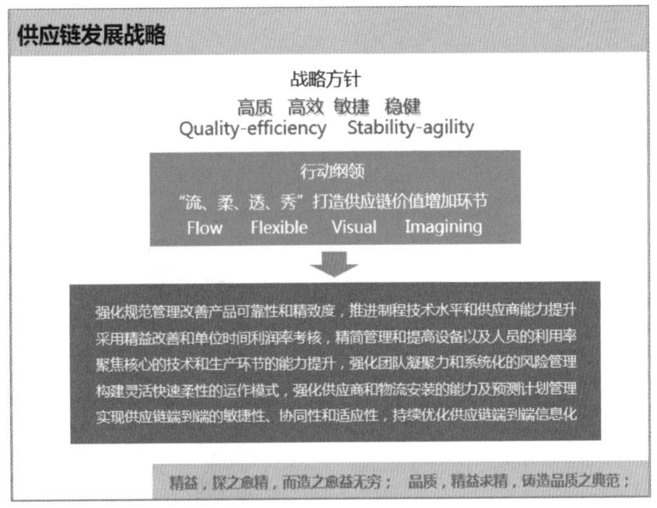

图9-92 文本排版效果

9.8 关键页面的设计

首页、目录页、内容页、过渡页、结束页是大部分PPT必不可少的成员，虽然我们没办法在这么短的篇幅中事无巨细地介绍每个页面的设计，但是重点页面的版式设计绝对是不会被放过的。

9.8.1 首页的设计

打开演示文稿之后，首先映入眼帘的就是首页，一个优秀的PPT设计师是绝对重视首页的设计。如果没有好的首页，就很难让观众们对整个PPT产生兴趣，这对于作者来说无疑是一场灾难，所以首页要一炮打响，迅速俘获观众的眼球。

比如，采用居中的标题文字加上渐变背景，可以给人一种深邃的感觉，立刻为页面增添了空间感，这样的首页会比较形象地体现企业文化。而偶尔调整一下标题的位置，比如偏左或者偏右，都会打破页面的平衡感，让页面活泼起来。

而结合几何图形的标题方式，则可以让画面更加醒目别致，把背景设置成鲜艳的色彩，并调节不规则形状，则会让标题看起来更加醒目，页面很有动感。

图9-93~图9-98所示是一些常见的首页设计版式，当然其风格各有千秋，读者朋友在实际的运用过程中应当根据演示的需要进行设计。

图9-93 首页1

图9-94 首页2

图9-95 首页3

图9-96 首页4

图9-97 首页5

图9-98 首页6

9.8.2 目录页的设计

目录页是用来说明PPT内容是由哪几个部分组成。目录页可以让观众结构化地了解整个演说内容，让演说更加有条理性。目录页设计有以下几种方法可供大家参考。

（1）加序号

最常用的目录制作方法，是对序号进行特殊化处理，让序号能清楚地被看到。

（2）加图标或图片

在每一条目录前面加入图标或图片。图标和图片要和演说主题有关系，能够帮助观众更好地记忆内容。在章节切换的时候，可以将其他图标和标题淡化，以突出正在讲的部分。图片还可以在转场时放大，凸显该章节的主题。

（3）时间轴

让观众了解演说时间的安排，观众根据演说时间的安排，调整自己的注意力和精力，以便合理分配时间。

具体讲到某一部分的时候，可以在视觉上进行强化，比如，可以通过倒影的方式突出接下来要介绍的内容。除此之外，还可以通过颜色、大小、动画等进行区别和凸显。

（4）导航法

这种方法比较适合内容多且成体系的PPT，方便在不同模块内容之间进行穿梭。将不同部门的内容分别用超链接的形式做成导航，使其显示在内容页上，可以使阅读PPT的人能够自由选择阅读的内容。

（5）图片法

将目录和图片结合起来，可以很有效地打破文档的平淡无奇之感。

图9-99~图9-102所示是几种目录版式结构。

图9-99 目录页1

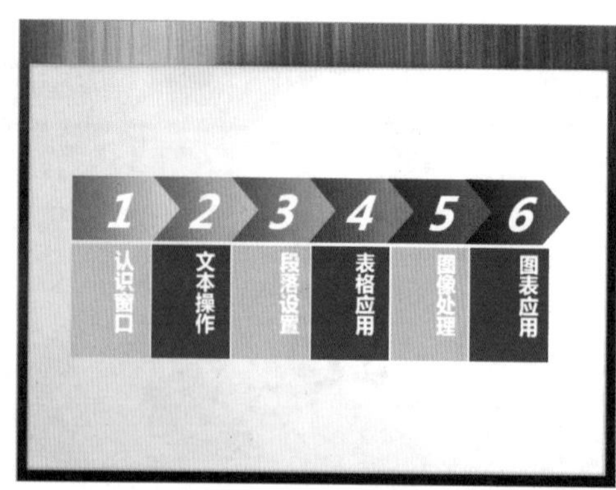

图9-100 目录页2

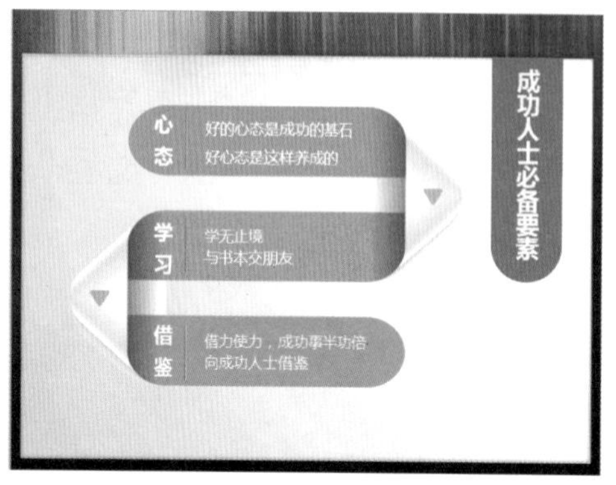

图9-101 目录页3

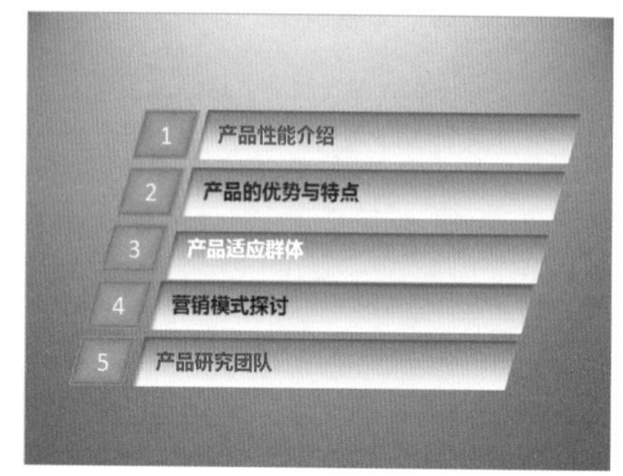

图9-102 目录页4

9.8.3 过渡页的设计

过渡页是为了让观众结构化地了解内容，清楚演说进行到哪里，接下来将进行什么，适合页数多的PPT。过渡页可以给观众一个短暂休息的时间，在接受丰富的信息后，使得观众可以在这一页小憩一下，放松紧绷的神经。

过渡页相当于二级封面，信息少，可以插入渲染气氛的图片，强化PPT的整体数据风格。过渡页设计有以下几种方法可以参考。

（1）全屏过渡页

全屏过渡页用一幅满屏的图或背景点缀标题文字，此页面信息量不同于其他页面，信息量较少，可以让观众在视觉上休憩一下，如图9-103所示。

图9-103 全屏过渡页

（2）目录式的过渡页

用目录页作为过渡页，可以通过颜色区别显示讲过的内容和马上要讲的内容，即用不同颜色显示不同内容。

用目录页作为过渡页，可以让观众随时知道演讲的进程，讲过了多少，还要讲哪些内容，可以为接下来讲的标题设置动画效果，增强观众的视觉冲击力，提高观众的兴趣，如图9-104所示。

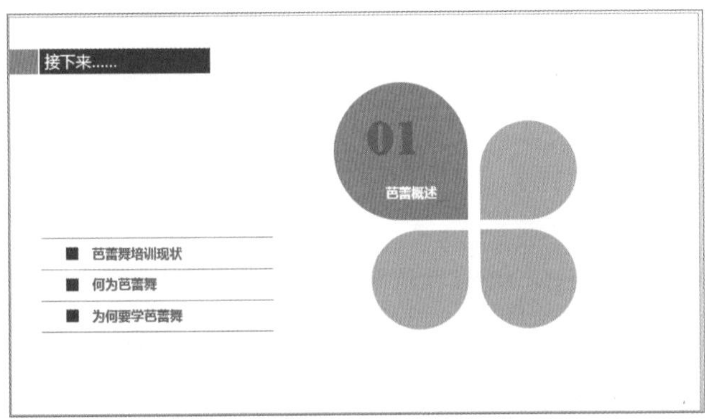

图9-104 目录式过渡页

（3）图文结合式过渡页

过渡页用图片+文字进行设计，可以使用图片小小得放松一下观众紧绷的神经，如图9-105所示。

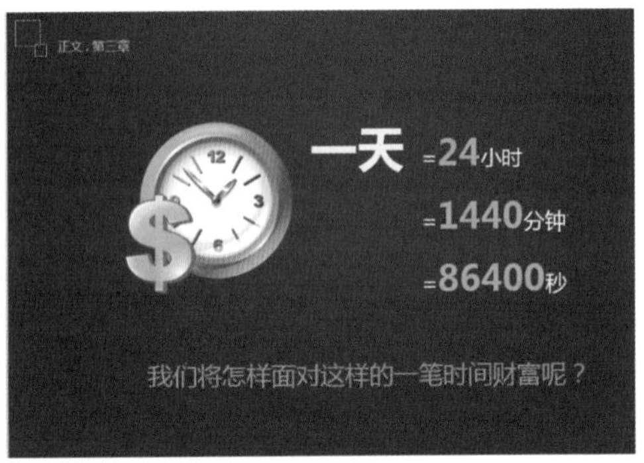

图9-105 图文结合式过渡页

9.8.4 结束页的设计

结束页可以对工作团队表示感谢，也可以写一些带有鼓励性质的文字，或者表达美好祝愿的话语，还可以根据文稿的内容，用一首诗，或是一些名人名言作为结束语。语句可以很正式，也可以很幽默。在结束页再次注明PPT主题，能起到总结全文、强化印象的作用。不要忘记注明演说者的姓名、联系方式等信息，以便感兴趣的人可以和你取得联系。

如果想将PPT在网络上共享又不想失去版权，可以在结束页对版权的处理做下说明。

图9-106~图9-109所示是几种常见的结束页设计版式。

THANK YOU !

THE PLAN FROM : **XIAOYU**

图9-106 结束页1

图9-107 结束页2

图9-108 结束页3

图9-109 结束页4

第10章 培训类PPT实例精讲

通过前面的学习，相信读者朋友已经积累了一些制作PPT的经验和技巧，那么从本章开始，我们通过一些实例的制作过程，来综合复习一下前面所学的知识，同时进一步掌握PPT的制作技巧。本章，我们首先来制作一个培训类PPT。

10.1 首页设计

首页是演示文稿的第一扇门，它在很大程度上决定了能否引起受众的阅读兴趣。因此在设计时要下足工夫，根据整个PPT的风格设计出一页简洁大方的首页。

对于首页的设计，主要体现了简洁、大方的设计理念，白色背景使整个页面显示干净利索，少量的标题文字，用线条进行隔开，在底部插入了一个团队合作的图像，以突出主题。文本字体采用了单一的微软雅黑，结合不同的字体颜色以及字体效果，使整个页面显得简洁但不单调。效果如图10-1所示。

图10-1 首页效果

步骤如下：

01 创建标准4:3尺寸的空白演示文稿：切换至“设计”选项卡，单击“幻灯片大小”下拉按钮，在展开的下拉菜单中选择“标准4:3”选项，即可创建完成，如图10-2所示。

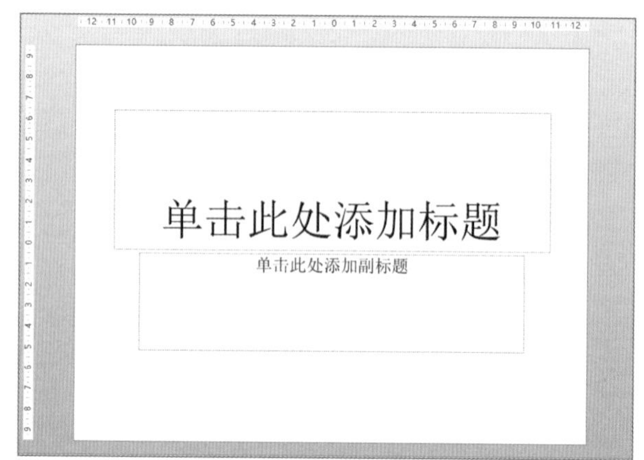

图10-2 创建4:3空白演示文稿

02 添加并设置主标题格式：在上面的文本框中添加标题文字“树立你的团队精神”，选中标题文字，切换到“开始”选项卡，在“字体”分组中设置标题文字的字体为“微软雅黑”、字体大小为“66磅”、“加粗”并添加“文字阴影”，然后再将“树立你的”四个字设置为“浅蓝”，后四个字设置为“橙色”，效果如图10-3所示。

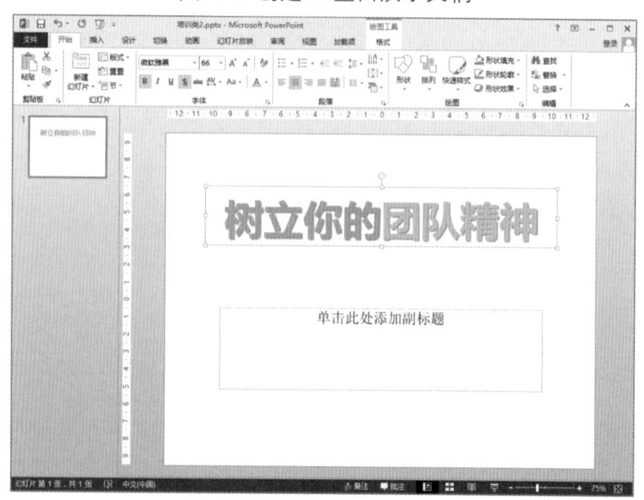

图10-3 添加并设置标题格式

03 添加副标题及其他文本：通过插入文本框功能，插入新的文本框和文本内容，并设置文本的“字体”、“颜色”等格式，调整到主标题下方适当位置，如图10-4所示。

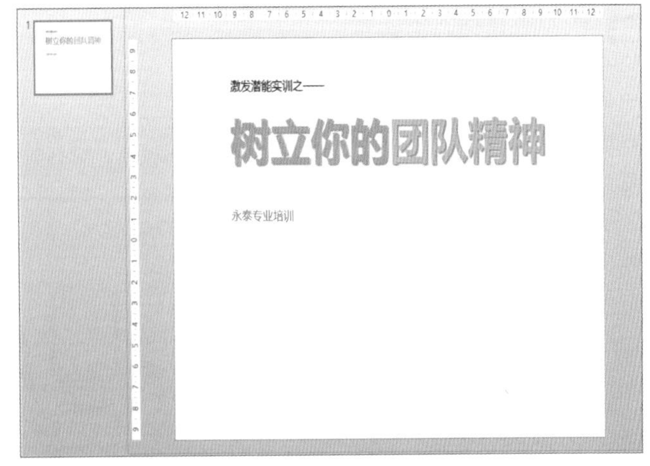

图10-4 添加并设置副标题格式

04 插入水平直线：通过插入功能插入一条水平直线，如图10-5所示。

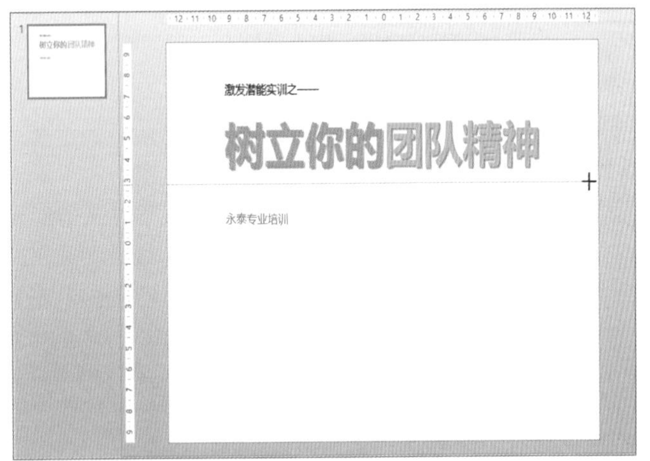

图10-5 插入水平直线

通过在“格式”选项卡中，执行“形状轮廓”→“粗细”→“6磅”命令，如图10-6所示。还可以根据个人的喜好设置自己喜欢的线条颜色以及线条类型。最后适当调整直线与文本的位置。

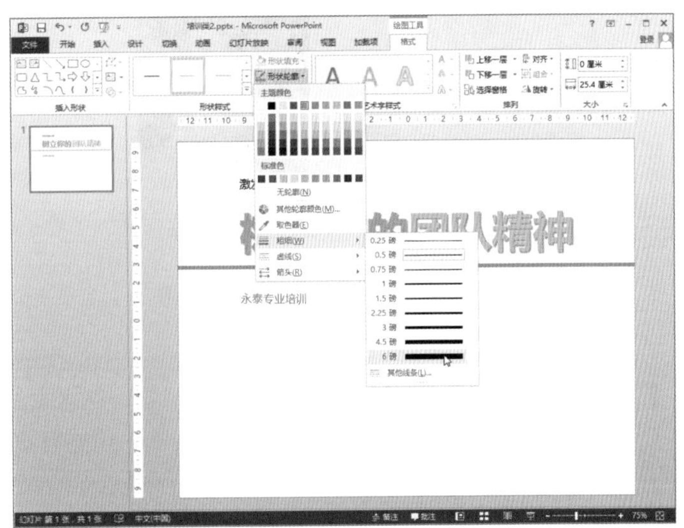

图10-6 设置直线粗细

05 插入图片使页面画面丰富起来：通过“插入”选项卡中的插入图片功能，根据目标图片的存储路径找到图片，然后单击对话框中的“插入”按钮，将该图片插入幻灯片中，并调整图片的大小，放置在本页的适当位置，完成首页的制作，如图10-7所示。

图10-7 调整图片大小与位置

10.2 目录页设计

目录页的主要功能就是要把演讲的主要内容呈现出来，目录的主要内容要醒目，不能让过多的元素扰乱了主题。

如图10-8所示，本页采用左图右文的形式，把目录的内容呈现出来，并且每一个目录有一个简短的副标题，目录之间采用虚线隔开，显示更加专业，层次感更强。左上角可以添加一个公司的Logo。左侧目录文字下方的图片则突出了本页的主题。

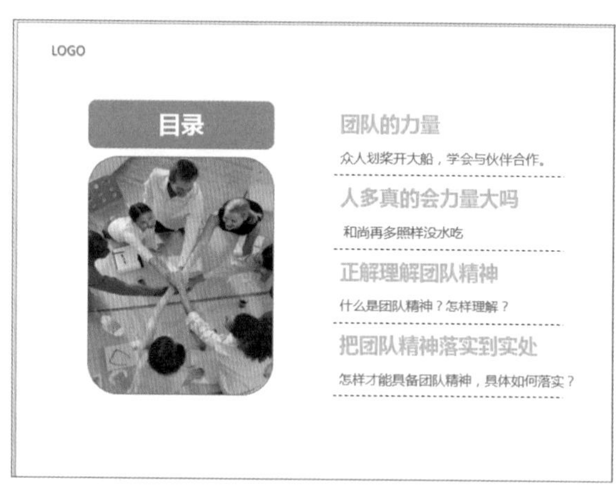

图10-8 目录页效果

步骤如下：

01 插入形状并添加文字：通过插入形状功能，在本页的左上方适当位置插入一个圆角矩形，并设置填充颜色为橙色，边框颜色为浅灰色。然后右击图形，在弹出的快捷菜单中单击“编辑文字”按钮，输入“目录”，并设置字体格式，如图10-9所示。

图10-9 插入形状并添加文字

02 插入图片：先插入一个圆角矩形，调整形状大小，然后通过右键快捷菜单中的“设置形状格式”选项，如图10-10所示，打开“设置形状格式”窗格。

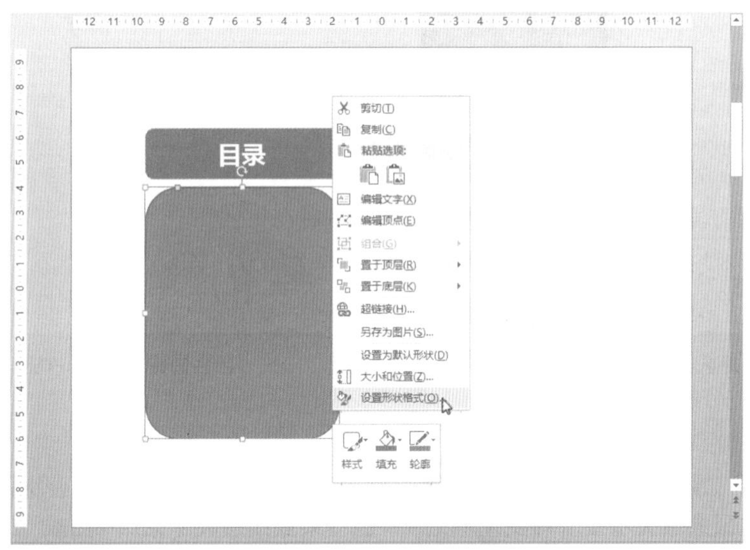

图10-10 右键打开任务窗格

通过打开的“设置图片格式”窗格中填充图片功能，根据目标图片存储位置填充目标图片，如图10-11所示。效果如图10-12所示。

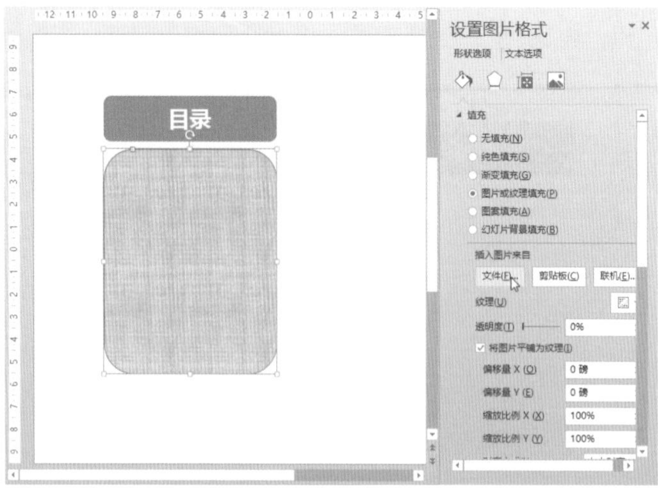

图10-11 在形状中填充图片

图10-12 填充图片后效果

03 添加文本与间隔线：使用文本框功能制作目录文本，设置好字体的大小和颜色，并在适当位置添加水平直线，注意将直线类型修改为虚线样式，调整一下线条颜色即可，如图10-13所示。

图10-13 添加文本和间隔虚线

04 按照同样方法制作其他目录文本与间隔线。最后在左上角添加“LOGO”文本。即可完成目录页的制作，效果如图10-18所示。

10.3 过渡页设计

过渡页是在目录页与内容页之间的一个页面。起到过渡的引导作用，过渡页同样不需要过多的页面元素，在起到引导作用的同时，同样应该做到简洁美观。

本页的设计以图片为中心，图片可以使观众得到短暂的休息时间。而左上方的标题与内容页相互呼应，将其放置在左侧而不是右侧，体现了与内容页求同存异的效果。中间区域使用数字图标，使内容结构化。在图片下方配有简洁文字说明点名主题，效果如图10-14所示。

图10-14 过渡页效果

步骤如下：

01 插入形状并添加文字：通过插入形状功能，在本页的左上方插入一个矩形，添加文本，并设置填充颜色为“浅蓝”、“无边框”，并设置形状效果为“半映像 接触”效果，如图10-15所示。

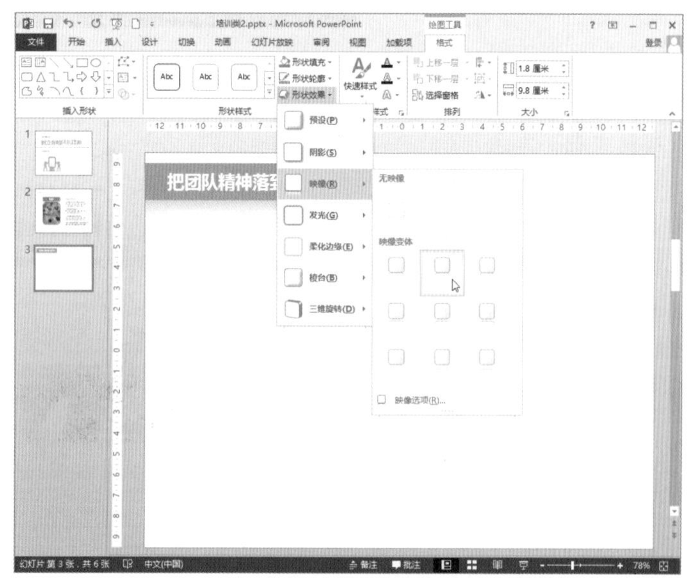

图10-15 设置映像效果

02 插入图片和标题：通过插入图片功能，在本页左侧插入一张素材图片，设置图片尺寸为：6.34cm×8.8cm。如图10-16所示。

图10-16 插入图片

选中图片，通过图片工具中“格式”选项卡，设置图片样式及边框颜色，如图10-17所示。

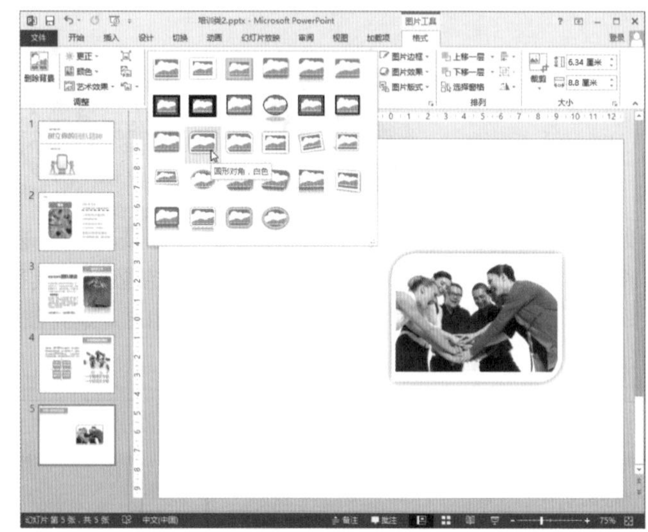

图10-17 设置图片

03 插入绿色虚线：首先通过形状工具，在本页中间插入一条直线，设置颜色为“绿色”，线型为“虚线”，然后将其设置对齐对象为“左右居中”，以便于后面圆形位置的定位以及美观，如图10-18所示。

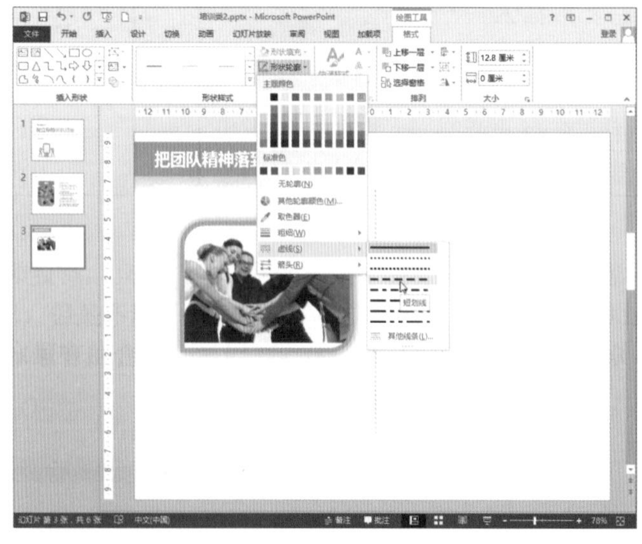

图10-18 插入虚线

04 插入两个同心圆：插入一个正圆形，调整其大小和填充颜色，放置在本页适当位置（圆形右侧紧靠中间垂直虚线），如图10-19所示。

图10-19 插入圆形

接下来插入一个较小的正圆形，设置填充颜色为“蓝色”，边框颜色为“白色”、“4.5磅”，放置在较大正圆形的中间位置（使圆心重合），效果如图10-20所示。

图10-20 调整圆形位置

05 添加文本：通过文本功能插入数字“1”并放置在同心圆中央位置，以及插入图片下方的文本内容，如图10-21所示。

06 使用同样的方法制作本页右侧内容，由于步骤相同，这里不再做赘述了。最终效果如图10-14所示。

图10-21 插入文本内容

内容页设计

内容页在设计时没有什么固定的风格，可以是全文字、全部表格、甚至全部的图片等元素，其主要的目的就是要用最精简的文本与图片等元素，把页面的主题传递给受众。设计时要注意整体的结构统一，不滥用色彩、特效。

内容页是正文的载体，因此在设计的时候内容页的左侧留给正文足够的空间。下面我们介绍两页内容页的制作，如图10-22和图10-23所示。

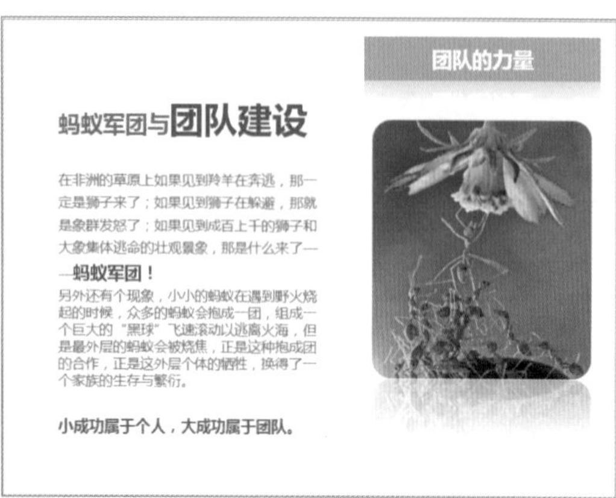

图10-22 内容页效果

图10-23 内容要效果

❶ 制作第一个内容页

在第一个页面左侧添加了一篇与主题相关的故事，并使用颜色和大号字体突出显示重要字段。右侧上方使用蓝色文本框为背景显示内容页的标题，显得整洁不单调。在标题下方插入一张与内容相应的图片，当然色彩上要与页面融合，增加页面的动态效果，不显得那么死板。

步骤如下：

01 插入形状并添加文字：通过插入形状功能，在本页的右上方插入一个矩形，添加文本，并设置填充颜色为“浅蓝”、“无边框”，并设置形状效果为“半映像 接触”效果，如图10-24所示。

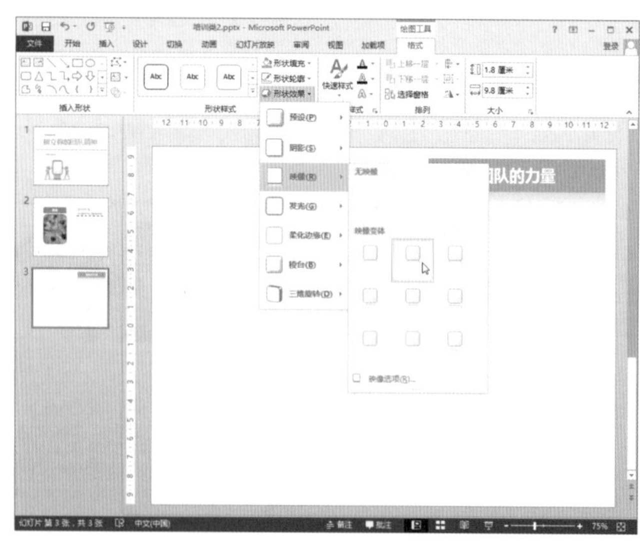

图10-24 设置映像效果

02 插入图片：先插入一个圆角矩形，调整形状大小，然后通过填充图片命令插入目标图片，并设置图片效果为“半映像接触”效果，如图10-25所示。

图10-25 插入图片

03 添加文本内容：使用文本功能输入主要内容文本，设置字体颜色、大小，然后调整文字位置，效果如图10-26所示。

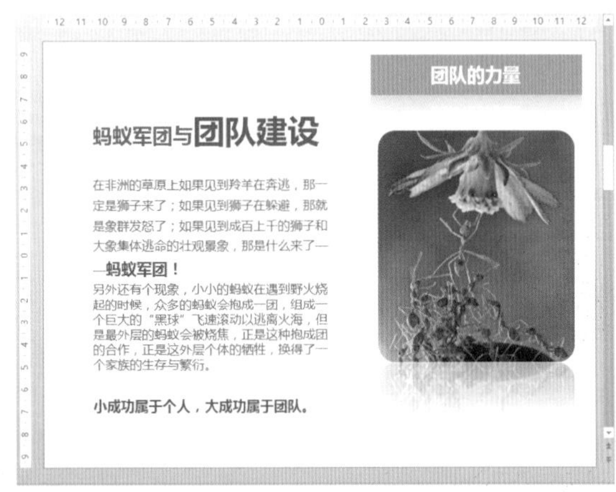

图10-26 内容页效果

❷ 制作第二个页面

第二种内容页的设计与图10-22内容页的制作类似，在插入图片和文本的时候可参照上述方法制作，这里不再重复阐述了。下面我们为读者朋友讲解本页左下方的SmartArt图形的制作方法。

01 根据上例中步骤将图片和文本插入之后，效果如图10-27所示。

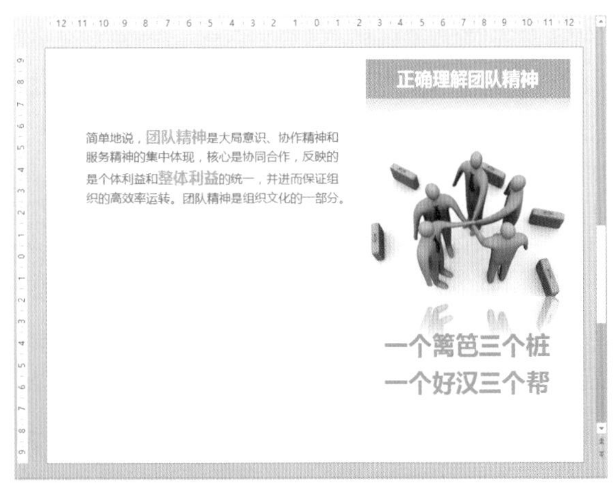

图10-27 初步效果

02 插入SmartArt图形：通过插入SmartArt图形功能，在页面左下方插入一个基本矩阵，如图10-28所示。

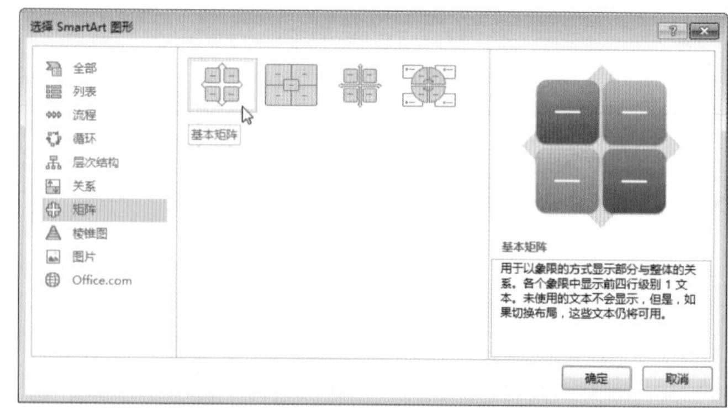

图10-28 插入SmartArt图形

调整基本矩阵的大小，并单击“[文本]”添加文本内容，如图10-29所示。

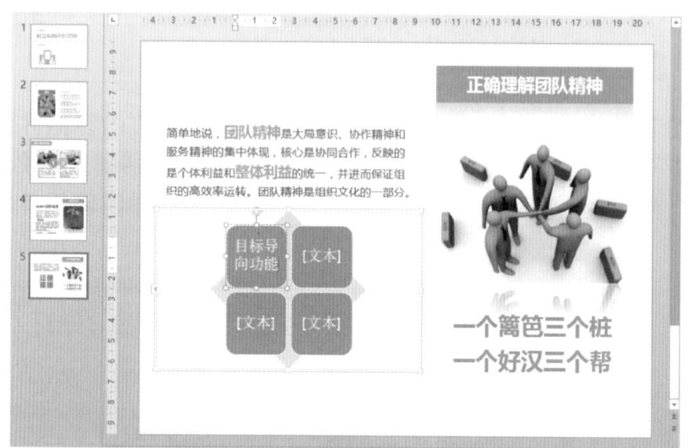

图10-29 输入文本内容

适当调整文本字体、大小以及图形大小，然后通过“设计”选项卡中的命令，设置图形样式及颜色，效果如图10-30所示。

图10-30 最终效果

10.5 结束页设计

本页采取了上下分段的样式，在页面上方填充了大面积的主体颜色“蓝色”，使得页面干净又利落。以此作为背景，添加表示感谢的文本内容，且注明了演说者的各种联系方式。下方较小的白色背景区域，以三张并排的图片再次体现了PPT的主题，能起到总结全文、强化印象的作用。还可以将页面显得更加生动。效果如图10-31所示。

图10-31 结束页效果

步骤如下：

01 插入背景形状：使用插入形状功能，在页面插入一张蓝色的矩形，调整其大小与位置，效果如图10-32所示。

图10-32 插入背景颜色

02 添加文本及图标：插入“谢谢观看”文本，并设置字体格式及位置。然后插入一个正圆形，并设置大小及白色边框。接下来通过图片功能，插入一个图标图片，并调整图标与圆形的位置，效果如图10-33所示。

图10-33 插入带白色边框的图标

然后添加相应的联系方式文本，根据上面步骤将各种联系方式添加完成，调整图片和文本的位置，效果如图10-34所示。

图10-34 添加联系方式

03 添加图片：在白色背景区域插入图片，调整到适当大小，为其添加一个3磅的白色边框，并将其设为居中偏移的阴影效果，最后调整图片的位置，效果如图10-35所示。

图10-35 添加阴影效果

使用同样的方法，插入其他两张图片，由于步骤大致相同，这里就不再赘述了。最终效果如图10-31所示。

一个漂亮的PPT，生动的动画效果是必不可少的，读者朋友可以根据自己的喜好为幻灯片添加动画效果。

第11章 战略研讨会PPT实例精讲

PPT在企业的应用相当广泛，战略会议也是PPT经常应用的一个重要领域，本章我们来通过一个实用型案例来进一步巩固所学的知识，掌握相关的操作技巧。

首页设计

本页的设计使用字体与图片相结合的形式，变换的字体大小、颜色与粗细等效果，将标题文字更加突出地显示出来。在英文字体的右下方4张图片的阵列摆放打破了原有页面的平衡，使首页所展示的内容显得更加丰富、新颖。浅灰色的图形背景映衬着深灰色的文本内容，使页面上下呼应。效果如图11-1所示。

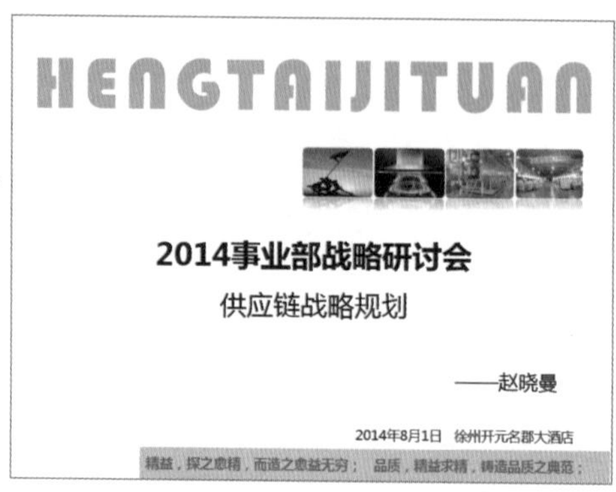

图11-1 首页效果

具体步骤如下：

01 创建演示文稿：创建空白演示文稿，切换至“设计”选项卡，单击“幻灯片大小”下拉按钮，在展开的下拉菜单中选择“标准4:3”选项，即可创建完成，如图11-2所示。

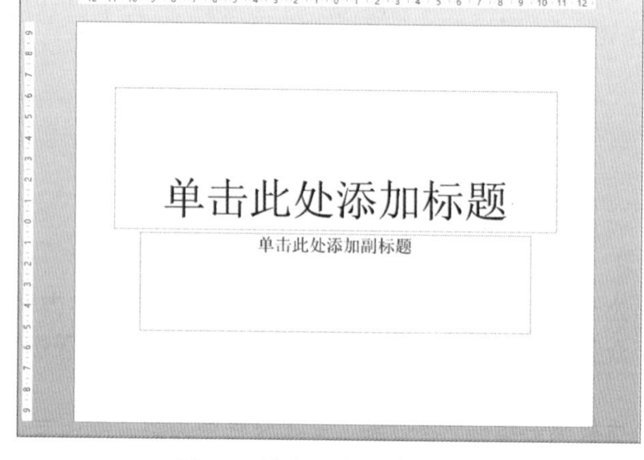

图11-2 创建4:3空白演示文稿

02 添加并设置主标题格式：在上面的文本框中添加标题文字“2014事业部战略研讨会 供应链战略规划”，并分为两行显示。将字体设置为“微软雅黑”。另外，将“2014事业部战略研讨会”文本内容，设置格式为“加粗”、“36磅”；将“供应链战略规划”文本内容，设置字体大小为“36磅”，效果如图11-3所示。

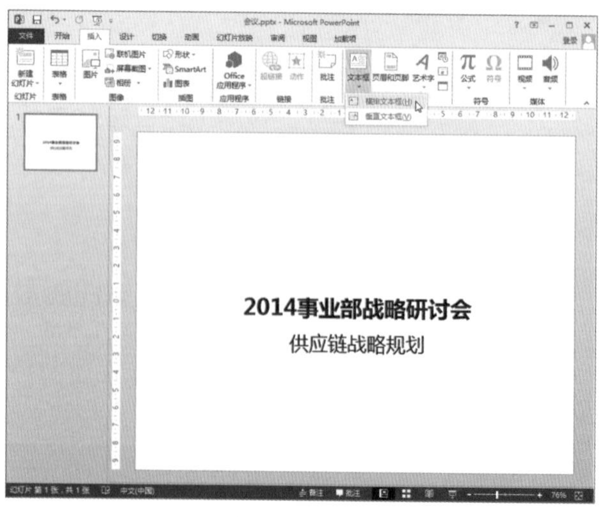

图11-3 添加并设置标题格式

03 添加页脚装饰图形并编辑文字：通过插入形状功能，插入一个灰色矩形，并设置其格式为“灰色填充”、“无边框”，如图11-4所示。然后右击添加文字，内容为“精益，探之愈精，而造之愈益无穷；品质，精益求精，铸造品质之典范；”，并设置字体颜色为“深灰色”、“加粗”显示，适当调整文字与形状的位置。

图11-4 编辑文字

04 添加文本框并设置字体格式：在页面上方插入横向文本框，并输入“HENGTAIJITUAN”，设置字体格式为“Bauhaus 93”字体、“88磅”和“灰色”。然后继续添加页面中的文本内容，调整字体格式与位置，效果如图11-5所示。

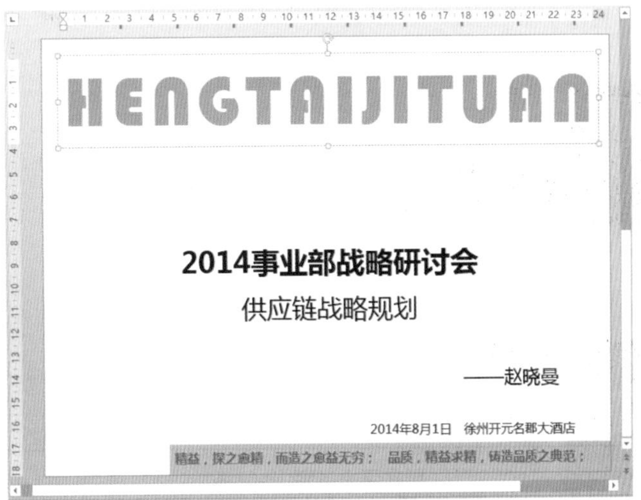

图11-5 添加文本框

05 插入图片并组合：通过“插入”选项卡中的插入图片功能，根据目标图片的存储路径找到图片，然后单击对话框中的“插入”按钮，将该图片插入幻灯片中。适当调整图片的大小，并设置图片样式为“映像圆角矩形”，放置在本页的适当位置，如图11-6所示。

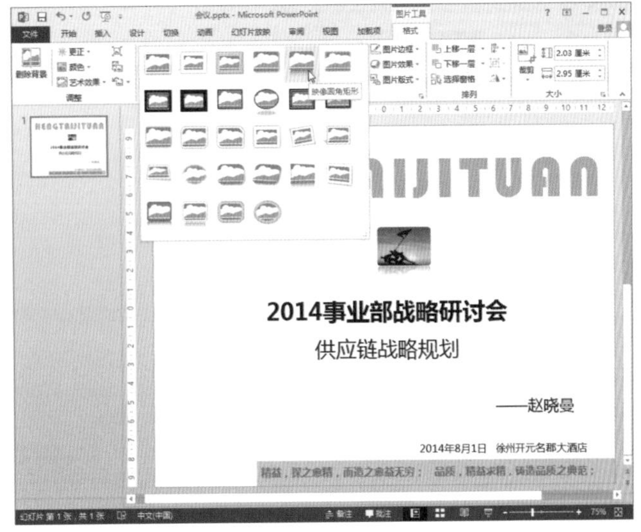

图11-6 插入图片

使用同样方法将其他三张图片插入到页面中，并排放置在适当的位置（可参考效果图）。将图片全选，使用“对齐对象”下拉按钮中的“上下居中”和“横向分布”选项调整图片准确位置，然后将4张图片创建为一个组合，如图11-7所示。

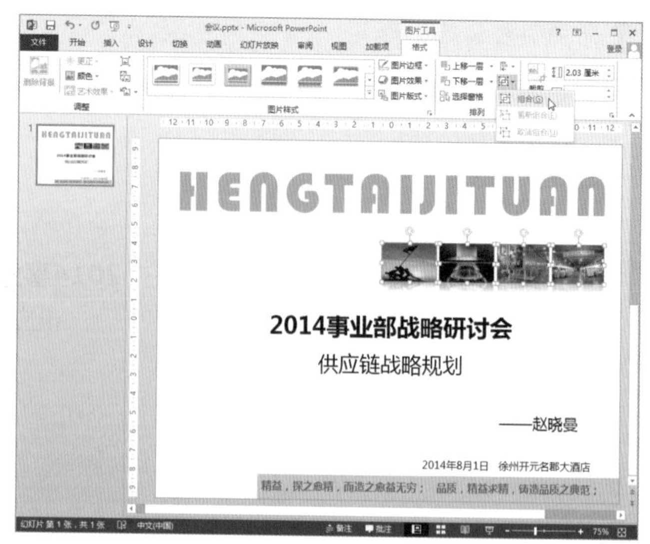

图11-7 组合图片

目录页设计

为了保持PPT所有页面风格的统一，使用浅灰色色块装饰页眉页脚，为目录内容预留了大片的空间。页脚继续沿用了首页同样的页脚样式与内容，加深观众对企业的形象的认知。中间部分被分为左右两个部分，左侧采用了主要色调为蓝色的一张时钟图片，而右侧目录使用不同颜色的色块，与立体的阴影效果相结合，使页面更加稳重，条理更加清晰，效果如图11-8所示。

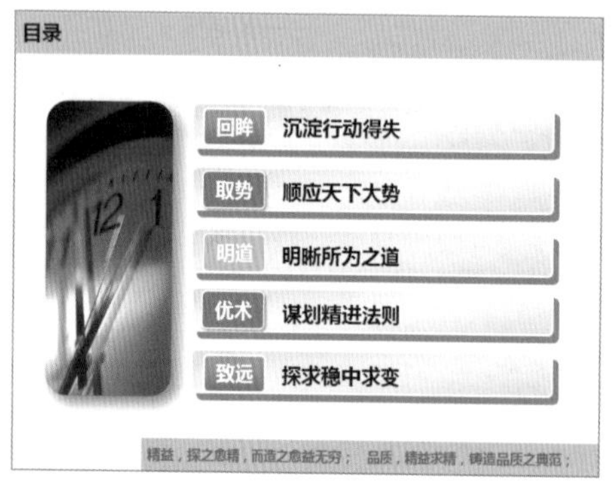

图11-8 目录页效果

具体步骤如下：

01 设计页眉页脚：将首页页脚部分选中复制到目录页中，然后在页眉部位插入一个灰色矩形作为背景，适当调节大小。然后添加并编辑文字格式，效果如图11-9所示。

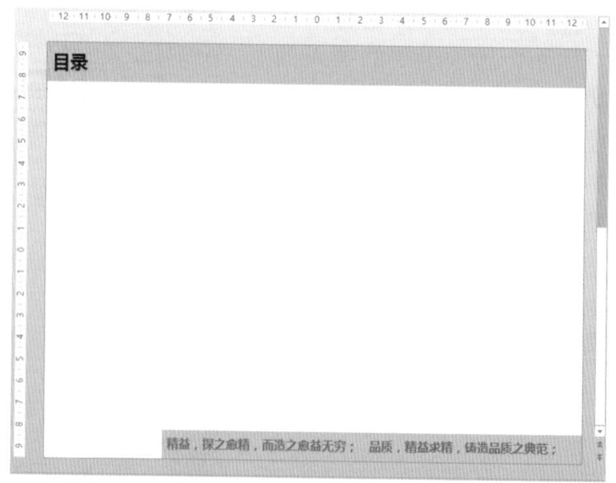

图11-9 添加页眉页脚

02 插入图片：先通过插入图片功能，在页面的左侧插入时钟图片，调整其形状和大小，然后通过“设置图片格式”窗格，设置图片的阴影格式，具体设置参数为透明度：35%；模糊：23磅；角度：45°；距离：11磅，效果如图11-10所示。

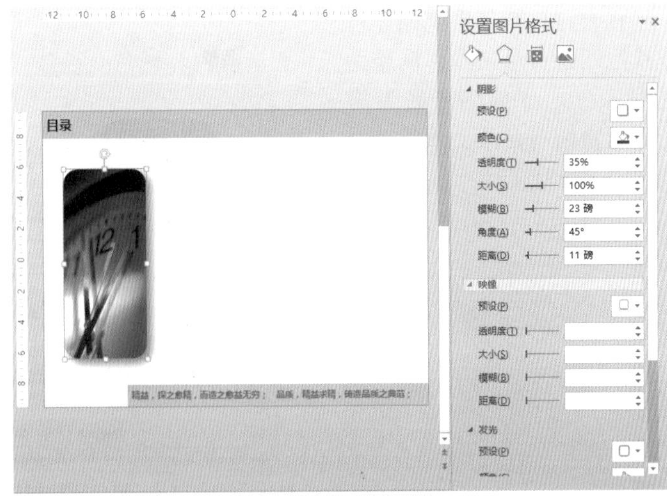

图11-10 设置图片阴影

03 插入形状：通过插入形状功能，插入一个圆角矩形，设置“淡灰色”填充颜色、“3磅、白色”边框，以及设置阴影效果，具体设置参数为透明度：50%；角度：49°；距离：10.6磅，效果如图11-11所示。

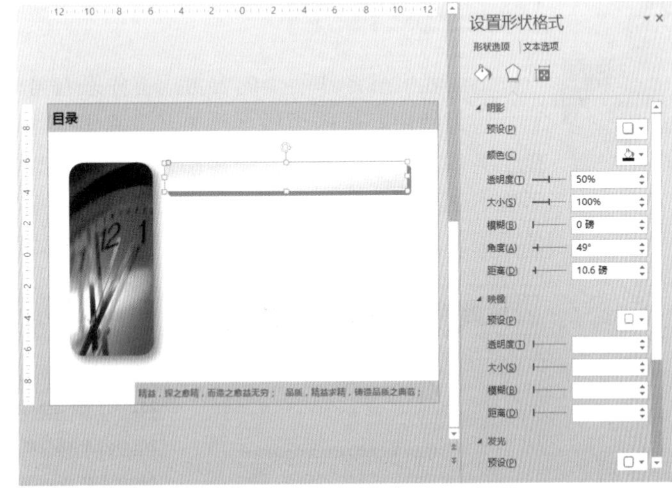

图11-11 设置形状阴影效果

04 制作目录文本：创建圆角矩形，设置形状格式。然后添加文本内容，设置相应的字体格式。效果如图11-12所示。

图11-12 添加目录文本

然后通过复制与修改操作，创建其他四条目录文本，调整为“左对齐”、“纵向分布”方式。最后将所有目录文本组合，效果如图11-13所示。

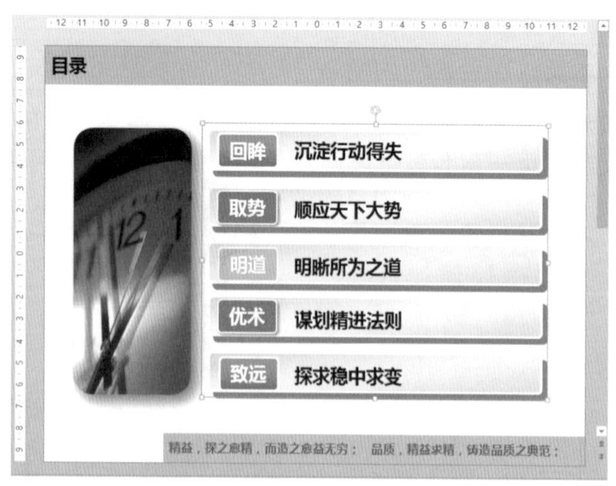

图11-13 插入形状并添加文字

11.3 内容页设计

下面我们来制作两个内容页，首先来看第一个页面的制作。

该页使用同样的页眉页脚内容，将页面中间流出大量空间，给予正文的编辑提供条件。正文部分左侧使用图表形象具体地将数据的一系列变化显示出来，同时在右侧配以文字的介绍，使所要讲述的主题内容更加容易被观众理解。使用蓝色标签的形式，使得正文内容更加条理化，如图11-14所示。

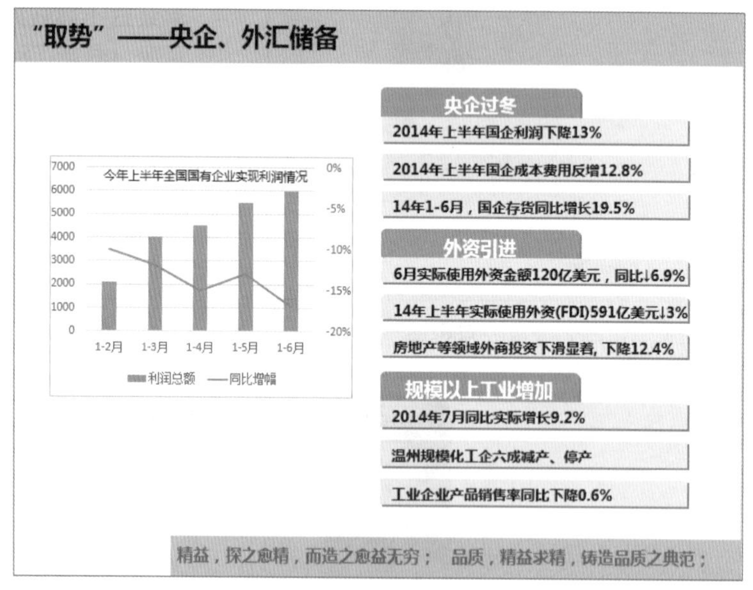

图11-14 内容页效果

步骤如下：

01 装饰页眉页脚：通过形状工具，制作浅灰色矩形，装饰页面页眉页脚。并使用文本框工具添加页眉页脚文本信息，如图11-15所示。

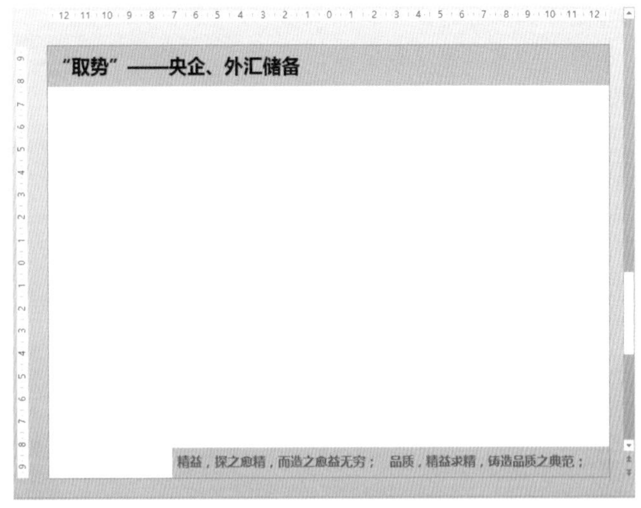

图11-15 装饰页眉页脚

02 插入图表：通过插入图表功能，在本页插入一个簇状柱形图，在工作表中输入基础数据，如图11-16所示。

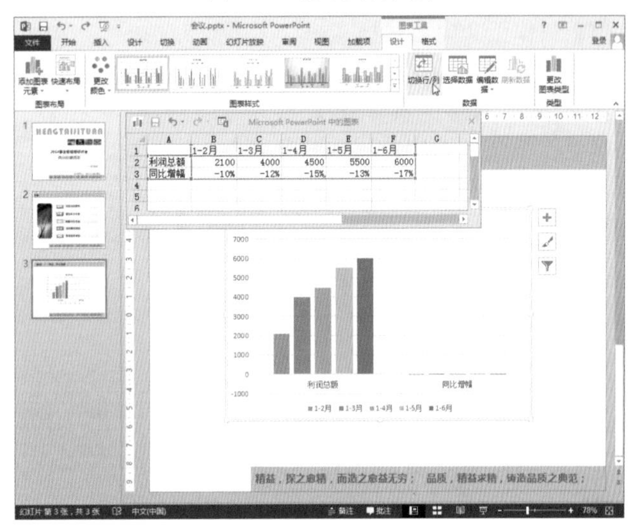

图11-16 输入制作图表的基础数据

03 设置组合图表类型：将表格中数据进行切换行列显示，然后单击“更改图表类型”选项，将“同比增幅”系列以折线图的形式显示在次坐标轴中，如图11-17所示。

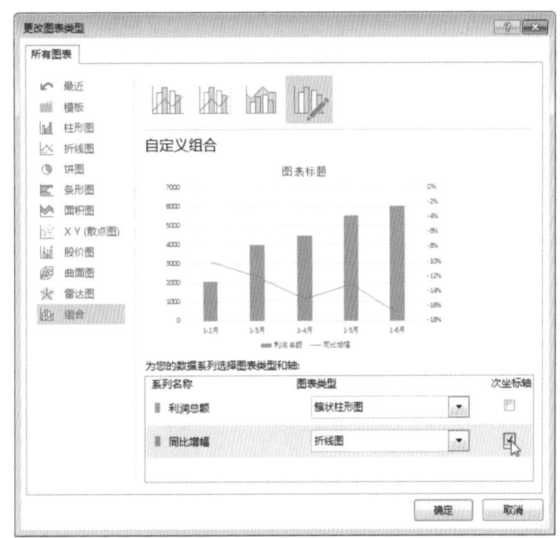

图11-17 设置图表组合类型

为图表添加标题，并添加“橙色”边框，适当调整放置位置，效果如图11-18所示。

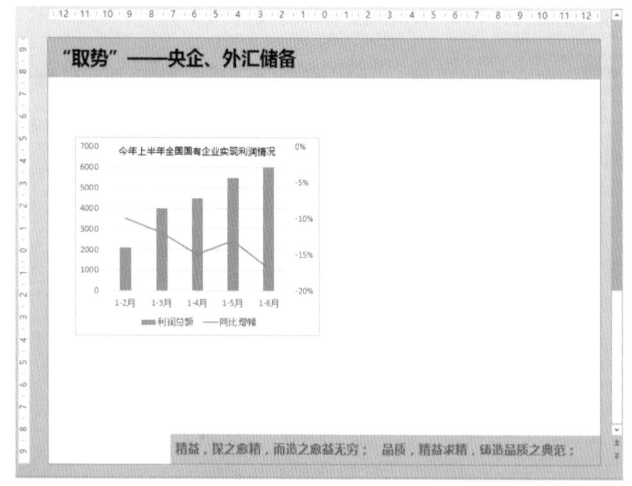

图11-18 调整图表格式与位置

04 制作正文内容：插入一个同侧圆角矩形，并设置其格式与阴影效果，关于阴影的具体设置参数为颜色：黑色；透明度：50%；角度：45°；距离：2.8磅，如图11-19所示。

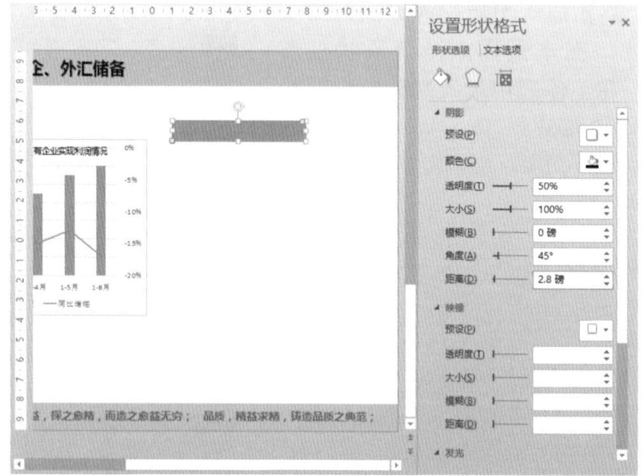

图11-19 插入同侧圆角矩形

使用同样的方法制作浅灰色矩形并设置阴影，如图11-20所示。

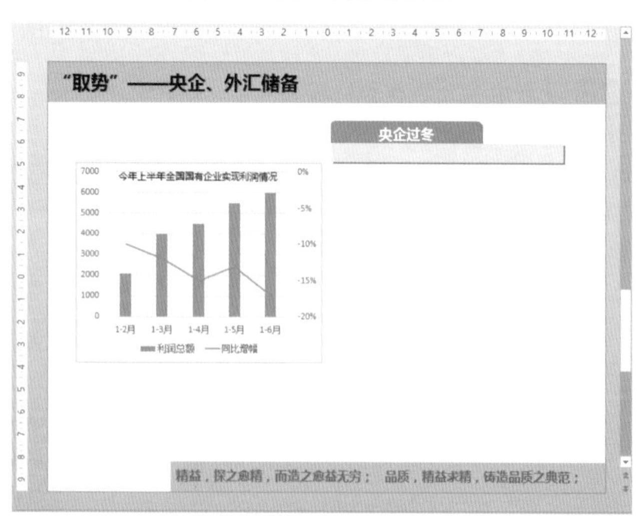

图11-20 插入浅灰色矩形

将浅灰色矩形进行复制，形成3个浅灰色矩形，将3个矩形选中并设置对齐对象为“左对齐”、“纵向分布”，添加文本信息，创建组合，效果如图11-21所示。

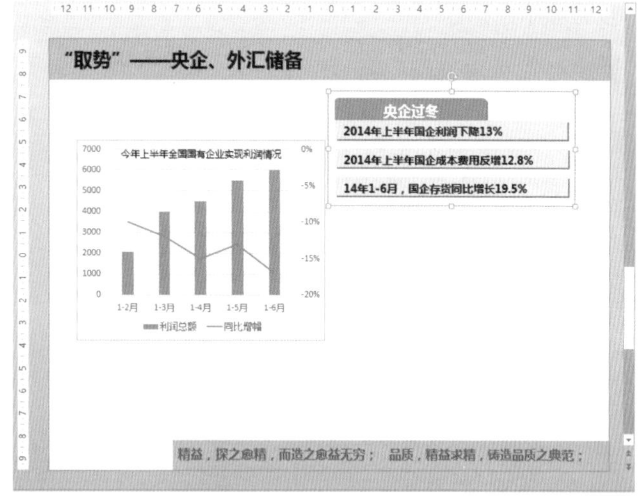

图11-21 复制浅灰色矩形

05 设置对齐对象：使用复制功能制作剩余文本和图形，然后再编辑其中文本。选中三个组合对象，设置对齐对象为“左对齐”、“纵向分布”，效果如图11-22所示。

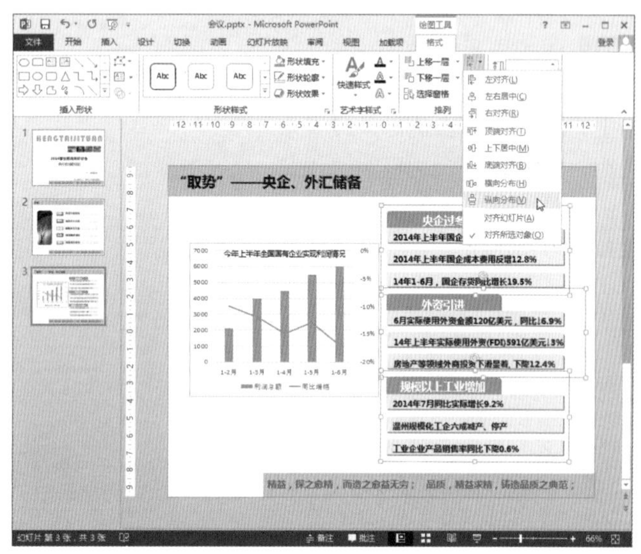

图11-22 设置对齐对象

再来看另外一个页面的设计，本页设计以简单的图形，加上在颜色上的运用，使页面显得清爽、又不失稳重。页眉页脚的灰色调，保持了风格的统一。使用图片和文字相结合的方式，可以在视觉上放松的同时，还可以对内容加以巩固，不失新意又有点到为止的感觉，效果如图11-23所示。

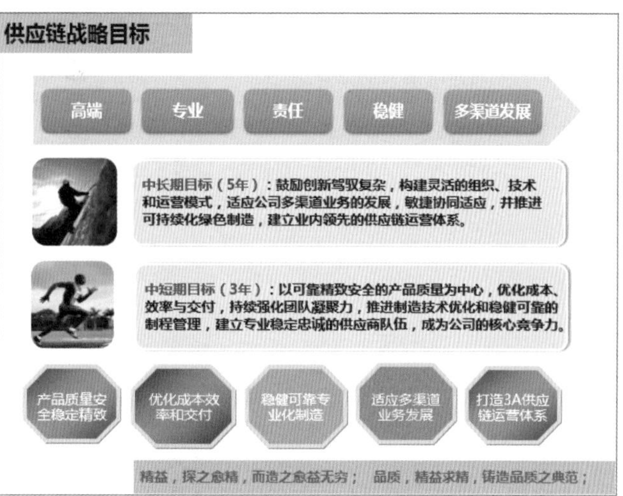

图11-23 第二页效果

步骤如下：

01 装饰页眉页脚：通过形状工具，制作浅灰色矩形，装饰页面页眉页脚。并使用文本框工具添加页眉页脚文本信息，如图11-24所示。

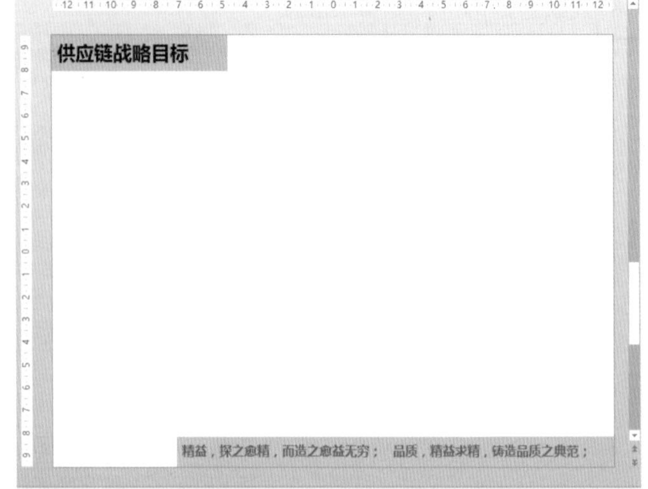

图11-24 装饰页眉页脚

02 插入浅蓝色填充、浅灰色边框的五边形：通过形状功能，在页面上方插入一个五边形，设置填充色为“浅蓝色”，边框为“浅灰色”，并调整其大小及摆放位置，效果如图11-25所示。

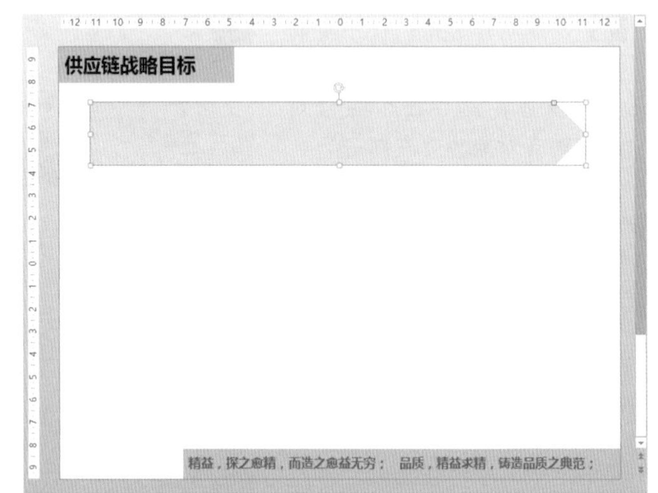

图11-25 插入五边形

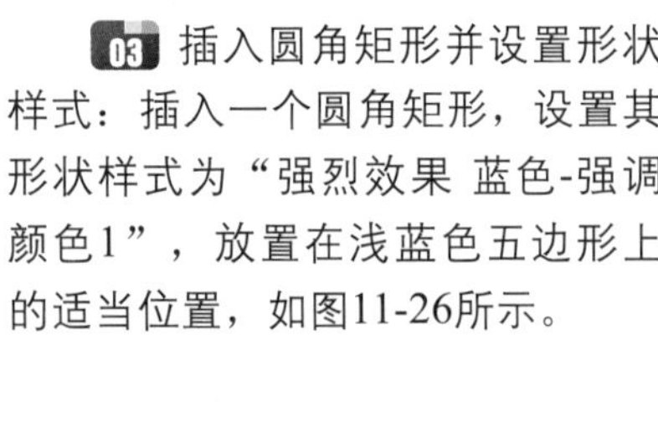

03 插入圆角矩形并设置形状样式：插入一个圆角矩形，设置其形状样式为“强烈效果 蓝色-强调颜色1”，放置在浅蓝色五边形上的适当位置，如图11-26所示。

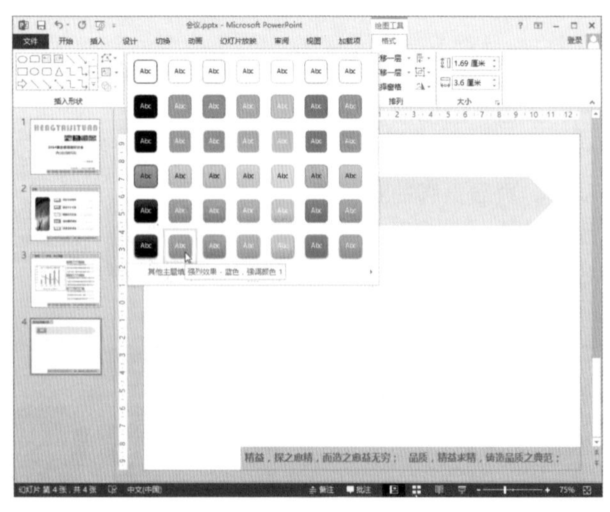

图11-26 设置形状样式

添加文字，然后通过复制与修改功能，制作其余4个圆角矩形，最后设置“横向分布”对齐方式，效果如图11-27所示。

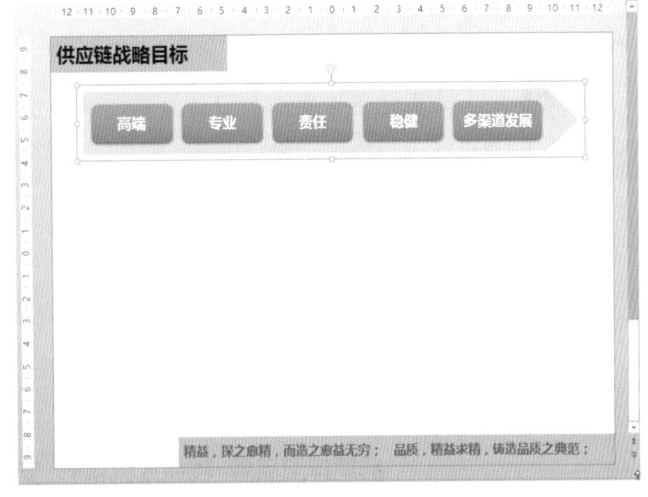

图11-27 设置横向分布

04 插入六边形并设置渐变填充：通过插入形状功能，在页面中插入一个适当大小的六边形，添加4.5磅灰蓝色边框效果。然后设置填充方式为线性45°渐变填充，颜色过渡：深蓝—浅蓝—深蓝，效果如图11-28所示。

使用同样的方法制作其余4个六边形，由于篇幅限制，这里不再赘述。

图11-28 填充渐变色

05 添加图片与文本背景形状：使用在形状中填充图片的方法，为页面中间部分的左侧插入两张素材图片，适当调整位置。然后再插入圆角矩形，为文本信息制作背景形状，设置适当格式与背景，效果如图11-29所示。

添加并编辑文本格式，然后制作其余的文本与背景，即可完成本页的制作。最终效果如图11-23所示。

图11-29 插入图片与形状

11.4 结束页设计

本页主要以简洁为设计元素，黑色加粗的字体在白色页面中，显得尤为醒目，左上方衬塑小字，打破了黑色字体带来的沉重感，使页面不再单调。效果如图11-30所示。

20年专注冰洗产品 未来必将辉煌

品质捍卫品牌 精益成就精彩 安全保障幸福

Quality defends brand　Lean succeeds wonderful　Safety ensures happiness

图11-30 结束页效果

该页面没有采用图形图像等元素，通过文本框功能，添加文本内容。并设置文本格式，并设置相应的格式即可完成本页的制作。

具体参数如下：所有文本均设置为“微软雅黑”、“加粗”；中间中文标题为“31磅”；中间英文标题为“14磅”；橙色字体为“18磅”。

调整文本位置，即可完成结束页的制作。

第12章　企业管理规划PPT实例精讲

本章我们将制作一个企业管理规划的PPT实例，通过该实例的制作来进一步巩固一下如何利用母板创建演示文稿，体验母版的强大功能。

12.1 首页设计

首页的主色调以蓝色为主。利用蓝色色块与小图片一起装点页面，使页面显得更加正式，画面丰富多样化。主要标题使用反白的较大字体，可以突出标题文字，吸引观众的注意力在标题内容上。最后在页面下方使用蓝色文本注明演讲者姓名，以及日期，可以达到平衡页面的效果，如图12-1所示。

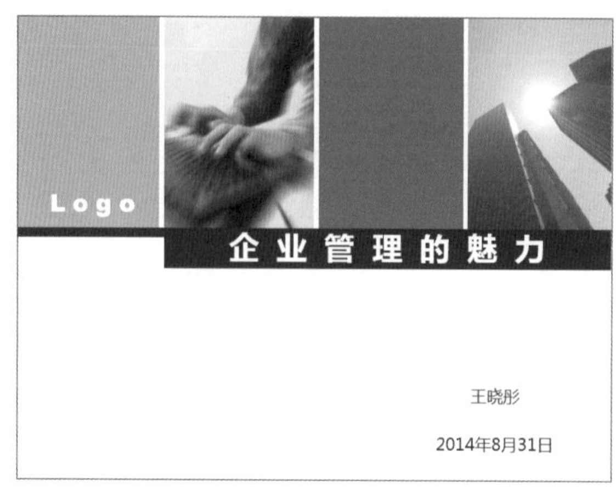

图12-1 首页效果

具体步骤如下：

01 创建母版：创建一个标准4:3空白演示文稿，通过“视图”选项卡中的“幻灯片母版”按钮进入创建幻灯片母版视图，如图12-2所示。

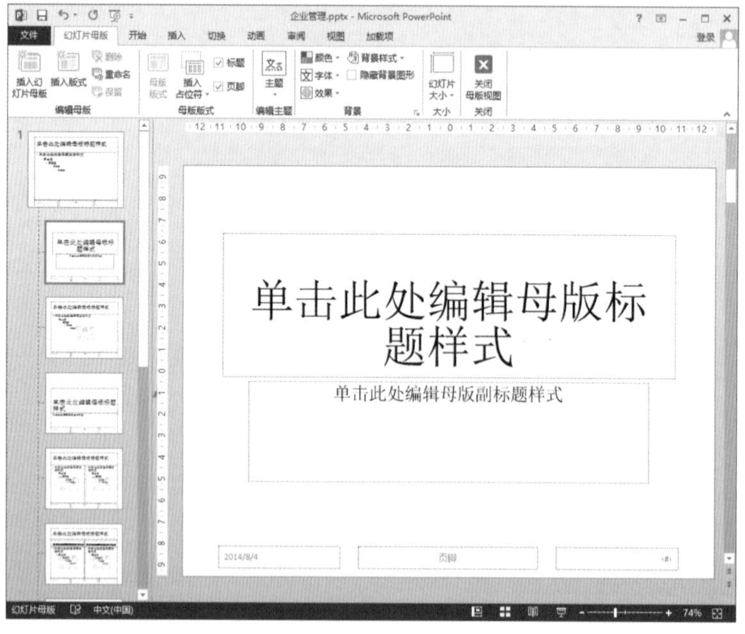

图12-2 创建4:3幻灯片母版

02 设计母版版式：通过插入图片和形状功能，制作主题版式，具体步骤如下：

在标题幻灯片左上角插入一个矩形，填充淡蓝色无边框，设置大小为：8.68cm×6.14cm，放置在页面最左上方（不留白），然后插入一个素材图片，设置同样尺寸，并排放置。之后插入一个蓝色矩形色块以及第二张素材图片。选中这4个背景图样，设置“顶端对齐”、“横向分布”。效果如图12-3所示。

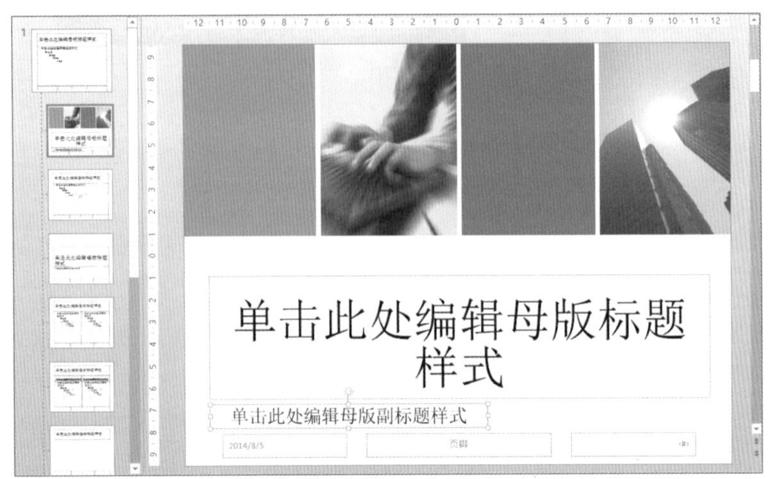

图12-3 添加背景图片

然后使用同样方法，添加深蓝色的间隔形状（两个深蓝色的矩形拼接组成），如图12-4所示。

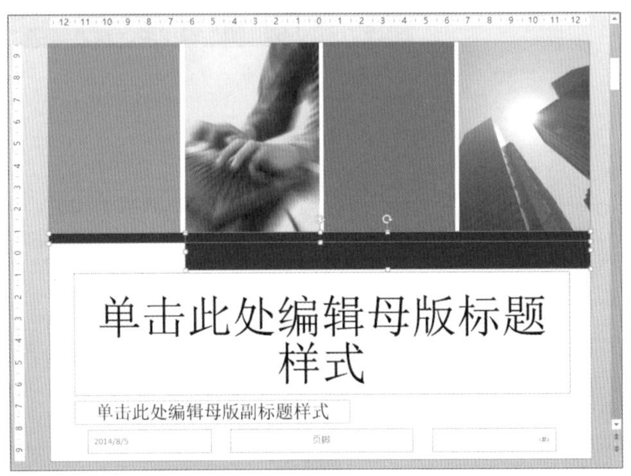

图12-4

在左上方蓝色矩形中使用文本框添加“公司LOGO”，并设置字体为“白色”、“微软雅黑”，适当调整大小。

选中现有文本框，调整文本框位置及大小，设置其中文本格式为“白色”、“微软雅黑”、“36磅”，效果如图12-5所示。

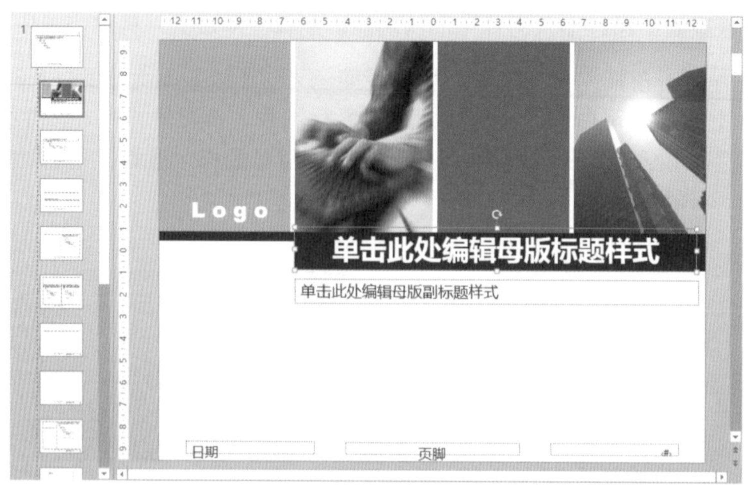

图12-5 添加背景形状

03 编辑首页文本内容：关闭幻灯片母版视图，在普通视图中，在首页版式的基础上添加首页标题文字和附属说明文本信息，效果如图12-6所示。

图12-6 添加文本信息

12.2 目录页设计

为了保持PPT所有页面风格的统一，除了首页之外的幻灯片，仅使用了同样素材元素装饰页眉页脚。正文需要留有较大的空间，因此将图片及色块的尺寸缩小摆放。并且使用浅灰色色块装饰了页脚。

页面的中间部分被分为左右两个部分，左侧采用了主要色调为灰色与蓝色的一张“@”图片，而右侧目录使用不同颜色的色块，与立体的阴影效果相结合，使页面更加稳重，条理更加清晰，效果如图12-7所示。

图12-7 目录页效果

具体步骤如下：

01 创建幻灯片版式：进入幻灯片母版视图，单击切换至第一张幻灯片，在页面上方插入图片和矩形色块，并调整大小，形成如图12-8所示的效果。

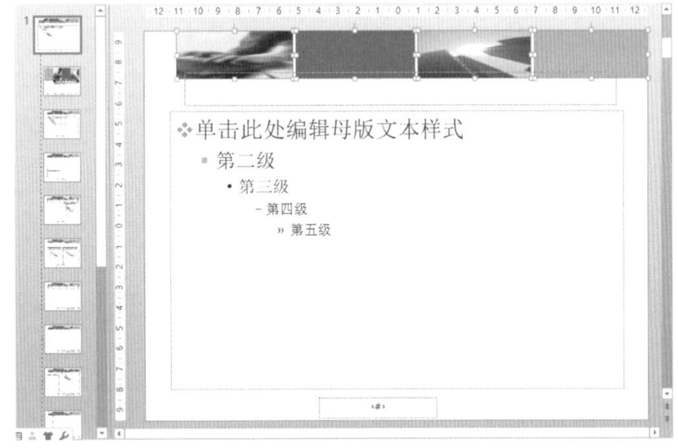

图12-8 插入图片

利用形状工具，插入深蓝色两个矩形色块，放置在页面适当位置，并设置文本占位符的文本格式，如图12-9所示。

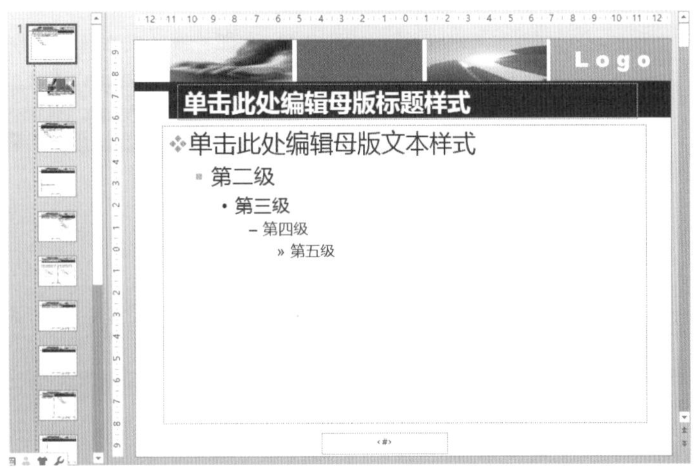

图12-9 插入矩形

在页脚插入浅灰色色块作为背景，并添加“没有品质，便没有企业的明天”文本，设置字体颜色为深蓝色。并单击首页的幻灯片母版，在功能区中设置为“隐藏背景图形”。效果如图12-10所示。

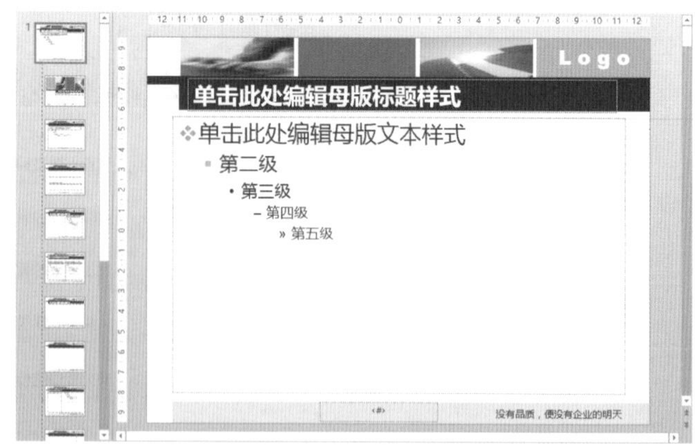

图12-10 创建幻灯片母版

02 插入形状并编辑格式：关闭模板视图，新建幻灯片，输入标题文本以及LOGO。然后通过形状工具在页面空白处插入一个圆角矩形，并设置“渐变填充”、“白色-浅灰色”、“90°线性”，边框为“1磅深灰色 实线”，设置阴影格式为：黑色、45°、4.2磅。效果如图12-11所示。

图12-11 添加并设计文本背景色块

将制作完成的圆角矩形向下复制4个，纵向分布在页面右侧，并添加目录文本，设置文本字体格式，为“微软雅黑”、“加粗”、“18磅”，然后设置对齐对象效果为“左侧对齐”、“纵向分布”，效果如图12-12所示。

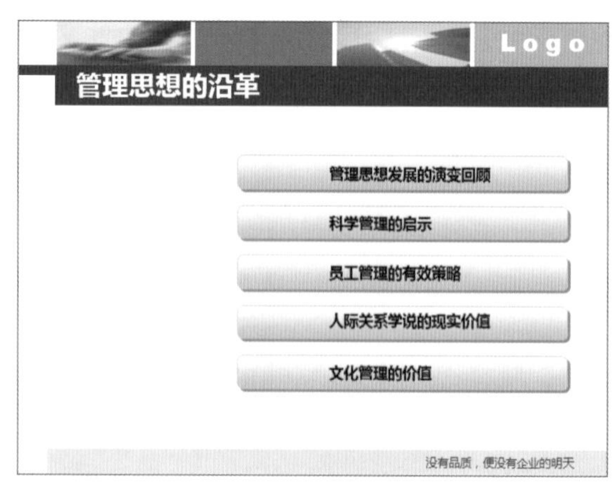

图12-12 对齐效果

03 插入圆形装饰：通过形状工具插入一个圆形，使用右键打开“设置形状格式”窗格，在其中设置其填充效果为：“橙色-褐色”、“路径”填充；“1.5磅”、“白色”边框；阴影效果为：“浅灰色”、“50%透明度”、“角度37° ”和“距离5磅”。如图12-13所示。

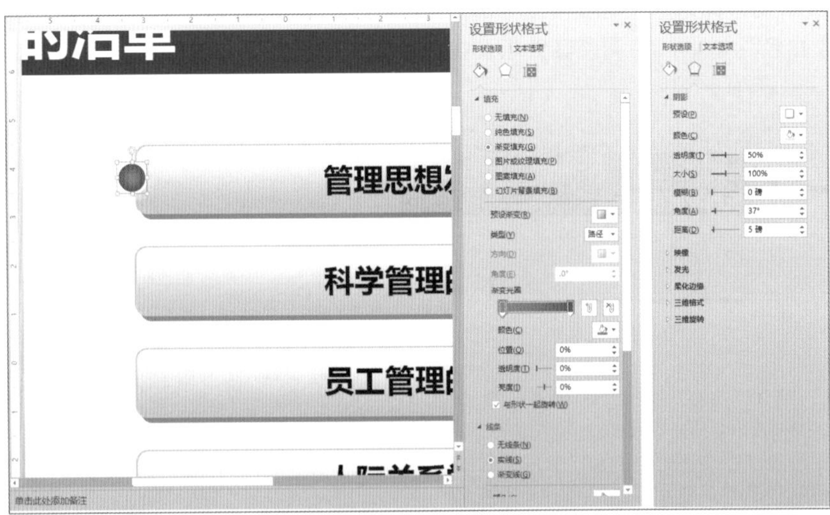

图12-13 设置形状格式

使用同样方法制作其他4个圆形，可以根据个人喜好需要设置为不同的渐变颜色。然后放置在圆角矩形的左端中间部位。

04 插入图片及引导线：使用图片功能，在页面左侧插入一张素材图片。并调整其大小为7.42cm×7.42cm。然后使用形状功能插入直线，设置线型为虚线，颜色为蓝色。使用多段连接，制作为由图片引导出上述5条目录的效果，将所有引导线均设置为“置于底层”，如图12-7所示。

12.3 过渡页设计

过渡页的设计以简单的图形，加上在颜色上的运用，使页面显得清爽、又不失稳重。页眉页脚的灰色调，保持了风格的统一。使用图片和文字相结合的方式，可以在视觉上放松的同时，还可以对内容加以巩固，不失新意又有点到为止的感觉，效果如图12-14所示。

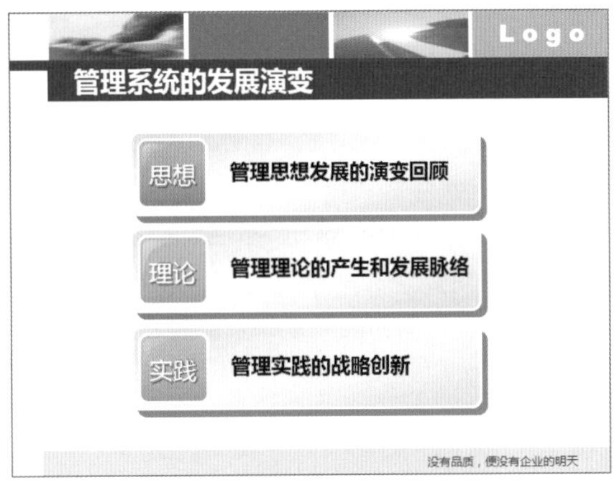

图12-14 过渡页效果

01 插入浅灰色渐变圆角矩形作为背景图片：新建一张幻灯片，并输入标题文本。通过形状功能，在页面上方插入一个圆角矩形，设置填充效果为“45° 浅灰色 线性 渐变填充”，线条效果为“3磅 白色”边框，并调整其大小及摆放位置，效果如图12-15所示。

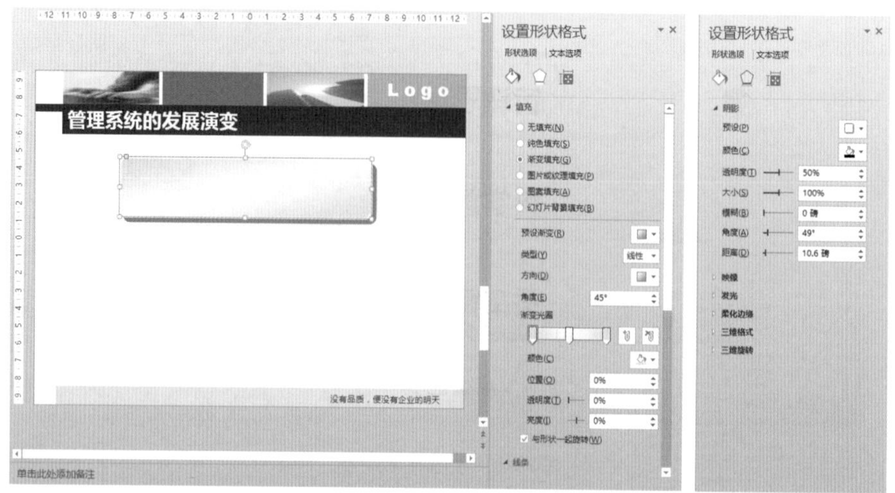

图12-15 插入圆角矩形

02 插入蓝色渐变圆角矩形：使用同样的方式，插入一个圆角正方形，在插入形状的同时按住“Shift”键即可插入正方形。设置填充效果为“90° 蓝色 线性 渐变填充”，线条效果为“3磅 白色”边框，放置在制作完成的浅灰色矩形中的适当位置，如图12-16所示。

图12-16 设置形状样式

03 制作高光区：添加一个圆角矩形和一个正圆形，利用两个形状相减，得到一个高光区域的形状。然后通过设置形状格式，来制作高光效果，具体参数为填充：“45° 线性 白色 渐变填充”；无边框。如图12-17所示。

图12-17 设置高光参数

04 添加文字，将所创建的图形与文字组合，效果如图12-18所示。

图12-18 组合效果

然后通过复制与修改功能，制作其余两组圆角矩形，最后设置“纵向分布”和“左对齐”对齐效果，效果如图12-19所示。

图12-19 设置对齐对象

12.4 内容页设计

内容页使用的幻灯片与目录页一致，中间留白，给内容文本留有较大的空间。

本页使用了流程图的式样，使得要表达的内容更加有条理，并使用了高光的效果，将圆角矩形显得晶莹剔透，具有玻璃质感。为整个页面增添了立体感。如图12-20所示。

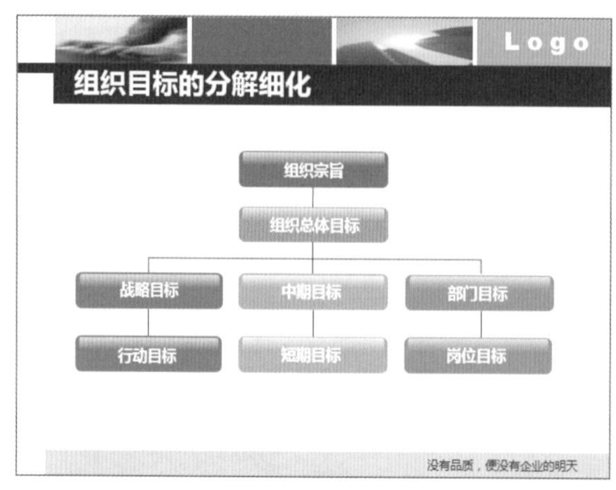

图12-20 内容页效果

第二张内容页设计为左右两个部分，左侧是一个三维柱形图，强烈的透视效果以及组合的柱形，使页面显得更加新颖，不失创意。而右侧是说明性质的文本。其中我们利用了字体的不同颜色，显示了文本的重要性，例如红色的标题文本，可以很轻松地吸引观众的目光。如图12-21所示。

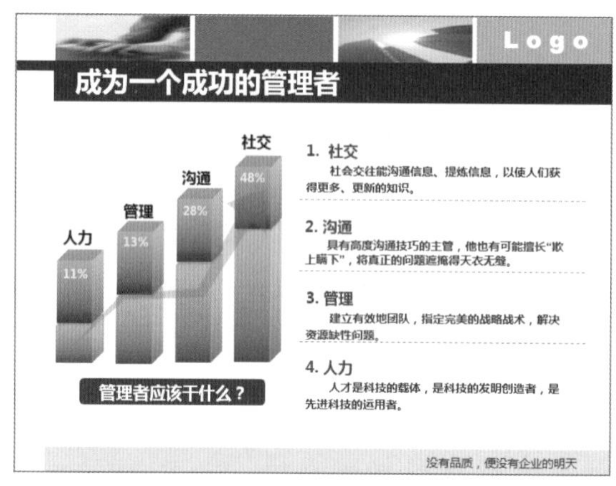

图12-21 内容页效果

具体步骤如下：

01 制作玻璃质感的图形。

首先，通过插入形状功能，在本页插入一个圆角矩形，设置其大小为：1.49cm×6.32cm，填充颜色为蓝色，无边框。

其次，再插入一个尺寸为0.52cm×6cm的圆角矩形，并设置一个90°线性渐变填充，颜色由20%透明白色渐变至100%透明度白色。这就是玻璃质感所用到的高光区。

将高光区置于蓝色圆角矩形上一层，调整两个形状相对应的位置，效果如图12-22所示。

图12-22 创建高光效果的色块

02 添加文本信息：在圆角矩形中间添加相应的文本内容，并在页面上方输入页面的标题。然后使用同样的方法制作其他玻璃质感的圆角矩形，并添加对应的文本信息，并设置文字的格式，最后使用对齐对象功能，调整文本信息以及圆角矩形的位置，如图12-23所示。

图12-23 设置对齐对象

03 插入连接线：使用插入形状功能，在层次结构中相应的部位添加1.5磅的深蓝色直线，将圆角矩形相互连接起来，即可完成内容页的制作。注意，要设置连接线置于底层。

下面我们将为读者朋友讲解一下第二张内容页制作的具体方法。这张内容页的主要设计点在于三维柱形图，步骤如下。

01 新建幻灯片并插入立方体：输入页面标题，通过形状功能在页面中插入一个立方体，设置尺寸为：2cm×3.1cm，然后通过“设置形状格式”窗格设置立方体的填充效果及其边框格式，具体操作为填充：0°线性；渐变颜色：深绿色渐变到透明度为30%的浅绿色；无边框线条。如图12-24所示。

图12-24 插入立方体并设置格式

使用相同的方法制作一个紫色的渐变色立方体，放置在绿色立方体的下方，并置于底层，效果如图12-25所示。

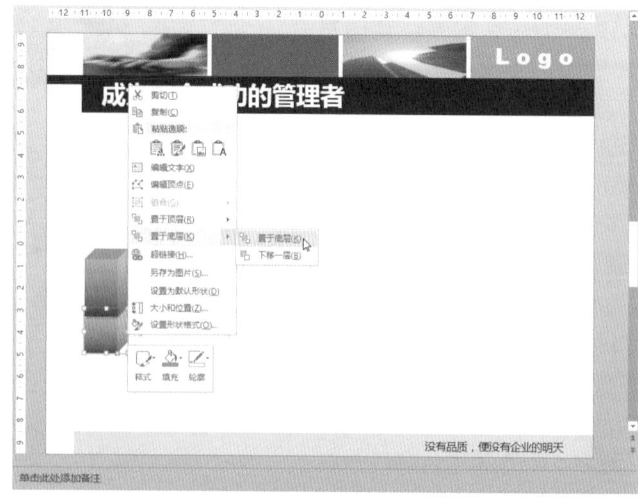

图12-25 置于底层

将上述步骤中制作的两个立方体进行组合并复制成4个组合，分别将组合中的立方体高度及位置进行调整，最后输入数据和文本，效果如图12-26所示。

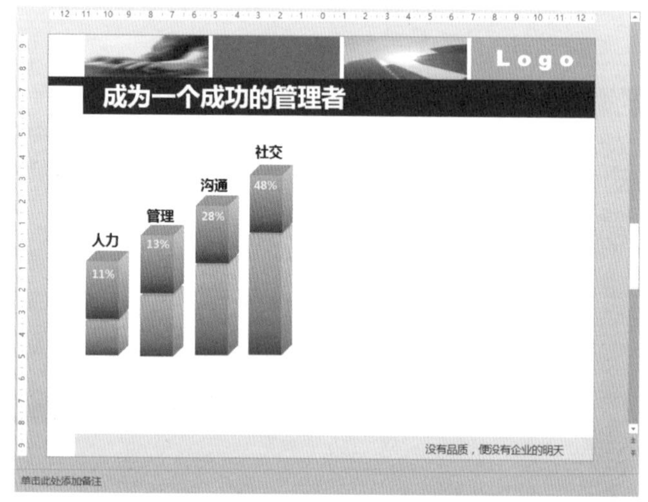

图12-26 组合柱形图

02 制作折线式的上升箭头。

利用插入形状工具，在页面中插入一个“右箭头”形状，通过右键快捷菜单中的“编辑顶点”功能，将右箭头的形状进行进一步编辑，如图12-27所示。

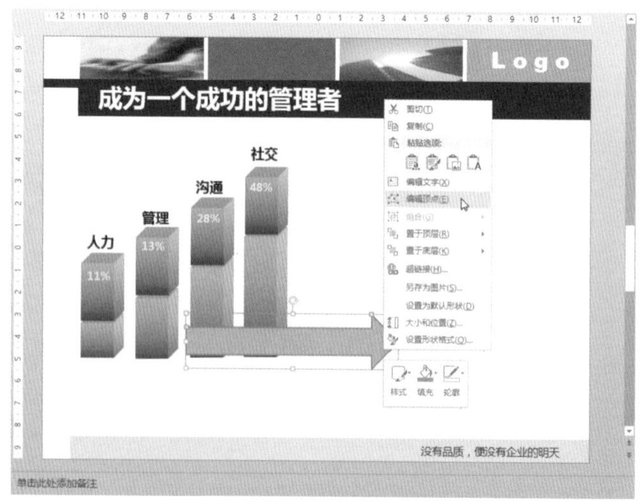

图12-27 添加右箭头

设置箭头的填充颜色为蓝色，并修改透明度为70%，将箭头移至柱形图中即可，如图12-28所示。注意：将箭头置于顶层。

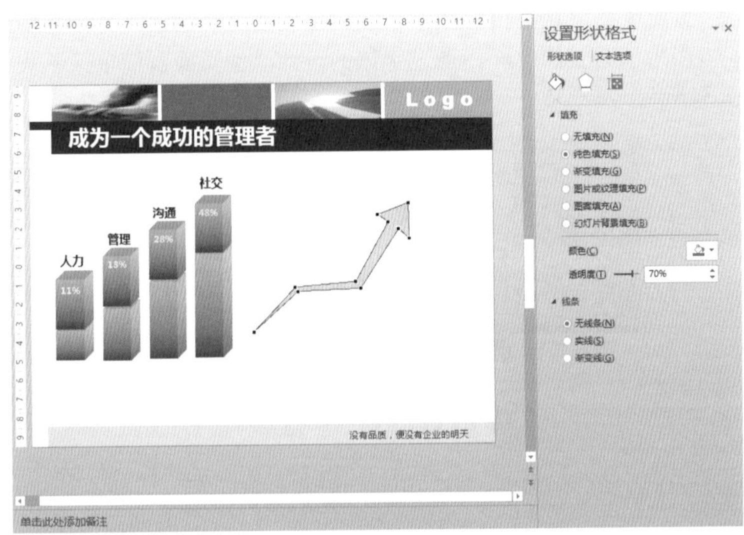

图12-28 编辑顶点

03 为柱形图制作标签及注释。

通过形状功能，插入一个圆角矩形，并填充紫色。在其上方添加柱形图的标题文本，并且将柱形图的每个系列使用数据和文本说明加以注释，效果如图12-29所示。

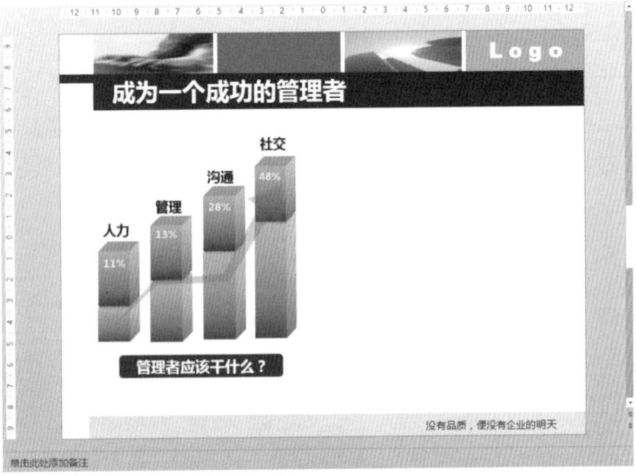

图12-29 添加文本说明

04 添加内容页文本内容：

使用文本框功能，在内容页的右侧空白区域，插入文本内容，并设置文本字体，颜色以及大小。然后在需要间隔的文本之间，插入一条蓝色虚线进行装饰，效果如图12-30所示。

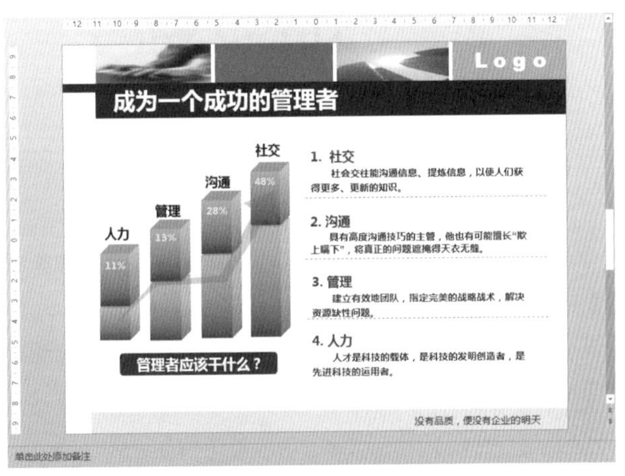

图12-30 内容页效果

12.5 结束页设计

页面风格沿用首页母版，在空白区域插入感谢语。与其他幻灯片不同的是其字体使用了渐变的色彩，通过字体的设计，使页面既简单又不失创意。效果如图12-31所示。

图12-31 结束页效果

01 添加文本并编辑格式。

通过文本框功能，添加文本内容，并设置文本格式，具体步骤为文本格式设置为“Arial”、“加粗”和“文字阴影”；然后通过右键快捷菜单进入“设置形状格式”窗格，切换到文本选项中的“文本填充”子选项卡中，设置文本的渐变填充效果，如图12-32所示。

图12-32 设置文本格式

02 添加动画效果。

通过动画功能，根据读者朋友们各自的喜好，为幻灯片添加不同的动画效果，可以使幻灯片更加生动。

第13章 高效会议秘诀PPT实例精讲

本章我们将制作一个高效会议秘诀的PPT实例，通过实例的制作来进一步体验美轮美奂的PPT给我们带来的强大视觉效果，以及利用母版的多样化功能给我们带来的方便与高效。

13.1 首页设计

首页使用一张大图占用了页面的上方绝大部分区域，显得非常商业化，并使用带有透明度的蓝色矩形遮住部分图片，形成一个过渡区域。首页的标题放置在蓝色透明区域中间位置，为了使标题文本更加突出，文本采用大号字体、白色、加粗、文字阴影等突出文本的效果。倾斜的副标题被放置在蓝色矩形与图片的交界处，使图片与矩形的过渡显得更加自然。在首页的留白区域，右侧使用蓝色字体显示公司的LOGO，中间使用橙色字体显示公司的名称，多种色彩丰富了页面效果。如图13-1所示。

图13-1 首页效果

具体步骤如下：

01 创建母版。

创建一个宽屏16:9空白演示文稿，通过“视图”选项卡中的“幻灯片母版”按钮进入创建幻灯片母版视图，如图13-2所示。

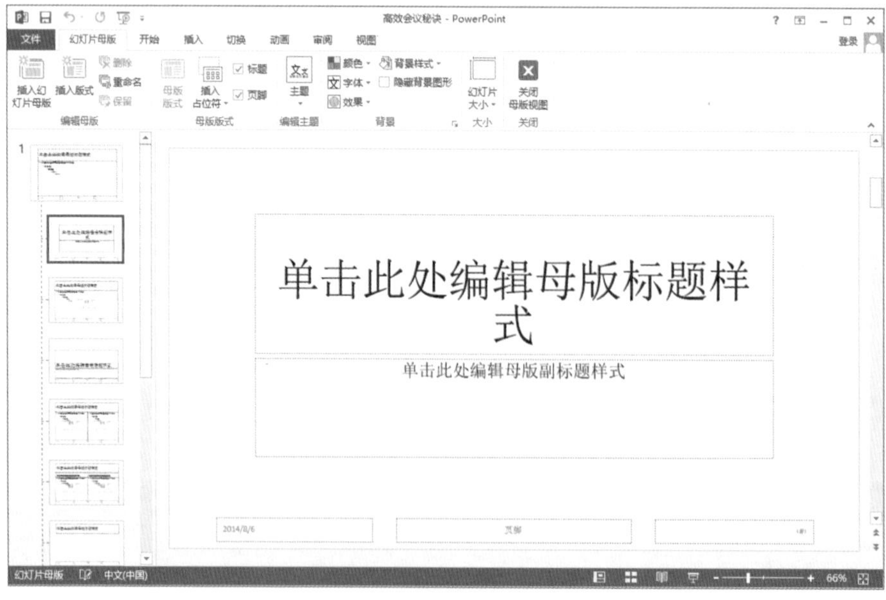

图13-2 创建16:9幻灯片母版

02 设计母版版式。

删除母版模式下所有的文本框。在封面页中，通过插入图片功能，插入一个素材图片，设置图片尺寸为15.39cm×33.87cm。放置在页面上方（不留白）。效果如图13-3所示。

图13-3 添加背景图片

使用插入形状工具，插入一个矩形，设置填充颜色为“蓝色”、透明度为“30%”，并调整其大小，调整矩形位置使其下边缘与图片下边缘齐平，效果如图13-4所示。

图13-4 设置透明度

然后在蓝色矩形下方中间部分插入一条灰色虚线，如图13-5所示。

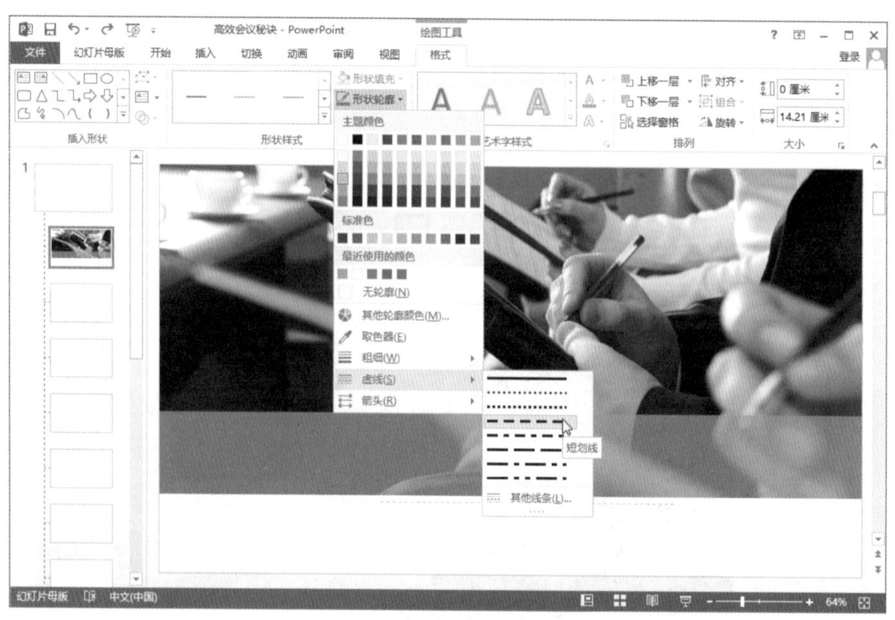

图13-5 添加虚线

03 编辑首页文本内容。

使用插入文本框功能在蓝色矩形中间插入主要标题文本，设置文本格式，具体参数如下：

字体：“微软雅黑”；大小：“66磅”；颜色：“白色”；设置文字阴影效果和映像效果，参数如图13-6所示。

图13-6 添加文本信息

使用同样的方法为首页添加“LOGO”、“公司名称”、“副标题”等文本内容，并设置格式，由于设置方法类似，这里就不加以详细说明了，读者朋友可以自行尝试，关于“LOGO”文本的映像参数设置，如图13-7所示。

图13-7 设置“LOGO”映像效果参数

04 使用小图形装饰主标题。

使用插入形状功能，在页面中插入一个“三十二角星”，设置填充颜色及大小，并调整摆放位置，效果如图13-8所示。

图13-8 插入“三十二角星”形状

使用文本框工具，在橙色“三十二角星”中间添加文本，内容为“V1”，然后旋转文本框，效果如图13-9所示。

图13-9 旋转文本框

13.2 目录页设计

淡蓝色是整个PPT的主打色彩，因此目录页仍保持淡蓝色为主体的风格。淡蓝色的色带装饰页面的页眉部分，页脚则使用一个蓝色的“斜纹”形状点缀页面、平衡视角。中间三种带有标签的图片，简洁明了地显示了整个PPT的目录文本。图片使用蓝色的边框以及阴影效果相结合，使页面更加稳重，条理更加清晰，效果如图13-10所示。

图13-10 目录页效果

具体步骤如下：

01 制作目录页母版。

切换至幻灯片母版视图，单击切换至第二子版式页面中，使用形状工具在页眉部分插入一个淡蓝色矩形，设置30%的透明度。效果如图13-11所示。

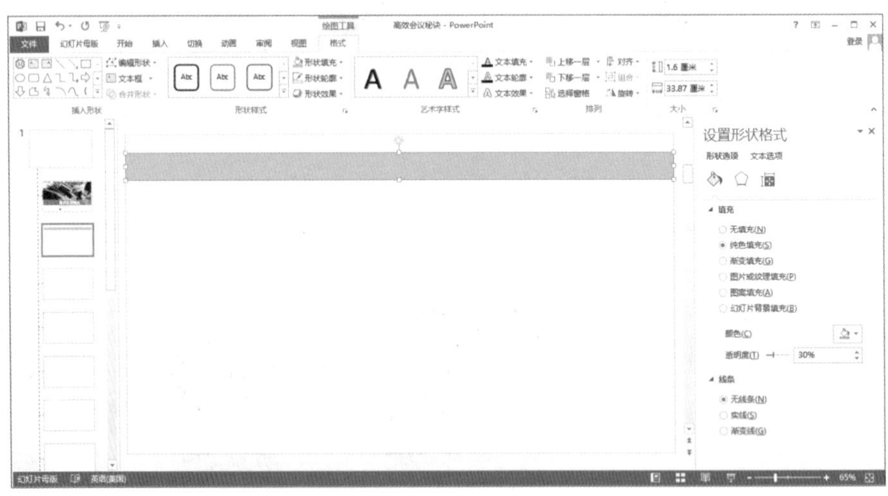

图13-11 创建幻灯片母版

使用文本框功能在淡蓝色色块中添加公司“LOGO”、“目录页”和“第（#）页”，并设置文本字体及大小，然后在“LOGO”和“目录页”之间插入白色直线，效果如图13-12所示。

图13-12 添加文本信息

02 设计页脚。

通过形状工具插入一个“斜纹”形状，如图13-13所示。将斜纹进行旋转，并设置“形状样式”为“中等效果，蓝色，强调颜色1”，如图13-14所示。

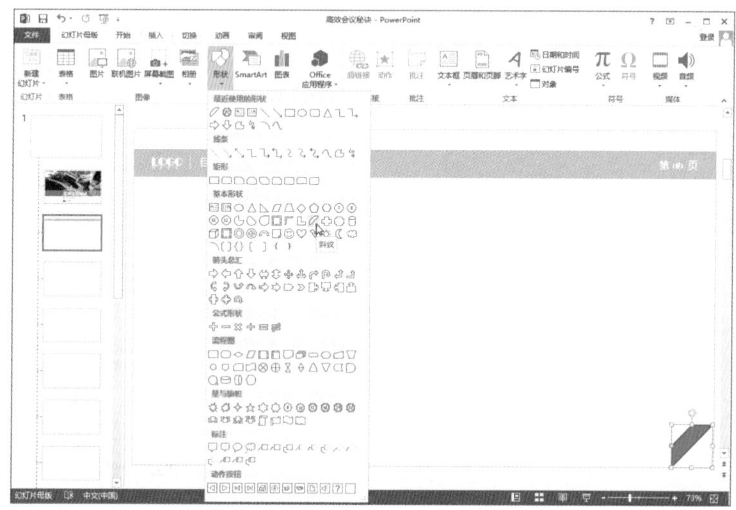

图13-13 插入斜纹

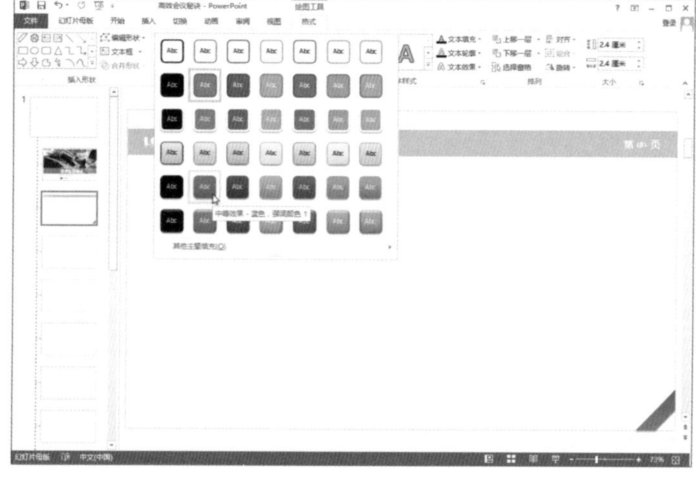

图13-14 设置形状样式

使用文本框工具在页脚处添加“目录页”字样，设置文本格式并旋转，效果如图13-15所示。

图13-15 添加“目录页”文本

03 制作目录。

关闭母版视图，切换到普通视图模式，单击“新建幻灯片”下拉按钮，选择目录页母版。使用插入图片工具，在页面空白处插入目标图片，并设置图片大小为“9.35cm×7cm”、蓝色边框、阴影设置为“右下斜偏移”，如图13-16所示。

图13-16 插入图片

使用形状工具在图片下方插入一个“五边形”，通过右击快捷菜单中的“编辑顶点”选项，将“五边形”的右侧顶点加以修饰，如图13-17所示。然后为形状添加一个蓝色90°的渐变填充以及阴影效果，效果如图13-18所示。

图13-17 拖动右侧顶点

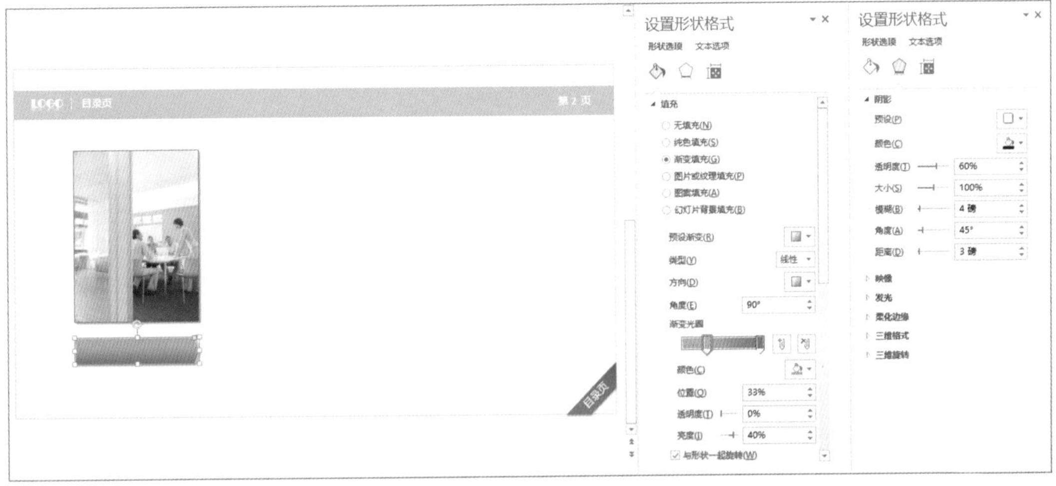

图13-18 设置形状格式

然后添加文本框，输入第一个目录内容。再使用同样的方法制作另外两条目录，效果如图13-10所示。

过渡页设计

过渡页的设计以简单为主，不仅可以让观众得到短暂的休息，而且可以引导观众将思维跳转到下一个部分。将首页中所用的图片进行裁切放置在页面中间部位。页眉使用淡蓝色色块，页脚使用一个“斜纹”形状呼应目录页的格局，保持了风格的统一。使用图片和文字相结合的方式，可以在视觉上得到放松，又起着引导下文的重要作用。效果如图13-19所示。

图13-19 过渡页效果

具体步骤如下：

01 制作过渡页母版：切换至幻灯片母版视图，单击第三个子版式页面，按照制作目录页母版的方法为过渡页设计页眉页脚，效果如图13-20所示。

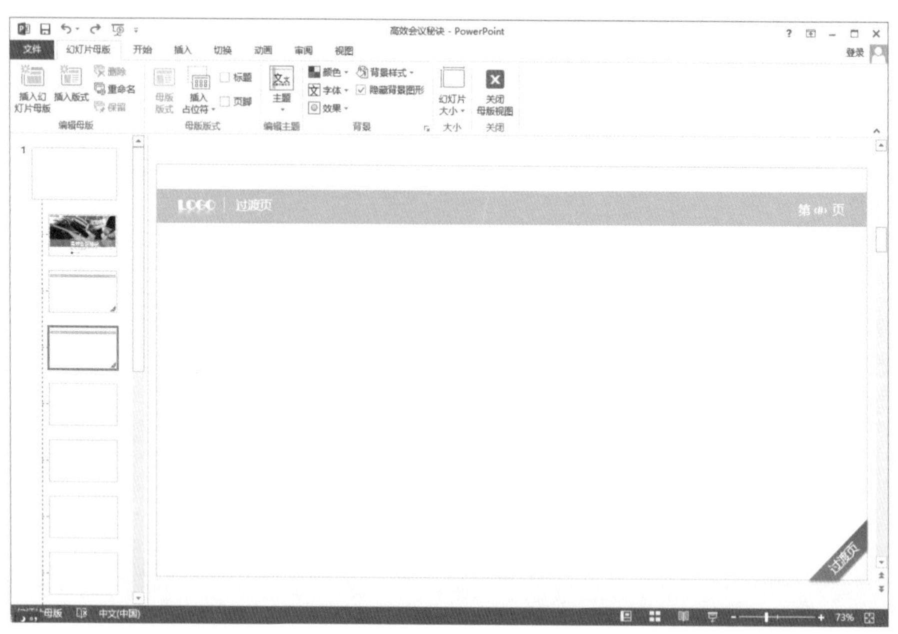

图13-20 设计页眉页脚

02 插入图片：使用插入图片功能，在页面中间插入目标图片，并使用裁切工具适当裁切图片，效果如图13-21所示。

图13-21 插入图片并裁切

03 新建过渡页母版：关闭母版视图，切换到普通视图，新建幻灯片选择过渡页母版，如图13-22所示。

图13-22 选择过渡页母版

04 添加文本信息：在图片左下角添加“第一章”，设置字体格式为“微软雅黑”、“18磅”、“白色”。在留白区域添加“会议概述”，设置字体格式“微软雅黑”、“40磅”、“加粗”、“蓝色”。效果如图13-19所示。

13.4 内容页设计

内容页使用两个垂直交叉的淡蓝色色块，在页面的右下方建立一个较大的空白区域，给内容文本留有较大的空间。其中纵向的色块加宽显示，用以提供足够大的空间将标题等内容以不同大小的字体、反白的颜色显示，给人一种干净纯洁的感觉。

本页主要内容以红色为主，在蓝色背景的衬托下，显得十分突出。较大的字体和鲜艳的色彩，丰富了整个页面，使内容醒目的同时，又不缺乏动感。右下角的蓝色时钟，在形态上起到点题的作用，又在色彩上起到均衡的效果，一举两得。如图13-23所示。

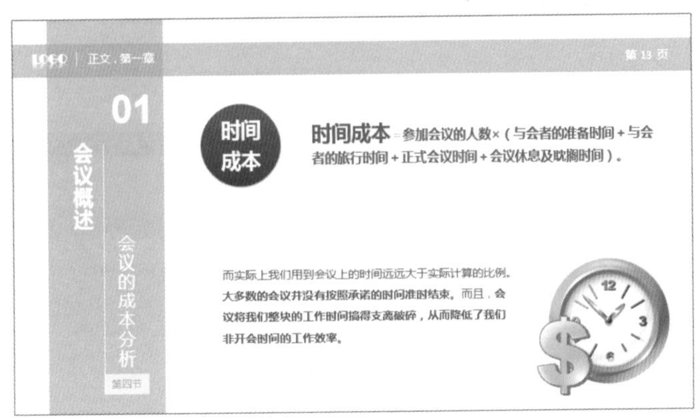

图13-23 内容页效果

第二张内容页的设计，在显示章节名称部分的蓝色交叉色块是与其他内容页一致的。主要内容部分，对文本较多的区域使用一个玫红色的圆形为背景，以此打破原有页面的死板，使页面显得更加活泼。然后将文本以白色字体显示，便于观众们的浏览。在其右侧，以大号红色的字体显示标题文本，可以很轻松地吸引观众的目光。最后在右下角放置一张带有红色巨大问号的图片，关联主题，平衡画面，使页面内容更加丰富。如图13-24所示。

图13-24 内容页效果

具体步骤如下：

01 创建内容页母版。

首先，将首页、目录页和过渡页的子版式页面均设置为“隐藏背景图形”，如图13-25所示。

图13-25 选中“隐藏背景图形”

在导航窗口最上面的页面中，使用形状工具在页面左侧插入一个矩形，并通过“设置形状格式”窗格设置矩形大小为：19.05cm×5.8cm；填充颜色为“蓝色”；透明度为“30%”，如图13-26所示。

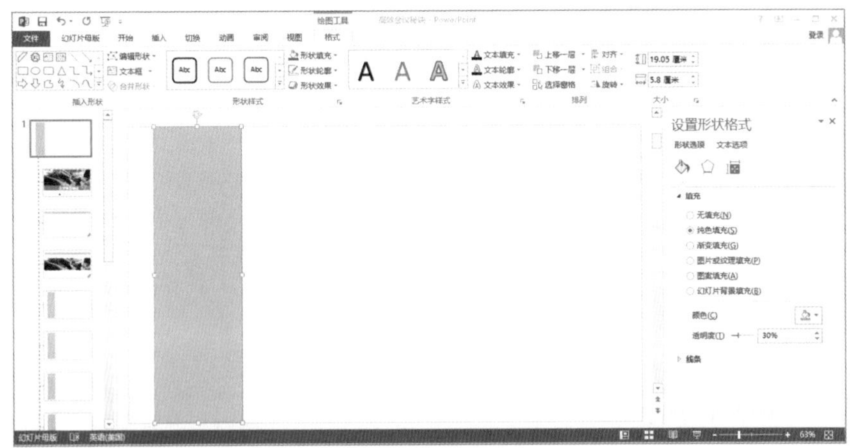

图13-26 设置形状格式

使用同样方法制作水平淡蓝色色块，并添加文本信息，效果如图13-27所示。

图13-27 插入水平色块

切换到第4个子版式页面中，在垂直的淡蓝色色块中间添加一条白色垂直的直线，然后使用文本框工具，将第1章节的标题以反白的颜色显示出来，并设置字体的格式，效果如图13-28所示。

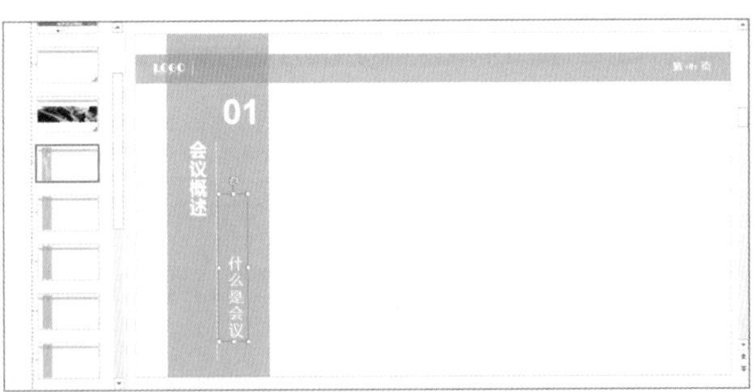

图13-28 添加文本域直线装饰

使用在矩形中编辑文本的工具，添加如图13-29所示的一个带有文本的矩形，设置填充色为“白色”；透明度为“35%”。

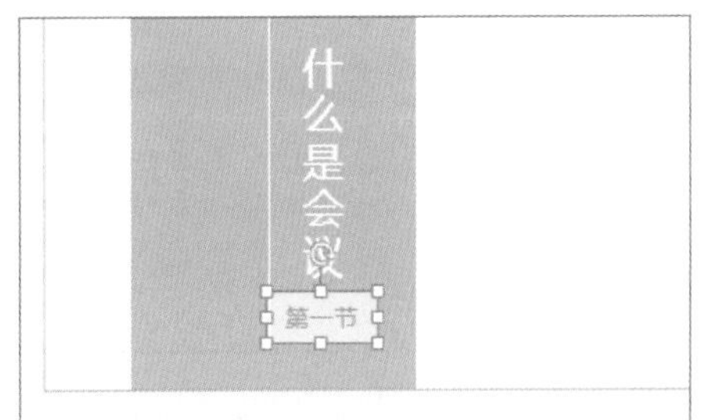

图13-29 在矩形中添加文本

然后根据上述步骤在下面的子版式中分别添加所有的需要用的章节标题及装饰。如图13-30和图13-31所示。由于篇幅所限，这里只为大家显示这两张母版样式，其余均与之类似，读者朋友可自行尝试制作。

图13-30 编辑顶点

图13-31 添加文本说明

02 选择需要的版式新建幻灯片：关闭幻灯片母版视图，返回普通视图。单击“新建幻灯片”下拉按钮，选择需要的幻灯片版式，如图13-32所示。

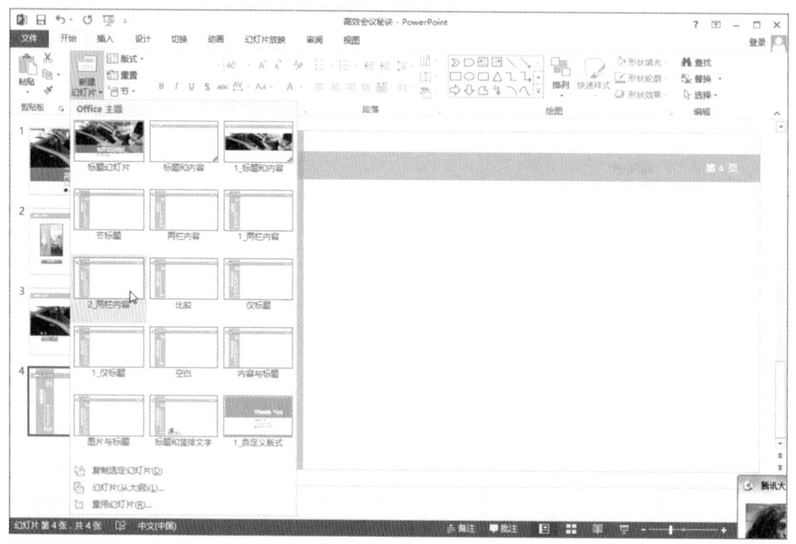

图13-32 选择需要的版式

03 插入SmartArt图形。

通过SmartArt图形功能，插入一个公式图形，如图13-33所示。

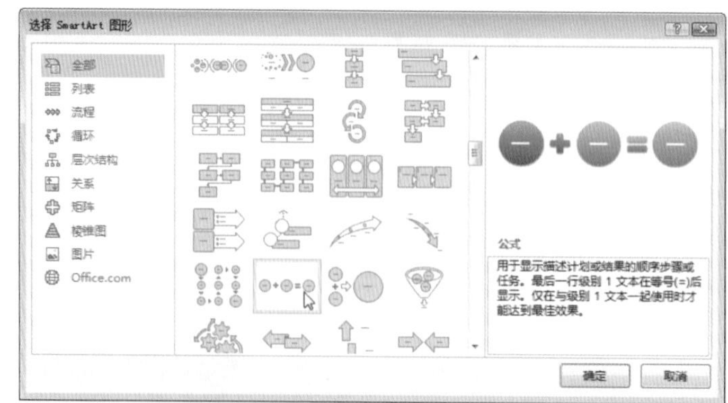

图13-33 选择“公式”图形

删除其余两个圆形和符号，只留一个圆形，设置该圆形的填充颜色为“深红到红色 270°线性渐变”，如图13-34所示。

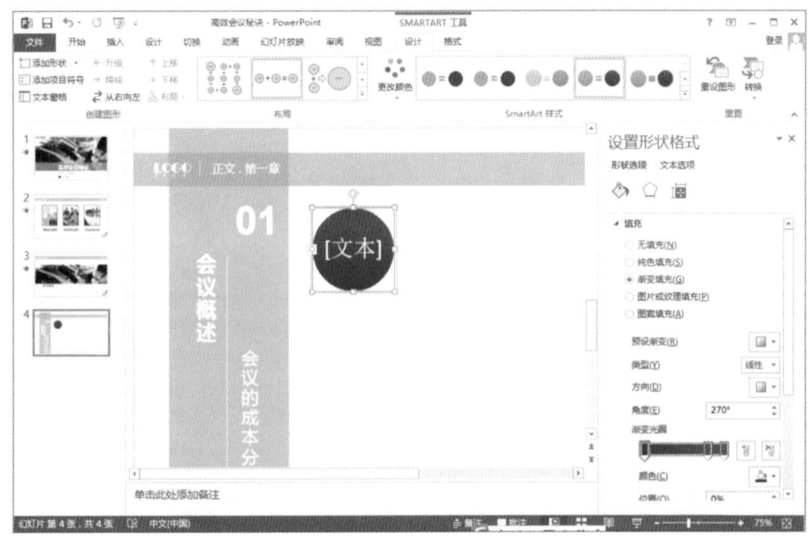

图13-34 渐变填充

在圆形中输入“时间成本”，如图13-35所示。

04 添加文本信息：在页面中适当位置添加文本，并设置文本的字体格式，效果如图13-36所示。

图13-35 输入文本

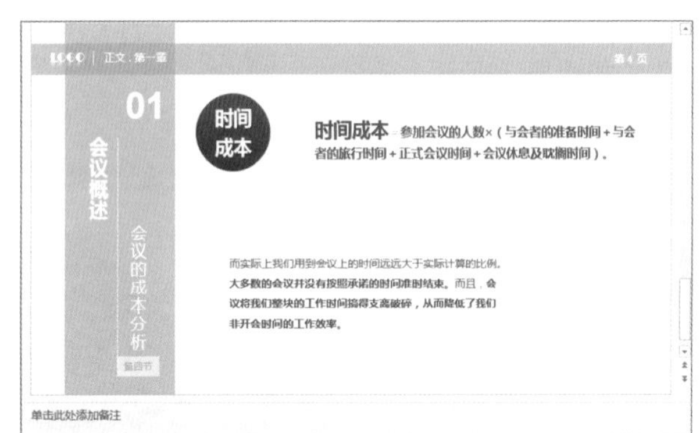

图13-36 设置文本格式

05 插入装饰图片：使用图片工具，在页面右下角插入一张素材图片，并适当调整图片的大小及其位置，如图13-37所示。

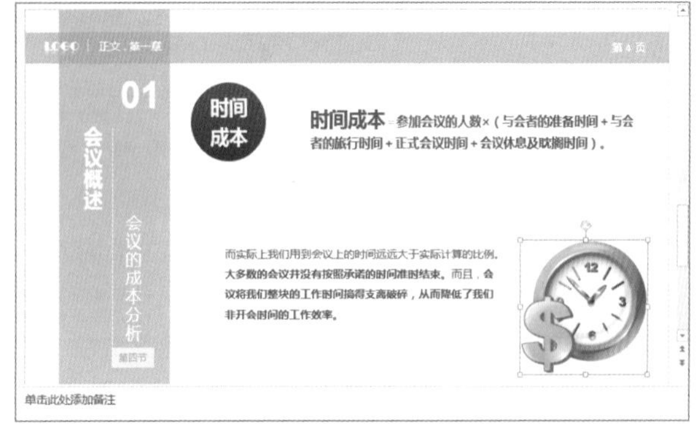

图13-37 插入图片

第二张内容页的制作步骤如下：

01 选择需要的版式新建幻灯片。

单击“新建幻灯片”下拉按钮，选择需要的幻灯片版式，然后在页面空白区插入一个正圆形，并设置其大小为“14.18cm×14.18cm”；填充颜色为“橙色”；透明度为“60%”。如图13-38所示。

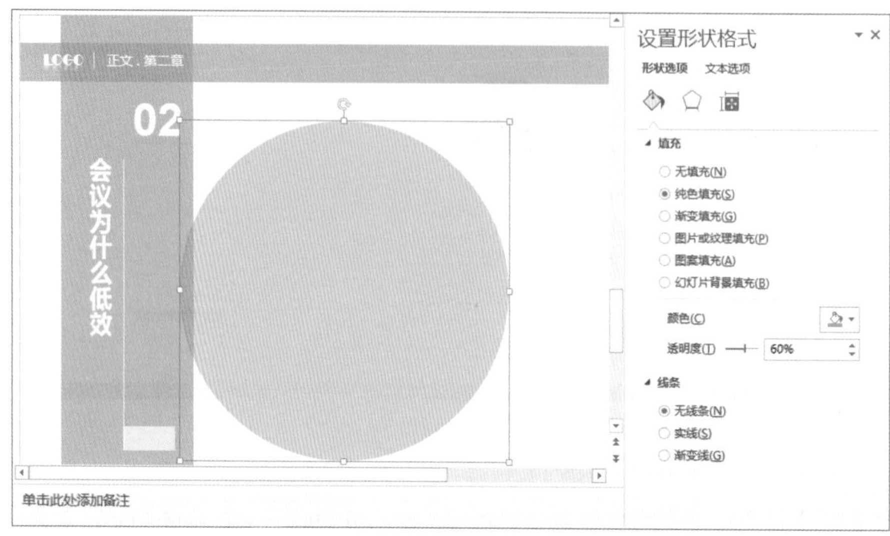

图13-38 插入透明度为60%的正圆

使用同样方法再制作一个同心正圆，尺寸为“12.55cm×12.55cm”，填充颜色为“玫红色”。如图13-39所示。

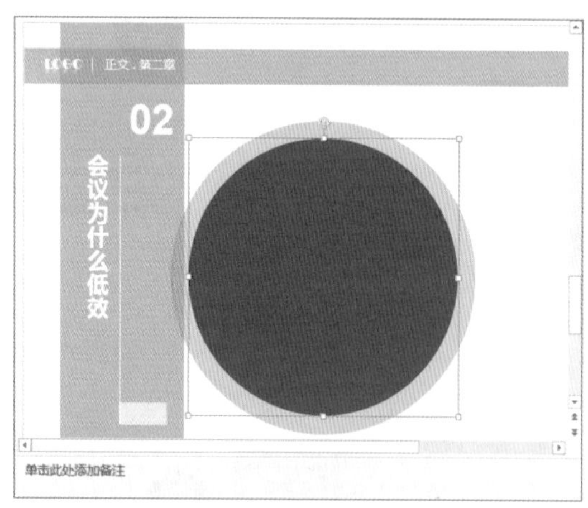

图13-39 插入同心正圆

02 添加文本信息。

使用文本框工具，在正圆的内部添加文本内容，设置字体为“微软雅黑”；大小为“20磅”；颜色“白色”。

使用同样的方法添加该页内容的标题文本，并设置字体为“微软雅黑”；大小为“48磅”；颜色“红色”并且加粗显示。效果如图13-40所示。

图13-40 添加文本框

03 插入图片：通过图片功能，在页面右下角插入一张素材图片，由于插入的图片是白色背景，需要使用"图片背景"工具中的"删除背景"功能将图片背景进行删除操作，如图13-41所示。最后适当调整图片在页面中的位置即可。

图13-41 删除图片背景

结束页设计

结束页的色调当然也继续沿用淡蓝色，大面积的淡蓝色色块填充了页面的上半部分，显得整洁而利落。页面下方使用了深灰色条状色块稳住了页面的重心，大号的文本使用了反白的效果，并同时运用了映像功能，使页面显得更加专业。在空白区域添加制作人的姓名以及联系方式，并使用了不同的图标，丰富了页面。效果如图13-42所示。

图13-42 结束页效果

具体步骤如下：

01 插入矩形色块。

切换到幻灯片母版视图，在子版式最下方新建一页版式，并设置“隐藏背景图形”。然后在页面中通过形状功能，插入一个矩形。并设置矩形填充色为“淡蓝色”，适当调节摆放位置。使用同样方法在页脚处插入一个灰色矩形，并调节位置，效果如图13-43所示。

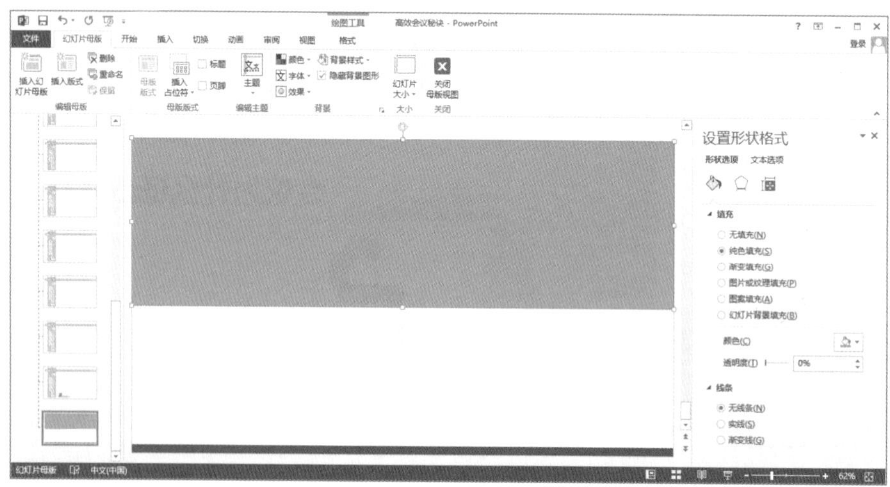

图13-43 插入矩形

02 添加文本。

使用文本框工具，在淡蓝色背景中添加“Thank You”，并设置字体为“Broadway”；大小为“72磅”。效果如图13-44所示。

然后在页面空白处，添加作者的姓名及联系方式。

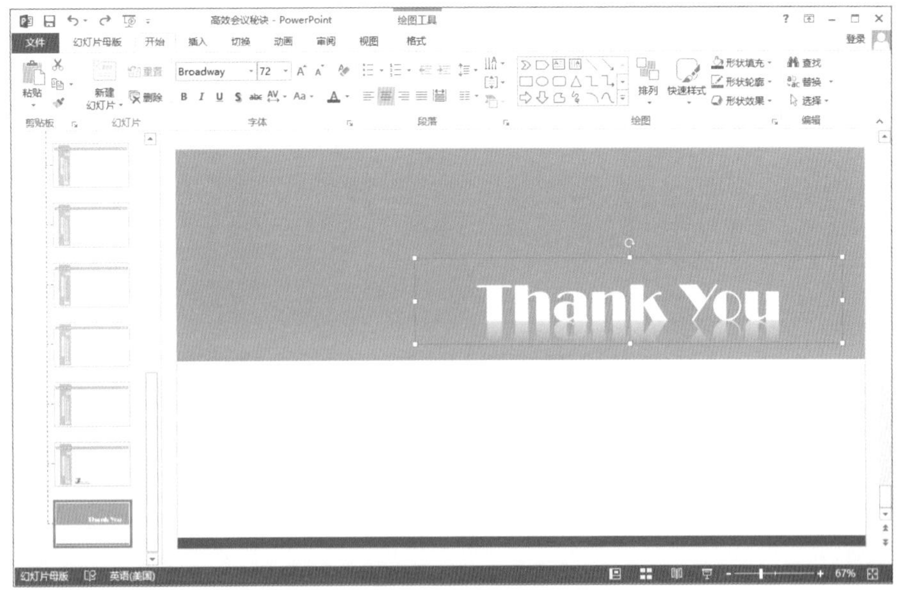

图13-44 添加文本

然后关闭幻灯片母版视图，切换到普通视图，根据结束页母版新建一张幻灯片，如图13-45所示。

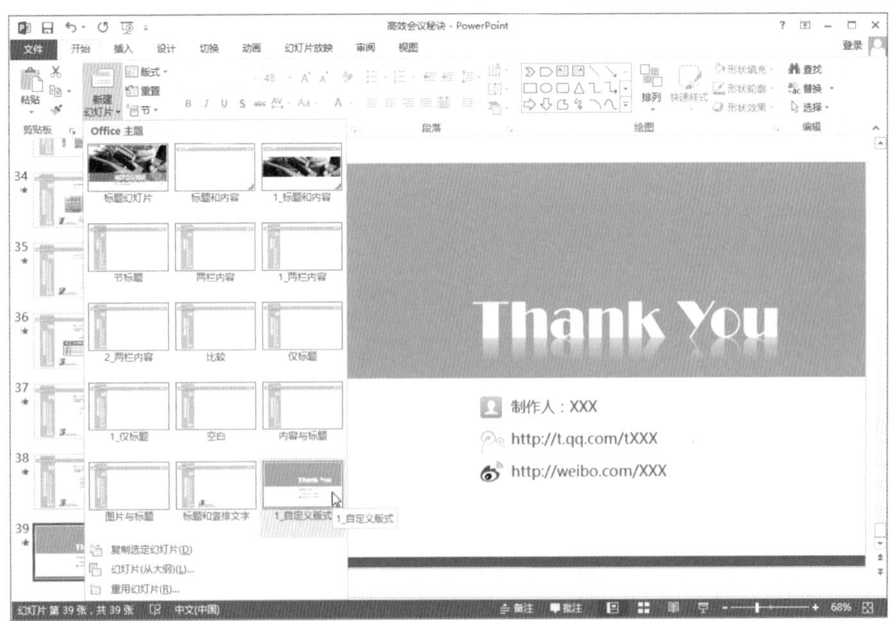

图13-45 新建结束页幻灯片

最后可以根据读者朋友的喜好，为幻灯片添加动画效果，会使您的PPT效果更加生动有趣。